Heidelberger Taschenbücher Band 248

H. P. Latscha H. A. Klein R. Mosebach

Chemie für Pharmazeuten und Biologen II

Begleittext zum Gegenstandskatalog GK1

Organische Chemie

Mit 54 Abbildungen und 44 Tabellen

Dritte, völlig überarbeitete Auflage

Springer-Verlag Berlin Heidelberg New York
London Paris Tokyo

Professor Dr. Hans Peter Latscha
Anorganisch-Chemisches Institut der Universität Heidelberg
Im Neuenheimer Feld 270, 6900 Heidelberg 1

Dr. Helmut Alfons Klein
Bundesministerium für Arbeit und Sozialordnung
U-Abt. Arbeitsschutz/Arbeitsmedizin
Rochusstr. 1, 5300 Bonn 1

Dr. Rainer Mosebach
Bahnhof-Apotheke, 6930 Eberbach/Neckar

ISBN 3-540-18628-X
3. Auflage Springer-Verlag Berlin Heidelberg New York
ISBN 0-387-18628-X
3rd. edition Springer-Verlag New York Berlin Heidelberg

Die 1. und 2. Auflage erschien als „Heidelberger Taschenbuch Band 183“
ISBN 3-540-08989-6 2. Auflage Springer-Verlag Berlin Heidelberg New York
ISBN 0-387-08989-6 2nd. edition Springer-Verlag New York Heidelberg Berlin

---

CIP-Titelaufnahme der Deutschen Bibliothek
Latscha, Hans P.: Chemie für Pharmazeuten und Biologen: Begleittext zum Gegenstandskatalog GK1 /
H. P. Latscha; H. A. Klein; R. Mosebach. – Berlin; Heidelberg; New York; London; Paris; Tokyo: Springer.
Bis 2. Aufl. u. d. T.: Latscha, Hans P.: Chemie für Pharmazeuten. NE: Klein, Helmut A.:; Mosebach, Rainer:;
Gegenstandskatalog GK eins
2. Organische Chemie. – 3., völlig überarb. Aufl.

(Heidelberger Taschenbücher; Bd. 248)
ISBN 3-540-18628-X
NE: GT

Gesamtherstellung: Druckhaus Beltz, Hemsbach/Bergstr.
2127/3145-543210 – Gedruckt auf säurefreiem Papier

Vorwort zur dritten Auflage

Dieses Buch ist der zweite Band der Reihe *„Chemie für Pharmazeuten und Biologen"*. Es bringt eine Einführung in die „Organische Chemie".

Der erste Band enthält die „Anorganische Chemie". Er wird bei Verweisen zitiert als HT 247.

Beide Bände können unabhängig voneinander benutzt werden. Sie basieren auf der 2. Auflage „Chemie für Pharmazeuten" (HT 183) sowie auf den Bänden „Chemie Basiswissen I und II" von Latscha/Klein (HT 193 bzw. 211 Springer-Verlag).

Das Buch ist ein *Begleittext zum Gegenstandskatalog GK 1,* herausgegeben vom Institut für medizinische und pharmazeutische Prüfungsfragen (IMPP) in Mainz.

Durch eine Erweiterung des Inhalts haben wir in dieser Auflage versucht, den Anforderungen der *Studenten der Biologie* ebenfalls gerecht zu werden.

Dies gilt besonders für die Kap. 27 bis 34. Sie enthalten eine Einführung in wichtige Gebiete der Naturstoffchemie und Biochemie aus chemischer Sicht.

Von seiner Anlage her eignet sich das Buch auch als Lernhilfe im Rahmen der Ausbildung von *Pharmazeutisch-Technischen Assistenten (PTA).*

Heidelberg, September 1988

H. P. Latscha
H. A. Klein
R. Mosebach

Vorwort zur zweiten Auflage

Die Approbationsordnung für Apotheker vom 23. 8. 1971 enthält als Anlage den Prüfungsstoff für die einzelnen Prüfungsfächer. Das Institut für medizinische und pharmazeutische Prüfungsfragen (IMPP) in Mainz hat im Dezember 1975 für den 1. Abschnitt der Pharmazeutischen Prüfung einen Gegenstandskatalog herausgegeben, der den Prüfungsstoff präzisiert. Das vorliegende Buch gibt - in enger Anlehnung an den Gegenstandskatalog - eine komprimierte Zusammenfassung des geforderten chemischen Grundwissens. Dabei konnte auf die guten Erfahrungen zurückgegriffen werden, die mit dem Buch: H. P. Latscha, H. A. Klein „Chemie für Mediziner“ (4. Auflage, 1977) in den vergangenen Jahren gemacht wurden. Um die besonderen pharmazeutischen Gesichtspunkte zu berücksichtigen, wurde das Autorenteam um einen Pharmazeuten erweitert.
Die vorliegende zweite korrigierte Auflage berücksichtigt weitgehend bis jetzt eingegangene Korrekturvorschläge.
Von seiner Anlage her ist das Buch als Lernhilfe für den Pharmaziestudenten gedacht. Es eignet sich jedoch nach unserer Meinung auch für andere pharmazeutische Ausbildungszweige. Die logische Abfolge der Lehrinhalte (Lernziele) machte in mehreren Fällen eine Änderung der im Gegenstandskatalog angegebenen Reihenfolge erforderlich. Um die Koordinierung mit dem Katalog zu ermöglichen, sind die Nummern der Lernziele am linken Seitenrand angegeben. Außerdem wurde eine Zuordnungstabelle „Lernziel-Seitenzahl“ aufgenommen. Einige Lernzielnummern treten mehrfach auf, weil bestimmte Lernziele an mehreren Stellen des Buches berücksichtigt werden.
Die Stichworte der Lernziele sind in der Regel im Text unterstrichen bzw. durch Kursivdruck gekennzeichnet; ferner sollen Querverweise das Verständnis verbessern. Um interessierten Lesern die Möglichkeit zu geben, sich über den Rahmen des Buches hinaus zu informieren, wurde die verwendete Literatur gesondert zusammengestellt. Eine sinnvolle Ergänzung dieses Begleittextes zum Gegenstandskatalog bietet die Fragensammlung: Examensfragen „Chemie für Pharmazeuten“ von Latscha, Schilling, Klein, die im Springer-Verlag erschienen ist. Sie eignet sich vortrefflich zum Üben in der Frage-Antwort-Technik bei multiple choice-Fragen und hilft bei der Vorbereitung auf die Prüfungssituation. Für jede Kritik von seiten der Leser sind wir dankbar.

Heidelberg, im Januar 1979

H. P. Latscha
H. A. Klein
R. Mosebach

Inhaltsverzeichnis

Grundwissen der organischen Chemie

Chemie von Naturstoffen und Biochemie

Grundwissen der organischen Chemie

1 Einteilung und Reaktionstypen organischer Verbindungen – Überblick

1.1 Einleitung

Die Chemie befaßt sich mit der Zusammensetzung, Charakterisierung und Umwandlung von Materie. Die Organische Chemie ist der Teilbereich, der sich mit der Chemie der Kohlenstoff-Verbindungen beschäftigt. Der Begriff "organisch" hatte im Lauf der Zeit unterschiedliche Bedeutung. Im 16. und 17. Jhdt. unterschied man mineralische, pflanzliche und tierische Stoffe. In der zweiten Hälfte des 18. Jhdt. wurde es üblich, die mineralischen Stoffe als "unorganisierte Körper" von den "organisierten Körpern" pflanzlichen und tierischen Ursprungs abzugrenzen. Im 19. Jhdt. wurde dann der Begriff "Körper" auf chemische Substanzen beschränkt. Jetzt benutzte man auch den Ausdruck "organische Chemie".

Untersucht man Substanzen auf die Kräfte, die ihre Bestandteile zusammenhalten, so stößt man auf das Phänomen der "chemischen Bindung".

3.1 Da sich die chemische Bindung in organischen Verbindungen nicht grundsätzlich von der in anorganischen Verbindungen unterscheidet, wird in diesem Buch die chemische Bindung - nach Bindungsarten unterschieden - in Teil 1 zusammenfassend behandelt.

Charakteristisch für organische Verbindungen ist, daß die Atombindung (kovalente oder homöopolare Bindung) vorherrscht. Von Bedeutung für den Ablauf bestimmter Reaktionen ist außerdem die ausgeprägte Neigung zur Elektronendelokalisation bei Verbindungen mit Doppelbindungen sowie der besondere aromatische Zustand bei Benzol und vergleichbaren Molekülen. Einzelheiten werden bei den entsprechenden Verbindungsklassen erörtert.

Tabelle 1 gibt einen Überblick über C-C-Bindungen in organischen Molekülen. Vgl. hierzu Tabelle 9 in HT 247.

Tabelle 1. Eigenschaften der Einfach- und Mehrfachbindungen zwischen zwei Kohlenstoff-Atomen. Zum Vergleich: C–H beträgt 109 pm mit 415 $kJ \cdot mol^{-1}$

Bindung	Bindende Orbitale	Bindungstyp	Winkel zwischen den Bindungen mit Modell	Bindungslänge [pm]	Bindungsenergie [$kJ \cdot mol^{-1}$]	Freie Drehbarkeit um C–C
–C–C–	sp^3	σ	109,5°	154	331	ja
>C=C<	sp^2, p_z	$\sigma + \pi_z$	120°	134	620	nein
–C≡C–	sp, p_x, p_z	$\sigma + \pi_x + \pi_z$	180°	120	812	nein

1.2 Systematik organischer Verbindungen

Organische Substanzen bestehen in der Regel aus den Elementen C, H, O, N und S. Im Bereich der Biochemie kommt P hinzu. Die Vielfalt der organischen Verbindungen war schon früh Anlaß zu einer systematischen Gruppeneinteilung. Grundlage der Systematisierung ist stets das Kohlenstoffgerüst. Die daranhängenden "funktionellen Gruppen" werden erst im zweiten Schritt beachtet (Beispiele funktioneller Gruppen findet der Leser auf der 2. Umschlagseite).

Das Vorgehen bei der Ermittlung des Namens einer Verbindung ist dazu analog (s. Kap. 36).

Für Naturstoffe gilt im Prinzip das gleiche.

Systematik der Stoffklassen

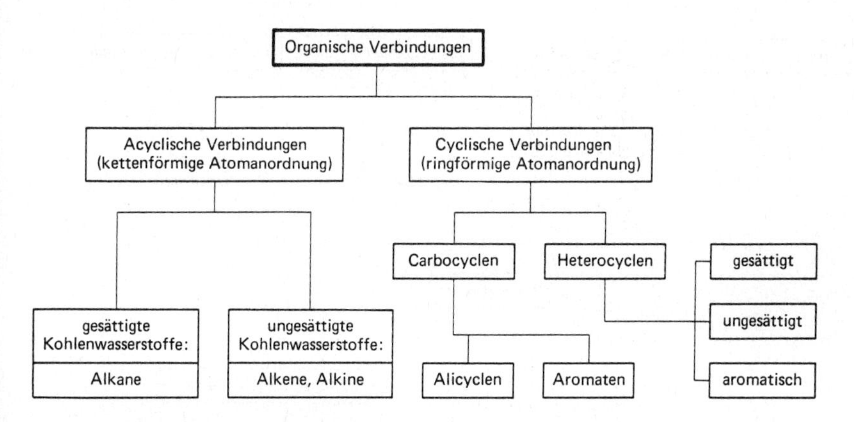

Aufteilung der Untergruppen

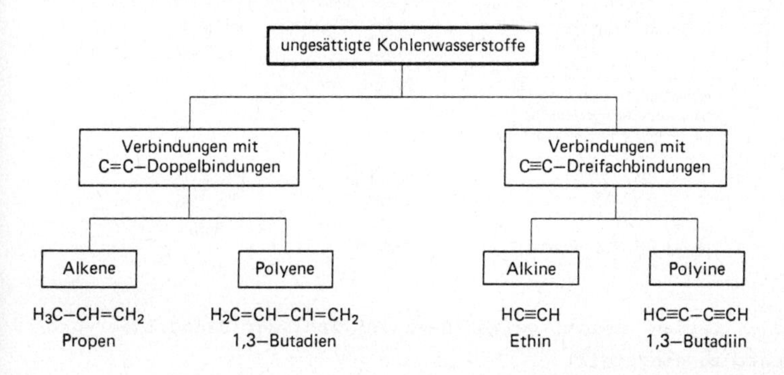

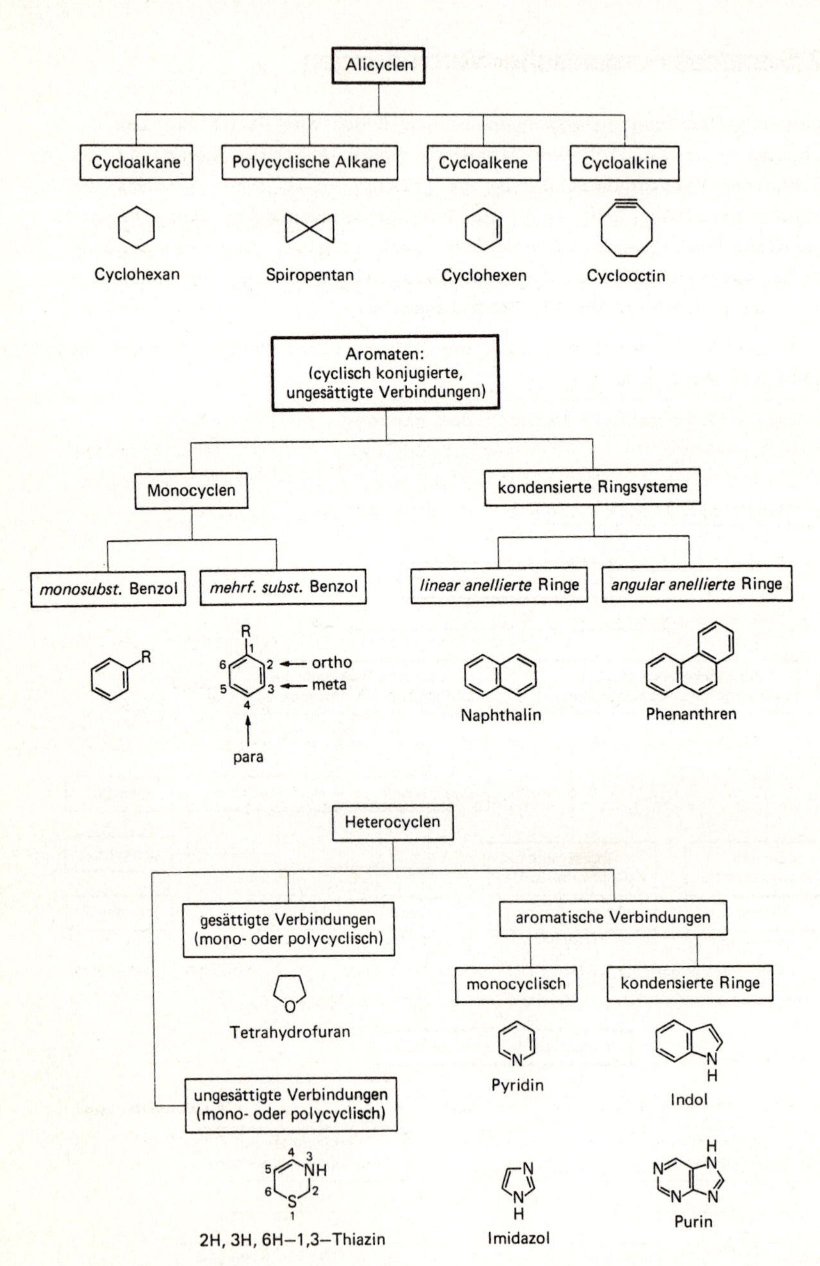

Heterocyclen werden (meist) weiter nach der Zahl der Ringglieder und der Heteroatome eingeteilt.

1.3 Chemische Reaktionstypen

Bei der Klassifizierung chemischer Reaktionen unterscheidet man zweckmäßigerweise Reaktionen zwischen ionischen Substanzen und Reaktionen zwischen Substanzen mit kovalenter Bindung. Dieser Abschnitt erläutert häufig verwendete Begriffe bei der Beschreibung von Reaktionsmechanismen und gibt einen Überblick über wichtige Reaktionstypen. Diese werden in besonderen Kapiteln noch detaillierter besprochen.

Reaktionen zwischen ionischen Substanzen

Hier tritt ein Austausch geladener Komponenten ein. Ursachen für die Bildung der neuen Substanzen sind z.B. Unterschiede in der Löslichkeit, Packungsdichte, Gitterenergie oder Entropie. Allgemein:

1. $(A^{\oplus}B^{\ominus})_{fest} \xrightarrow{\text{Lösungsmittel}} A^{\oplus}_{solvatisiert} + B^{\ominus}_{solvatisiert}$

2. $(C^{\oplus}D^{\ominus})_{fest} \xrightarrow{\text{Lösungsmittel}} C^{\oplus}_{solvatisiert} + D^{\ominus}_{solvatisiert}$

3. $A^{\oplus}_{solv.} + B^{\ominus}_{solv.} + C^{\oplus}_{solv.} + D^{\ominus}_{solv.} \longrightarrow (A^{\oplus}D^{\ominus})_{fest} + (B^{\ominus}C^{\oplus})_{fest}$
   $+ \text{Lösungsmittel}$

Manchmal fällt auch nur ein schwerlösliches Reaktionsprodukt aus.

Reaktionen von Substanzen mit kovalenter Bindung

Werden durch chemische Reaktionen aus kovalenten Ausgangsstoffen neue Elementkombinationen gebildet, so müssen zuvor die Bindungen zwischen den Komponenten der Ausgangsstoffe gelöst werden, z.B.

① $A-B \longrightarrow A\cdot + B\cdot$

Bei dieser *homolytischen Spaltung* erhält jedes Atom ein Elektron. Es entstehen sehr reaktionsfähige Gebilde, die ihre Reaktivität dem ungepaarten Elektron verdanken und die *Radikale* heißen.

② a) $A-B \longrightarrow A|^{\ominus} + B^{\oplus}$; b) $A-B \longrightarrow A^{\oplus} + B|^{\ominus}$.

Bei der *heterolytischen* Spaltung entstehen ein positives Ion *(Kation)* und ein negatives Ion *(Anion)*. $A|^{\ominus}$ bzw. $B|^{\ominus}$ haben ein freies Elektronenpaar und heißen *Nucleophile* ("kernsuchend").

$A^{\oplus}$ bzw. $B^{\oplus}$ haben Elektronenmangel und werden *Elektrophile* ("elektronensuchend") genannt.

Die heterolytische Spaltung ist ein Grenzfall. Meist treten nämlich keine isolierten (isolierbaren) Ionen auf, sondern die Bindungen sind nur mehr oder weniger stark polarisiert, d.h. die Bindungspartner haben eine mehr oder minder große Partialladung (s. unten!).

(3) Bei den elektrocyclischen Reaktionen, die intra- oder intermolekular ablaufen können, werden Bindungen gleichzeitig gespalten und neu ausgebildet. Man kann sich diese Reaktionen als cyclische Elektronenverlagerungen vorstellen, bei denen gleichzeitig mehrere Bindungen verschoben werden:

$$\begin{matrix} A \\ | \\ B \end{matrix} + \begin{matrix} C \\ | \\ D \end{matrix} \rightarrow \left[\begin{matrix} A \cdots C \\ \vdots \quad \vdots \\ B \cdots D \end{matrix}\right] \rightarrow \begin{matrix} A - C \\ + \\ B - C \end{matrix}$$

Zusammenfassung der Begriffe mit Beispielen

Kation: positiv geladenes Ion; $Ion^{\oplus}$

Anion: negativ geladenes Ion; $Ion^{\ominus}$

Elektrophil: Ion oder Molekül mit einer Elektronenlücke (sucht Elektronen), wie Säuren, Kationen, Halogene, z.B. $H^{\oplus}$, $NO_2^{\oplus}$, $NO^{\oplus}$, BF_3, $AlCl_3$, $FeCl_3$, Br_2 (als $Br^{\oplus}$), nicht aber $NH_4^{\oplus}$!

Nucleophil: Ion oder Molekül mit Elektronen-"Überschuß" (sucht Kern), wie Basen, Anionen, Verbindungen mit mindestens einem freien Elektronenpaar, z.B. $H\underline{\overline{O}}|^{\ominus}$, $R\underline{\overline{O}}|^{\ominus}$, $R\underline{\overline{S}}|^{\ominus}$, $Hal^{\ominus}$, $H_2\underline{\overline{O}}$, $R_2\underline{\overline{O}}$, $R_3\overline{N}$, $R_2\underline{\overline{S}}$, aber auch Alkene und Aromaten mit ihrem π-Elektronensystem: $R_2C{=}CR_2$

Radikal: Atom oder Molekül mit einem oder mehreren ungepaarten Elektronen wie $Cl\cdot$, $Br\cdot$, $I\cdot$, $R{-}\underline{\overline{O}}\cdot$, $R{-}\underset{\underset{O}{\|}}{C}{-}\underline{\overline{O}}\cdot$, O_2 (Diradikal)

Erläuterungen zu den Begriffen Elektrophil und Nucleophil

Säuren sind Elektrophile, Basen dagegen Nucleophile. Folgendes Schema verdeutlicht den Zusammenhang:

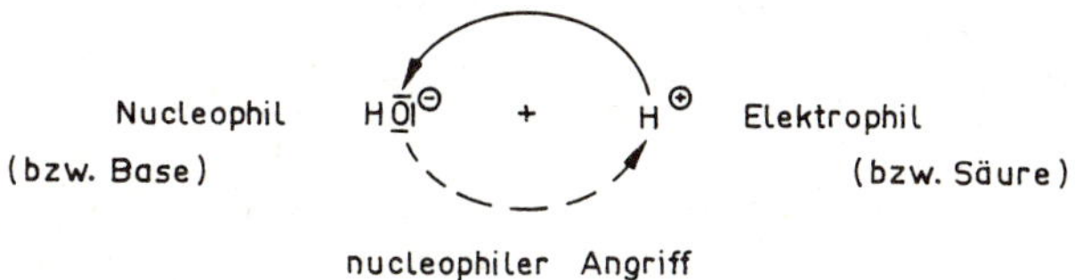

Bei der Benennung einer Reaktion geht man davon aus, welche Eigenschaften das angreifende Teilchen hat. Handelt es sich z.B. um $OH^{\ominus}$, wird man von einer nucleophilen Reaktion sprechen.

Während Acidität bzw. Basizität eindeutig definiert sind und gemessen werden können, ist die Stärke eines Nucleophils auf eine bestimmte Reaktion bezogen und wird meist mit der Reaktionsgeschwindigkeit des Reagens korreliert. Sie wird außer von der Basizität auch von der Polarisierbarkeit des Moleküls, sterischen Effekten, Lösungsmitteleinflüssen u.a. bestimmt.

Substituenten-Effekte

1.8 Der Mechanismus der Spaltung einer Bindung hängt u. a. ab vom Bindungstyp, dem Reaktionspartner und den Reaktionsbedingungen. Meist liegen keine reinen Ionen- oder Atombindungen vor, sondern es herrschen - in Abhängigkeit von der Elektronegativität der Bindungspartner - Übergänge zwischen den diskreten Erscheinungsformen der chemischen Bindung vor. Überwiegt der kovalente Bindungsanteil gegenüber dem ionischen, spricht man von einer polarisierten (polaren) Atombindung. In einer solchen Bindung sind die Ladungsschwerpunkte mehr oder weniger weit voneinander entfernt, die Bindung besitzt ein Dipolmoment. Zur Kennzeichnung der Ladungsschwerpunkte in einer Bindung und einem Molekül verwendet man meist die Symbole $\delta\oplus$ und $\delta\ominus$. Der griechische Buchstabe δ (delta) soll anzeigen, daß es sich nicht um eine volle Ladung, sondern nur um einen Bruchteil einer Ladung handelt.

Auch unpolare Bindungen können unter bestimmten Voraussetzungen polarisiert werden (induzierte Dipole) (s. HT, Bd. 247).

Tabelle 2. Polare Kohlenstoffbindungen (C-X)

Bindungstyp	Dipolmoment in Debye	Bindungstyp	Dipolmoment in Debye
C—F	1,5	C—O	0,9
C—Cl	1,6	C=O	2,4
C—Br	1,5	C—N	0,5
C—I	1,3	C≡N	3,6

Induktive Effekte

Mit der Ladungsasymmetrie einer Bindung bzw. in einem Molekül eng verknüpft sind die induktiven Substituenteneffekte (I-Effekte). Hierunter versteht man elektrostatische Wechselwirkungen zwischen polaren (polarisierten) Substituenten und dem Elektronensystem des substituierten Moleküls. Bei solchen Wechselwirkungen handelt es sich um Polarisationseffekte, die meist durch σ-Bindungen auf andere Bindungen bzw. Molekülteile übertragen werden. Besitzt der polare Substituent eine elektronenziehende Wirkung und verursacht er eine positive Partialladung, sagt man, er übt einen -I-Effekt aus. Wirkt der Substituent elektronenabstoßend, d. h. erzeugt er in seiner Umgebung eine negative Partialladung, dann übt er einen +I-Effekt aus.

Beispiel:

$$\overset{\delta\delta\delta\oplus}{CH_3} - \overset{\delta\delta\oplus}{CH_2} - \overset{\delta\oplus}{CH_2} - \overset{\delta\ominus}{Cl} \qquad \text{1-Chlorpropan}$$

Das Chlor-Atom übt einen induktiven elektronenziehenden Effekt (-I-Effekt) aus, der eine positive Partialladung am benachbarten C-Atom zur Folge hat. Man erkennt, daß die anderen C—C-Bindungen ebenfalls polarisiert werden. Die Wirkung nimmt allerdings mit zunehmendem Abstand vom Substituenten sehr stark ab, was durch eine Vervielfachung des δ-Symbols angedeutet wird. Bei mehreren Substituenten sind die induktiven Effekte im allgemeinen additiv.

Durch den I-Effekt wird hauptsächlich die Elektronenverteilung im Molekül beeinflußt. Dadurch werden im Molekül Stellen erhöhter bzw. verminderter Elektronendichte hervorgerufen. An diesen Stellen können polare Reaktionspartner angreifen.

Durch Vergleich der Acidität von α-substituierten Carbonsäuren (s. Kap. 21.1) kann man qualitativ eine Reihenfolge für die Wirksamkeit verschiedener Substituenten festlegen (mit H als Bezugspunkt):

$(CH_3)_3C < (CH_3)_2CH < C_2H_5 < CH_3 < \boxed{H} < C_6H_5 < CH_3O < OH < I < Br < Cl < CN < NO_2$

+I-Effekt (elektronenabstoßend) — -I-Effekt (elektronenziehend)

Auch ungesättigte Gruppen zeigen einen -I-Effekt, der zusätzlich durch "mesomere Effekte" verstärkt werden kann.

Mesomere Effekte

Als mesomeren Effekt (M-Effekt) eines Substituenten bezeichnet man seine Fähigkeit, die Elektronendichte in einem π-Elektronensystem zu verändern. Im Gegensatz zum induktiven Effekt kann der mesomere Effekt über mehrere Bindungen hinweg wirksam sein, er ist stark von der Molekülgeometrie abhängig. Substituenten (meist solche mit freien Elektronenpaaren), die mit dem π-System des Moleküls in Wechselwirkung treten können und eine Erhöhung der Elektronendichte bewirken, üben einen +M-Effekt aus.

Beispiele für Substituenten, die einen +M-Effekt hervorrufen können:

$-\overline{\underline{Cl}}|$, $-\overline{\underline{Br}}|$, $-\overline{\underline{I}}|$, $-\overline{\underline{O}}-H$, $-\overline{\underline{O}}-R$, $-\overline{N}H_2$, $-\overline{\underline{S}}-H$

Substituenten mit einer polarisierten Doppelbindung, die in Mesomerie mit dem π-Elektronensystem des Moleküls stehen, sind elektronenziehend. Sie verringern die Elektronendichte, d. h. sie üben einen -M-Effekt aus. Er wächst mit

- dem Betrag der Ladung des Substituenten (I ist ein Ion mit einem starken -M-Effekt),
- der Elektronegativität der enthaltenen Elemente (wie in II),
- der Abnahme der Stabilisierung durch innere Mesomerie (wie in III).

Beispiele:

-M-Effekt

I: $-CH{=}\overset{\oplus}{N}R_2$;

II: $-CH{=}NR < -\overset{O}{\overset{\|}{C}}-R$; $-C{\equiv}N < -NO_2$;

III: $-C(=\overline{O})(-\overline{O}|^{\ominus}) \leftrightarrow -C(-\overline{O}|^{\ominus})(=\overline{O})$ $< -\overset{\delta\oplus}{C}(=\overline{O}^{\delta\ominus})(-\overline{O}R^{\delta\delta\ominus}) < -\overset{\delta\oplus}{C}(=\overline{O}^{\delta\ominus})(-CH_3)$

3.1.4 Statt von mesomeren Effekten wird oft auch von *Konjugationseffekten* gesprochen. Damit soll angedeutet werden, daß eine Konjugation mit den π-Elektronen stattfindet, die über mehrere Bindungen hinweg wirksam sein kann. Durch Konjugation wird z.B. die Elektronendichte in einer Doppelbindung oder einem aromatischen Ring herabgesetzt, wenn sich die π-Elektronen des Substituenten mit dem ungesättigten oder aromatischen System überlagern. Weitere Beispiele s. Kap. 7.

Besonders bekannt sind die Vinyl-Gruppe $CH_2{=}CH-$ oder die Phenylgruppe C_6H_5-.

Beispiel: Im Vinylchlorid überlagert sich das nichtbindende p-AO des Cl-Atoms teilweise mit den π-Elektronen der Doppelbindung, wodurch ein delokalisiertes System entsteht.

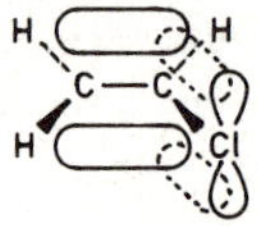

$$CH_2{=}CH{-}\overline{\underline{Cl}}| \longleftrightarrow \overset{\ominus}{C}H_2{-}CH{=}\overset{\oplus}{\underline{Cl}}|$$

MO-Modellschema

Anwendung der Substituenteneffekte

Nützlich ist die Kenntnis der Substituenteneffekte u. a. bei der Erklärung der Basizität aromatischer Amine (s. Kap. 16.2) oder bei Voraussagen der Eintrittsstellen von neuen Substituenten bei der elektrophilen Substitution an Aromaten (s. Kap. 7). Hierbei ist allerdings zu beachten, daß einige Substituenten gegensätzliche induktive und mesomere Effekte zeigen, so daß oft nur qualitative Überlegungen möglich sind.

Mesomerieeffekte werden auch zur Erklärung der Stabilität von Zwischenstufen herangezogen, die bei vielen Reaktionsmechanismen vorgeschlagen werden. Hierzu gehören z. B. die σ-Komplexe bei der elektrophilen Substitution (s. Kap. 7).

Zwischenstufen

3.1.7 Die Substitutionseffekte sind auch dazu geeignet, Voraussagen über die Stabilität von Zwischenstufen zu machen, die oft bei chemischen

Reaktionen auftreten. Wichtige Zwischenstufen (Dissoziationsprodukte) sind Carbokationen, Carbanionen und Radikale. Wie aus der Reaktionskinetik bekannt ist, handelt es sich dabei um echte Zwischenprodukte, die im Energiediagramm zum Auftreten eines Energieminimums führen.

Carbokationen

Ein *Carbonium*-Ion enthält ein Kohlenstoffatom, das eine positive Ladung trägt und an vier bzw. fünf andere Atome oder Atomgruppen gebunden ist: $R_5C^{\oplus}$.

Ein *Carbenium*-Ion enthält ebenfalls ein C-Atom mit einer positiven Ladung. Es ist jedoch nur mit drei weiteren Liganden verbunden: $R_3C^{\oplus}$. Der Oberbegriff für beide Gruppen ist *Carbokation*, wobei oft die Bezeichnung Carbonium-Ion auch für die Carbenium-Ionen verwendet wird.

Carbokationen sind naturgemäß sehr starke elektrophile Reagenzien und werden durch +I- und +M-Substituenten stabilisiert. Für die Zunahme ihrer Stabilität gilt folgende Reihenfolge:

$CH_3^{\oplus} < Alk\text{-}CH_2^{\oplus}$ (primär) $< (Alk)_2CH^{\oplus}$ (sekundär) $< (Alk)_3C^{\oplus}$ (tertiär)

Dreibindige Carbokationen (Carbenium-Ion) sind eben, wobei das positive C-Atom sp^2-hybridisiert ist und die Liganden an den Ecken eines Dreiecks angeordnet sind.

Das C-Atom ist positiv geladen und besitzt nur sechs Valenzelektronen:

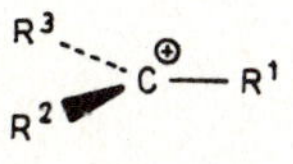

R^3, R^2, $C^{\oplus}$, R^1

schematisch

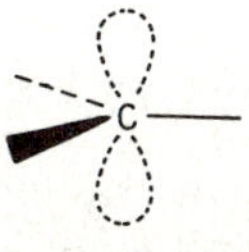

C

Carbeniumion–C
(sp^2-Struktur)

planare sp^2-Struktur mit trigonalen σ-Bindungen

Beispiele für mesomeriestabilisierte Carbenium-Ionen:

$CH_2{=}CH{-}\overset{\oplus}{C}H_2 \longleftrightarrow \overset{\oplus}{C}H_2{-}CH{=}CH_2$;

Allyl-Kation

Benzyl-Kation

Carbanionen

In den Carbanionen liegt ein negativ geladenes C-Atom vor, das an drei Liganden gebunden ist: $R_3\overset{\ominus}{C}$. Carbanionen sind daher meist starke Nucleophile und sehr starke Basen. Sie werden durch -I- und-M-Substituenten stabilisiert. Im Gegensatz zu den Alkyl-Kationen sind tertiäre Alkyl-Carbanionen weniger stabil als primäre. In nicht-konjugierten Carbanionen hat das C-Atom eine tetraedrische Umgebung, da das freie Elektronenpaar ein sp^3-Orbital besetzt. Somit sind am C-Atom acht Valenzelektronen vorhanden.

tetraedrische sp^3-Struktur

Inversion nicht-konjugierter Carbanionen (10^8 - 10^4 s^{-1})

Beispiele für mesomeriestabilisierte Carbanionen:

$CH_2 \overset{\ominus}{\cdots} CH \cdots CH_2 \equiv CH_2{=}CH{-}\overset{\ominus}{C}H_2 \longleftrightarrow \overset{\ominus}{|}CH_2{-}CH{=}CH_2$

Allylanion

Benzylanion

Radikale

Radikale entstehen als meist instabile Zwischenstufen bei der homolytischen Spaltung von Bindungen. Das Radikal $R_3C\cdot$ ist elektrisch neutral, so daß seine Stabilität kaum von induktiven Effekten beeinflußt wird. Mesomerie-Effekte hingegen stabilisieren Radikale so stark, daß z. B. das Triphenylmethyl-Radikal in Lösung einige Zeit beständig ist. Die Stabilität der Alkyl-Radikale nimmt wie bei den Carbenium-Ionen in der Reihe primär → sekundär → tertiär zu.

In konjugierten Radikalen ist das dreibindige C-Atom, das von sieben Elektronen umgeben ist, sp^2-hybridisiert. In anderen Fällen bleibt offen, ob ein planares sp^2-Gerüst oder ein flaches sp^3-Tetraeder vorliegt.

schematisch

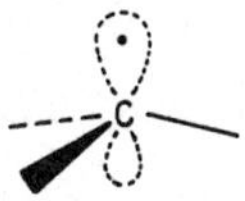

Radikal–C
(sp^3-sp^2-Struktur)

Beispiele:

$CH_2{=}CH-\dot{C}H_2 \longleftrightarrow \dot{C}H_2-CH{=}CH_2$;

Allyl-Radikal

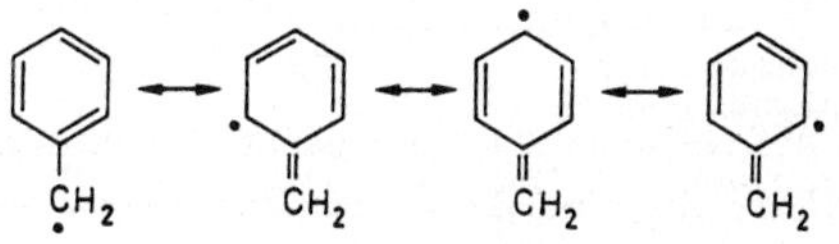

Benzyl-Radikal

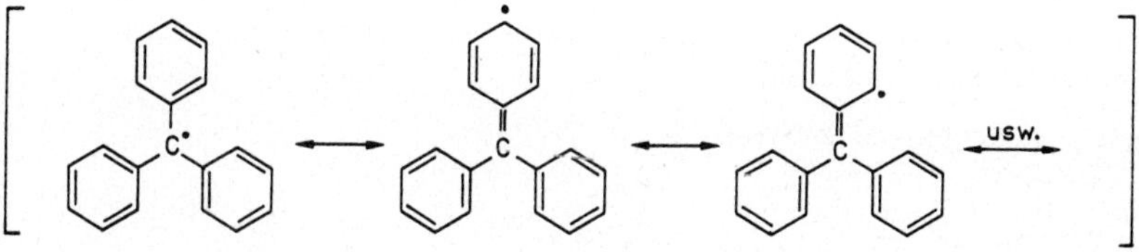

usw.

Triphenylmethyl-Radikal (10 mögliche Resonanzstrukturen)

Carbene

Carbene enthalten ein neutrales, zweibindiges C-Atom mit einem Elektronen-Sextett. Sie sind stark elektrophile Reagenzien, deren zentrales C-Atom zwei nichtbindende Elektronen besitzt: $R_2C|$. Im sog.

Singulett-Carben sind beide Elektronen gepaart und das C-Atom hat sp^2-Geometrie. Das p_z-Orbital bleibt unbesetzt.

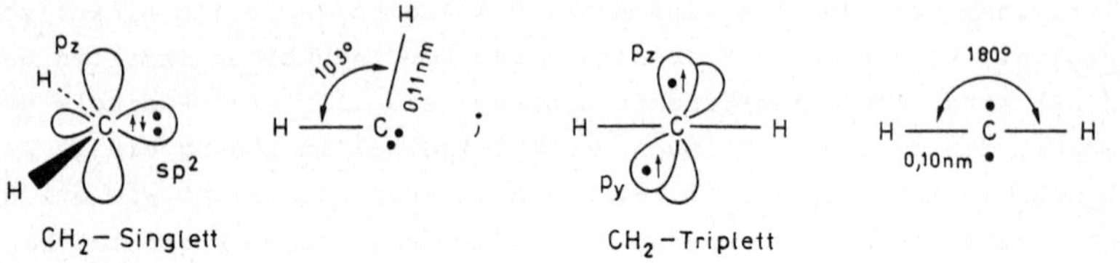

CH_2 – Singlett (103°, 0,11 nm) ; CH_2 – Triplett (180°, 0,10 nm)

Im Triplett-Carben befinden sich beide Elektronen in zwei verschiedenen p-Orbitalen (→ sp-Geometrie). Sie sind ungepaart, d.h. das Triplett-Carben verhält sich wie ein Diradikal. Das energiereichere Singulett-Methylen ist weniger stabil; es wird bei den meisten Darstellungsweisen zuerst gebildet.

Beispiele: $CH_2{=}\overset{\oplus}{N}{=}\overset{\ominus}{N}|$ $\xrightarrow{h\cdot\nu}$ $|CH_2 + N_2$; $CH_2{=}C{=}O$ $\xrightarrow{h\cdot\nu}$ $|CH_2 + CO$

Diazomethan Keten

$CHCl_3 \xrightarrow{HO^\ominus} |CCl_2$ (Dichlorcarben)

Die bekannteste Reaktion der Carbene, die Addition an eine C=C-Bindung, läßt sich zur Unterscheidung beider Spinzustände verwenden. Solche *"Abfangreaktionen"* sind typische Nachweismethoden für reaktive Zwischenstufen.

Die Bildung von Cyclopropanen durch Addition von Singulett-Carben verläuft stereospezifisch: cis-Alken ⟶ cis-disubstituiertes, trans-Alken ⟶ trans-disubstituiertes Cyclopropan.

Bei der Addition eines Triplett-Carbens entstehen dagegen aus sterisch einheitlichen Alkenen Gemische stereoisomerer Cyclopropane (nicht-stereospezifische Addition).

Beispiel: Addition an 2-Buten

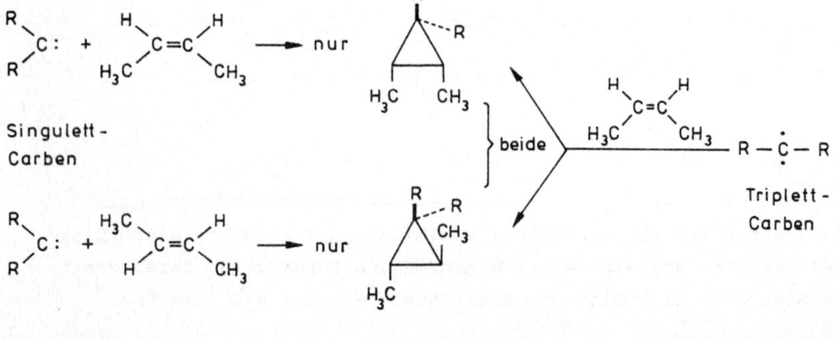

Singulett-Carben: $R_2C:$ + cis-2-Buten ⟶ nur cis-1,2-Dimethylcyclopropan; $R_2C:$ + trans-2-Buten ⟶ nur trans-1,2-Dimethylcyclopropan

Triplett-Carben: $R{-}\dot{\underset{\cdot}{C}}{-}R$ + cis-2-Buten ⟶ beide

Übergangszustände

Im Gegensatz zu Zwischenprodukten, die oft isoliert oder spektroskopisch untersucht werden können, sind "Übergangszustände" hypothetische Annahmen bestimmter Molekülstrukturen. Sie sind jedoch für das Erarbeiten von Reaktionsmechanismen sehr nützlich. Bei ihrer Formulierung geht man zunächst davon aus, daß diejenigen Reaktionsschritte bevorzugt werden, welche die Elektronenzustände und die Positionen der Atome der Reaktionspartner am geringsten verändern. Das bedeutet, daß man zunächst nur jene Bindungen berücksichtigt, die bei der Reaktion verändert werden (Prinzip der geringsten Strukturänderung).

Weitere Angaben über die Struktur eines "Übergangszustandes" erlaubt das *Hammond-Prinzip*:

Bei einer stark exergonischen Reaktion ist der Übergangszustand den Ausgangsstoffen ähnlich und wird bereits zu Beginn der Reaktion durchlaufen (Abb. 1). Im Falle einer stark endergonischen Reaktion ähnelt der Übergangszustand den Produkten und wird gegen Ende der Reaktion durchlaufen (Abb. 2).

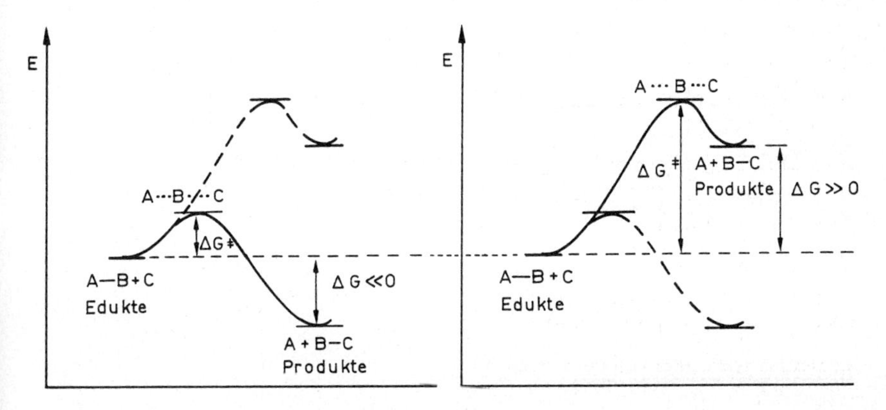

Abb. 1. Stark exergonische Reaktion; Übergangszustand wird früh erreicht: er ist eduktähnlich

Abb. 2. Stark endergonische Reaktion; Übergangszustand wird spät erreicht: er ist produktähnlich

Anwendungen

① Liegt eine Reaktion vor, die im geschwindigkeitsbestimmenden Schritt ein instabiles, nachweisbares Zwischenprodukt bildet, so ähnelt der Übergangszustand diesem Zwischenprodukt mehr als den Edukten (Abb. 3).

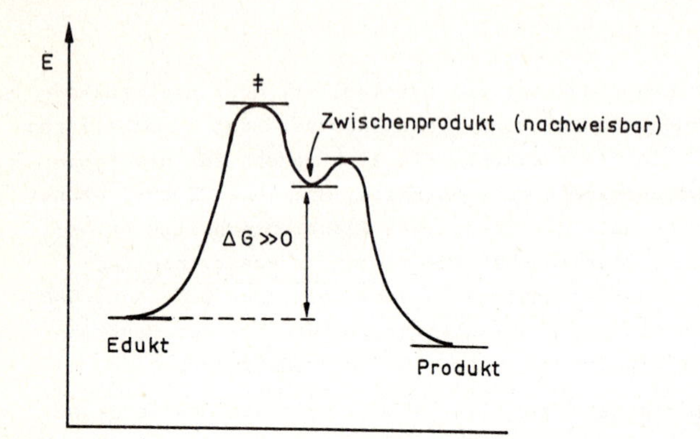

Abb. 3. Reaktion mit Zwischenprodukt

② Die "Theorie des Übergangszustandes" liefert für die Geschwindigkeitskonstante k der Reaktion die sog. *Eyring-Gleichung*, die der Arrhenius-Gleichung (s. HT, Bd. 247) sehr ähnlich ist. Aus ihr folgt: Die Geschwindigkeitskonstante k ist um so größer, je kleiner $\Delta G^{\ddagger}$ ist. Das bedeutet, daß bei stark endergonischen Reaktionen die stabilen Produkte um so schneller gebildet werden, je kleiner $\Delta G^{\ddagger}$ ist.

$$k = \frac{k_B \cdot T}{h} \cdot e^{-\Delta G^{\ddagger}/R \cdot T}$$

$$= \frac{k_B \cdot T}{h} \cdot e^{-\Delta S^{\ddagger}/R \cdot T} \cdot e^{-\Delta H^{\ddagger}/R \cdot T}$$

k_B = Boltzmann-Konstante, h = Plancksches Wirkungsquantum,
R = allgemeine Gaskonstante, T = absolute Temperatur

Lösungsmittel-Einflüsse

Viele Reaktionen erfolgen zwischen polaren oder polarisierten Substanzen. Wie bei Umsetzungen mit geladenen Carbanionen oder Carbokationen spielt dabei das Lösungsmittel eine wichtige Rolle, weil es den aktivierten Komplex im Übergangszustand solvatisieren kann.

Der Lösungsmitteleinfluß ist gering, wenn die Reaktanden und der aktivierte Komplex neutral und unpolar sind.

Kationen werden durch nucleophile Lösungsmittel solvatisiert, Anionen durch elektrophile Lösungsmittel, insbesondere solche, die Wasserstoffbrücken bilden können.

$$H_2O \cdots M^{\oplus} \cdots OH_2 \qquad \overset{\delta\ominus}{Y}-\overset{\delta\oplus}{H}\cdots|\overline{\underline{X}}|^{\ominus}\cdots\overset{\delta\oplus}{H}-\overset{\delta\ominus}{Y}$$

Lösungsmittel lassen sich einteilen in

polar-protische Lösungsmittel, z.B. Wasser, Alkohole, Ammoniak, Carbonsäuren,

apolar-aprotische Lösungsmittel (niedrige Dielektrizitätskonstante, kleine Dipolmomente): CS_2, CCl_4, Cyclohexan,

dipolar-aprotische Lösungsmittel (hohe Dielektrizitätskonstante, große Dipolmomente): CH_3CN, CH_3COCH_3, Dimethylformamid, Dimethylsulfoxid, Pyridin.

Spezielle Reaktionstypen

Additionsreaktionen

Bei Additionsreaktionen werden Moleküle oder Molekülfragmente an eine Mehrfachbindung angelagert. Es entsteht zunächst nur *ein* Produkt, das bisweilen Folgereaktionen eingeht. Die Reaktionen können elektrophil (a), nucleophil (b) oder radikalisch ablaufen (Beispiele Kap. 4 und 5).

a) Elektrophile Addition

Eine C=C-Doppelbindung kann leicht von elektrophilen Reagenzien angegriffen werden, denn sie ist ein Zentrum relativ hoher Ladungsdichte. Beispiel: Bei der Addition eines Halogenmoleküls wird zunächst eine lockere Bindung mit dem π-Elektronenpaar ausgebildet (π-Komplex) und dann vermutlich ein Halogenonium-Ion gebildet, aus dem das trans-Produkt entsteht.

$$X_2 + \rangle C=C\langle \rightleftarrows \rangle C-C\langle \cdots X-X \rightarrow \rangle C-C\langle (X^{\oplus}) + X^{\ominus} \rightarrow -\overset{X}{\underset{|}{C}}-\underset{X}{\overset{|}{C}}-$$

Π-Komplex

b) Nucleophile Addition

Nucleophile Additionen an C=C-Doppelbindungen sind nur möglich, wenn elektronenziehende Gruppen im Substrat vorhanden sind, wobei das Reagens meist als Carbanion angreift (hergestellt durch Abspaltung eines Protons mit einer Base). Von großer Bedeutung sind ferner Additionsreaktionen an Mehrfachbindungen zwischen Kohlenstoff und einem Heteroatom wie $>C=O$, $>C\equiv N$ usw. (Beispiele Kap. 4.3).

Eliminierungsreaktionen

Die Eliminierung kann als Umkehrung der Addition aufgefaßt werden. Es werden meist Gruppen oder Atome von benachbarten C-Atomen unter Bildung von Mehrfachbindungen entfernt.

Die Eliminierung ist eine Konkurrenzreaktion zur Substitution und verläuft wie diese monomolekular (E_1) oder bimolekular (E_2) durch Angriff eines Nucleophils $Y|^{\ominus}$ an ein Substrat (Beispiele Kap. 11).

$$Y|^{\ominus} \rightarrow A-C-C-X \rightarrow Y-A + >C=C< + X|^{\ominus}$$

E_2-Reaktionen verlaufen im allgemeinen stereospezifisch, wobei die abzuspaltenden Substituenten A und X in trans-Stellung stehen sollten. Die vier Reaktionszentren A-C-C-X liegen dabei in einer Ebene.

Substitutionsreaktionen

Substitutionen können nucleophil, elektrophil oder auch radikalisch verlaufen. Man versteht darunter den Ersatz eines Atoms oder einer Atomgruppe in einem Molekül durch ein anderes Atom bzw. eine Atomgruppe. Im Gegensatz zur Addition entstehen daher stets *zwei* Produkte (Beispiele Kap. 7 und 10).

Die *nucleophile Substitution* findet hauptsächlich an gesättigten Kohlenstoffverbindungen statt, wobei Eliminierungen und Umlagerungen als Nebenreaktionen auftreten können. Vom Mechanismus her unterscheiden wir die bimolekulare nucleophile Substitution (S_N2) und die monomolekulare nucleophile Substitution (S_N1).

Die *elektrophile Substitution* ist eine typische Reaktion aromatischer Verbindungen, die infolge ihres π-Elektronensystems leicht mit elektrophilen Reagenzien reagieren. Dabei entsteht zunächst ein π-Komplex und dann daraus ein positiv geladenes, mesomeriestabilisiertes Zwischenprodukt (σ-Komplex), welches in das Endprodukt übergeht:

Beispiel:

$$C_6H_6 + NO_2^{\oplus} \rightleftharpoons [C_6H_6 \cdot NO_2]^{\oplus} \longrightarrow C_6H_6NO_2^{\oplus} \longrightarrow C_6H_5NO_2 + H^{\oplus}$$

π-Komplex σ-Komplex

Umlagerungen

Umlagerungen sind Isomerisierungs-Reaktionen, bei denen oft auch das Grundgerüst eines Moleküls verändert wird. Dabei finden Positionsänderungen von Atomen oder Atomgruppen innerhalb eines Moleküls statt. Es können ionische oder radikalische Zwischenprodukte auftreten. Auf den eigentlichen Umlagerungsschritt folgen oft weitere Reaktionen, Eliminierungen, Additionen u.a. Die wichtigsten und häufigsten Umlagerungen laufen über Teilchen mit Elektronenmangel wie Carbenium-Ionen. Dabei wandert die umgelagerte Gruppe mit ihrem Bindungselektronenpaar an ein Nachbaratom mit einem Elektronensextett (3 Bindungselektronenpaare) in einer 1,2-Verschiebung. Sie füllt dieses zu einem stabilen Oktett auf, verhält sich also wie ein Nucleophil. *Man bezeichnet solche Reaktionen als anionotrope oder Sextett-Umlagerungen.*

Beispiele:

① Hydrolyse von Neopentylchlorid mit Wagner-Meerwein-Umlagerung (1,2-Verschiebung):

$$CH_3-C(CH_3)_2-CH_2Cl \xrightarrow[-Cl^{\ominus}]{S_N1} \underset{\text{I}}{CH_3-C(CH_3)_2-\overset{\oplus}{C}H_2} \longrightarrow \underset{\text{II}}{CH_3-\overset{\oplus}{C}(CH_3)-CH_2-CH_3} \xrightarrow[-H^{\oplus}]{+H_2O} CH_3-C(CH_3)(OH)-CH_2-CH_3$$

Wir erhalten als einzigen Alkohol 2-Hydroxy-2-methylbutan, da sich das Carbenium-Ion I in das Ion II umgelagert hat.

(2) Umlagerung von Olefinen in Gegenwart von Säuren:

$$H_3C-\overset{CH_3}{\underset{CH_3}{C}}-CH=CH_2 \overset{+H^{\oplus}}{\rightleftharpoons} H_3C-\overset{CH_3}{\underset{CH_3}{C}}-\overset{\oplus}{C}H-CH_3 \longrightarrow H_3C-\overset{CH_3}{\underset{\oplus}{C}}-\underset{CH_3}{CH}-CH_3 \overset{-H^{\oplus}}{\rightleftharpoons} (H_3C)_2C=C(CH_3)_2$$

2,2-Dimethyl-3-buten

2,3-Dimethyl-2-buten

3.2.15 Radikalreaktionen

Bei der homolytischen Spaltung einer kovalenten Bindung entstehen Radikale. Sie führen zu einem Reaktionsablauf, der sich durch hohe Geschwindigkeit auszeichnet. Radikalreaktionen werden durch Radikalbildner (Initiatoren) gestartet - manchmal genügt schon Licht - und können durch Inhibitoren (Radikalfänger) verlangsamt oder gestoppt werden. Der Reaktionsablauf gliedert sich in: die Startreaktion, die Kettenfortpflanzung und den Kettenabbruch. Großtechnisch von Bedeutung ist die Chlorierung von Kohlenwasserstoffen.
Für die Lebensmittelchemie wichtig ist die Reaktion von organischen Substanzen mit dem Diradikal Sauerstoff (O_2) unter milden Bedingungen, eine Autoxidation. Oft dienen Spuren von Metallen als Initiatoren für diese Kettenreaktion. Sie ist verantwortlich z.B. für das Ranzigwerden von Fetten und Ölen sowie das Altern von Kautschuk:

Allgemeine Formulierung der Autoxidation:

$$R{-}H \xrightarrow{-H\cdot} R\cdot \qquad \text{Start}$$

$$R\cdot + \cdot O{-}O\cdot \longrightarrow R{-}O{-}O\cdot$$

$$R{-}O{-}O\cdot + H{-}R \longrightarrow R{-}O{-}O{-}H + R\cdot$$

(beide Schritte: Radikalkette)

Beispiel: Oxidation eines Alkans zu Carbonsäuren

$$R'CH_2{-}CH_2{-}R \xrightarrow{+O_2} R'{-}\underset{OOH}{CH}{-}CH_2{-}R \xrightarrow[-H_2O]{+3/2\ O_2} R'COOH + RCOOH$$

2 Gesättigte Kohlenwasserstoffe: Alkane und Cycloalkane

Kohlenwasserstoffe, die einfachsten Verbindungen der organischen Chemie, bestehen nur aus Kohlenstoff und Wasserstoff. Sie werden nach Bindungsart und Molekülstruktur unterteilt in

gesättigte Kohlenwasserstoffe (Alkane oder Paraffine),

ungesättigte Kohlenwasserstoffe (Alkene oder Olefine, Alkine) und

aromatische Kohlenwasserstoffe.

Eine weitere Gliederung erfolgt in offenkettige (acyclische) und in ringförmige (cyclische) Verbindungen.

2.1 Offenkettige Alkane

.4.1 Das einfachste offenkettige Alkan ist das *Methan*, CH_4.
Durch sukzessives Hinzufügen einer CH_2-Gruppe läßt sich daraus eine homologe Verbindungsreihe, die Alkane mit der Summenformel C_nH_{2n+2}, ableiten.

Während die chemischen Eigenschaften des jeweils nächsten Gliedes der Reihe durch die zusätzliche CH_2-Gruppe nur wenig beeinflußt werden, ändern sich die physikalischen Eigenschaften im allgemeinen .4.3 regelmäßig mit der Zahl der Kohlenstoffatome (Tabelle 3 und Abb. 4).

Eine homologe Reihe ist eine Gruppe von Verbindungen, die sich um einen bestimmten, gleichbleibenden Baustein unterscheiden.

Die ersten vier Glieder der Tabelle haben spezielle Namen (Trivialnamen). Die Bezeichnungen der höheren Homologen leiten sich von griechischen oder lateinischen Zahlwörtern ab, die man mit der Endung -an versieht. Durch Abspaltung eines H-Atoms von einem Alkan entsteht ein Rest R (Radikal, Gruppe), welcher die Endung -yl erhält (s. Tabelle 3):

Alkan minus 1 H ⟶ Alkylgruppe,

z. B. CH_3-CH_3 minus 1 H ⟶ CH_3-CH_2-
Ethan Ethyl-

Tabelle 3. Homologe Reihe der Alkane

Summenformel	Formel	Name	Eigenschaften Fp. (in °C)	Kp. (in °C)	Alkyl C_nH_{2n+1}
CH_4	CH_4	Methan	-184	-164	Methyl
C_2H_6	CH_3–CH_3	Ethan	-171,4	-93	Ethyl
C_3H_8	CH_3–CH_2–CH_3	Propan	-190	-45	Propyl
C_4H_{10}	CH_3–$(CH_2)_2$–CH_3	Butan	-135	-0,5	Butyl
C_5H_{12}	CH_3–$(CH_2)_3$–CH_3	Pentan	-130	+36	Pentyl (Amyl)
C_6H_{14}	CH_3–$(CH_2)_4$–CH_3	Hexan	-93,5	+68,7	Hexyl
C_7H_{16}	CH_3–$(CH_2)_5$–CH_3	Heptan	-90	+98,4	Heptyl
C_8H_{18}	CH_3–$(CH_2)_6$–CH_3	Octan	-57	+126	Octyl
C_9H_{20}	CH_3–$(CH_2)_7$–CH_3	Nonan	-53,9	+150,6	Nonyl
$C_{10}H_{22}$	CH_3–$(CH_2)_8$–CH_3	Decan	-32	+173	Decyl
⋮					
$C_{17}H_{36}$	CH_3–$(CH_2)_{15}$–CH_3	Heptadecan	+22,5	+303	Heptadecyl
$C_{20}H_{42}$	CH_3–$(CH_2)_{18}$–CH_3	Eicosan	+37	-	Eicosyl

Abkürzungen: Methyl = Me, Ethyl = Et, Propyl = Pr, Butyl = Bu

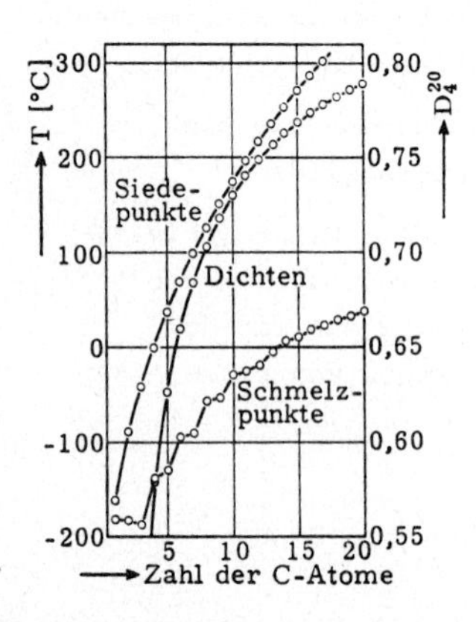

Abb. 4. Schmelzpunkt, Siedepunkt und Dichte der n-Alkane bei 1 bar in Abhängigkeit von der Zahl der Kohlenstoff-Atome

Verschiedene Reste an einem Zentralatom erhalten einen Index, z.B. R', R'' oder R^1, R^2 usw.

Für die formelmäßige Darstellung der Alkane gibt es mehrere Möglichkeiten. Besonders zweckmäßig ist die in Tabelle 3 verwendete Schreibweise. Die aufgeführten Alkane werden unverzweigte oder normale Kohlenwasserstoffe genannt. Die ebenfalls übliche Bezeichnung "geradkettig" ist etwas irreführend, da die Kohlenstoffketten wegen der tetraedrischen Bindungswinkel am Kohlenstoffatom keineswegs gerade sind.

Von den *normalen* Kohlenwasserstoffen, den n-Alkanen, unterscheiden sich die *verzweigten* Kohlenwasserstoffe, die in speziellen Fällen mit der Vorsilbe **iso-** gekennzeichnet werden. Das einfachste Beispiel ist iso-Butan. Für Pentan kann man drei verschiedene Strukturformeln angeben (unter den Formeln stehen die physikalischen Daten und die Namen gemäß den Regeln der chemischen Nomenklatur):

$CH_3\text{-}CH(CH_3)\text{-}CH_3$	$CH_3\text{-}(CH_2)_3\text{-}CH_3$	$CH_3\text{-}CH_2\text{-}CH(CH_3)\text{-}CH_3$	$CH_3\text{-}C(CH_3)_2\text{-}CH_3$
Methylpropan (iso-Butan)	n-Pentan	2-Methyl-butan (iso-Pentan)	2,2-Dimethylpropan
	Kp. 36 °C	Kp. 27,9 °C	Kp. 9,5 °C
	Fp. −129,7 °C	Fp. −158,6 °C	Fp. −20 °C

Eine Verbindung wird vereinbarungsgemäß nach dem längsten geradkettigen Abschnitt im Molekül benannt. Die Seitenketten werden wie Alkylradikale bezeichnet und ihre Position im Molekül durch Zahlen angegeben. Manchmal findet man auch Positionsangaben mit griechischen Buchstaben. Diese geben die Lage eines C-Atoms einer Kette relativ zu einem anderen an. Man spricht von α-ständig, β-ständig etc.

Beispiel:

$$\overset{1}{H_3C}-\overset{2}{C}(CH_3)(CH_3)-\overset{3}{CH}(CH_2-CH_3)-\overset{4}{CH_2}-\overset{5}{CH_3} \quad = \quad \text{3-Ethyl-2,2-dimethyl-pentan}$$

An diesem Beispiel lassen sich verschiedene Typen von Alkyl-Resten unterscheiden, die wie folgt benannt werden (R bedeutet einen Kohlenwasserstoff-Rest):

primäre Gruppen
primäres C-Atom C■ — CH_3- , ■CH_3CH_2-, allgemein $R-CH_2-Y$

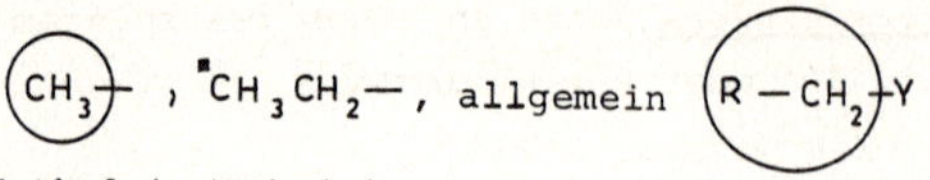

(Methyl-) (Ethyl-)

sekundäre Gruppen
sekundäres C-Atom C■ — $-\overset{|}{\underset{|}{C}}-$■$CH-$ mit CH_2- ; R_2CH-Y

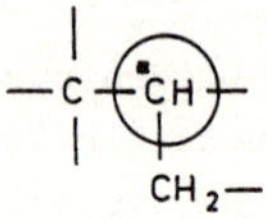

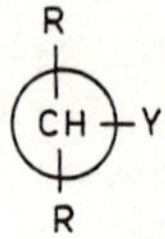

tertiäre Gruppen
tertiäres C-Atom C■ — H_3C-■$C(CH_3)_2-$ (tert. Butyl) ; R_3C-Y

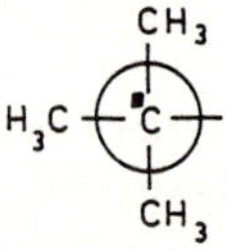

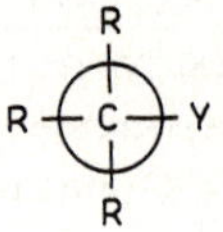

quartäres C-Atom C■ — H_3C-■$C(CH_3)_2-CH_3$

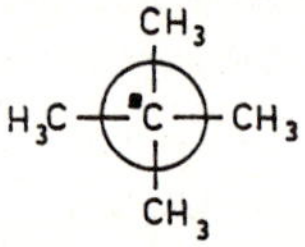

Die Benutzung einer systematischen Nomenklatur ist notwendig, um die Strukturisomeren unterscheiden zu können.

Für die Chemie wird diese festgelegt durch die "International Union of Pure and Applied Chemistry" (IUPAC) und die von ihr herausgegebenen Richtlinien.

Strukturisomere nennt man Moleküle mit gleicher Summenformel, aber verschiedener Strukturformel. Die Strukturisomerie, auch Konstitutionsisomerie genannt, beruht auf der unterschiedlichen Anordnung der Atome und Bindungen in Molekülen gleicher Summenformel.

Beispiele hierfür sind die isomeren Alkane (s. vorstehend: Pentane). Sie unterscheiden sich z. B. im Schmelz- und Siedepunkt und der Dichte, denn diese Eigenschaften hängen in hohem Maße von der Gestalt der Moleküle ab.

Weitere Beispiele:

$CH_3-CH_2-CH_2Cl$: $CH_3-CHCl-CH_3$; $CH_3-CH_2-CH=CH_2$: $CH_3-CH=CH-CH_3$;

1-Chlorpropan 2-Chlorpropan 1-Buten 2-Buten

CH_3-O-CH_3 : CH_3-CH_2-OH ; CH_2=CH-CH_2-CH_2-CH_2-CH_3 : (H) = C_6H_{12}

Dimethylether Ethanol 1-Hexen Cyclohexan

Vorkommen, Gewinnung und Verwendung der Alkane

Gesättigte Kohlenwasserstoffe (KW) sind in der Natur weit verbreitet. Ihre Gewinnung erfolgt aus Erdöl (Petroleum) und Erdgas. Die große wirtschaftliche Bedeutung des Erdöls liegt darin, daß neben der Erzeugung von Benzin, Diesel- und Heizöl sowie Asphalt und Bitumen bei der fraktionierten Destillation und der weiteren Aufarbeitung eine große Anzahl wertvoller und relativ preiswerter Ausgangsstoffe für die chemische und pharmazeutische Industrie gewonnen werden. Dazu gehören einige wichtige Alkane, die pharmazeutisch Verwendung finden und im DAB 9 aufgenommen wurden.

Benzin oder Petrolether ist ein Gemisch niedrig siedender Kohlenwasserstoffe mit 5 - 12 C-Atomen. Benzin wird für medizinische bzw. pharmazeutische Zwecke besonders gereinigt und vor allem als Hautreinigungsmittel verwendet.

Paraffin ist eine Mischung gereinigter Kohlenwasserstoffe definierter Viscosität. Man unterscheidet flüssige und feste Paraffine. Paraffin ist Bestandteil vieler Salben und Emulsionen sowie von Nasenölen. Außerdem wird Paraffinöl als Gleitmittel entweder allein oder in Zubereitungen als Laxans verwendet.

Vaseline, aus den Rückständen der Erdöldestillation gewonnen, ist ein Gemisch aus KW (Hauptbestandteil: $C_{22}H_{46}$ und $C_{23}H_{48}$) und für pharmazeutische Zwecke besonders gereinigt (weiße Vaseline). Aufgrund seiner chemischen Indifferenz und der guten Verträglichkeit mit fast allen Arzneistoffen ist Vaseline eine der wichtigsten Salbengrundlagen.

Darstellung von Alkanen

4.4 Neben zahlreichen, oft speziellen Verfahren zur Gewinnung bzw. Darstellung von Alkanen bieten die Wurtz-Synthese und die Kolbe-Synthese einen allgemein gangbaren Weg, gezielt Kohlenwasserstoffe (KW) bestimmter Kettenlänge zu erhalten.

Wurtz-Synthese

Ausgehend vom Methan lassen sich auf einfache Weise zahlreiche höhere Kohlenwasserstoffe aufbauen:

$$R'X + RX + 2\,Na \longrightarrow RR' + 2\,NaX$$

Beispiel: Synthese von Ethan:

$$CH_3I + 2\,Na \longrightarrow CH_3Na + NaI$$

$$CH_3Na + CH_3I \longrightarrow CH_3\text{-}CH_3 + NaI$$

Die Wurtz-Synthese wird in der Regel zur Darstellung höherer KW aus den entsprechenden Alkylhalogeniden angewandt. So konnten KW bis zur Summenformel $C_{70}H_{142}$ aufbauend dargestellt werden.

Kolbe-Synthese

Die Kolbe-Synthese eignet sich zum Aufbau komplizierter gesättigter Kohlenwasserstoffe. Dabei werden konzentrierte Lösungen von Carbonsäure-Salzen elektrolysiert:

$$2\,C_nH_{2n+1}COO^{\ominus} \xrightarrow{-2e^{\ominus}} C_{2n}H_{4n+2} + 2\,CO_2$$

Beispiel: Synthese von n-Butan

Dem Propionat-Anion wird an der Anode ein Elektron entzogen, wobei ein Radikal entsteht. Nach Abspaltung von CO_2 kombinieren sich die Alkylradikale zum n-Butan:

$$CH_3-CH_2-C\genfrac{}{}{0pt}{}{//O}{\backslash \bar{O}|^{\ominus}} \xrightarrow{-e^{\ominus}} CH_3-CH_2-C\genfrac{}{}{0pt}{}{//O}{\backslash O\cdot}$$ Radikal-Bildung

Propionat-Anion Radikal

$$CH_3-CH_2\cdot\cdot C\genfrac{}{}{0pt}{}{//O}{\backslash O\cdot} \longrightarrow CH_3-CH_2\cdot + CO_2$$ Radikal-Zerfall

Ethyl-Radikal

$$2\,CH_3-CH_2\cdot \longrightarrow CH_3-CH_2-CH_2-CH_3$$ Radikal-Kombination

n-Butan

Eigenschaften und chemische Reaktionen

3.4.5 Alkane sind ziemlich reaktionsträge und werden daher oft als Paraffine 3.4.3 (parum affinis = wenig verwandt (reaktionsfähig)) bezeichnet. Der Anstieg der Schmelz- und Siedepunkte innerhalb der homologen Reihe

(s. Tabelle 3) ist auf zunehmende *van der Waals-Kräfte* zurückzuführen. Die neu hinzutretende CH_2-Gruppe wirkt sich bei den ersten Gliedern am stärksten aus. Die Moleküle sind als ganzes unpolar und lösen sich daher gut in anderen Kohlenwasserstoffen, hingegen nicht in polaren Lösungsmitteln wie Wasser. Solche Verbindungen bezeichnet man als *hydrophob* (wasserabweisend) oder *lipophil* (fettfreundlich). Substanzen mit OH-Gruppen (z.B. Alkohole) sind dagegen *hydrophil* (wasserfreundlich) vgl. HT, Bd. 247).

Obwohl die Alkane wenig reaktionsfreudig sind, lassen sich doch verschiedene Reaktionen mit ihnen durchführen. Für diese ist charakteristisch, daß sie über Radikale als Zwischenstufen verlaufen.

3.7.3 Bei der Reaktion eines Radikals mit einem Molekül bildet sich oft ein neues Radikal. Wiederholt sich dieser Vorgang, so spricht man von einer Radikalkette.

Reaktionsschema:

$Cl{-}Cl \longrightarrow 2\ Cl\cdot$ (Kettenstart)

$Cl\cdot + R{-}H \longrightarrow R\cdot + HCl$

$R\cdot + Cl{-}Cl \longrightarrow R{-}Cl + Cl\cdot$ (Radikalkette)

Beispiele für radikalische Substitutionsreaktionen:

(1) Sulfochlorierung

$$C_{14}H_{30} + SO_2 + Cl_2 \xrightarrow{h\cdot\nu} C_{14}H_{29}SO_2Cl + HCl$$

Alkan Alkylsulfochlorid

(2) Halogenierung

$$CH_4 + Cl_2 \xrightarrow{h\cdot\nu} CH_3Cl + HCl$$

Alkan Halogenalkan

Die bei der Halogenierung entstehenden Halogenalkane (Alkylhalogenide) sind wichtige Lösungsmittel und reaktionsfähige Ausgangsstoffe. Durch Chlorierung von Methan erhält man außer Chlormethan (Methylchlorid, CH_3Cl) noch Dichlormethan (Methylenchlorid, CH_2Cl_2), Trichlormethan (Chloroform, $CHCl_3$) und Tetrachlorkohlenstoff (CCl_4). Die letzten drei sind häufig verwendete Lösungsmittel und haben wie viele Halogenverbindungen narkotische Wirkungen. Chlorethan C_2H_5Cl z. B. findet für die zahnmedizinische Anaesthesierung Verwendung. Daneben wird es zur Herstellung von Bleitetraethyl $Pb(C_2H_5)_4$ benutzt, das als Antiklopfmittel dem Benzin zugesetzt wird.

③ Oxidation

3.2.14 Normalerweise verbrennen Alkane mit Luft oder O_2 zu CO bzw. CO_2. Unter bestimmten Bedingungen lassen sich höhere Alkane (> C_{25}) mit Luftsauerstoff in Gegenwart von Katalysatoren in Gemische von Carbonsäuren überführen (Paraffin-Oxidation). Die erhaltenen Carbonsäuren haben Kettenlängen von C_{12} - C_{18} und dienen zur Herstellung von Tensiden (waschaktiven Substanzen).

④ Pyrolyse

Unter Pyrolyse versteht man die thermische Zersetzung einer Verbindung. Die technische Pyrolyse langkettiger Alkane wird als Cracken bezeichnet (bei ca. 700 - 900° C). Dabei entstehen kurzkettige Alkane, Alkene und Wasserstoff durch Dehydrierung. Die Bruchstücke gehen z.T. Folgereaktionen ein (Isomerisierung, Ringschlüsse u.a.).

schematisch

$$\begin{array}{l} H_3C\text{-}CH_2\text{-}CH_2 \\ \qquad\qquad\quad | \\ H_3C\text{-}CH_2\text{-}CH_2 \end{array} \xrightarrow{\Delta} \begin{array}{l} \text{a) } H_3C\text{-}CH{=}CH_2 + H_3C\text{-}CH_2\text{-}CH_3 \\ \text{b) isomere Hexene} + H_2 \end{array}$$

Die Reaktion kann durch Änderung der Pyrolysetemperatur, Zugabe von Katalysatoren o.ä. nach a) oder b) gesteuert werden.

Bau der Moleküle; Stereochemie der Alkane

3.3.3 3.3.4 3.4.2 Im Ethan sind die Kohlenstoffatome durch eine rotationssymmetrische σ-Bindung verbunden (s. Teil 1). Durch Rotation der CH_3-Gruppen um die C-C-Bindung entstehen verschiedene räumliche Anordnungen, die sich in ihrem Energieinhalt unterscheiden und Konformere genannt werden (allgemeiner Oberbegriff: Stereoisomere, s. Kap. 8.

a) Ethan

Zur Veranschaulichung der Konformationen des Ethans CH_3-CH_3 verwendet man folgende zeichnerische Darstellungen:

1. Sägebock-Projektion (saw-horse, perspektivische Sicht):

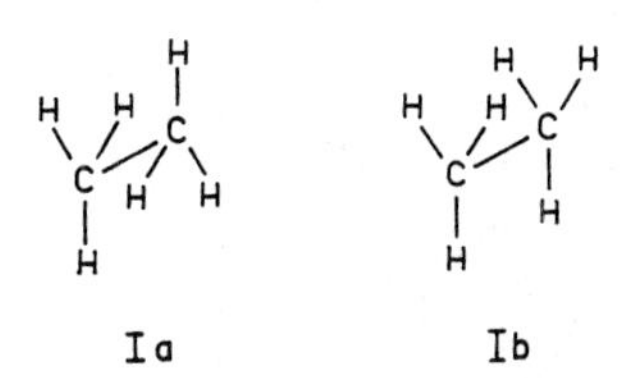

2. Projektion mit Keilen und punktierten Linien (Blick von der Seite). Die Keile zeigen nach vorn, die punktierten Linien nach hinten. Die durchgezogenen Linien liegen in der Papierebene:

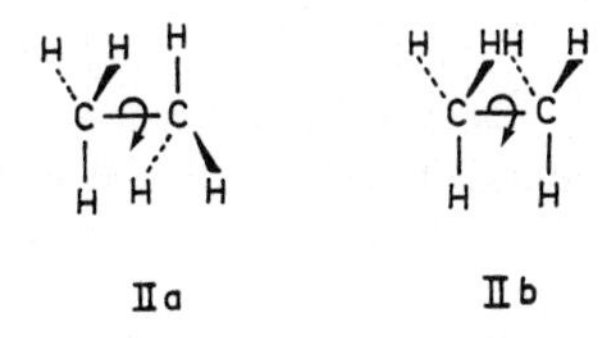

3. Newman-Projektion (Blick von vorne). Die durchgezogenen Linien sind Bindungen zum vorderen C-Atom, die am Kreis endenden Linien Bindungen zum hinteren C-Atom (die Linien bei IIIb müßten strenggenommen aufeinander liegen):

60° 120°

IIIa IIIb

Die Schreibweisen Ia, IIa, IIIa sind identisch und werden als *gestaffelte* Stellung bezeichnet. Die Schreibweisen Ib, IIb, IIIb sind ebenfalls identisch und werden als *ekliptische* Stellung bezeichnet. Neben diesen beiden extremen *Konformationen* gibt es noch unendlich viele konformere Anordnungen.

Der Verlauf der potentiellen Energie bei der gegenseitigen Umwandlung ist in Abb. 5 dargestellt. Die gestaffelte Konformation ist

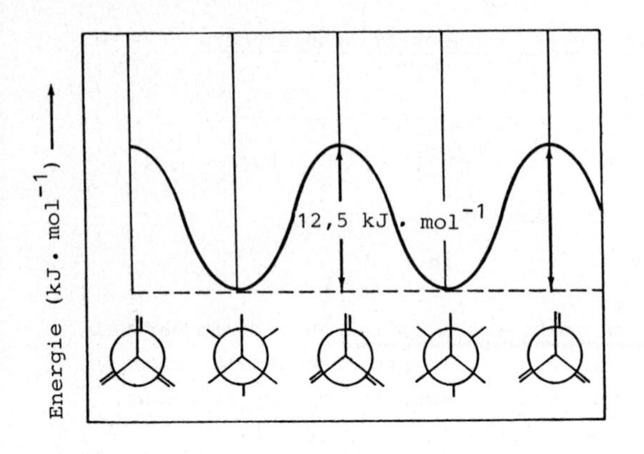

Abb. 5. Verlauf der potentiellen Energie bei der inneren Rotation eines Ethanmoleküls

um 12,5 kJ/mol energieärmer als die ekliptische. Im Gitter des festen Ethans tritt daher ausschließlich die gestaffelte Konformation auf.

b) Butan

Größere Energieunterschiede findet man beim n-Butan. Wenn man n-Butan als 1,2-disubstituiertes Ethan auffaßt (Ersatz je eines H-Atoms durch eine CH_3-Gruppe), ergeben sich außer den ekliptischen Konformationen zwei verschieden gestaffelte Konformationen, die man als *anti*- und *gauche*-(skew-)Konformation unterscheidet. Die Energieunterschiede sind in Abb. 6 angegeben.

Konstitutionsformel: CH_3-CH_2-CH_2-CH_3.

Sterische Darstellung der antiperiplanaren Form:

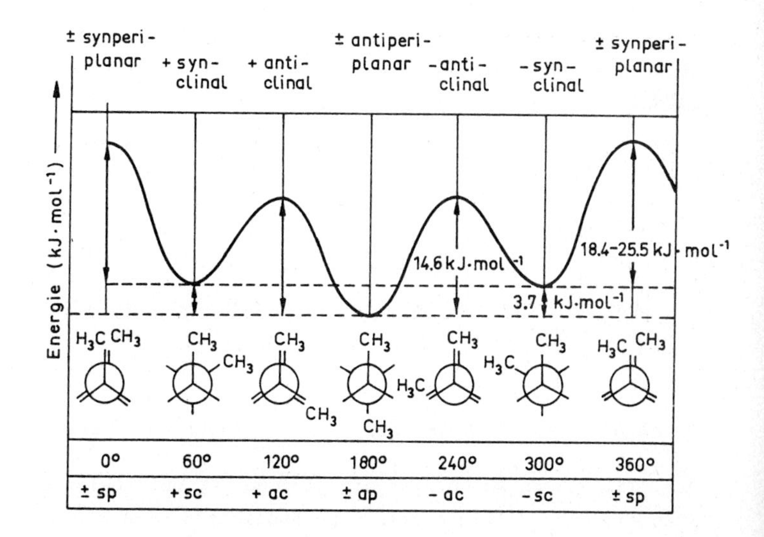

Abb. 6. Potentielle Energie der Konformationen des Butans

Da der Energieunterschied zwischen den einzelnen Formen gering ist, können sie sich leicht ineinander umwandeln. Sie stehen miteinander im Gleichgewicht und können deshalb nicht getrennt isoliert werden; man kann sie jedoch z.B. IR-spektroskopisch nachweisen.

c) Propan

Die Energieunterschiede bei den Konformationsisomeren des Propans liegen zwischen denen des Ethans und Butans. Ersetzt man in den Strukturformeln des Butans in Abb. 6 eine Methylgruppe durch ein H-Atom, erhält man die entsprechenden Formeln für Propan.

2.2 Cyclische Alkane

Die Cycloalkane sind gesättigte Kohlenwasserstoffe mit ringförmig geschlossenem Kohlenstoffgerüst. Sie bilden ebenfalls eine homologe Reihe. Als wichtige Vertreter seien genannt:

60° ≡ H_2C—CH_2, C H_2 90° ≡ H_2C—CH_2, H_2C—CH_2 108° ≡ H_2C—CH_2, H_2C CH_2, C H_2 120° ≡ H_2 C, H_2C CH_2, H_2C CH_2, C H_2

Cyclopropan Cyclobutan Cyclopentan Cyclohexan

Neben der ausführlichen Strukturformel ist die vereinfachte Darstellung angegeben. Das H im Sechsring bedeutet hydriert und dient zur Unterscheidung vom ähnlichen Benzol-Ring.

Außer einfachen Ringen gibt es kondensierte Ringsysteme, die vor allem in Naturstoffen zu finden sind (z.B. Cholesterin):

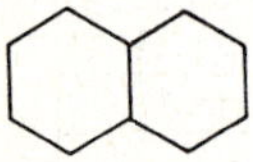

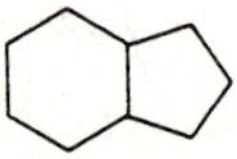

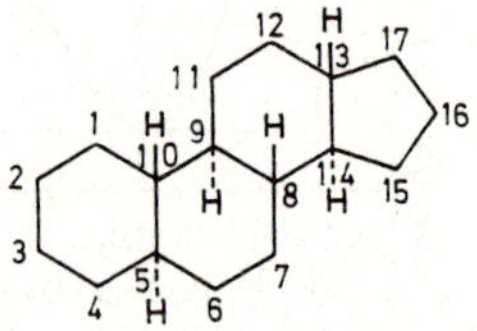

Decalin Hydrindan 5α-Gonan (Steran)

Die Cycloalkane haben zwar die gleiche Summenformel wie die Alkene (Kap 4), C_2H_{2n}, zeigen aber eine ähnliche Chemie wie die offenkettigen Alkane.

Darstellung von Cycloalkanen

3.4.7 a) Cyclopropan: Umsetzung von 3-Brom-1-chlorpropan mit Natrium nach Wurtz (intramolekularer Ringschluß)

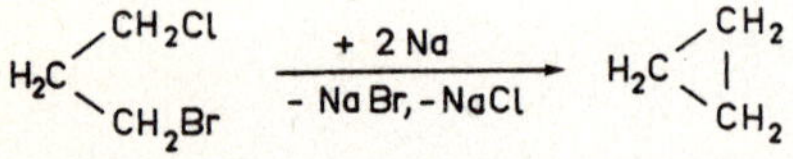

$$H_2C(CH_2Cl)(CH_2Br) \xrightarrow[- NaBr, - NaCl]{+ 2 Na} H_2C(CH_2)(CH_2)$$

b) Cyclobutan: Reduktion von Cyclobutanon nach Wolff-Kishner:

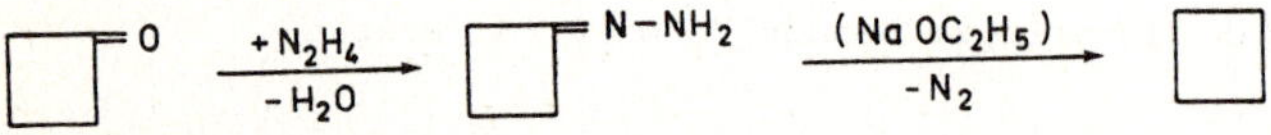

$$\text{Cyclobutanon} \xrightarrow[- H_2O]{+ N_2H_4} \text{Cyclobutanon}{=}N{-}NH_2 \xrightarrow[- N_2]{(NaOC_2H_5)} \text{Cyclobutan}$$

c) Cyclopentan: Clemmensen-Reduktion von Cyclopentanon:

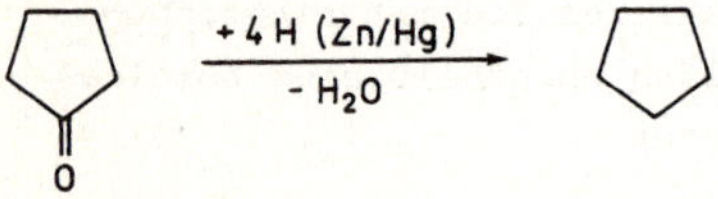

$$\text{Cyclopentanon} \xrightarrow[- H_2O]{+ 4 H (Zn/Hg)} \text{Cyclopentan}$$

d) Cyclohexan: Katalytische Hydrierung von Benzol.

e) Zur Herstellung größerer Ringe durch intramolekulare Ringschlüsse arbeitet man bei sehr niedrigen Konzentrationen (Ruggli-Zieglersches

Verdünnungsprinzip), um mögliche intermolekulare Reaktionen zurückzudrängen.

Stereochemie der Cycloalkane

.3.4 .4.6 Bei den Ringverbindungen können wegen der Beweglichkeit der C–C-Bindungen verschiedene Konformationen auftreten. Am bekanntesten sind die *Sesselformen* und die energetisch wesentlich ungünstigere *Wannenform* des Cyclohexans, vgl. Abb. 7.

Anhand der Projektionsformeln der Molekülstrukturen in Abb. 7 erkennt man, daß die Sesselformen energieärmer sind, weil bei den Substituenten keine sterische Hinderung auftritt. Die H-Atome bzw. die Substituenten stehen auf Lücke (staggered).

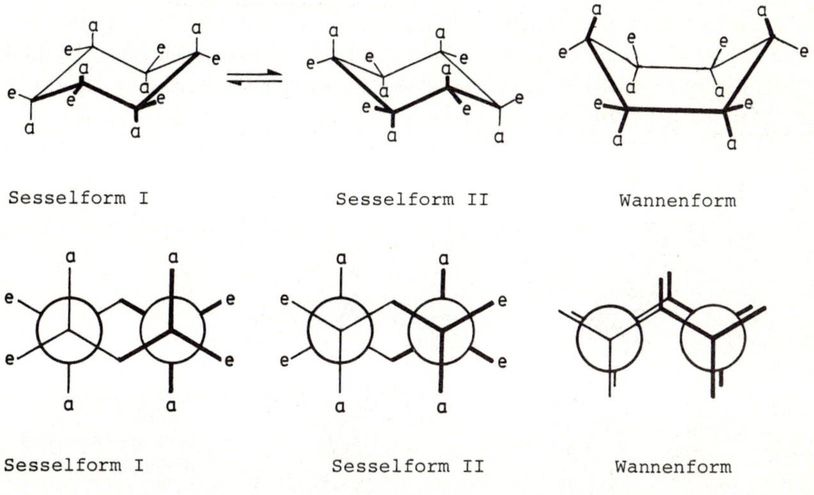

Sesselform I Sesselform II Wannenform

Sesselform I Sesselform II Wannenform

Abb. 7. Sessel- und Wannenform von Cyclohexan mit den verschiedenen Positionen der Liganden (perspektivische und Newman-Projektionen). Der Energieunterschied beträgt etwa 29 kJ. Die Umwandlung erfolgt über eine energiereiche Halbsesselform (ΔE = 46 kJ/mol) (s. Abb. 10)

Man kann ferner zwei Orientierungen der Substituenten unterscheiden (Sesselform I). Diese können einerseits axial (a) stehen, d. h. sie ragen senkrecht zu dem gewellten Sechsring aus Kohlenstoffatomen abwechselnd nach oben und unten heraus. Andererseits sind auch äquatoriale (e) Stellungen möglich, die in einem flachen Winkel von der gewellten Ringebene wegweisen.

Die Beweglichkeit des Molekülgerüsts erlaubt das Auftreten einer zweiten Sesselform II, bei der alle axialen in äquatoriale Substituenten übergeführt werden und umgekehrt. Beide Formen stehen im Gleichgewicht; der Nachweis ist nur mit spektroskopischen Methoden möglich.

Deutlicher wird der Unterschied bei einem substituierten Cyclohexanring. Hier nehmen die Substituenten mit der größeren Raumbeanspruchung vorzugsweise die äquatorialen Stellungen ein, weil die Wechselwirkungen mit den axialen H-Atomen geringer sind und der zur Verfügung stehende Raum am größten ist (Beispiel: Methylcyclohexan).

Aber auch bei unsubstituierten Cycloalkanen tritt infolge von Wechselwirkungen insbesondere zwischen benachbarten H-Atomen eine Konformationsspannung auf, die man oft als *Pitzer*-Spannung bezeichnet. Sie ist besonders ausgeprägt beim Cyclopropan (Abb. 8, 9 (a)) und seinem relativ starren Molekülgerüst, während Cyclobutan (Abb. 9 (b)) und Cyclopentan (Abb. 9 (d)) diese Wechselwirkungen durch einen gewinkelten Molekülbau (Abb. 9 (c) bzw. 9 (e)) zu vermindern suchen.

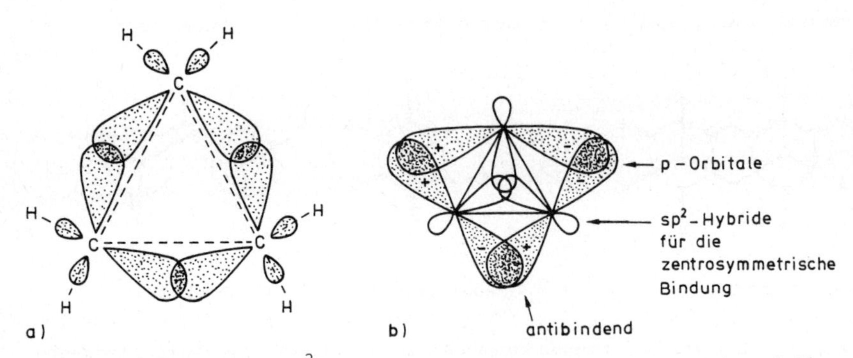

Abb. 8. (a) Bindende sp^3-Orbitale im Cyclopropan. (b) Walsh-Modell des Cyclopropans

Da im Dreiring (60°) und Vierring (90°) Deformationen der Bindungswinkel eintreten, findet man hier zusätzlich eine Ringspannung, die Baeyer-Spannung genannt wird. Diese rührt davon her, daß alle C-Atome sp^3-hybridisiert sind und somit Bindungswinkel von $109,5^o$ bilden sollten. Infolge der Winkeldeformation ist die Überlappung der Bindungsorbitale jedoch erheblich geringer, so daß Drei- und Vierringe chemisch recht reaktiv sind.

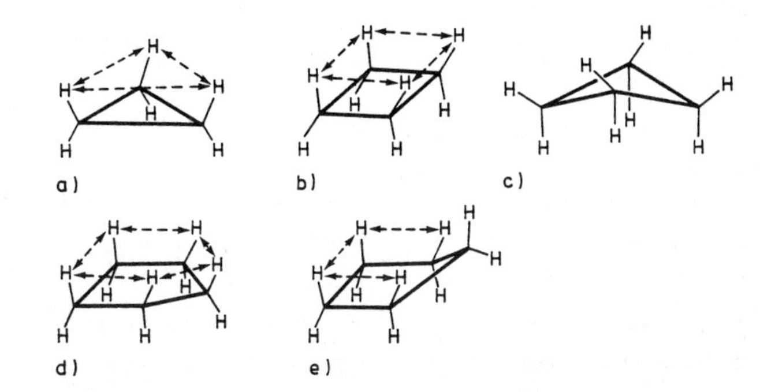

Abb. 9

Bei Cycloalkanen mit 8 - 12 Ringgliedern (z.B. Cyclodecan) überwiegt die Prelog-Spannung zunehmend die Pitzer-Spannung. Unter Prelogspannung versteht man eine gegenseitige Behinderung nicht benachbarter H-Atome über den Ring hinweg infolge transannularer van der Waals-Wechselwirkungen.

4.8 Durch den Ringschluß wird bei den Cycloalkanen die freie Drehbarkeit um die C-C-Verbindungsachsen aufgehoben. Disubstituierte Cycloparaffine unterscheiden sich daher durch die Stellung der Substituenten am Ring: Zwei Liganden werden als cis-ständig bezeichnet, wenn sie auf derselben Seite und als trans-ständig, wenn sie auf entgegengesetzten Seiten der Ringebene liegen. (Die Verwendung von Newman-Projektionen oder Molekülmodellen erleichtert die Zuordnung (Abb. 7). Da bei der gegenseitigen Umwandlung der cis-trans-Isomere Atombindungen gelöst werden müßten (hohe Energiebarriere), können beide Formen als Substanzen gefaßt werden (Decalin z.B. durch fraktionierte Destillation).

Beispiele:

Decalin (= Dekahydronaphthalin)

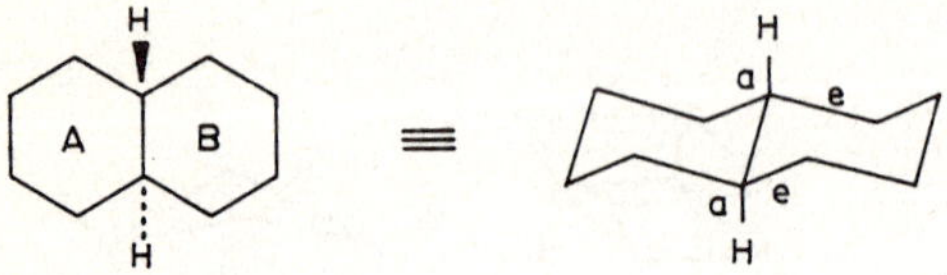

trans-Decalin, Kp. 185°C
starres Ringsystem
(um 8,4 kJ · mol^{-1} stabiler als cis-Decalin)

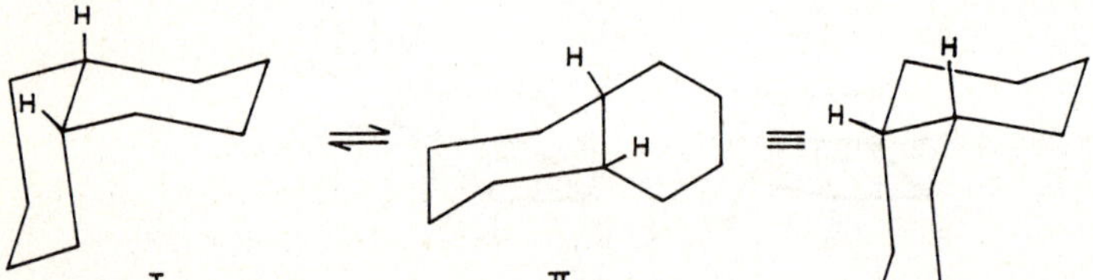

cis-Decalin, Kp. 194°C, flexibel, beim Umklappen von I entsteht das Spiegelbild II, wobei a-Substituenten in e-Substituenten übergehen und umgekehrt

Substituierte Cyclohexane

Monosubstituiertes Cyclohexan: Methylcyclohexan

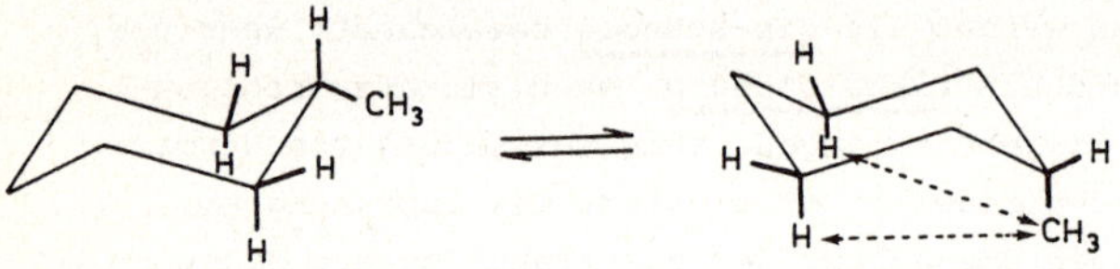

äquatoriale Methyl-Gruppe (um 7,5 kJ · mol^{-1} stabiler als die Struktur mit der axialen Methyl-Gruppe)

axiale Methyl-Gruppe
←----→ deutet die 1,3-diaxialen Wechselwirkungen an

1,2-disubstituierte Cyclohexanderivate

I trans II

cis

Aus der Stellung der Liganden in der cis(e-a)- bzw. der trans(a-a oder e-e)-Form ergibt sich, daß letztere stabiler ist: Im trans-Isomer I können beide Substituenten die energetisch günstigere äquatoriale Stellung einnehmen.

1,3-disubstituierte Cyclohexanderivate

trans

I cis II

Hier ist aus den gleichen Gründen von den beiden cis-Formen Form I stabiler. Man beachte, daß in diesem Fall entsprechend obiger Definition die Stellungen a-a bzw. e-e als cis und a-e als trans bezeichnet werden.

1,4-disubstituierte Cyclohexan-Derivate

I trans II

cis

Von den beiden cis(e-a)- und trans(a-a oder e-e)-Isomeren ist die diäquatoriale trans-Form I am stabilsten.

Im Gegensatz zur Sesselform ist die Wannenform nicht starr, sondern flexibel und kann leicht verdrillt werden. Die resultierenden *Twist-Formen* sind etwas stabiler als die Wannenform, aber immer noch um ca. 23 kJ energiereicher als die normalerweise ausschließlich auftretende Sesselform (Abb. 10).

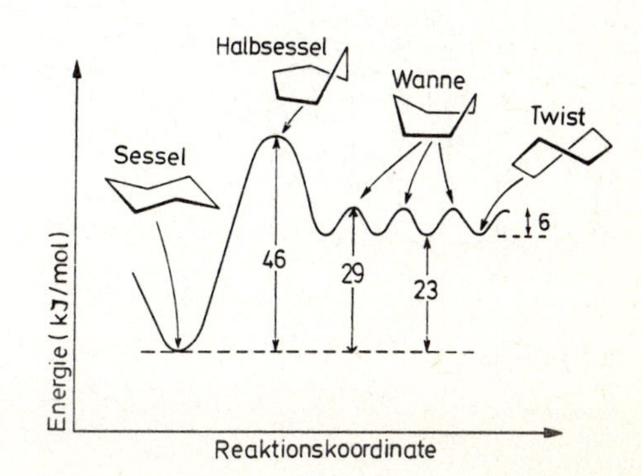

Abb. 10. Potentielle Energie verschiedener Konformationen von Cyclohexan

Steran-Gerüst

Die beim Decalin gezeigte cis-trans-Isomerie findet man auch bei anderen kondensierten Ringsystemen. Besonders wichtig ist *das Grundgerüst der Steroide, das Steran* (Gonan). Das Molekül besteht aus einem hydrierten Phenanthren-Ringsystem (drei anellierte Cyclohexan-Sechsringe A, B, C), an das ein Cyclopentan-Ring D kondensiert ist. Es handelt sich also um ein tetracyclisches Ringgerüst. In fast allen natürlichen Steroiden sind die Ringe B und C sowie C und D trans-verknüpft. Die Ringe A und B können sowohl trans-verknüpft (Cholestan-Reihe) als auch cis-verknüpft (Koprostan-Reihe) sein:

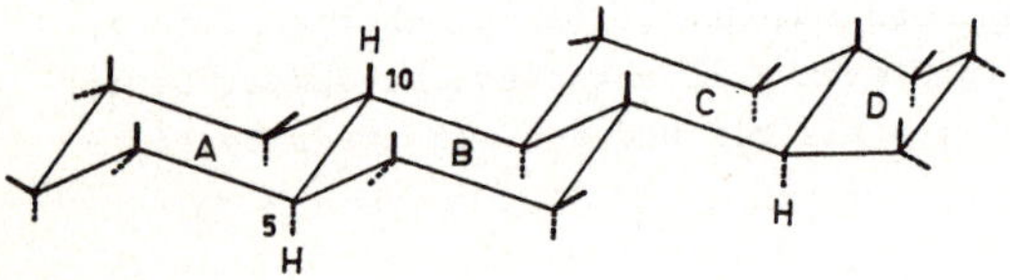

A/B trans
5α-Steran

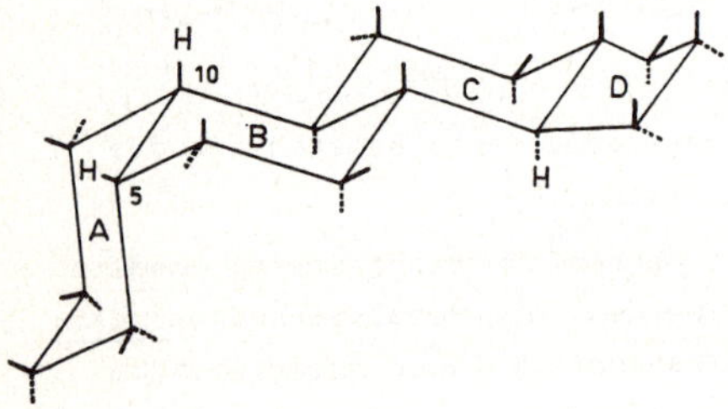

A/B cis
5β-Steran

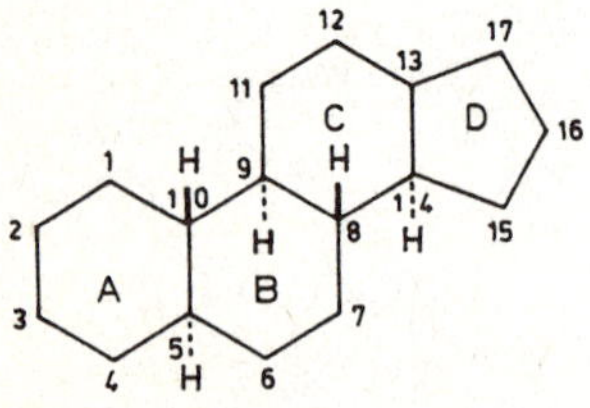

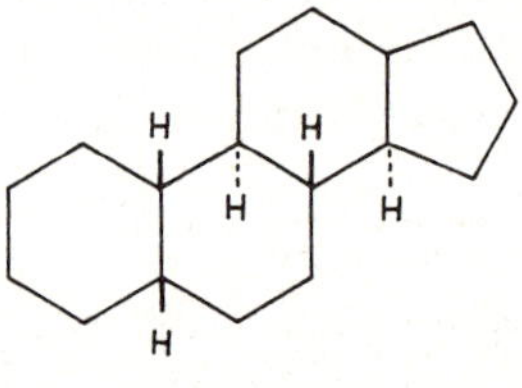

5α-Steran

5β-Steran

Die Stereochemie der Substituenten bezieht sich auf die Gruppe am C-Atom 10 (hier H, oft $-CH_3$). Bindungen, die nach oben aus der Molekülebene herausragen, werden als *β-Bindungen* bezeichnet. Sie werden in den vereinfachten Formeln mit durchgezogenen Valenzstrichen geschrieben. *α-Bindungen* zeigen nach unten, sie werden mit punktierten Linien kenntlich gemacht. Danach stehen α-Bindungen in trans-Stellung, β-Bindungen in cis-Stellung.

Beispiel: Cholesterin (= Cholesterol; 3β-Hydroxy-Δ^5-cholesten; Cholest-5-en-3β-ol)

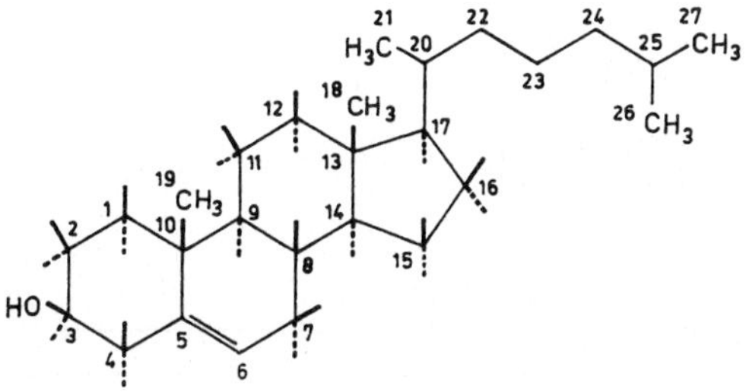

entspricht der Stereoformel

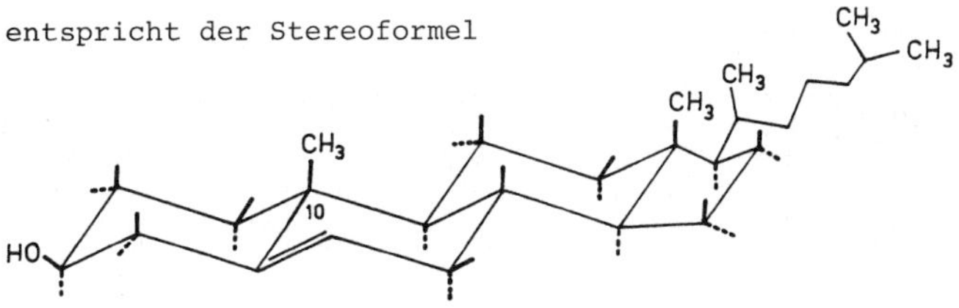

3.1 *Erläuterung der erwähnten stereochemischen Begriffe*

Die Konstitution einer Verbindung gibt die Art der Bindungen und die gegenseitige Verknüpfung der Atome eines Moleküls an (bei gegebener Summenformel). Unterschiede in der räumlichen Anordnung werden bei Konstitutionsisomeren *nicht* berücksichtigt.

Die Konfiguration gibt die räumliche Anordnung der Atome wieder. Nicht berücksichtigt werden hierbei Formen, die man durch Rotation der Atome um Einfachbindungen erhält. Im allgemeinen ist die Energiebarriere zwischen Konfigurationsisomeren (z. B. cis- und trans 1,2-Dimethylcyclohexan) ziemlich groß. Sie wandeln sich gar nicht oder nur langsam bei Normalbedingungen um.

<u>Konformationen</u> stellen die räumliche Anordnungen aller Atome eines Moleküls definierter Konfiguration dar, die durch Rotation um Einfachbindungen erzeugt werden und nicht miteinander zur Deckung gebracht werden können. Die einzelnen Konformere sind flexibel und können isoliert werden, wenn die Energieschwelle etwa 70-80 $kJ \cdot mol^{-1}$ (bei Raumtemp.) übersteigt.

Beispiel: Dimethylcyclohexan, cis-1,3-$(CH_3)_2C_6H_{10}$

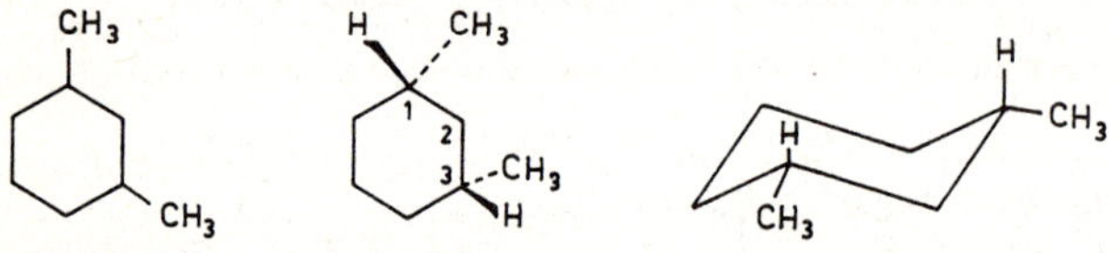

Konstitution Konfiguration Konformation

Tabelle 4. Verwendung wichtiger Alkane (E = Energie)

Verbindung	Verwendung		
Methan	$\xrightarrow{+ O_2}$	CO_2 + E	Heizzwecke
	$\xrightarrow{+ H_2O}$	CO + H_2	H_2-Herstellung
	$\xrightarrow{+ O_2}$	C	Ruß als Füllmaterial
	$\xrightarrow{+ O_2/NH_3}$	HCN	Synthese
Ethan	$\xrightarrow{+ O_2}$	CO_2 + E	Heizzwecke
	$\xrightarrow{+ Cl_2}$	CH_3CH_2Cl	Chlorethan
	$\xrightarrow{- H_2}$	$CH_2{=}CH_2$	Ethen
Propan, Butan	$\xrightarrow{+ O_2}$	CO_2 + E	Heizzwecke
	$\xrightarrow{- H_2}$	Alkene	Synthese
Pentan, Hexan	Extraktionsmittel (z.B. Speiseöle aus Früchten)		
Cyclopropan	Inhalationsnarkotikum		
Cyclohexan	Lösungsmittel		
	$\xrightarrow{+ O_2}$	Cyclohexanol, Cyclohexanon, Adipinsäure	

Biochemisch interessante Alkane

Cycloalkan-Ringe sind oft in Naturstoffen enthalten:

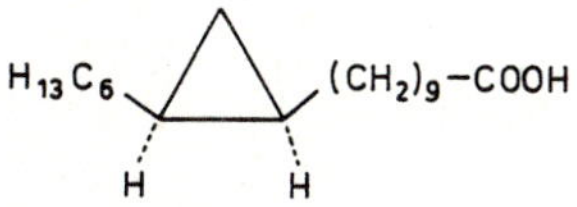

Lactobacillsäure
(aus *Lactobacillus arabinosus*)

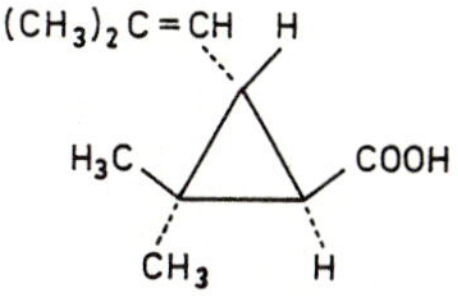

Chrysanthenumsäure
(aus *Chrysanthenum cinerarifolium*)

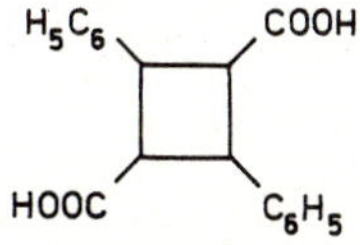

Truxillsäure

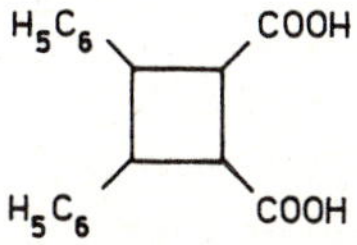

Truxinsäure

(aus *Erythroxylon coca*)

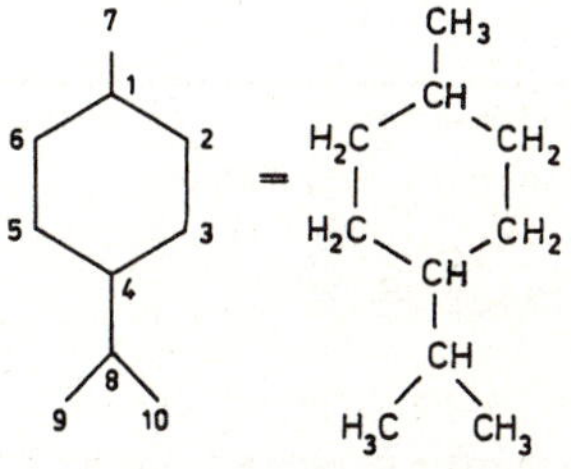

Menthan

Menthan ist der gesättigte Stamm-Kohlenwasserstoff der Terpene, einer großen Gruppe von Naturstoffen.

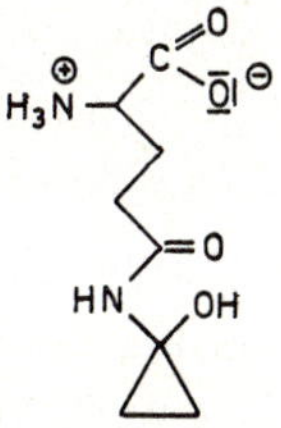

Coprin (aus *Coprinus atramentarius* [Tintling])
N^5-(1-hydroxycyclopropyl)-L-glutamin.

Antabus-artiger Wirkstoff (Antabus: Medikament gegen Alkoholmißbrauch)

3 Die radikalische Substitutions-Reaktion (S_R)

3.1 Darstellung von Radikalen

3.2.1 *Radikale sind Atome, Moleküle oder Ionen mit ungepaarten Elektronen.*
Sie bilden sich u.a. bei der photochemischen oder thermischen Spaltung neutraler Moleküle:

$$Cl{-}Cl \xrightarrow{h\cdot\nu} 2\ Cl\cdot\ ; \qquad Br{-}Br \xrightarrow{h\cdot\nu} 2\ Br\cdot$$

$$C_6H_5{-}C(=O){-}O{-}O{-}C(=O){-}C_6H_5 \xrightarrow[h\cdot\nu]{\Delta} 2\ C_6H_5{-}C(=O){-}O\cdot$$

Dibenzoylperoxid I Benzoyloxyl

$$(H_3C)_2C(C{\equiv}N){-}N{=}N{-}C(C{\equiv}N)(CH_3)_2 \xrightarrow{\Delta} N_2 + 2\ (H_3C)_2C{=}C{=}N\cdot$$

Azo-bis-isobuttersäurenitril II

Moleküle mit niedriger Aktivierungsenergie wie (I) (125 $kJ \cdot mol^{-1}$) und (II) (130 $kJ \cdot mol^{-1}$) werden oft als Initiatoren (Starter) benutzt, die beim Zerfall eine gewünschte Radikalreaktion einleiten.

Auch durch Redox-Reaktionen lassen sich Radikale erzeugen. *Beispiele:*

- die Kolbe-Synthese von Kohlenwasserstoffen (s. Kap. 2.1),
- die Sandmeyer-Reaktion von Aryldiazonium-halogeniden (s. Kap. 17.1),
- die Reaktion von Peroxiden mit $Fe^{2\oplus}$ zur Zerstörung von Etherperoxiden:

$$R{-}O{-}O{-}H + Fe^{2\oplus} \longrightarrow Fe^{3\oplus} + R{-}O\cdot + OH^{\ominus}.$$

3.2 Struktur und Stabilität

Radikale nehmen von der Struktur her eine Zwischenstellung ein zwischen den Carbanionen und Carbenium-Ionen. Bei einfachen Radikalen $R_3C\cdot$ liegt vermutlich eine Geometrie vor, die zwischen einem flachen Tetraeder und einem planaren sp^2-Gerüst liegt (Abb. 11).

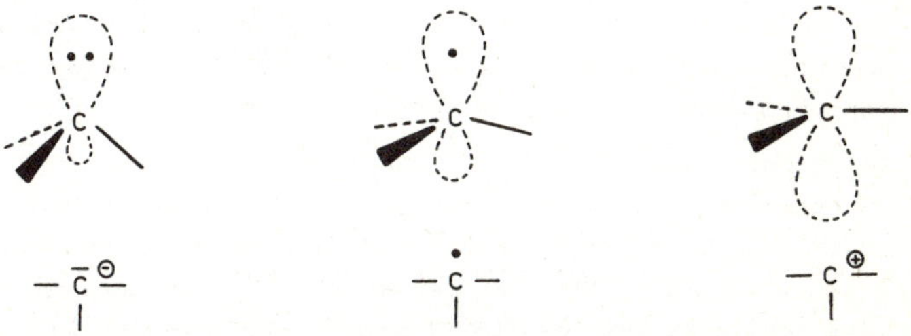

Carbanion-C (sp^3-Struktur)

Radikal-C (sp^3-sp^2-Struktur)

Carbeniumion-C (sp^2-Struktur)

Abb. 11

Die Stabilität von Radikalen nimmt in dem Maße zu, wie das ungepaarte Elektron im Molekül delokalisiert werden kann. Für Alkyl-Radikale gilt - wie bei den Carbenium-Ionen - die Reihenfolge

primär < sekundär < tertiär.

Tertiäre Alkyl-Radikale sind demnach am stabilsten. Mesomerie-Effekte können Radikale so stabilisieren, daß sie in Lösung einige Zeit beständig sind.

Beispiele: $CH_2{=}CH{-}\dot{C}H_2 \longleftrightarrow \dot{C}H_2{-}CH{=}CH_2$;

Allyl-Radikal

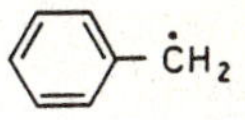

$C_6H_5{-}\dot{C}H_2$

Benzyl-Radikal

usw.

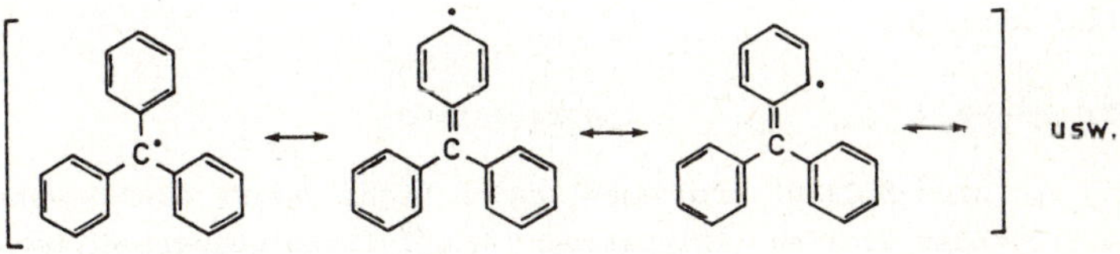

Triphenylmethyl-Radikal (10 mögliche Resonanzstrukturen)

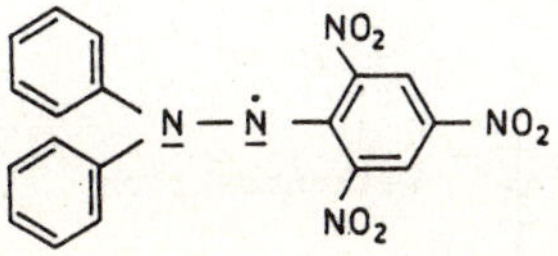

1,1-Diphenyl-2-pikrylhydrazyl-Radikal (violett, zum Nachweis anderer Radikale geeignet)

3.3 Selektivität bei Substitutions-Reaktionen

Homolysen verlaufen um so leichter, je kleiner die Bindungsenergie der aufzuspaltenden Elektronenpaarbindung ist. Tertiäre Radikale entstehen am leichtesten und sind auch am stabilsten. Dennoch erhält man bei Halogenierungen normalerweise Isomerengemische. Dies ist nicht verwunderlich, wenn man bedenkt, daß die Anzahl der primären H-Atome in einem Alkan größer ist als z.B. die Anzahl der tertiären. Es ist ganz einfach eine höhere Wahrscheinlichkeit für einen radikalischen Angriff gegeben.

Bei Bromierungen kann sich allerdings die Reaktivität der H-Atome am Reaktionszentrum (Reihenfolge: tertiär > sekundär > primär) so stark bemerkbar machen, daß bevorzugt ein Isomer entsteht (Selektivität). So bildet sich bei der Bromierung von Isobutan zu mehr als 99 % tertiäres Butylbromid (2-Brom-2-methylpropan). Die Stellung des H-Atoms bestimmt demnach sowohl die Orientierung der Reaktion als auch, bei verschiedenen Alkanen, deren relative Reaktivitäten.

Reaktionsgleichung:

$$H_3C\text{—}\underset{\displaystyle CH_3}{\underset{|}{C}}H\text{—}CH_3 \xrightarrow[h\cdot\nu,\ 130^\circ C]{Br_2} H_3C\text{—}\overset{\displaystyle CH_3}{\overset{|}{\underset{\displaystyle Br}{\underset{|}{C}}}}\text{—}CH_3$$

> 99 %

3.4 Beispiele für Radikalreaktionen

3.7.3 ① Die hohe Reaktivität vieler Radikale ermöglicht eine Reaktion mit Alkanen. Bekanntestes Beispiel ist die *Photochlorierung von Alkanen* (Halogenierung) mit Cl_2. In einer Start-Reaktion wird zunächst ein Chlor-Radikal gebildet:

$$Cl\text{—}Cl \xrightarrow{h\cdot\nu} 2\ Cl\cdot \qquad \text{Startreaktion}$$

Die Bindung im Chlor-Molekül wird dabei durch Licht, Wärme oder Zugabe von radikalbildenden Stoffen (Initiatoren) homolytisch gespalten. Danach wird aus einem Alkan durch Abstraktion eines H· ein Radikal erzeugt, das seinerseits ein Chlor-Molekül angreift und so eine Reaktionskette in Gang setzt, die bei Bestrahlung mit Sonnenlicht explosionsartig verlaufen kann:

$$\left.\begin{aligned} Cl\cdot + CH_3\text{—}CH_3 &\longrightarrow HCl + CH_3\text{—}CH_2\cdot \\ CH_3\text{—}CH_2\cdot + Cl_2 &\longrightarrow CH_3\text{—}CH_2\text{—}Cl + Cl\cdot \end{aligned}\right\} \text{Kettenreaktion}$$

Wenn diese Kette einmal gestartet wurde, kann sie Längen bis zu 10^6 Cyclen erreichen, bevor sie abbricht.

Möglichkeiten des Kettenabbruchs durch Radikalrekombination:

$$2\ Cl\bullet \longrightarrow Cl_2$$

$$CH_3{-}CH_2\bullet + Cl\bullet \longrightarrow CH_3{-}CH_2{-}Cl$$

$$2\ CH_3{-}CH_2\bullet \longrightarrow CH_3{-}CH_2{-}CH_2{-}CH_3$$

} Kettenabbruchreaktionen

$$2\ CH_3{-}CH_2\bullet \longrightarrow CH_3{-}CH_3 + H_2C = CH_2$$ Disproportionierung

Durch Zugabe von Inhibitoren (Radikalfängern) wie Sauerstoff, Phenolen, Chinonen, Iod etc. können Radikalketten künstlich gesteuert werden, indem sie abgebrochen oder von vornherein unterbunden werden (Zugabe von "Stabilisatoren" zu lichtempfindlichen Substanzen).

② *Die Chlorierung von Alkanen mit Sulfurylchlorid, SO_2Cl_2.* Hierbei wird Dibenzoylperoxid als Starter benutzt.

$$(C_6H_5COO)_2 \xrightarrow{h\cdot\nu} 2\ C_6H_5COO\bullet$$

$$C_6H_5COO\bullet \longrightarrow C_6H_5\bullet + CO_2$$

$$C_6H_5\bullet + SO_2Cl_2 \longrightarrow C_6H_5{-}Cl + \bullet SO_2Cl$$

} Startreaktion

$$\bullet SO_2Cl \longrightarrow SO_2 + Cl\bullet$$

$$Cl\bullet + R{-}H \longrightarrow HCl + R\bullet$$

$$R\bullet + SO_2Cl_2 \longrightarrow R{-}Cl + \bullet SO_2Cl$$

} Kettenreaktion

③ *Die Sulfochlorierung von Alkanen* ist eine Radikalreaktion zwischen R–H, SO_2 und Cl_2, wobei auch SO_2Cl_2 als Quelle für SO_2 und Cl_2 dienen kann.

$$Cl_2 \xrightarrow{h\cdot\nu} 2\ Cl\bullet$$ Startreaktion

$$Cl\bullet + R{-}H \longrightarrow HCl + R\bullet$$

$$R\bullet + SO_2 \longrightarrow R{-}SO_2\bullet$$

$$R{-}SO_2\bullet + Cl_2 \longrightarrow R{-}SO_2Cl + Cl\bullet$$

} Kettenreaktion

④ *Halogenierung mit N-Brom-Succinimid*

Halogenierungen können statt mit elementaren Halogenen auch mit halogenierten Verbindungen ausgeführt werden. Für Chlorierungen und Bromierungen in der Allyl-Stellung (Erhalt der Doppelbindung!) verwendet man N-Halogen-succinimid. Diese Radikalreaktion muß mit einem Starter initiiert werden, wobei das Halogenimid das Halogen erst während der Reaktion freisetzt (NBS = N-Brom-Succinimid, NCS = N-Chlor-Succinimid).

Das gebildete Allyl-Radikal ist mesomeriestabilisiert (s. Kap. 4.2), ein mögliches Additionsprodukt wie $-\overset{|}{\underset{|}{C}}-\overset{|}{\underset{\bullet}{C}}-\overset{|}{\underset{|}{C}}-H$ (mit Br am ersten C) jedoch nicht, so daß die Allylbromierung überwiegt.

Allgemeine Reaktionsgleichung:

$$-C=C-C-H \; + \; \text{NBS} \longrightarrow -C=C-C-Br \; + \; \text{Succinimid}$$

Verbindung mit markierter Allyl-Stellung — N-Brom-Succinimid (NBS) — Succinimid

Radikalreaktion (mit Cyclohexen als Substrat und Azo-bis-isobuttersäurenitril als Initiator)

NBS	+	Initiator	⟶	Br•		Start
Br•	+	Cyclohexen	⟶	Cyclohexenyl-Radikal	+ HBr	Kette
Cyclohexenyl-Radikal	+	Br_2	⟶	3-Bromcylohexen	+ Br•	

3-Bromcylohexen

4 Ungesättigte Kohlenwasserstoffe: Alkene und Alkine

4.1 Olefine (Alkene)

3.5.1 Nomenklatur und Struktur

Die *Alkene* bilden eine *homologe* Reihe von Kohlenwasserstoffen mit einer oder mehreren C=C-Doppelbindungen. Die Namen werden gebildet, indem man bei dem entsprechenden Alkan die Endung -an durch -en ersetzt, wobei die Lage der Doppelbindung im Molekül durch Ziffern ausgedrückt wird. Ihre allgemeine Summenformel ist C_nH_{2n}; wir kennen normale, verzweigte und cyclische Alkene.

Beispiele (die ersten drei Verbindungen unterscheiden sich um eine CH_2-Gruppe: homologe Reihe):

$CH_2=CH_2$	$CH_2=CH-CH_3$	$CH_2=CH-CH_2-CH_3$	$CH_2=C(CH_3)-CH_3$
Ethen (Ethylen)	Propen (Propylen)	1-Buten	Methylpropen (iso-Buten)

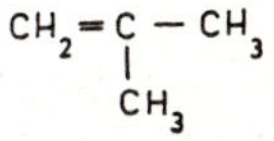

$CH_2=CH-$
Vinyl-Gruppe

$CH_2=CH-CH_2-$
Allyl-Gruppe

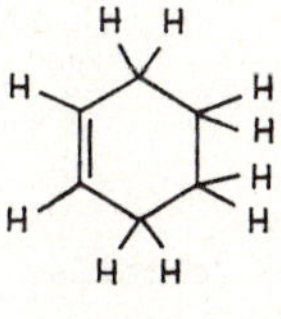

Cyclohexen

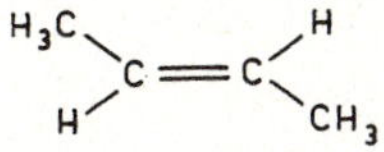

trans-2-Buten

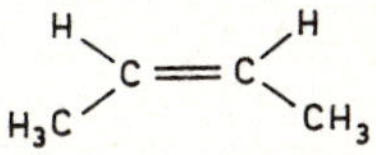

cis-2-Buten

Bei den Alkenen treten erheblich mehr Isomere auf als bei den Alkanen. Zu der Verzweigung kommen die verschiedenen möglichen Lagen der Doppelbindung und die cis-trans-Isomerie (geometrische Isomerie) hinzu.

cis-trans-Isomerie (geometrische Isomerie)

3.3.5 3.5.2 *Diese Art von Isomerie tritt auf, wenn die freie Drehbarkeit um die Kohlenstoff-Kohlenstoff-Bindung aufgehoben wird,* z.B. durch einen Ring (s. Kap. 2.2) oder eine Doppelbindung. Bei letzterer wird die Rotation durch die außerhalb der Bindungsachse liegenden Überlappungszonen der p-Orbitale eingeschränkt (s. HT 247 - Chem. Bindung).

Typisch hierfür ist das Isomerenpaar Fumarsäure/Maleinsäure. Bei der Fumarsäure befinden sich jeweils gleiche Substituenten an gegenüberliegenden Seiten der Doppelbindung (trans), bei der Maleinsäure auf der gleichen Seite (cis):

COOH, H / C=C / H, COOH	COOH, COOH / C=C / H, H
trans	cis
Fumarsäure (stabil)	Maleinsäure (Umwandlung in Fumarsäure durch Erhitzen oder Belichten)

Die Benennung der cis-trans-Formen bietet bei Verbindungen wie

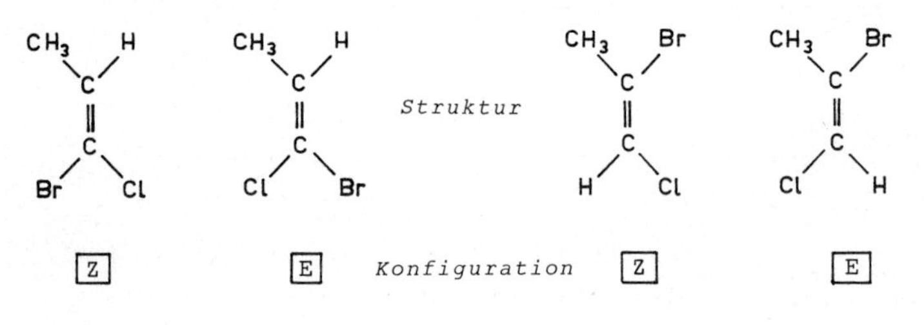

1-Brom-1-chlorpropen	Name	2-Brom-1-chlorpropen
CH_3 > H Br > Cl	*Prioritäten*	Br > CH_3 Cl > H

einige Schwierigkeiten. Hinzu kommt, daß die geometrische Isomerie auch bei Molekülen mit anderen Doppelbindungen wie C=N oder N=N auftreten kann. Daher hat man ein anderes Bewertungssystem ausgewählt, bei dem die Liganden gemäß den Cahn-Ingold-Prelog-Regeln (Kap. 8.3) nach fallender Ordnungszahl angeordnet werden. Befinden sich die Substituenten mit höherer Priorität - in obigen Beispielen CH_3 und Br bzw. Br und Cl - auf derselben Seite der Doppelbindung, liegt eine Z-Konfiguration (von "zusammen") vor.

Liegen die Substituenten auf entgegengesetzten Seiten, spricht man von einer E-Konfiguration (von "entgegen").

Im Gegensatz zu Konformeren können cis-trans-Isomere getrennt isoliert werden, da sie sich nicht spontan ineinander umwandeln. Sie stehen unter normalen Bedingungen nicht im Gleichgewicht miteinander und unterscheiden sich in ihren physikalischen Eigenschaften (Schmelzpunkt, Siedepunkt, oft auch charakteristisch im Dipolmoment).

Darstellung von Alkenen

5.3 Olefine werden großtechnisch bei der Erdölverarbeitung durch thermische Crack-Verfahren oder katalytische Dehydrierung gewonnen.

① Im Labor werden oft *Eliminierungs-Reaktionen* (s. Kap. 11) für die Olefin-Darstellung benutzt. Analoges gilt für die Alkine.

Beispiel: Dehydratisierung von trans-1-Chlor-2-methylcyclohexan

$H \leftarrow |\overline{O}H^{\ominus}$, CH_3, H, Cl ⟶ 1-Methyl-cyclohexen (CH_3) $+ H_2O + Cl^{\ominus}$

(Die Pfeile zeigen, wohin die Elektronen verschoben werden.)

1-Methyl-cyclohexen

5.7 ② Die *Hydrierung von Alkinen* erlaubt durch geeignete Wahl der Reaktionsbedingungen die Herstellung isomeren-freier cis- oder trans-Alkene.

R-C≡C-R
- H_2/Lindlar-Kat. ⟶ R(H)C=C(H)R (R und R auf derselben Seite) — nur cis-Olefin
- Na/NH_3(fl.) ⟶ R(H)C=C(R)H (R und R auf entgegengesetzten Seiten) — überwiegend trans-Olefin

Der Lindlar-Katalysator ($Pd/CaCO_3/PbO$) erlaubt eine stereospezifische Hydrierung, während mit Natrium im flüssigen Ammoniak nur eine stereoselektive Reduktion möglich ist.

③ Die *Wittig-Reaktion* (s. Kap. 12.4) findet z.B. zur Herstellung von Carotinoiden und Pheromonen Verwendung (Pheromone sind natürliche Sexuallockstoffe, Alarmstoffe u.a.).

Chemische Reaktionen

3.5.4 Ungesättigte Verbindungen wie die Alkene sind reaktionsfreudiger als die gesättigten Kohlenwasserstoffe, weil die π-Elektronen der Doppelbindung zur Reaktion zur Verfügung stehen. Charakteristisch sind Additionsreaktionen, wie die Anlagerung von Wasserstoff (Hydrierung).

Hydrierungen

3.2.7 Hydrierungen müssen mit Hilfe eines Katalysators durchgeführt werden, da die Bindungsenergie der H-H-Bindung mit 435 kJ/mol sehr groß ist. Als Katalysatoren werden Übergangsmetalle (z.B. Nickel, Palladium, Platin) verwendet, die Wasserstoff in das Metallgitter einlagern können. Während der Hydrierung ist das Olefin an die Metalloberfläche gebunden. Der Wasserstoff tritt aus dem Innern der Metalle wahrscheinlich atomar an das Molekül heran. Katalytische Hydrierungen verlaufen daher im allgemeinen als syn-Additionen ("cis-Additionen"), d.h. beide H-Atome werden von derselben Seite her an die Doppelbindung angelagert. Das gebildete aliphatische Reduktionsprodukt wird leicht wieder von der Metalloberfläche entfernt, worauf sie für weitere Reduktionen zur Verfügung steht. Dadurch läßt sich das Gleichgewicht leicht nach rechts verschieben (s. Beispiel). Hydrierungen lassen sich oft bei Zimmertemperatur und Atmosphärendruck durchführen. Sie entsprechen einer Reduktion.

Hydrierung

H_2 + (Cyclohexen) $\underset{\text{Kat.+Temp.}}{\overset{\text{Kat.}}{\rightleftharpoons}}$ (Cyclohexan, H) + Energie; $\Delta H = -119{,}7\ kJ$

Dehydrierung

Der Energiebetrag $\Delta H = -119{,}7$ kJ bezieht sich auf die Hydrierungsreaktion. Bei der Dehydrierung muß $\Delta H = +119{,}7$ kJ dem System zugeführt werden.

Die Dehydrierung ist als Umkehrung der Hydrierung eine Eliminierungs- und Oxidationsreaktion. Sie muß bei erheblich höheren Temperaturen (120 - 300° C) durchgeführt werden, wobei das entsprechende Produkt (Olefin) aus dem Reaktionsgemisch entfernt wird. Die Höhe der Temperatur richtet sich nach der Art des Katalysators. Mit geeignet aktivierten Alkanen können auch mit Nitrobenzol Dehydrierungen zu Alkenen durchgeführt werden:

$$R_2CH\text{-}CHR_2 \xrightarrow{\text{Nitrobenzol}} R_2C{=}CR_2$$

R= Benzimidazol (in 2-Stellung verknüpft)

Elektrophile Additionsreaktionen

2.5 7.3 Additionsreaktionen sind auch die Anlagerung von Brom und anderen Elektrophilen wie $H_3O^{\oplus}$ an eine Doppelbindung. Die Endprodukte sind Bromalkane bzw. Alkohole. Zum Mechanismus s. Kap. 5.

① Addition von Brom

$$CH_2{=}CH_2 + Br_2 \longrightarrow CH_2Br\text{-}CH_2Br$$

Ethen → 1,2-Dibromethan

② Addition von Wasser mit H_2SO_4 als Katalysator

$$H_3C-CH=CH_2 + H_2O \xrightarrow{(H^{\oplus})} H_3C-\underset{\displaystyle OH}{\underset{|}{C}H}-CH_3$$

Propen → 2-Propanol; $(H^{\oplus})$ symbolisiert die Katalysatorwirkung des Protons.

Das angreifende Teilchen bei der Hydratisierung ist das $H_3O^{\oplus}$-Ion (nicht H_2O). Bei dieser elektrophilen Addition tritt das Proton an das wasserstoffreichste Kohlenstoffatom der Doppelbindung (Regel von Markownikow). Der Grund hierfür ist die größere Stabilität des intermediär gebildeten Carbenium-Ions $H\text{-}CH_2\text{-}\overset{\oplus}{C}H\text{-}CH_3$ im Vergleich zu dem isomeren $\overset{\oplus}{C}H_2\text{-}\underset{\displaystyle H}{\underset{|}{C}H}\text{-}CH_3$.

(3) Addition von Schwefelsäure

$$-\overset{|}{C}=\overset{|}{C}- \xrightarrow{H^{\oplus}} -\overset{|}{C}H-\overset{|}{C}^{\oplus}- \xrightarrow{HO-SO_2-O^{\ominus}} -\overset{|}{C}H-\overset{|}{C}-OSO_2OH$$

Monoalkylsulfat

$$\xrightarrow{-\overset{|}{C}H-\overset{|}{C}-OSO_2O^{\ominus}} -\overset{|}{C}H-\overset{|}{C}-O-SO_2-O-\overset{|}{C}-\overset{|}{C}H-$$

Dialkylsulfat

(4) Addition von Bromwasserstoffsäure: Das angreifende $H^{\oplus}$ geht an die CH_2-Gruppe entsprechend vorstehender Regel

$$(CH_3)_2C=CH_2 + HBr \longrightarrow (CH_3)_2\underset{Br}{\underset{|}{C}}-CH_3 + (CH_3)_2CH-CH_2Br$$

Isobuten

t-Butylbromid > 99 %

i-Butylbromid < 1 %

(5) Addition von hypobromiger Säure: Das Halogen geht an das C-Atom mit der größeren Zahl von H-Atomen

$$(H_3C)_2C=CH_2 + HO-Br \longrightarrow H_3C-\overset{OH}{\overset{|}{\underset{CH_3}{\underset{|}{C}}}}-CH_2-Br$$

2-Methyl-propen; hypobromige Säure; 1-Brom-2-methyl-2-propanol (Isobuten-bromhydrin)

(6) Addition von Interhalogenverbindungen

Der elektrophile Teil des addierenden Agens orientiert sich zu demjenigen der beiden C-Atome der Doppelbindung hin, wo eine erhöhte Konzentration der Elektronenladung zu vermuten ist (entsprechend vorstehender Regel ist das so gebildete Carbenium-Ion stabiler).

Beispiel: $H_3C-CH=CH_2 + \overset{\delta+}{I}-\overset{\delta-}{Cl} \longrightarrow H_3C-\underset{Cl}{\underset{|}{C}H}-CH_2-I$

Propen

69 %
2-Chlor-1-iod-propan

⑦ Addition von Borverbindungen

Die folgende Methode erlaubt die regioselektive Einführung einer OH-Gruppe an die C=C-Doppelbindung. Die Hydroborierung mit anschließender H_2O_2-Oxidation und Hydrolyse ist formal eine anti-Markownikow-Addition von Wasser:

$$R(H)C{=}CH_2 \xrightarrow{R_2BH} R{-}CH_2{-}CH_2BR_2 \xrightarrow{H_2O_2} R{-}CH_2{-}CH_2OBR_2 \xrightarrow{H_2O} R{-}CH_2{-}CH_2OH$$

(Für R_2BH wird häufig BH_3 eingesetzt: $4\ BF_3 \cdot Et_2O + 3\ NaBH_4 \longrightarrow 4\ BH_3 \cdot Et_2O + 3\ NaBF_4$.)

Diese Methode zur Darstellung primärer Alkohole verläuft als *syn*-Addition eines Bor-Derivates an ein Alken. Das Additionsprodukt wird dann mit $H_2O_2/OH^\ominus$ zum Alkohol oxidiert. Vermutet wird ein Reaktionsablauf über einen Vierzentren-Übergangszustand:

$$H{-}B\langle + R{-}CH{=}CH_2 \longrightarrow \left[\begin{array}{cc} \overset{\delta\ominus}{H} \cdots & \overset{\delta\oplus}{B}- \\ \vdots & \vdots \\ R-\underset{\delta\oplus}{CH} - & \underset{\delta\ominus}{CH_2} \end{array}\right]^{\ddagger} \longrightarrow R{-}CH(H){-}CH_2(B\langle)$$

Elektrophile Nachweis- und Additionsreaktionen

Zum Nachweis von Doppelbindungen dienen Additionsreaktionen wie die Anlagerung von Brom (Kap. 5.1.), wobei die braune Farbe des Broms verschwindet und Oxidationsreaktionen wie

a) die Ozonidspaltung:

Durch Anlagerung von Ozon O_3 an die Doppelbindung entstehen explosive Ozonide, deren Reduktion zwei Carbonylverbindungen liefert, die sich leicht isolieren und identifizieren lassen. Die Ozonidspaltung wird oft bei der Strukturaufklärung von Naturstoffen verwendet:

$$\underset{\text{Olefin}}{R{-}CH{=}CR'R''} \xrightarrow[O_3]{-80^\circ C} \underset{\text{Ozonid}}{R{-}CH(O{-}O)(O)CR'R''} \xrightarrow[Zn/CH_3COOH]{Red.} \underset{\text{Aldehyd}}{R{-}CHO} + \underset{\text{Keton}}{O{=}CR'R''}$$

Mechanismus der Ozonbildung als 1,3-dipolare Cycloaddition:

Cyclo-addition → Zerfall → Cyclo-addition

Ozon (als 1,3-Dipol) — 1,2,3-Trioxolan ("Primärozonid") — 1,3-Dipol — polarisierte Carbonyl-Verbindung — 1,2,4-Trioxolan ("Sekundärozonid")

Die Bildung der Ozonide läßt sich zwanglos als eine Reaktionsabfolge über zwei 1,3-dipolare Cycloadditionen erklären. Cycloadditionen sind Ringschlußreaktionen, die z.B. häufig zur Synthese von Heterocyclen verwendet werden.

b) <u>die Baeyer-Probe:</u>

Alkene können in schwach alkalischer $KMnO_4$-Lösung zu Diolen oxidiert werden, wobei zunächst in einer cis-Addition cyclische Ester gebildet werden, die anschließend hydrolysiert werden:

$$R-CH=CH-R' \xrightarrow{MnO_4^{\ominus}} R-CH-CH-R' \text{ (cycl. Mn-Ester)} \xrightarrow[-MnO_2 \cdot aq]{+H_2O\ (OH^{\ominus})} R-CH(OH)-CH(OH)-R'$$

Olefin — 1,2-Diol

Dieser elektrocyclische Prozeß verläuft analog auch mit OsO_4. Der dabei gebildete Ester (Osmat-ester) wird mit Na_2SO_3 zum Diol reduziert.

c) <u>die Prileschajew-Reaktion:</u>

Persäuren (R-C(=O)-O-OH) oxidieren Alkene zu <u>Epoxiden</u> (Oxirane), deren Dreiring z. B. sauer zu einem 1,2-Diol hydrolysiert werden kann:

$$R-CH=CH-R' + CH_3-C(=O)OOH \longrightarrow R-CH-CH-R' \text{ (Epoxid, O-verbrückt)} \longrightarrow 1{,}2\text{-Diol}$$

Olefin — Oxiran

Durch Addition von HOCl an Alkene bilden sich Chlorhydrine. Sie lassen sich mit Basen ebenfalls in Oxirane und weiter in 1,2-Diole umwandeln.

Beachte: Die Reaktionen 2-4 liefern stereospezifisch 1,2 Diole, die z.B. zu Aldehyden und Carbonsäuren weiteroxidiert werden können.

Nucleophile und radikalische Additionsreaktionen

3.2.6 Außer den genannten elektrophilen Additionsreaktionen werden folgende Additionsreaktionen beobachtet.

Nucleophile Additionsreaktionen

Die olefinische Doppelbindung kann auch nucleophil angegriffen werden, falls elektronenziehende Substituenten vorhanden sind (z.B. —COR, —COOR, —CN, $-NO_2$, —SOR).

Beispiele:

① Die Cyanethylierung durch Addition eines Nucleophils an Acrylnitril, $H_2C{=}CH{-}CN$.

$$R-\overline{\underline{O}}|^{\ominus} + CH_2{=}CH{-}C{\equiv}N| \longrightarrow \left[R-O-CH_2-CH{=}C{=}\overline{N}|^{\ominus} \longleftrightarrow R-O-CH_2-\overset{\ominus}{C}H-C{\equiv}N| \right] \xrightarrow{H^{\oplus}} R-O-CH_2-CH_2-CN$$

Andere Nucleophile können sein C_6H_5OH, H_2S, RNH_2 etc.

② Michael-Addition

Handelt es sich bei dem angreifenden Nucleophil um ein Carbanion, wird die Additionsreaktion oft Michael-Reaktion genannt. *Beispiel:*

$$RR'\overset{\ominus}{C}-CHO + CH_2{=}CH-CN \xrightarrow{R''OH} RR'C(CHO)(CH_2CH_2CN) + {}^{\ominus}|\overline{\underline{O}}R''$$

③ Zu den Michael-Reaktionen zählt man auch Additionsreaktionen mit α,β-ungesättigten Carbonyl-Verbindungen. Die Addition von Carbanionen an das System $>C{=}C{-}C{=}O$ ist eine wichtige Methode zur Knüpfung von C—C-Bindungen. Ebenso wie bei den Dienen (s. Kap. 4.2) besteht grundsätzlich die Möglichkeit einer 1,2-Addition an die Carbonyl-Gruppe bzw. die olefinische Doppelbindung oder einer 1,4-Addition an das gesamte System. Die Angriffsmöglichkeiten sind durch Pfeile markiert.

Radikalische Additionsreaktionen

3.2.7 Bei der radikalischen Addition gilt die Markownikow-Regel nicht. So bildet sich bei der Reaktion von Propen mit HBr in Gegenwart von Peroxiden 1-Brompropan, weil Peroxide in Radikale zerfallen und im Verlauf der Radikalkette Br-Radikale erzeugen. Da das stabilere, sekundäre Radikal $CH_3\text{-}\dot{C}H\text{-}CH_2Br$ schneller gebildet wird als das primäre $CH_3\text{-}CHBr\text{-}CH_2\cdot$, findet eine Anti-Markownikow-Addition statt (Peroxideffekt):

Start:

$$CH_3-\overset{O}{\overset{\|}{C}}-O-O-\overset{O}{\overset{\|}{C}}-CH_3 \longrightarrow 2\ CH_3-C\overset{\nearrow O}{\underset{\searrow O\cdot}{}}$$

Diacetylperoxid → Radikal

$$CH_3COO\cdot + HBr \longrightarrow CH_3COOH + Br\cdot$$

Radikalkette:

$$Br\cdot + CH_3-CH=CH_2 \longrightarrow CH_3-\dot{C}H-CH_2Br$$

$$CH_3-\dot{C}H-CH_2Br + HBr \longrightarrow CH_3-CH_2-CH_2Br + Br\cdot$$

4.2 Konjugierte Alkene, Diene und Polyene

3.5.5 Neben den Molekülen mit nur einer Doppelbindung gibt es auch solche, die mehrere Doppelbindungen enthalten, z. B. die Diene und Polyene. Man unterscheidet nicht-konjugierte (isolierte und kumulierte) und konjugierte Doppelbindungen. Letztere liegen dann vor, wenn Doppelbindungen abwechselnd mit Einfachbindungen auftreten.

Beispiele:

$CH_2=CH-CH_2-CH_2-CH=CH_2$
1,5-Hexadien,
isoliertes Dien

$CH_2=C=CH-CH_2-CH_3$
1,2-Pentadien,
kumuliertes Dien

$CH_2=CH-CH=CH-CH=CH_2$
1,3,5-Hexatrien,
konjugiertes Polyen

$CH_2=C=CH-CH_2-CH=CH_2$
1,2,5-Hexatrien,
nicht konjugiert

$CH_2=CH-\underset{\underset{CH_2}{\|}}{C}-CH=CH_2$
3-Methylen-1,4-pentadien, konjugiert

$CH_2{=}CH{-}CH{=}CH_2$ 1,3-Butadien, konjugiert

$CH_2{=}C(CH_3){-}CH{=}CH_2$ 2-Methyl-1,3-butadien (Isopren)

$CH_2{=}C{=}CH{-}CH_3$ 1,2-Butadien, nicht-konjugiert

Während sich Moleküle mit isolierten Doppelbindungen wie einfache Alkene verhalten, haben Moleküle mit konjugierten Doppelbindungen andere Eigenschaften. Dies macht sich besonders bei Additionsreaktionen bemerkbar. Die Addition von Br_2 an Butadien gibt neben dem Produkt der "üblichen" 1,2-Addition auch ein 1,4-Additionsprodukt:

$$H_2C{=}CH{-}CH{=}CH_2 \xrightarrow{Br_2} \underset{Br}{\overset{4}{H_2C}}{-}\underset{Br}{\overset{3}{C}H}{-}\overset{2}{C}H{=}\overset{1}{C}H_2 \quad \text{und} \quad \underset{Br}{\overset{1}{H_2C}}{-}\overset{2}{C}H{=}\overset{3}{C}H{-}\underset{Br}{\overset{4}{C}H_2}$$

3,4-Dibrom-1-buten — 1,4-Dibrom-2-buten

1.4 Der Grund hierfür ist, daß als Zwischenstufe ein substituiertes Allyl-Kation (Carbenium-Ion) auftritt, in dem die positive Ladung auf die C-Atome 2 und 4 verteilt ist (Mesomerieeffekte):

$$CH_2{=}CH{-}\overset{\oplus}{C}H{-}CH_2Br \longleftrightarrow \overset{\oplus}{C}H_2{-}CH{=}CH{-}CH_2Br \longleftrightarrow \overset{\delta\oplus}{C}H_2{\overset{..}{-}}CH{\overset{..}{-}}\overset{\delta\oplus}{C}H{-}CH_2Br$$

Von Bedeutung ist ferner, daß die Hydrierungsenthalpien der konjugierten Verbindungen (z. B. 1,3-Butadien) stets kleiner sind als bei den entsprechenden nicht-konjugierten Verbindungen (z. B. 1,2-Butadien). Konjugierte π-Systeme haben also einen kleineren Energie-Inhalt und sind somit stabiler.

Der Grund hierfür ist die Delokalisierung von π-Elektronen in den konjugierten Polyenen, wie nachfolgend am Beispiel der Bindungen des Butadiens gezeigt wird:

des Butadiens gezeigt wird:

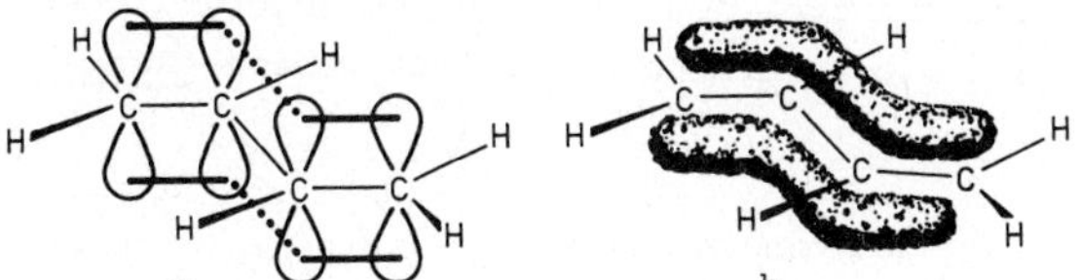

a

b

Alle C-Atome liegen in einer Ebene, daher können sich alle vier p-AO, die mit je einem Elektron besetzt sind, überlappen, so daß es zur Ausbildung einer über das Molekülgerüst verteilten Elektronenwolke kommt.

Kumulene

Verbindungen, die zwei oder mehrere Doppelbindungen aneinandergereiht aufweisen, werden Kumulene genannt. Der einfachste Vertreter dieser Klasse ist Propadien (Allen), das zwei sp^3- und ein sp-hybridisiertes C-Atom enthält.

Allene sind stereochemisch besonders interessant, da sie bei gerader Anzahl von Doppelbindungen chiral sind und bei ungerader Anzahl als cis-trans-Isomere auftreten (Kap. 8.4).

Diels-Alder-Reaktion

3.2.7 Eine für 1,3-Diene sehr wichtige 1,4-Addition ist die Diels-Alder-Reaktion (Diensynthese). Diese Cycloaddition verläuft streng stereospezifisch mit einem Alken als sog. Dienophil, und wird daher besonders zur Synthese von Naturstoffen verwendet. Es entsteht nur das Produkt einer syn-Addition, im Beispiel 1-Cyano-2-methyl-cyclo-hexen-(4).

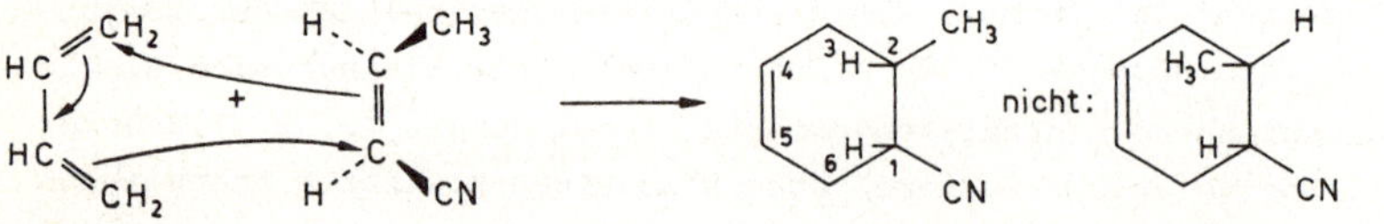

1,3-Butadien (Dien)	2-Butennitril (Dienophil)	"syn-Addukt" (ausschließlich)	"anti-Addukt"

Man kann so in einem Reaktionsschritt einen Sechsring aufbauen, wobei zwei π-Bindungen gelöst und zwei neue σ-Bindungen geknüpft werden. Die Dien-Synthese kann oft reversibel gestaltet werden (Retro-Diels-Alder-Reaktion).

Stereochemische Verhältnisse, die bei Diels-Alder-Reaktionen auftreten und Anlaß zu Produktgemischen geben können (Erläuterung der Begriffe s. Kap. 8.6):

a) *Stereoselektivität:* Die Reaktionspartner können sich von verschiedenen Seiten nähern. Die Reaktion verläuft exo oder endo bezüglich R^2 und R^4.

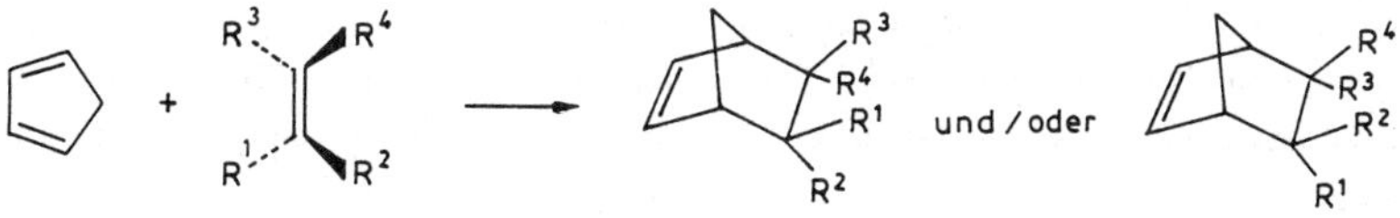

exo-Addukt und/oder endo-Addukt

b) *Regiospezifität:* Bei unsymmetrisch substituierten Dienen und Dienophilen ist Regioisomerie möglich, da verschiedene reaktive Zentren vom gleichen Typ im Molekül vorhanden sind. Regioisomerie ist unabhängig von der Stereochemie der Reaktion.

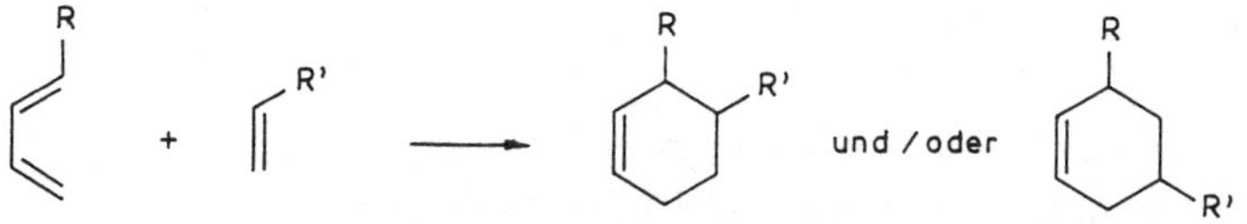

und/oder

Diels-Alder-Reaktionen sind auch großtechnisch wichtig, so bei der Umsetzung von Butadien mit 1,4-Naphthochinon zu Anthrachinon.

4.3 Alkine

5.1 Eine weitere homologe Reihe ungesättigter Verbindungen bilden die unverzweigten und verzweigten *Alkine*. Der Prototyp für diese Moleküle mit einer C≡C-Dreifachbindung ist das Ethin (Acetylen), HC≡CH.

Andere wichtige Vertreter der Acetylenreihe sind:

Propin (Methyl-acetylen)	$CH_3-C\equiv CH$
1-Butin (Ethyl-acetylen)	$C_2H_5-C\equiv CH$
2-Butin (Dimethyl-acetylen)	$CH_3-C\equiv C-CH_3$
2-Methyl-3-hexin (Ethylisopropyl-acetylen)	$C_2H_5-C\equiv C-CH(CH_3)-CH_3$
5-Methyl-2-hexin (Methylisobutyl-acetylen)	$CH_3-CH(CH_3)-CH_2-C\equiv C-CH_3$

5.6 Darstellung von Alkinen

Acetylen wird überwiegend aus Calciumcarbid hergestellt, das seinerseits aus Kohle und gebranntem Kalk gut zugänglich ist:

$$CaO + 3\,C \longrightarrow CaC_2 + CO$$

$$CaC_2 + 2\,H_2O \longrightarrow HC\equiv CH + Ca(OH)_2$$

Alkine werden häufig durch Abspaltung von Halogenwasserstoff aus 1,2-Dihalogenalkanen oder Halogenalkenen erhalten. Bei dieser Eliminierung werden starke Basen wie Alkalihydroxide oder -amide eingesetzt:

$$-\overset{H}{\underset{X}{C}}-\overset{H}{\underset{X}{C}}- \xrightarrow[- HX]{} \;\; >C=C(X)(H) \xrightarrow[- HX]{} -C\equiv C-$$

3.5.7 Reaktionen

Betrachtet man die Kernabstände der beiden C-Atome bzw. der C-H-Bindung im Ethan, Ethylen und Acetylen, so erhält man folgende Werte:

Ethan: H_3C-CH_3 (sp³): C–C 153,4 pm; C–H 110,2 pm

Ethylen: $H_2C=CH_2$ (sp²): C=C 133,7 pm; C–H 108,6 pm

Acetylen: $H-C\equiv C-H$ (sp): C≡C 120,7 pm; C–H 105,9 pm

Die Verkürzung der Mehrfachbindungen erklärt sich durch die zusätzlichen π-Bindungen. Der C-H-Kernabstand verringert sich in dem Maße, wie der s-Anteil an der Hybridisierung des C-Atoms wächst. Mit der Verkürzung der Kernabstände ist eine Vergrößerung der Bindungsenergien verbunden, zusätzlich erhöht sich die Elektronegativität der C-Atome mit dem Hybridisierungsgrad in der Reihenfolge $sp^3 \rightarrow sp^2 \rightarrow sp$, was dazu führt, daß die H-Atome im Acetylen acide sind.

Entsprechend lassen sie sich im Gegensatz zu olefinischen H-Atomen leicht durch Metallatome ersetzen, wobei Acetylide gebildet werden. Hiervon sind besonders die Schwermetallacetylide wie Ag_2C_2 und Cu_2C_2 sehr explosiv.

$$\underset{\text{Acetylen}}{CH\equiv CH} \xrightarrow[- NH_3]{+ NaNH_2} \underset{\text{Na-Acetylid}}{CH\equiv \overset{\ominus}{C}| \; Na^{\oplus}}$$

Das Acetylid-Ion ist ein Nucleophil und kann weiterreagieren, z.B. mit dem elektrophilen CO_2:

$$H-C\equiv C|^{\ominus} + O=C=O \longrightarrow H-C\equiv C-C(=O)-\overline{\underline{O}}|^{\ominus}$$

oder mit einem Halogenalkan:

$$H-C\equiv C|^{\ominus} + R-Br \longrightarrow H-C\equiv C-R + Br^{\ominus}$$

7.3 Der ungesättigte Charakter der Ethine zeigt sich in zahlreichen Additionsreaktionen. Im Vergleich zu Alkenen sind sie oft weniger reaktiv:

$HC\equiv CH$ (Ethin)

Reagens	Zwischenprodukt	Reagens	Endprodukt
$^{\ominus}OR$	$[H\overset{\ominus}{\underline{C}}=CH-OR]$	ROH, $-OR^{\ominus}$	$H_2C=CH-OR$ Vinylether
H_2	$H_2C=CH_2$ Ethen	H_2	CH_3-CH_3 Ethan (Hydrierung)
Cl_2	$ClCH=CHCl$ 1,2-Dichlorethen	Cl_2	$Cl_2CH-CHCl_2$ 1,1,2,2-Tetrachlorethan
HI	$CH_2=CHI$ Vinyliodid	HI	CH_3-CHI_2 1,1-Diiodethan
H_2O $(Hg^{2\oplus})$	$[CH_2=CHOH]$ Vinylalkohol	isomerisiert, Tautomerie	CH_3-CHO Acetaldehyd

Neben den erwähnten Additionsreaktionen kommt den unter dem Namen <u>Reppe-Synthesen</u> bekannt gewordenen Umsetzungen des Acetylens eine große Rolle zu. Man unterscheidet:

2.6 <u>Vinylierung:</u> Reaktion von Acetylen mit organischen Verbindungen, die funktionelle Gruppen mit acidem H-Atom tragen (z. B. -OH, -SH, $-NH_2$, -COOH). Es erfolgt eine Umwandlung der C≡C- in eine C=C-Bindung (Vinylgruppe).

$$CH\equiv CH + H-OC_2H_5 \longrightarrow CH_2=CH-OC_2H_5$$

Ethylvinylether

<u>Ethinylierung:</u> Reaktion des Acetylens mit Aldehyden oder Ketonen und Kupferacetylid als Katalysator, wobei die C≡C-Bindung erhalten bleibt. Es entstehen Alkinole oder Alkindiole.

$$R-C(=O)H + CH\equiv CH \xrightarrow{(Cu_2C_2)} R-CH(OH)-C\equiv CH \quad \text{Alkinol}$$

$$\xrightarrow{+R-CHO} R-CH(OH)-C\equiv C-CH(OH)-R \quad \text{Alkindiol}$$

Wichtig ist die Herstellung von Isopren aus Aceton:

$$(H_3C)_2C{=}O \xrightarrow{HC\equiv CH} H_3C-C(CH_3)(OH)-C\equiv CH \xrightarrow{H_2} H_3C-C(CH_3)(OH)-CH{=}CH_2 \xrightarrow{-H_2O} H_2C{=}C(CH_3)-CH{=}CH_2$$

3-Hydroxy-3-methyl-1-butin — 3-Hydroxy-3-methyl-1-buten — Isopren 3-Methyl-1,3-butadien

Das Beispiel zeigt die vielfältigen Reaktionsmöglichkeiten einer Mehrfachbindung.

Cyclisierung: Es bilden sich durch Polymerisation von Acetylen Cycloolefine, z. B. Benzol.

$$\text{Styrol} + \text{Benzol} \xleftarrow{Ni} H-C\equiv C-H \xrightarrow{Ni^{2+}} \text{Cyclooctatetraen}$$

Styrol 12 % Benzol 88 % 1,3,5,7-Cyclooctatetraen 70 %

Carbonylierung: Aus Acetylen und Kohlenmonoxid erhält man mit Wasser, Alkoholen oder Aminen ungesättigte Carbonsäuren oder ihre Derivate:

$$CH\equiv CH + CO \xrightarrow{+H-OH} CH_2{=}CH-COOH \quad \text{Acrylsäure}$$

$$\xrightarrow{+H-OR} CH_2{=}CH-COOR \quad \text{Acrylsäureester}$$

$$\xrightarrow{+H-NHR} CH_2{=}CH-CONHR \quad \text{Acrylsäureamid}$$

Tabelle 5. Verwendung und Eigenschaften einiger Alkene und Alkine

Ethen	$\xrightarrow[(Ag)]{O_2}$	Ethylenoxid
$H_2C{=}CH_2$	$\xrightarrow{Cl_2}$	Vinylchlorid (→ PVC)
Fp. $-169\,^{\circ}C$	$\xrightarrow[(PdCl_2)]{O_2}$	Acetaldehyd
Kp. $-102\,^{\circ}C$	$\xrightarrow{C_6H_6}$	Ethylbenzol (→ Styrol)
	$\xrightarrow{HCl}$	Ethylchlorid
	$\xrightarrow{H_2O}$	Ethanol
	$\xrightarrow{CH_2{=}CH_2}$	Polyethylen
Propen	$\xrightarrow{O_2/NH_3}$	Acrylnitril (→ Polyacrylnitril)
$CH_2{=}CH{-}CH_3$	$\xrightarrow{H_2O}$	Propanol (→ Aceton)
Fp. $-185\,^{\circ}C$	$\xrightarrow{CH_2{=}CH{-}CH_3}$	Polypropylen
Kp. $-48\,^{\circ}C$	$\xrightarrow{Cl_2}$	Alkylchlorid
	$\xrightarrow[(PdCl_2)]{O_2}$	Aceton
	$\xrightarrow{C_6H_6}$	Cumol (→ Aceton, Phenol)
Buten	$\longrightarrow$	1,3-Butadien
$CH_3{-}CH_2{-}CH{=}CH_2$	$\longrightarrow$	2-Butanol
Fp. $-186\,^{\circ}C$, Kp. $-6\,^{\circ}C$	$\longrightarrow$	Alkylierung (für Treibstoffe)
Isobuten, Kp. $-7\,^{\circ}C$	$\longrightarrow$	tert. Butanol
$CH_3{-}C(CH_3){=}CH_2$	$\longrightarrow$	Alkylierung (für Treibstoffe)
Acetylen	$\xrightarrow{HCl}$	Vinylchlorid
$HC{\equiv}CH$	$\xrightarrow{HCN}$	Acrylnitril
Kp. $-84\,^{\circ}C$ (bei 760 Torr)	$\xrightarrow{H_2O}$	Acetaldehyd
Fp. $-81\,^{\circ}C$ (bei 890 Torr)	$\xrightarrow{HOR}$	Vinylether
	$\longrightarrow$	Vinylester
Vinylacetylen	$\xrightarrow{HCl}$	Chloropren (2-Chlorbutadien)
$H_2C{=}CH{-}C{\equiv}C{-}H$	$\xrightarrow{H_2O}$	Methylvinylketon
Kp. $5\,^{\circ}C$	$\xrightarrow{H_2}$	Butadien

Biochemisch interessante Alkene und Alkine

Dazu gehört z.B. als Pheromon (Verbindungen, die das Verhalten von Pflanzen und Tieren steuern) der Sexuallockstoff von *Musca domestica* (Stubenfliege, ♀).

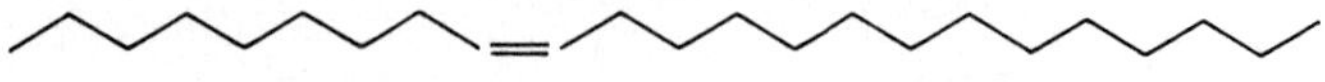

Muscalure, Z-9-Tricosen

Biochemisch wichtige Alkene sind auch die sich von Isopren als Grundkörper ableitenden Di- und Polymeren wie Kautschuk, Guttapercha und die große Gruppe der Terpene und Carotinoide (s. Kap. 30).

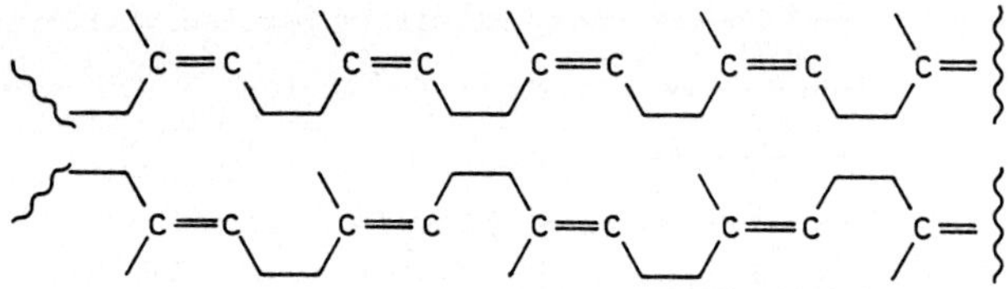

Kautschuk (cis-Polyisopren)

Guttapercha (trans-Polyisopren)

Auch Verbindungen mit C≡C-Bindungen kommen natürlich vor, z.B.

$HC{\equiv}C{-}C{\equiv}C{-}CH{=}C{=}CH{-}CH{=}CH{-}CH{=}CH{-}CH_2{-}COOH$ (cis, trans) — Mycomycin, ein Antibiotikum (aus *Nocardia acidophilus*)

$H_3C{-}CH{=}CH{-}C{\equiv}C{-}C{\equiv}C{-}CH{=}CH{-}COOCH_3$ — Matricariasäuremethylester (Kamille, *matricaria inodova*)

$H_3C{-}C{\equiv}C{-}C{\equiv}C{-}C{\equiv}C{-}C{\equiv}C{-}C{\equiv}C{-}CH{=}CH_2$ — als gelbes Pigment einiger Sonnenblumenarten, auch in der Baldrianwurzel

Tridecen-1-pentain

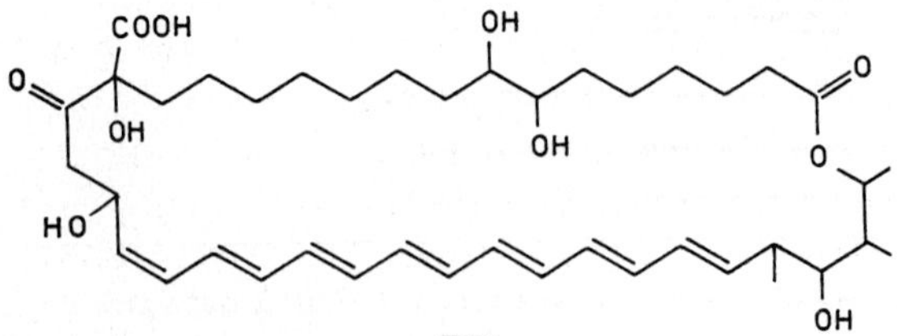

Amphotericin, ein Polyenantibiotikum (C=C: all-trans-konfiguriert)

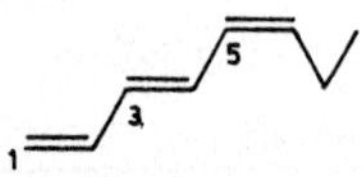

1,3-trans-5-cis-Octatrien

Fucoserraten (Gametenlockstoff der Braunalge *Fucus serratus*)

5 Elektrophile und andere Additionen an Alkene

.2.5 Elektrophile Additionen an eine C=C-Doppelbindung lassen sich gut anhand des Elektronenzustandes dieser Bindung verstehen (s. HT 247 - Chem.Bindung). Man kann sich die C=C-Bindung aufgebaut denken aus einer σ-Bindung (gebildet durch die Überlappung zweier sp^2-Hybridorbitale) und einer π-Bindung (die durch die Überlappung von zwei p-Orbitalen (p_π-p_π-Bindung) entsteht). Ein Angriff an die C-Atome der C=C-Bindung wird immer senkrecht zu der Ebene erfolgen, in der die C-Atome mit ihren Substituenten liegen. Genau dort ist aber auch die π-Elektronendichte der C=C-Bindung am größten, denn das weniger stark gebundene Elektronenpaar im π-Orbital befindet sich zwischen den C-Atomen. Dort ist es relativ leicht polarisierbar, da die Elektronen hier von den Atomkernen weiter entfernt sind als bei einer σ-Bindung.

Wegen dieses nucleophilen Charakters der C=C-Bindungen sind als typische Reaktionen Additionen elektrophiler Reagenzien zu erwarten. Nucleophile Reaktionen werden erst dann möglich, wenn die π-Elektronendichte durch elektronenziehende Substituenten verringert wird.

5.1 Die elektrophile Addition von Halogenen an Alkene

Es gibt viele überzeugende experimentelle Hinweise dafür, daß die Addition von Halogenen an Alkene als zweistufiger Prozeß abläuft. Sie ist hier am Beispiel der Brom-Addition dargestellt. Man geht davon aus, daß die Reaktion eingeleitet wird durch die Bildung eines Ladungstransfer-Komplexes (π-Addukt, π-Komplex) zwischen dem Halogen und dem Olefin (I). Dann bildet sich unter Abspaltung eines Bromid-Ions ein positiv geladenes Ion, das heute meist als cyclisches Bromonium-Ion (IIa) formuliert wird. Dieser Vorgang ist der geschwindigkeitsbestimmende Schritt.

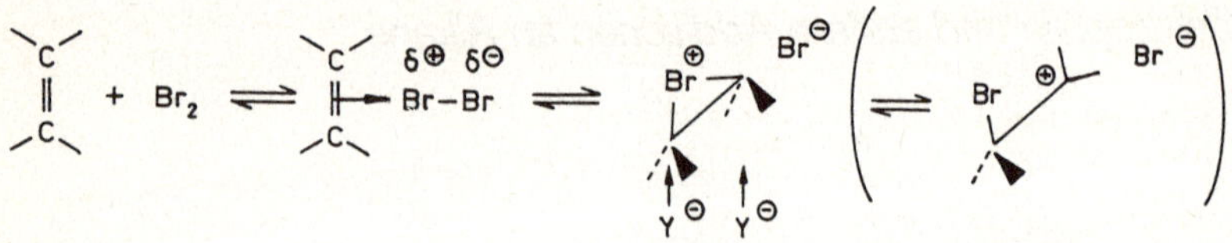

$$\begin{matrix} >C=C< \end{matrix} + Br_2 \rightleftharpoons \text{I} \rightleftharpoons \text{IIa} \; (\rightleftharpoons \text{III})$$

Die früher übliche Schreibweise als Brom-Carbenium-Ion (III) ist in den Hintergrund getreten, seit Bromonium-Ionen mit Hilfe der Kernresonanzspektroskopie wahrscheinlich gemacht werden konnten.

Es ist nicht unbedingt erforderlich, das cyclische Bromonium-Ion als gleichseitiges Dreieck aufzufassen. Auch unsymmetrische Ionen wie IIb sind denkbar.

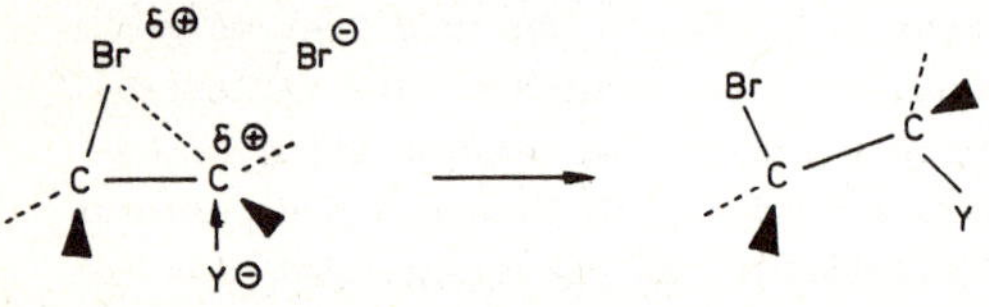

$$\text{IIb} \longrightarrow \text{IV}$$

Das Halogenonium-Ion wird dann im zweiten schnellen Reaktionsschritt von dem Anion $Y^{\ominus}$ angegriffen, und zwar von der zur Br-Brücke entgegengesetzten Seite (anti).

Demnach entstehen also bevorzugt die Produkte IV einer anti-Addition. (Die früher üblichen Bezeichnungen trans statt anti bzw. cis statt syn werden nicht mehr benutzt, da cis und trans die Stereochemie von Verbindungen wiedergeben.)

Der hier vorgeschlagene Mechanismus wird u.a. durch folgende experimentelle Hinweise gestützt.

(1) Bei Anwesenheit von anderen Nucleophilen im Reaktionsgemisch treten diese in den Endprodukten auf. Daraus kann man schließen, daß die Reaktion in zwei Stufen abläuft.

$$CH_2{=}CH_2 + Br_2 + Cl^{\ominus} \longrightarrow CH_2Br{-}CH_2Cl + CH_2Br{-}CH_2Br + Br^{\ominus}$$

(2) Bei Vorliegen eines Carbenium-Ions III sollten Gemische von syn- und anti-Addukten entstehen. Meist überwiegen jedoch stark die Produkte der anti-Addition.

Alle Befunde lassen sich gut mit Hilfe des cyclischen Bromonium-Ions erklären, da dann der Angriff von $Br^{\ominus}$ bzw. $Y^{\ominus}$ im zweiten Schritt bevorzugt in der anti-Stellung eintritt.

Beispiele:

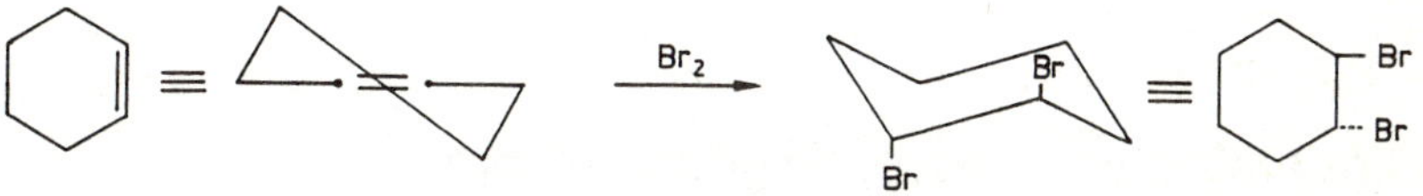

$$\text{Cyclohexen} \xrightarrow{Br_2} \text{trans-1,2-Dibromcyclohexan}$$

Cyclohexen

<u>trans</u>-1,2-Dibromcyclohexan, <u>> 95 %</u>

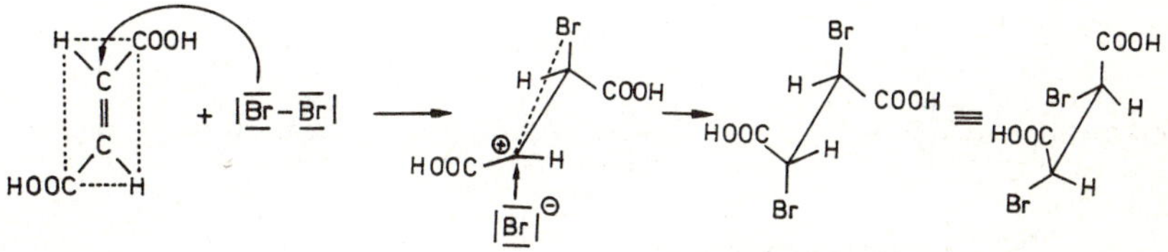

$$\text{Fumarsäure} + |\overline{Br}-\overline{Br}| \longrightarrow \text{Bromonium-Ion} + |\overline{Br}|^{\ominus} \longrightarrow \text{meso-Dibrombernsteinsäure}$$

Fumarsäure

meso-Dibrombernsteinsäure, > 80 %

Beachte den Übergang von $>C=C<$ (sp^2, eben) zu $\geq C-C \leq$ (sp^3, tetraedrisch) mit der Rotationsmöglichkeit um die C–C-Bindungsachse.

5.2 Die Addition von Halogenwasserstoffen (Markownikow-Regel)

Bei der Addition eines unsymmetrischen Elektrophils (H-Hal) an ein Alken können prinzipiell I und II entstehen:

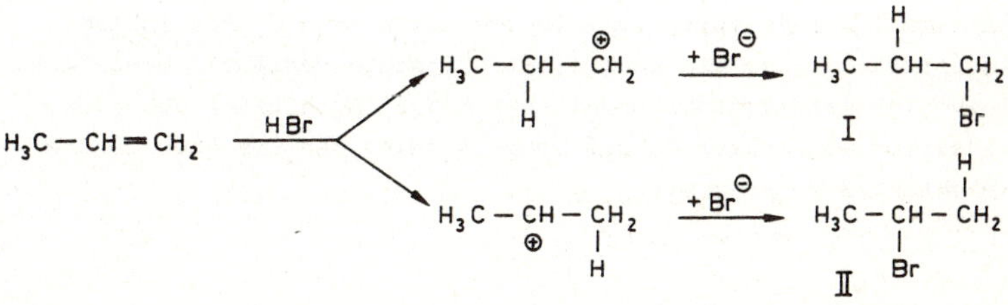

$$H_3C-CH=CH_2 \xrightarrow{HBr} H_3C-CH(H)-\overset{\oplus}{C}H_2 \xrightarrow{+Br^{\ominus}} H_3C-CH(H)-CH_2Br \quad \text{I}$$

$$H_3C-CH=CH_2 \xrightarrow{HBr} H_3C-\overset{\oplus}{C}H-CH_2(H) \xrightarrow{+Br^{\ominus}} H_3C-CH(Br)-CH_2(H) \quad \text{II}$$

Experimentell stellt man aber fest, daß ausschließlich II gebildet wird. Der Grund hierfür ist, daß die Orientierung der Addition von der relativen Stabilität der Carbenium-Ionen bestimmt wird, die im ersten Reaktionsschritt gebildet werden. Da sekundäre Carbenium-Ionen stabiler sind als primäre (Kap. 1.3), entsteht ausschließlich II.

Allgemein gilt: Bei der Addition eines unsymmetrischen Elektrophils H-Hal addiert sich der elektrophile Teil des Reagens so, daß das stabilste Carbenium-Ion gebildet wird.

Das Halogen in H-Hal wird somit an dem an Wasserstoff ärmeren C-Atom angelagert (Regel von Markownikow; beachte: bei der Addition von HOCl bzw. HOBr gilt das Halogen als elektrophile Spezies).

5.3 Die Addition von Wasser (Hydratisierung)

Wasser kann nur in Gegenwart einer Säure addiert werden, da H—O—H selbst nicht elektrophil genug ist. Vermutlicher Mechanismus:

$$H_3C-CH=CH_2 \underset{-H^\oplus}{\overset{+H^\oplus}{\rightleftharpoons}} H_3C-\overset{\oplus}{C}H-CH_3 \underset{-H_2O}{\overset{+H_2O}{\rightleftharpoons}} H_3C-CH(\overset{\oplus}{O}H_2)-CH_3 \underset{+H^\oplus}{\overset{-H^\oplus}{\rightleftharpoons}} H_3C-CH(OH)-CH_3$$

Carbenium-Ion

Bei Verwendung von konz. H_2SO_4 als Katalysator bilden sich auch Alkylhydrogensulfate. Diese Schwefelsäureester werden jedoch i.a. durch Wasser rasch hydrolysiert:

$$>\overset{\oplus}{C}-CH< \xrightarrow{HSO_4^\ominus} >C(O-SO_3H)-CH< \xrightarrow{H_2O} >C(OH)-CH< + H_2SO_4$$

Enzymatische Addition von Wasser

Enzymatisch katalysierte Reaktionen verlaufen nach einem etwas anderen Mechanismus. Ein Beispiel ist die Umwandlung von Citrat in Isocitrat im Citrat-Cyclus, die über cis-Aconitsäure verläuft. Diese ist an das Enzym (Biokatalysator) Aconit-hydratase (Aconitase) gebunden, das die Addition von Wasser an die Doppelbindung der cis-Aconitsäure in zwei Richtungen katalysiert:

$$HO-C(CH_2COOH)(COOH)-CH_2-COOH \underset{+H_2O}{\overset{-H_2O}{\rightleftharpoons}} HOOC-CH_2-C(COOH)=CH-COOH \underset{-H_2O}{\overset{+H_2O}{\rightleftharpoons}} HOOC-CH_2-CH(COOH)-CH(OH)-COOH$$

Citronensäure　　　　cis-Aconitsäure　　　　Isocitronensäure

Die Reaktion verläuft als stereospezifische anti-Addition von H_2O. Hierfür gibt es zwei Möglichkeiten, die zu Citronensäure bzw. Isocitronensäure führen. Der Nachweis gelang mit Deuterium-markierten Substraten.

$OH^{\ominus}$ / $H^{\oplus}$ an HOOC(H)C=C(COOH)CH_2COOH ⟶ Iso-Citronen-säure ; $H^{\oplus}$ / $OH^{\ominus}$ an HOOC(H)C=C(COOH)CH_2COOH ⟶ Citronen-säure

5.4 Weitere Additionsreaktionen

Nucleophile Addition

2.6 Nucleophile Additionen an C=C-Doppelbindungen sind nur möglich, wenn elektronenziehende Gruppen im Substrat vorhanden sind, wobei das Reagens meist als Carbanion angreift (hergestellt durch Abspaltung eines Protons mit einer Base). Sehr wichtig sind Additionsreaktionen an Mehrfachbindungen zwischen Kohlenstoff und einem Heteroatom wie >C=O, >C≡N usw.

Beispiel:

$$(H_3C)_2C=O + {}^{\ominus}|C\equiv CH \longrightarrow (H_3C)_2C(\overline{\underline{O}}|^{\ominus})-C\equiv CH \xrightarrow{H^{\oplus}} (H_3C)_2C(OH)-C\equiv CH$$

Aceton　　Acetylid-Ion　　　　3-Hydroxy-3-methyl-1-butin

Auch Acetal- bzw. Ketal-Bildungen sind nucleophile Additionsreaktionen. Nucleophile sind hier H_2O, ROH, RSH etc.

Weitere Beispiele zur Markownikow- und anti-Markownikow-Addition s. Kap. 4.1.

Radikalische Addition

3.2.7 Bei der Anlagerung von HBr an eine Doppelbindung kann man je nach Reaktionsbedingung zwei verschiedene Produkte finden:

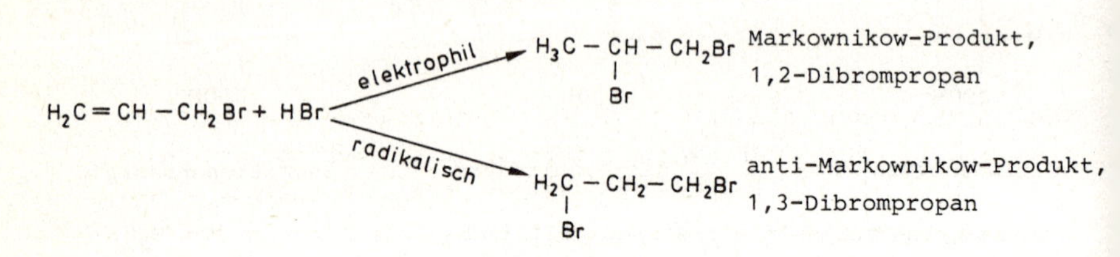

1,2-Dibrompropan entsteht durch elektrophile Addition, die Bildung von 1,3-Dibrompropan verläuft dagegen nach einem radikalischen Mechanismus:

$$Br\cdot + CH_2{=}CH{-}CH_2Br \longrightarrow Br{-}CH_2{-}\dot{C}H{-}CH_2{-}Br$$

$$Br{-}CH_2{-}\dot{C}H{-}CH_2Br + HBr \longrightarrow Br{-}CH_2{-}CH_2{-}CH_2{-}Br + Br\cdot$$

6 Aromatische Kohlenwasserstoffe

Während die Mehrfachbindung im Ethen als zwischen den Kernen lokalisiert angesehen werden kann, existiert in einigen anderen Molekühlen eine "delokalisierte" Bindung oder Mehrzentrenbindung. Der typische Vertreter dafür ist das Benzol, C_6H_6. Die Kohlenstoffatome bilden einen ebenen Sechsring und tragen je ein H-Atom.

6.1 Der aromatische Zustand

.5 Entsprechend einer sp^2-Hybridisierung am Kohlenstoff sind die Bindungswinkel 120° (vgl. Abb. 39). Die übriggebliebenen p_z-Elektronen beteiligen sich nicht an der σ-Bindung, sondern überlappen einander π-artig. Dies führt zu einer vollständigen Delokalisation der p_z-Orbitale: Es bilden sich zwei Bereiche hoher Ladungsdichte ober- und unterhalb der Ringebene (π-System, Abb. 12).

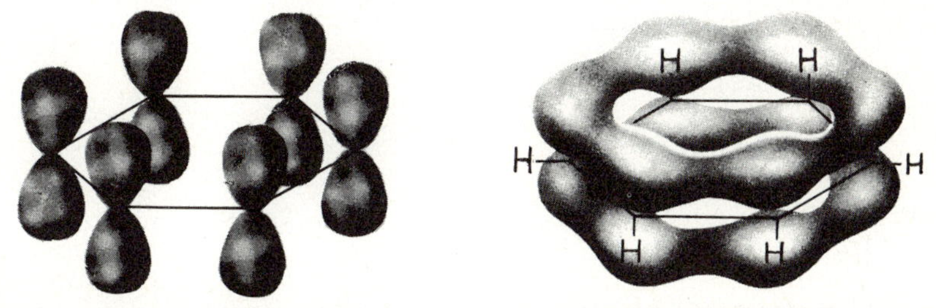

Abb. 12. Bildung des π-Bindungssystems des Benzols durch Überlappung der p-AO. Die σ-Bindungen sind durch Linien dargestellt

Die Elektronen des π-Systems sind gleichmäßig über das Benzol-Molekül verteilt *(cyclische Konjugation)*. Alle C—C-Bindungen sind daher gleich lang (0,139 nm) und gleichwertig.

Will man die elektronische Struktur des Benzols durch Valenzstriche darstellen, so muß man hierfür mehrere Grenzformeln (Grenzstrukturen) angeben (I-V). Sie sind für sich nicht existent, sondern dienen als Hilfsmittel zur Beschreibung des tatsächlichen Bindungszustandes. Die wirkliche Struktur kann jedoch durch Kombination dieser (fiktiven) Grenzstrukturen nach den Regeln der Quantenmechanik beschrieben werden, wobei den energieärmeren Kekule-Strukturen I und II das weitaus größte Gewicht zukommt. Diese Erscheinung nennt man *Mesomerie* oder *Resonanz*.

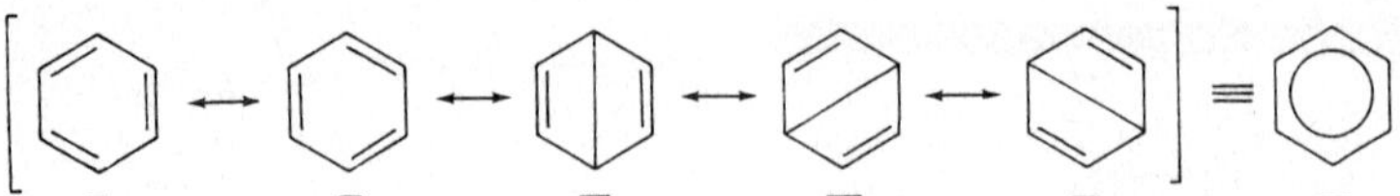

I II III IV V VI

Kekulé-Strukturen Dewar-Strukturen

3.6.2 Im Vergleich zu dem nicht existierenden Cyclohexatrien mit lokalisierten Doppelbindungen ist der Energiegehalt des Benzols um etwa 151 $kJ \cdot mol^{-1}$ geringer. Der Energiegewinn wird Mesomerie- oder Resonanzenergie genannt; er läßt sich aus experimentellen Daten abschätzen.*

Das Benzol bezeichnet man als mesomerie- oder resonanzstabilisiert.
Zur Wiedergabe dieses Sachverhaltes verwendet man daher zweckmäßig Formel VI.

Inzwischen gelang es, das "Dewar-Benzol" oder Bicyclo-[2,2,0]hexadien-(2,5), einen dachförmigen Bicyclus darzustellen. Es ist eine instabile, sehr reaktionsfähige Verbindung, die sich alsbald irreversibel in Benzol umlagert. Auch eine weitere valenzisomere Verbindung des Benzols, das Prisman oder Tetracyclo[2,2,0,0,^{2,6}0^{3,5}]-hexan, ist nicht eben gebaut.

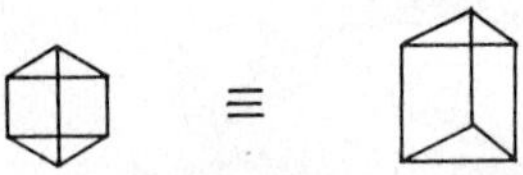

Dewar Benzol 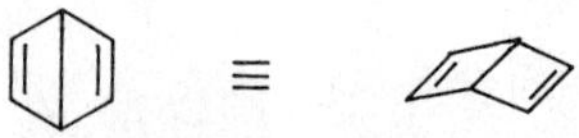 Prisman

Alle Kohlenwasserstoffe, die das besondere Bindungssystem des Benzols enthalten, zählen zu den sog. aromatischen Verbindungen (Aromaten).

Quantenmechanische Berechnungen ergaben, daß monocyclische konjugierte Cyclopolyene mit (4n + 2) π-Elektronen aromatisch sind und sich durch besondere Stabilität auszeichnen (Hückel-Regel). Dies gilt sowohl für neutrale als auch für ionische π-Elektronensysteme, sofern eine planare Ringanordnung mit sp^2-hybridisierten C-Atomen vorliegt, denn dies ist die Bedingung für maximale Überlappung von p-Orbitalen.
Als antiaromatisch bezeichnet man cyclisch konjugierte Systeme mit 4n π-Elektronen (z.B. Cyclobutadien, Cyclooctatetraen).

*z.B. aus der Hydrierungsenthalpie, wenn man die Hydrierungsenthalpie von Benzol zu Cyclohexan mit dem dreifachen Wert der Hydrierungsenthalpie von Cyclohexen zu Cyclohexan vergleicht.

Beispiele:

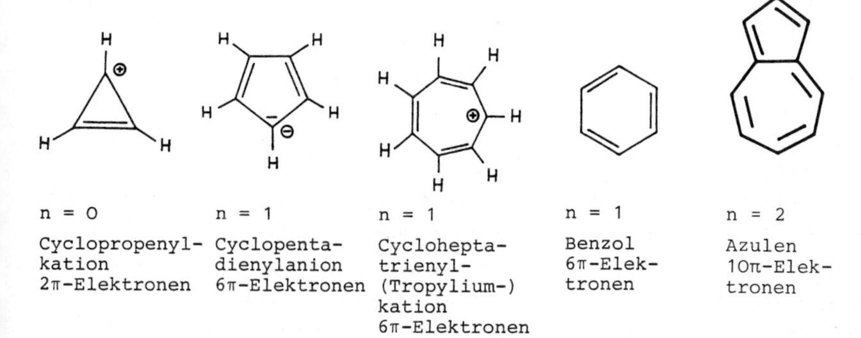

Es gibt auch zahlreiche Verbindungen mit Heteroatomen, die aromatischen Charakter besitzen und mesomeriestabilisiert sind (s. Kap. 25.3).

6.2 Elektronenstrukturen cyclisch-konjugierter Systeme nach der MO-Theorie

3.1.5 Am 1,3-Butadien (s. Kap. 4.2) wurde gezeigt, daß die Delokalisierung von Elektronen für das betreffende System einen Energiegewinn bedeutet. Das aromatische Benzol mit einem cyclisch konjugierten System benachbarter Doppelbindungen ist wesentlich energieärmer als ein entsprechendes offenkettiges konjugiertes System. Das Energieniveauschema für die π-Elektronen im Benzol zeigt Abb. 13.

Beachte: Abb. 12 symbolisiert das 6π-Elektronen-System, Abb. 14 die MO-Orbitale mit max. je 2 Elektronen. Aus Abb. 13 erkennt man, daß ein zweifach symmetrie-entartetes π-MO vorhanden ist: $E_2=E_3$ (entartet bedeutet energiegleich). Daraus und aus der vollständigen Besetzung aller bindenden MO resultiert der Energiegewinn im Vergleich zu einem offenkettigen konjugierten System.

Abb. 15 zeigt, daß dies auch für andere cyclische Polyene (Annulene) gilt, die der Hückel-Regel gehorchen. Man erkennt: *Es sind (4n+2) π-Elektronen notwendig, um die bindenden MO vollständig zu besetzen. Genau diese Zahl von Elektronen bewirkt also die größtmögliche Stabilität aromatischer Moleküle.*

Abb. 16 zeigt die Verhältnisse am Beispiel des Cyclopropenyl-Systems. Das Kation enthält 2 π-Elektronen, ist aromatisch (n = 0) und relativ stabil. Das Radikal mit 3 π-Elektronen ist schon weniger stabil, das Anion mit 4 π-Elektronen kann bereits als instabil bezeichnet werden.

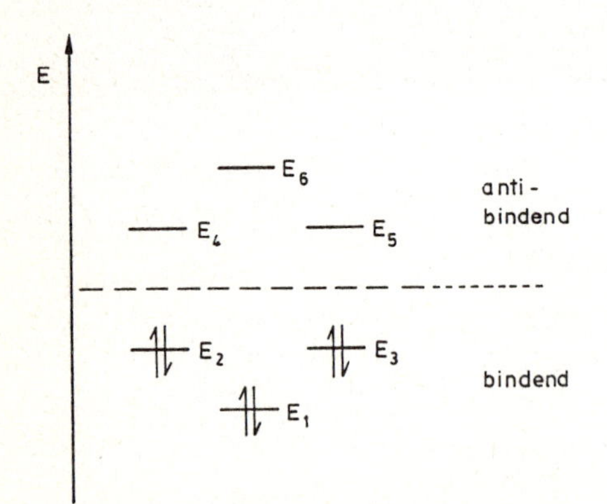

Abb. 13. Energieniveauschema des Benzols

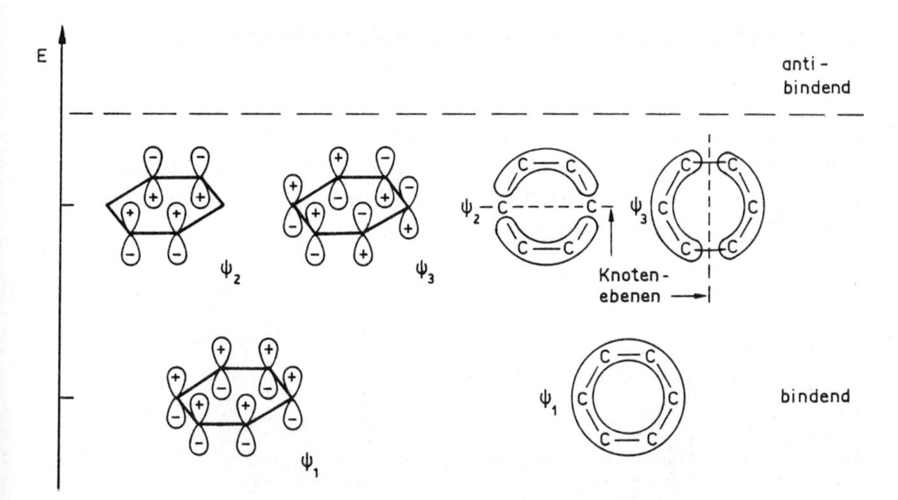

Abb. 14. Konfiguration der π-Elektronen im Grundzustand des Benzols

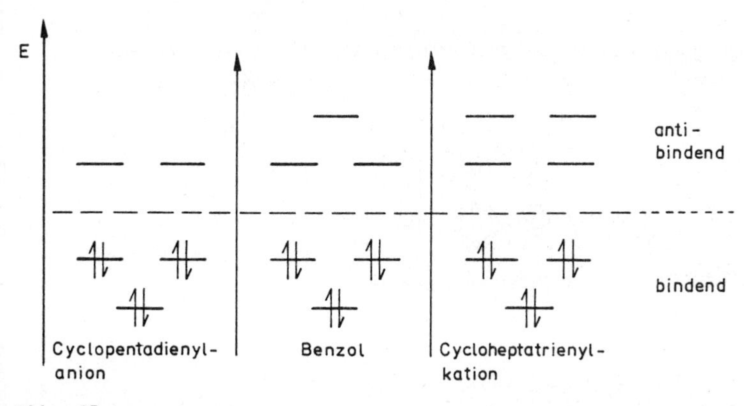

Abb. 15

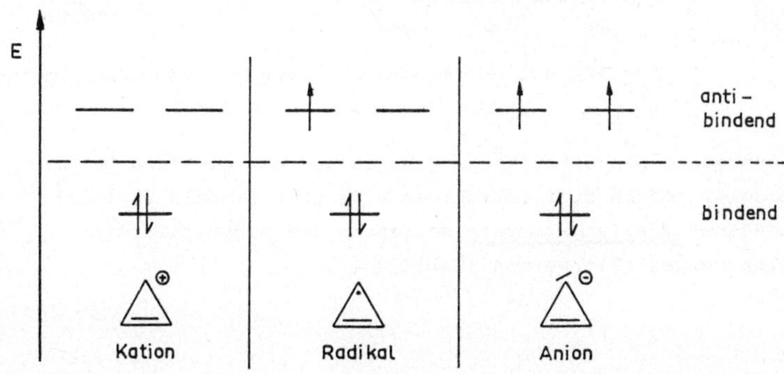

Abb. 16

6.3 Beispiele für Aromaten und ihre Nomenklatur

3.6.1 Die H-Atome des Benzolringes können sowohl durch Kohlenstoffketten (Seitenketten) als auch durch Ringsysteme ersetzt (substituiert) werden, wobei auch zwei oder mehrere C-Atome gemeinsam sein können ("anellierte oder kondensierte Ringe").

Beispiele:

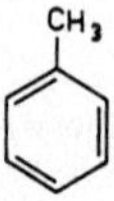
CH₃

Toluol

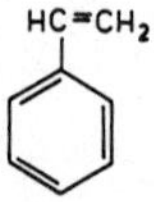
HC=CH₂

Styrol

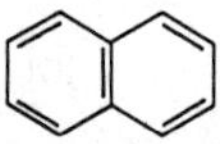

Naphthalin

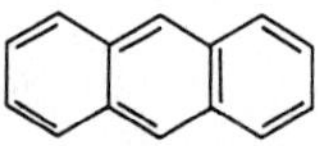

Anthracen

linear anelliert

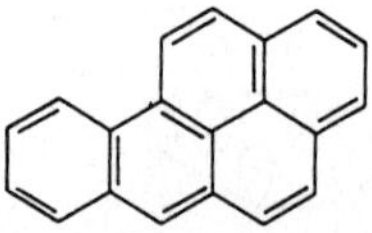

Benzo[a]pyren (3,4-Benzpyren)

linear und angular anelliert

Ansaverbindungen sind z.B. cyclische Ether mit großer Ringweite. Solche aus carbocyclischen Ringen werden "Cyclophane" genannt.

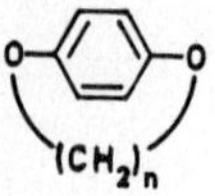
O
O
(CH₂)ₙ

Ansa-Verbindung

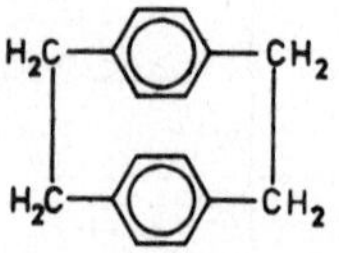
H₂C
CH₂
H₂C
CH₂

2,2-Paracyclophan

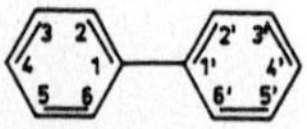
3 2
4 1
5 6
2' 3'
1' 4'
6' 5'

Biphenyl

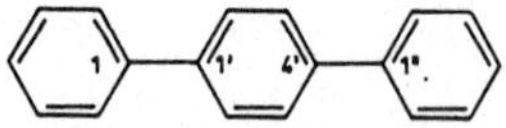
1
1'
4'
1''

p-Terphenyl (einfachstes Oligophenyl)

$$\begin{array}{c} H \\ | \\ C_6H_5-C-C_6H_5 \\ | \\ C_6H_5 \end{array}$$

Triphenylmethan

Wegen der Symmetrie des Benzolrings gibt es nur ein einziges Methylbenzol (Toluol), jedoch drei verschiedene Dimethylbenzole (Xylole). Die verschiedenen *Stellungsisomere* sollen an den substituierten Chlorbenzolen vorgestellt werden (Tabelle 6).

Bei kondensierten Aromaten werden die Monosubstitutionsprodukte oft auch durch die Buchstaben α und β gekennzeichnet. Im Naphthalin und Anthracen entsprechen die 1-, 4-, 5- und 8-Stellungen einer α-Position, die 2-, 3-, 6- und 7-Stellungen einer β-Position.

Tabelle 6. Spalte 1: Zahl der gleichen Substituenten, Spalte 2: Zahl der isomeren Verbindungen, Spalte 3: Summenformel, Spalte 4: Beispiele

1	1	C_6H_5Cl	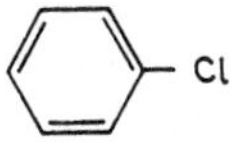	Chlorbenzol		
2	3	$C_6H_4Cl_2$	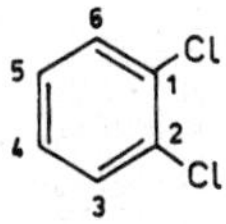	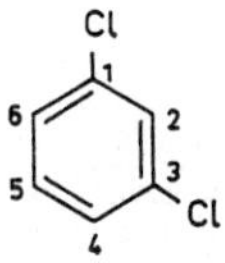	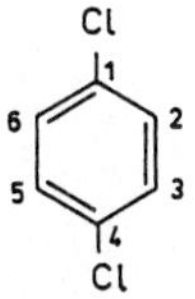	
			1,2- ortho- o-	1,3- meta- m-	1,4- para- p-	Dichlor- benzol
3	3	$C_6H_3Cl_3$	1,2,3- vicinal vic	1,2,4- asymme- trisch asym	1,3,5- symme- trisch sym	Trichlor- benzol
4	3	$C_6H_2Cl_4$	1,2,3,4-	1,2,3,5-	1,2,4,5-	Tetrachlor- benzol
5	1	C_6HCl_5	Pentachlorbenzol			
6	1	C_6Cl_6	Hexachlorbenzol			

6.4 Vorkommen, Darstellung und Verwendung

.3 Die aromatischen Kohlenwasserstoffe werden i.a. aus Steinkohlenteer oder aus Erdöl gewonnen. Steinkohlenteer ist ein Nebenprodukt der Verkokung von Steinkohle. Der Teer wird wie das Erdöl mit speziellen Verfahren auf die Aromaten hin aufgearbeitet.

Einen Überblick über technisch wichtige Aromaten gibt Tabelle 7.

Tabelle 7. Verfahren zur Aromaten-Gewinnung (Benzol, Toluol, Xylol)

Trennproblem	Verfahren	Durchführung	Hilfsstoffe
BTX-Abtrennung aus Pyrolysebenzin und Kokereigas	Azeotrop-Dest. (für Aromatengehalt > 90 %)	Nichtaromaten werden azeotrop abdestilliert; Aromaten bleiben im Sumpf.	Amine, Ketone, Alkohole, Wasser
BTX-Abtrennung aus Pyrolysebenzin	Extraktiv-Dest. (Aromatengehalt: 65 - 90 %)	Nichtaromaten werden abdestilliert; Sumpfprodukt (Aromaten + Lösungsmittel) wird destillativ getrennt.	Dimethyl-formamid, N-Methyl-pyrrolidon, N-Formyl-morpholin, Tetrahydro-thiophendioxid (Sulfolan)
BTX-Abtrennung aus Reformatbenzin	Flüssig-Flüssig-Extraktion (Aromatengehalt: 20 - 65 %)	Gegenstromextraktion mit zwei nicht mischbaren Phasen. Trennung v. Aromaten u. Selektiv-Lösungsmitteln durch Destillation	Sulfolan, Dimethylsulfoxid/H_2O, Ethylenglykol/H_2O, N-Methylpyrrolidon + Wasser
Isolierung von p-Xylol aus m,p-Gemischen	Kristallisation durch Ausfrieren	o-Xylol wird vorab abdestilliert. Das Gemisch wird getrocknet und mehrstufig kristallisiert.	
Fp. p-Xylol: +13°C m-Xylol: -48°C	Adsorption an Festkörper	p-Xylol wird in der Flüssigphase z.B. an Molekularsiebe adsorbiert und danach durch Lösungsmittel wieder desorbiert.	

Höher kondensierte Aromaten wie Naphthalin und Anthracen werden durch Pyrolysereaktionen erhalten, z.B. aus Steinkohlenteer, Destillationsrückständen oder Crack-Benzin.

Benzol selbst entsteht z.B. beim thermischen Cracken aus n-Hexan durch dehydrierende Cyclisierung und Aromatisierung, durch Dehydrierung von Methylcyclopentan/Cyclohexan oder cyclisierende Trimerisierung von Acetylen ($3\ C_2H_2 \longrightarrow C_6H_6$).

H_3C CH_3 / H_2C CH_2 / H_2C CH_2 $\xrightarrow[-4\ H_2]{Kat.\ \Delta}$ Benzol ; Methylcyclopentan $\rightleftharpoons$ Cyclohexan $\xrightarrow{Kat.\ \Delta}$ Benzol

n-Hexan Benzol Methyl-cyclo-pentan Cyclo-Hexan Benzol

Benzol und seine einfachen Homologen sind farblose, leicht entzündliche Flüssigkeiten. Sie brennen mit leuchtender, stark rußender Flamme und sind in Wasser praktisch unlöslich. Aromaten sind wichtige Grundstoffe für die Petrochemie, die daraus u.a. Farbstoffe, Insektizide und pharmazeutische Präparate herstellt. Viele Arene sind giftig und cancerogen.

6.5 Reaktionen aromatischer Verbindungen

.4 Chemisch ist der Benzolring sehr beständig. Hauptsächlich sind Substitutionsreaktionen möglich wie: Nitrieren ($\longrightarrow$ Nitrobenzol), Sulfonieren ($\longrightarrow$ Benzolsulfonsäure), Chlorieren bzw. Bromieren ($\longrightarrow$ Chlor- bzw. Brom-benzol). Bei derartigen Reaktionen wird der aromatische Rest der Reaktionsprodukte allgemein als Arylrest (Ar-) bezeichnet, speziell im Falle des Benzols als Phenylrest (Ph-).

Die elektrophile Substitution ist die wichtigste Substitutionsreaktion bei Aromaten. Sie besteht im allgemeinen in der Verdrängung eines Wasserstoffs durch eine elektrophile Gruppe und wird erleichtert durch die hohe Ladungsdichte an den C-Atomen des Benzolringes. Insoweit könnte Benzol auch als Lewis-Base angesehen werden.

Kondensierte Aromaten zeigen manchmal unerwartete Reaktionen. So geht Anthracen mit Brom eine Additionsreaktion in 9,10-Stellung ein, reagiert also wie ein reaktives Dien.

Ein ähnliches Verhalten zeigt es bei Diels-Alder-Reaktionen. Der Grund ist wohl die geringe Differenz von etwa 50 $kJ \cdot mol^{-1}$ in der Resonanzstabilisierung zwischen Anthracen und dem Additionsprodukt Dibromanthracen.

Anthracen — Br_2 → (Br H, ⊕) — $Br^{\ominus}$ → 9,10-Dibromanthracen

Beispiele für elektrophile Substitutions-Reaktionen:

3.2.3 Nitrierung und Nitrosierung

Aromatische Nitro-Verbindungen sind wichtige Ausgangsstoffe für die Farbstoff- und Sprengstoffindustrie und zur Synthese von Arzneimitteln. Zur Nitrierung von Aromaten verwendet man neben rauchender Salpetersäure sog. Nitriersäure, eine Mischung von konz. HNO_3 und konz. H_2SO_4:

$$HNO_3 + 2\ H_2SO_4 \rightleftharpoons NO_2^{\oplus} + H_3O^{\oplus} + 2\ HSO_4^{\ominus}.$$

Nitrierendes Agens ist meist das Nitryl-(Nitronium-)Kation, $NO_2^{\oplus}$. Dieses greift den Aromaten elektrophil an und wird zunächst über einen "π-Komplex" gebunden. Intermediär entsteht ein mesomeriestabilisiertes Carbenium-Ion, auch σ-Komplex genannt, das sich nach Abspaltung von einem Proton zu Nitrobenzol stabilisiert:

π-Komplex — Carbenium-Ion (σ-Komplex) — $-H^{\oplus}$ → Nitrobenzol

Das Auftreten eines Carbeniumions als Zwischenstufe wird durch nachfolgende Reaktion wahrscheinlich gemacht. Bei der Umsetzung von Benzol mit Chlorwasserstoff und $AlCl_3$ als Friedel-Crafts-Katalysator entsteht eine Verbindung, die den elektrischen Strom leitet und intensiv gefärbt ist.

$$C_6H_6 + HCl \xrightarrow{AlCl_3} [C_6H_7]^{\oplus} \; AlCl_4^{\ominus}$$

Bei der Verwendung von D-Cl wird das Benzol erwartungsgemäß deuteriert.

In manchen Fällen verläuft die Nitrierung über eine Nitrosierung. So wird z.B. bei der Reaktion von Phenol mit verdünnter Salpetersäure der aromatische Ring durch das angreifende $NO^{\oplus}$-Ion (Nitrosyl-Ion) nitrosiert. Die Nitrosoverbindung wird anschließend durch Salpetersäure zur Nitroverbindung oxidiert und dabei HNO_3 zu HNO_2 reduziert, wodurch neue $NO^{\oplus}$-Ionen gebildet werden können. Will man Phenole nitrosieren, muß man sie deshalb z.B. mit $NaNO_2$ in salzsaurer Lösung behandeln, da die Nitrosogruppe leicht zur Nitrogruppe oxidiert (und auch zur Aminogruppe reduziert) werden kann:

$$Ar\text{-}H + HNO_2 \longrightarrow Ar\text{-}NO + H_2O$$

Ar-H: Phenole, tertiäre Amine, Naphthalin

Sulfonierung und Sulfochlorierung

Aromatische Sulfonsäuren sind wichtige Zwischenprodukte für Farbstoffe, Waschmittel und Arzneimittel. Oft hat die Einführung einer Sulfogruppe $-SO_3H$ den Zweck, eine Verbindung in ihr wasserlösliches Na-Salz überzuführen. Als elektrophiles Agens fungiert vermutlich das SO_3-Molekül, eine Lewis-Säure, welches in rauchender Schwefelsäure enthalten ist:

$$C_6H_6 \underset{}{\overset{SO_3}{\rightleftharpoons}} [C_6H_6 \cdot SO_3] \rightleftharpoons [C_6H_6SO_3] \rightleftharpoons C_6H_5SO_3H$$

π-Komplex σ-Komplex Benzolsulfonsäure

Die Sulfonierung ist im Vergleich zu anderen elektrophilen aromatischen Substitutions-Reaktionen eine ausgeprägt reversible Reaktion, weil die HO_3S-Gruppe bei ihrer hohen Elektrophilie auch eine gute Abgangsgruppe ist.

Durch Umsetzung von aromatischen Sulfonsäuren mit PCl_5 erhält man die entsprechenden Sulfochloride(a). Aus nicht allzu stark desaktivierten Aromaten kann man sie auch direkt mit Chlorsulfonsäure durch Sulfochlorierung erhalten (b).

a) $C_6H_5 - SO_2ONa + PCl_5 \longrightarrow C_6H_5 - SO_2Cl + NaCl + POCl_3$

Na-benzolsulfonat — Benzolsulfochlorid

b) $C_6H_6 + 2\ ClSO_3H \longrightarrow C_6H_5 - SO_2Cl + H_2SO_4$

Vermutlicher Reaktionsablauf über Sulfonierung als erstem Schritt und nachfolgende Reaktion der Sulfonsäure mit Chlorsulfonsäure:

$$ClSO_3H \rightleftharpoons SO_3 + HCl$$

$$C_6H_6 + SO_3 \longrightarrow C_6H_5\text{-}SO_2\text{-}OH$$

$$C_6H_5\text{-}SO_2\text{-}OH + Cl\text{-}SO_3H \longrightarrow C_6H_5\text{-}SO_2Cl + H_2SO_4$$

Kinetisch und thermodynamisch kontrollierte Reaktionen

Die Sulfonierung von Naphthalin bietet ein schönes Beispiel für konkurrierende, reversible Reaktionen:

Naphthalin – 1 – sulfonsäure (α-Produkt)

Naphthalin – 2 – sulfonsäure (β-Produkt)

Dabei entsteht ein Gemisch der Isomeren I und II; II ist thermodynamisch stabiler. Bei 160°C wird die Parallelreaktion thermodynamisch kontrolliert; es entsteht das stabilste Produkt. Die Ausbeuten werden durch die Reaktionsgleichgewichte mitbestimmt. Unterhalb 100°C verläuft die Reaktion so, daß nur I gebildet wird. Sie ist dann kinetisch kontrolliert und das instabilere Produkt wird gebildet (vgl. HT, Bd. 247).

Reaktionen, die auf eine Sulfonierung folgen können:

① Nucleophile Substitutions-Reaktionen

- Durch Schmelzen mit Alkalihydroxid entstehen Phenole, s. Kap. 14.1.
- Durch Reaktion mit Cyanid-Ionen kann Benzonitril erhalten werden:

$$C_6H_5{-}SO_3^{\ominus}Na^{\oplus} + NaCN \xrightarrow{\Delta} C_6H_5CN + Na_2SO_3$$

② Elektrophile Substitutions-Reaktionen

Darstellung von Pikrinsäure (2,4,6-Trinitrophenol) durch Nitrierung:

OH — Sulfonierung → OH, SO_3H, SO_3H — Nitrierung → OH, O_2N, NO_2, NO_2

Phenol-2,4-disulfonsäure Pikrinsäure

Beachte: Bei direkter Nitrierung würde Phenol durch die konz. Salpetersäure oxidativ zerstört werden.

Halogenierung

Aromaten können sowohl durch elektrophile Substitutions- als auch durch radikalische Additionsreaktionen halogeniert werden.

Die direkte Chlorierung als Substitutionsreaktion gelingt nur mit Hilfe von Katalysatoren wie Fe, $FeCl_3$ und $AlCl_3$, die die Bildung des Kations $Cl^{\oplus}$ ermöglichen, welches dann elektrophil am Aromaten angreift:

$$|\overline{Cl} - \overline{Cl}| + FeCl_3 \longrightarrow |\overline{Cl}^{\oplus} + FeCl_4^{\ominus}$$

π-Komplex   Carbenium-Ion   Chlorbenzol

$$H^{\oplus} + FeCl_4^{\ominus} \longrightarrow FeCl_3 + HCl$$

Friedel-Crafts-Reaktionen

1. Alkylierung

Alkylierte aromatische Kohlenwasserstoffe erhält man bei der Reaktion von Alkylhalogeniden mit Aromaten in Gegenwart eines Katalysators. Im allgemeinen muß man eine Lewis-Säure wie $AlCl_3$ zusetzen, welche die Alkylhalogenide durch Polarisation der C-Hal-Bindung aktiviert. Ein derart positiviertes C-Atom greift dann elektrophil den Aromaten an:

$$CH_3-CH_2-Cl + AlCl_3 \rightleftharpoons CH_2-\overset{\delta\oplus}{CH_2}\cdots Cl \cdots \overset{\delta\ominus}{AlCl_3}$$

$$+ \overset{\delta\oplus}{CH_2}(CH_3)\cdots Cl \cdots \overset{\delta\ominus}{AlCl_3} \longrightarrow + AlCl_4^{\ominus} \longrightarrow + HCl + AlCl_3$$

3.6.5 Diese Alkylierungs-Reaktion, die grundsätzlich reversibel verläuft (insbesondere mit tertiären Butylgruppen als Substituenten), wird vorwiegend angewendet, um Methyl- oder Ethyl-Gruppen einzuführen. Das intermediär gebildete Carbenium-Ion neigt dazu, sich in ein stabileres sekundäres oder tertiäres Ion umzulagern, so daß oft Isomerengemische erhalten werden. Darüber hinaus treten häufig Mehrfach-Alkylierungen auf, da - im Gegensatz zu den meisten elektrophilen Substitutionen von Aromaten - die alkylierten Reaktionsprodukte reaktionsfähiger sind als die Ausgangssubstanz (Alkylgruppen sind +I-Substituenten!).

2. Acylierung

Diese Alkylierungs-Reaktion wird vorwiegend angewendet, um Methyl- oder Ethyl-Gruppen einzuführen. Das intermediär gebildete Carbenium-

Ion neigt dazu, sich in ein stabileres sekundäres oder tertiäres Ion umzulagern, so daß oft Isomerengemische erhalten werden. Darüber hinaus treten häufig Mehrfach-Alkylierungen auf.

Ähnlich wie die Alkylierung verläuft die Friedel-Crafts-Acylierung mit Säurehalogeniden und -anhydriden in Gegenwart von $AlCl_3$. Diese Reaktion ist die wichtigste Methode zur Gewinnung aromatischer Ketone. Sie verläuft über ein Acyl-Kation bzw. einen Acylium-Komplex:

$$Ar-H \quad + \quad R-COCl \xrightarrow{AlCl_3} Ar-\underset{\underset{O}{\|}}{C}-R \quad + \quad HCl$$

Friedel-Crafts-Reaktionen dienen im Labor zur Darstellung aliphatisch-aromatischer Kohlenwasserstoffe. Dabei wird oft zunächst der Aromat acyliert und das gebildete Keton mit Zink und Salzsäure oder Hydrazin/$OH^{\ominus}$ reduziert. Die direkte Alkylierung ist in ihrer Anwendung beschränkt, weil häufig Umlagerungen auftreten und sie mit Aromaten geringerer Reaktivität wie Nitrobenzol nicht durchführbar ist.

Reaktionen an der Seitenkette alkylierter Aromaten

2.14 Alkylierte Aromaten sind nicht besonders reaktiv. Viele sind bekannte Lösungsmittel wie Toluol (Methylbenzol), Xylol (Dimethylbenzol) u.a. Der Phenylkern als Substituent beeinflußt zudem die Reaktionsfähigkeit des aliphatischen Kohlenwasserstoffs. Er übt eine stabilisierende Wirkung auf die bei den Reaktionen gebildeten Zwischenstufen aus. Styrol C_6H_5-CH=CH_2 reagiert deshalb z.B. deutlich langsamer mit Brom als Propen. Besonders bemerkenswert ist das Verhalten der aliphatischen Seitenkette gegenüber Oxidation und Halogenierung.

a) Durch Oxidation mit $KMnO_4$ oder katalytisch durch Sauerstoff lassen sich aromatische Carbonsäuren herstellen:

$$C_6H_5-CH_3 \xrightarrow{O_2/Kat.} C_6H_5-COOH$$

Toluol Benzoesäure

b) Durch Halogenierung entstehen Aromaten mit halogenierter Seitenkette. Bei der Chlorierung von Toluol erhält man je nach den Reaktionsbedingungen *Benzylchlorid*, *Benzalchlorid* und *Benzotrichlorid* oder ihr Gemisch. Die Reaktion verläuft unter dem Einfluß von UV-Licht und Wärme nach einem Radikalkettenmechanismus. Bei Verwendung eines Katalysators und ausreichender Kühlung findet Kernsubstitution statt (s. Kap. 7).

CH_3 (Toluol) $\xrightarrow[h\cdot\nu,\ \Delta]{Cl_2}$ CH_2Cl (Benzylchlorid) + $CHCl_2$ (Benzalchlorid) + CCl_3 (Benzotrichlorid)

Toluol Benzyl-chlorid Benzal-chlorid Benzotri-chlorid

Merkregel: Kälte, Katalysator ⟶ Kern
Sonnenlicht, Siedehitze ⟶ Seitenkette

Chlormethylierung

Im Unterschied zu den Friedel-Crafts-Reaktionen läßt sich die Chlormethylierung auch an weniger reaktiven Aromaten wie Nitrobenzol durchführen. Man erhält dabei die sehr reaktionsfähigen Benzylhalogenide, weshalb durch geeignete Reaktionsbedingung insbesondere bei Phenolen und aromatischen Aminen Folgereaktionen vermieden werden müssen. Angreifendes Elektrophil ist vermutlich das Hydroxymethylen-Kation, $H_2C^{\oplus}$-OH, die zu Formaldehyd konjugierte Säure. Der durch electrophile Substitution zunächst entstehende Alkohol wird durch nucleophile Substitution mit Halogenwasserstoff zur Halogenverbindung umgesetzt. Vermutlicher Reaktionsablauf

Übersicht: $C_6H_6 + HCHO + HCl \xrightarrow{ZnCl_2} C_6H_5CH_2Cl + H_2O$

Ablauf Schema:

$C_6H_6 + {}^{\oplus}CH_2{=}OH \xrightarrow[(S_E)]{}$ [H, CH_2OH, $\oplus$] $\xrightarrow{-H^{\oplus}}$ $C_6H_5CH_2OH \xrightarrow[(S_N)]{HCl}$ $C_6H_5CH_2Cl$

Additionsreaktionen

Bei der Addition von Chlor an Benzol werden Cl_2-Moleküle durch eingestrahltes UV-Licht in Cl-Atome gespalten, die sich nach einem Radikalkettenmechanismus an Benzol addieren. Als Endprodukt der Halogenierung entsteht über verschiedene Zwischenstufen Hexachlorcyclohexan, das in 8 cis-trans-Formen (eine davon ist chiral) auftreten kann, wovon das γ-Isomere als Insecticid benutzt wird:

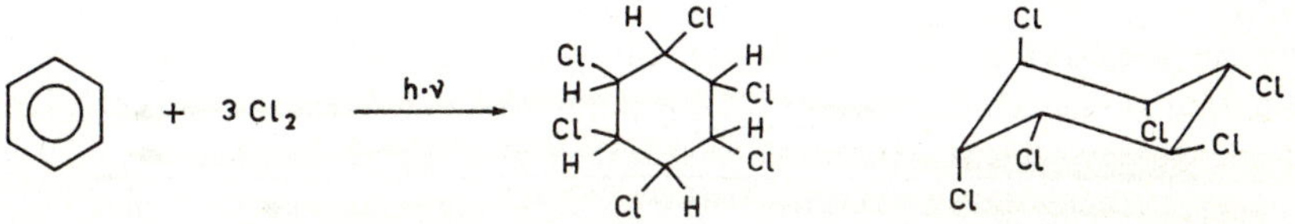

Benzol + $3\ Cl_2$ $\xrightarrow{h \cdot \nu}$ Hexachlorcyclohexan; Gammexan, Lindan (γ-HCC, γ-Isomer)

Es sei noch erwähnt, daß Hydrierungen (Kap. 4.1) und Ozonisierungen weitere mögliche Additionsreaktionen darstellen. Aromatische Verbindungen werden jedoch im Unterschied zu einfachen Olefinen meist erst bei ca. 20° C und hohen Ozonkonzentrationen angegriffen (Mechanismus s. S. 56.

Nucleophile Substitution am Aromaten

.2.3 Nucleophile Substitutionsreaktionen an aromatischen Verbindungen verlaufen langsam und oft nur unter extremen Bedingungen. Voraussetzung für eine derartige Reaktion ist das Vorhandensein eines elektronenanziehenden Substituenten wie z. B. einer Nitro-Gruppe im Nitrobenzol $C_6H_5NO_2$.

Das Nucleophil $OH^{\ominus}$ verdrängt einen Substituenten, hier das Hydridion, und man erhält über eine Zwischenstufe o-Nitrophenol. Daneben wird auch p-Nitrophenol gebildet:

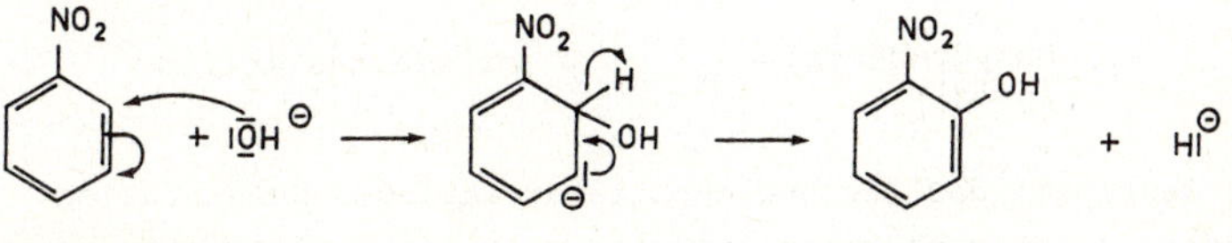

Nitrobenzol + $|\underline{O}H^{\ominus}$ ⟶ Zwischenprodukt ⟶ o-Nitrophenol + $H|^{\ominus}$

Mesomerie des Zwischenprodukts

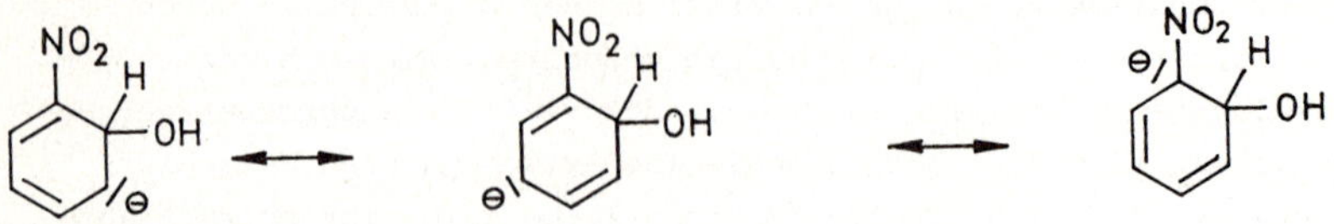

Für nucleophile aromatische Substitutionen gilt bezüglich der Zweitsubstitution das Umgekehrte wie für die elektrophile Substitution: elektronenanziehende Substituenten aktivieren den Aromaten und dirigieren den Zweitsubstituenten nach ortho und para. Grund hierfür ist die Stabilisierung des als Zwischenprodukt auftretenden Carbanions durch den Mesomerieeffekt bei Addition des Nucleophils an die o- oder p-Position. Der I-Effekt der Substituenten spielt eine deutlich geringere Rolle.

-M-Substituenten in o- oder p-Stellung zu einem Halogenatom erleichtern daher erheblich nucleophile Substitutionen an Halogenaromaten. So wird z.B. Pikrylchlorid (2,4,6-Trinitrochlorbenzol) durch verdünnte Natronlauge hydrolysiert, während das F-Atom im Sanger-Reagenz (2,4-Dinitrofluorbenzol) gut durch die nucleophile NH_2-Gruppe einer Aminosäure unter Bildung eines sekundären Amins ersetzt werden kann.

Eine andere Art der nucleophilen Substitution führt über Arine als Zwischenstufe. Ein Arin oder Dehydrobenzol enthält ein aromatisches System mit einer Dreifachbindung. Ein Beispiel ist die Umsetzung von Chlorbenzol mit Natriumamid in flüssigem Ammoniak, wobei das Auftreten eines Arins durch Verwendung von ^{14}C-markiertem Chlorbenzol festgestellt wurde:

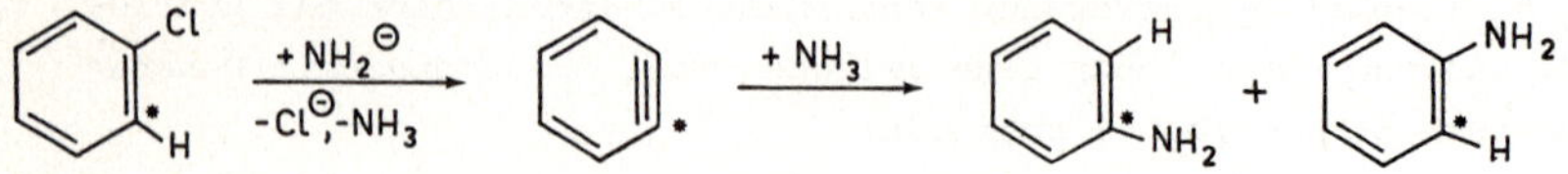

$+NH_2^{\ominus}$, $-Cl^{\ominus}, -NH_3$; $+NH_3$

markiertes Chlorbenzol

Dehydrobenzol (Arin)

markiertes Anilin

Man erkennt deutlich, daß die nucleophile aromatische Substitution hier im Gegensatz zum vorherigen Beispiel nach einem Eliminierungs-Additions-Mechanismus abläuft.

Im Unterschied zu einer S_N2-Reaktion bei Aliphaten tritt hier ein echtes Zwischenprodukt auf, d.h. die Reaktion folgt einem Additions-Eliminierungs-Mechanismus.

Eine weitere Möglichkeit zum Nachweis von Arinen, die auch von großem Interesse für Synthesen ist, bietet die Diels-Alder-Additionsreaktion mit einem geeigneten Dien, z.B. Cyclopentadien.

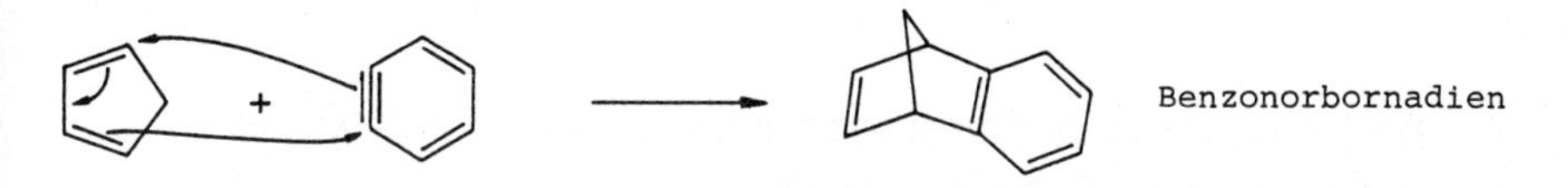

Tabelle 8. Verwendung und Eigenschaften einiger Aromaten

Name	Formel	Fp./Kp. °C	Verwendung
Benzol	= C_6H_6	6°/80°	Ausgangsprodukt
Toluol	C_6H_5–CH_3	95°/111°	Lösungsmittel
o-Xylol	o–$(CH_3)_2C_6H_4$	-25°/144°	⟶ Phthalsäure
Ethylbenzol	C_6H_5–C_2H_5	-95°/136°	⟶ Styrol
Isopropylbenzol (Cumol)	C_6H_5–$CH(CH_3)_2$	-96°/152°	⟶ Aceton, Phenol
Vinylbenzol (Styrol)	C_6H_5–$CH{=}CH_2$	-31°/145°	⟶ Polystyrol
p-Xylol	p–$(CH_3)_2C_6H_4$	13°/138°	⟶ Terephthalsäure
Diphenyl	H_5C_6–C_6H_5	70°/254°	Konservierungsmittel

7 Die elektrophile und die nucleophile aromatische Substitution

3.2.3

3.6.5

7.1 Allgemeiner Reaktionsmechanismus der elektrophilen aromatischen Substitution (S_E)

Arene, obwohl formal ungesättigte Verbindungen, neigen kaum zu Additions-, sondern hauptsächlich zu Substitutions-Reaktionen. Bedenkt man die große Stabilität des aromatischen π-Elektronensystems und berücksichtigt die Konzentration der Elektronen ober- und unterhalb der C-Ringebene, so sind elektrophile Substitutionen zu erwarten. Sie galten daher auch lange als Kriterium für den aromatischen Charakter einer Verbindung.

Die S_E-Reaktion verläuft zunächst analog der elektrophilen Addition an Alkene (s. Kap. 5). Der Aromat bildet mit dem Elektrophil einen Donator-Akzeptor-Komplex I (π-Komplex), wobei das π-Elektronensystem erhalten bleibt. Daraus entsteht dann als Zwischenstufe ein σ-Komplex (Arenium-Ion) II, in dem vier π-Elektronen über fünf C-Atome delokalisiert sind. Dies ist i.a. auch der geschwindigkeitsbestimmende Schritt. Solche Arenium-Ionen (II) konnten in fester Form isoliert und damit als echte Zwischenprodukte nachgewiesen werden.

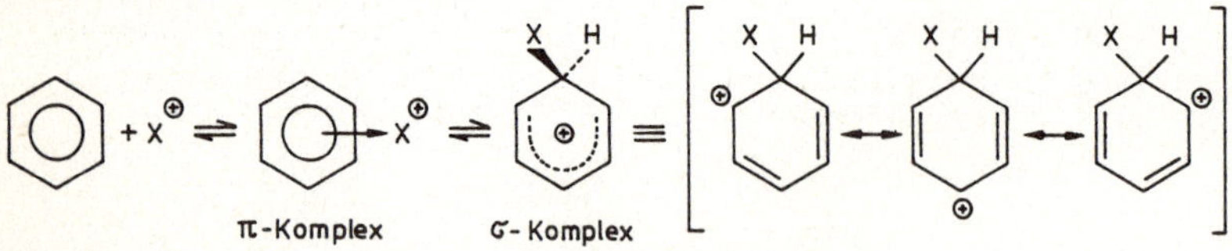

π-Komplex I   σ-Komplex II

Das Cyclohexadienyl-Kation II stabilisiert sich nun aber nicht durch die Addition eines Nucleophils $Y|^{\ominus}$ zu III, sondern eliminiert ein Proton und bildet das 6π-Elektronensystem zurück wie in IV. Dieser Schritt ist energetisch stark begünstigt (vgl. das Verhalten von Anthracen, Kap. 6.5.

$- Y|^{\ominus}$ $- H^{\oplus}$

III II IV

Im Energiediagramm in Abb. 17 sind am Beispiel des Brombenzols beide denkbaren Möglichkeiten aufgezeigt. Man erkennt, daß der zum Endprodukt IV führende Übergangszustand II diesem bereits ähnlich ist; er ist resonanzstabilisiert und eliminiert leicht ein Proton.

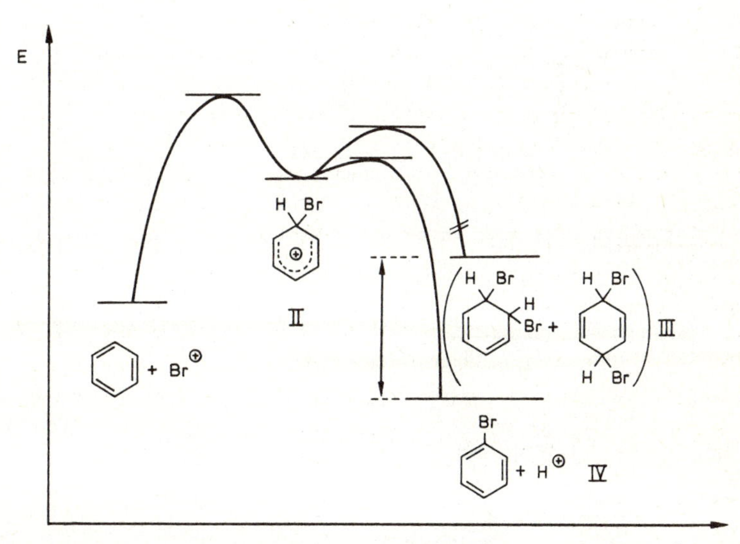

Abb. 17. Energiediagramm für Addition und Substitution am Benzol. Die Energiedifferenz zwischen III und IV beträgt ca. 110 $kJ \cdot mol^{-1}$

7.2 Mehrfachsubstitutionen bei S_E

An mono-substituierten Aromaten können weitere Substitutions-Reaktionen durchgeführt werden. Dabei läßt sich häufig voraussagen, welche Produkte bevorzugt gebildet werden. *Bei einer Zweit-Substitution werden die Reaktionsgeschwindigkeit und die Eintrittsstelle des neuen Substituenten von dem im Ring bereits vorhandenen Substituenten beeinflußt.* Aus den beobachteten Substituenteneffekten lassen sich folgende Substitutionsregeln ableiten (vgl. Tabelle 9):

Substitutionsregeln

① *Substituenten 1. Ordnung dirigieren in ortho- und/oder para-Stellung.* Sie können aktivierend wirken wie -OH, $-\overline{\underline{O}}|^{\ominus}$, $-OCH_3$, $-NH_2$, Alkylgruppen, oder desaktivierend wirken wie -F, -Cl, -Br, -I, $-CH{=}CR_2$.

Beispiele:

1. Phenol wird in o- und p-Stellung nitriert, und zwar schneller als Benzol.

$$\text{Phenol} \xrightarrow[10\,°C]{HNO_3} \text{o-Nitrophenol} + \text{p-Nitrophenol}$$

Phenol — o-Nitrophenol — p-Nitrophenol

2. Chlorbenzol wird auch in o- und p-Stellung nitriert, jedoch langsamer als Benzol.

② *Substituenten 2. Ordnung dirigieren in meta-Stellung und wirken desaktivierend:* $-NH_3^{\oplus}$, $-NO_2$, $-SO_3H$, -COOR.

Beispiel:

$$\text{Nitrobenzol} \xrightarrow[H_2SO_4]{HNO_3} \text{1,3-Dinitrobenzol}$$

Nitrobenzol — 1,3-Dinitrobenzol

Tabelle 9 gibt einen Überblick über die Substituenteneffekte.

Tabelle 9. Substituenteneffekte bei der elektrophilen aromatischen Substitution

Substituent	Elektronische Effekte des Substituenten	Wirkung auf die Reaktivität	Orientierende Wirkung	
-OH	-I, +M	aktiviert	o, p	
$-O^{\ominus}$	+I, +M	aktiviert	o, p	
-OR	-I, +M	aktiviert	o, p	
$-NH_2$, -NHR, $-NR_2$	-I, +M	aktiviert	o, p	1. Ordnung
-Alkyl	+I, +M	aktiviert	o, p	
$-CH_2Cl$	-I, +M	desaktiviert	o, p	
-F, -Cl, -Br, -I	-I, +M	desaktiviert	o, p	
$-NO_2$	-I, -M	desaktiviert	m	
$-NH_3^{\oplus}$, $-NR_3^{\oplus}$	-I	desaktiviert	m	
$-SO_3H$	-I, -M	desaktiviert	m	2. Ordnung
-CO-X (X = H, R, -OH, -OR, $-NH_2$)	-I, -M	desaktiviert	m	
-CN	-I, -M	desaktiviert	m	

Ursache dieser Substituenteneffekte sind unterschiedliche Energiedifferenzen zwischen Grundzustand und aktiviertem Komplex, die durch die verschiedenen induktiven und mesomeren Effekte der Substituenten hervorgerufen werden.

Wirkung von Substituenten auf die Orientierung bei der Substitution

Tabelle 9 zeigt, daß Substituenten, welche die Elektronendichte im Benzol-Ring erhöhen, nach ortho und para dirigieren. +I- und +M-Substituenten aktivieren offenbar diese Stellen im Ring in besonderer Weise.

Auf der anderen Seite dirigieren Substituenten, welche die Elektronendichte im Ring erniedrigen, vorzugsweise nach meta. Zwar werden alle Ringpositionen desaktiviert, die m-Stelle jedoch weniger als ortho- und para-Stellen.

Zur Erläuterung der Substituenteneffekte wollen wir die σ-Komplexe für einen mono-substituierten Aromaten betrachten und dabei annehmen, daß diese den Übergangszuständen ähnlich sind. Besonders wichtig ist die durch $\delta\oplus$ markierte Ladungsverteilung der positiven Ladung im Carbenium-Ion in bezug auf Lage und Eigenschaften des Substituenten.

Wirkung des Erstsubstituenten durch induktive Effekte

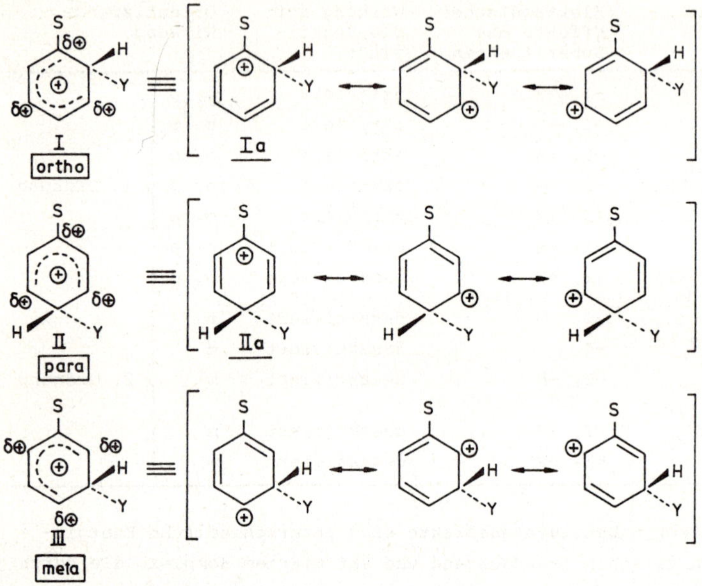

Abb. 18. Wirkung der induktiven Effekte bei der Zweit-Substitution. S ist jeweils ein +I- bzw. -I-Substituent im σ-Komplex

+I-Effekt

Ist S ein +I-Substituent, dann gilt: S als Elektronendonor kann die positive Ladung des Carbenium-Ions besonders gut kompensieren, wenn die Zweit-Substitution in o- und p-Stellung erfolgt (beachte die Grenzformeln Ia und IIa): *Ein +I-Substituent stabilisiert das Carbenium-Ion und damit auch den Übergangszustand, der zum Produkt führt, besonders gut in o- und p-Stellung.* Der +I-Effekt wirkt sich in der meta-Stellung - wegen der anderen Ladungsdelokalisation - am schwächsten aus (vgl. Formeln I und II mit III). Beachte die Abnahme der Wirkung eines I-Effektes mit Zunahme des Abstandes (Kap. 1.3).

+I-Substituenten dirigieren also nach ortho und para.

-I-Effekt

Ist S ein -I-Substituent, dann kann S als Elektronenacceptor die positive Ladung des Carbenium-Ions nicht mehr kompensieren. *Ein -I-Substituent destabilisiert das Carbenium-Ion und damit auch den entsprechenden Übergangszustand.* Die Wirkung von S macht sich in allen Ringpositionen bemerkbar. Betrachtet man jedoch wieder die Ladungsverteilung (Formeln I, II und III), dann erkennt man, daß sich die elektronenziehenden Effekte in der meta-Stellung am schwächsten auswirken. III ist ein Resonanzhybrid aus drei Grundstrukturen, während bei I und II die Grenzstrukturen Ia und IIa - wegen der nun ungünstigen Ladungsverteilung - wenig zur Gesamtstruktur beitragen: Bei Ia und IIa ist ja ein -I-Substituent an ein C-Atom mit positiver Partialladung gebunden.

-I-Substituenten dirigieren also nach meta.

Wirkung des Erstsubstituenten durch mesomere Effekte (= Resonanzeffekte)

+M-Effekt

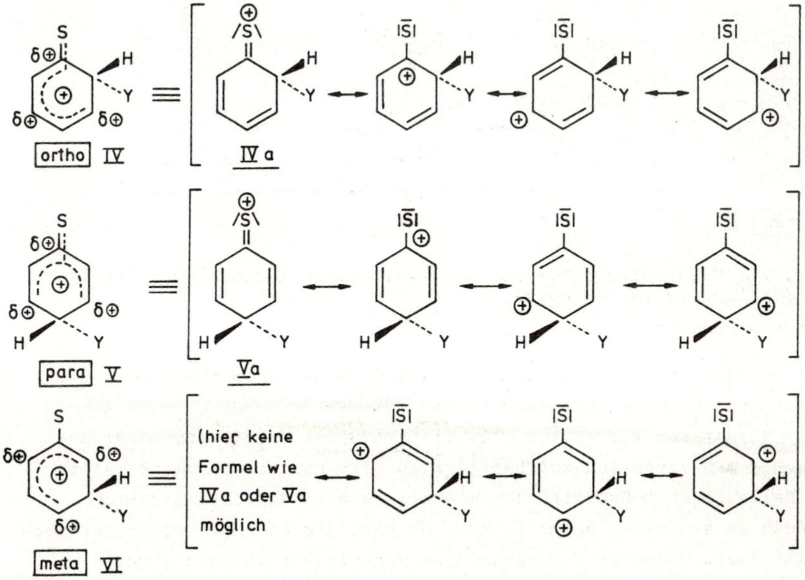

Abb. 19. Mesomerieeffekte bei der Zweit-Substitution. S ist ein +M-Substituent im σ-Komplex

Besitzt S ein freies Elektronenpaar (z.B. eine Amino-Gruppe) und übt dadurch einen +M-Effekt aus, können für die o- und p-Substitution im Gegensatz zur m-Substitution noch weitere Grenzformeln wie IVa und Va formuliert werden. Diese sind besonders energiearm, da das freie

Elektronenpaar mit dem π-System des Rings in Wechselwirkung treten kann.

Die Übergangszustände bei o- und p-Substitution werden dadurch stärker stabilisiert als bei m-Substitution. *+M-Substituenten wirken also o- und p-dirigierend.*

-M-Effekt

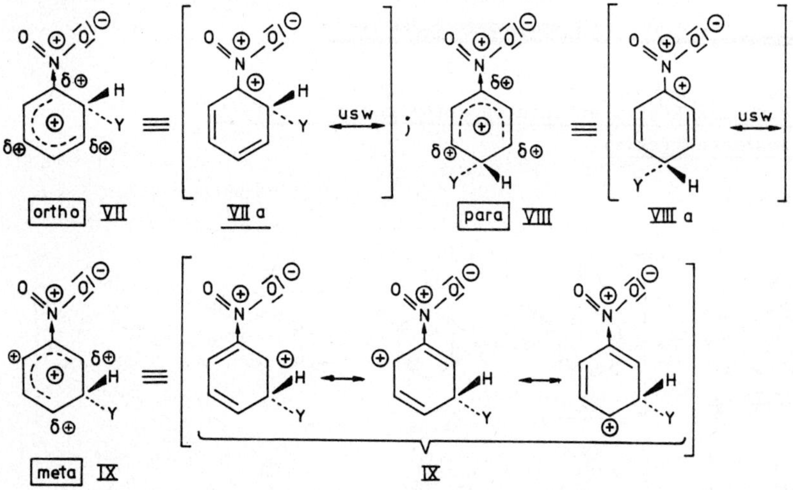

Abb. 20. Mesomerieeffekte bei der Zweit-Substitution. NO_2- ist ein -M-Substituent im σ-Komplex

Bei -M-Substituenten (z.B. einer Nitro-Gruppe) treten bei o- und p-Substitution in den Grenzstrukturen Ladungen an benachbarten Atomen auf. Strukturen wie VIIa und VIIIa sind daher energetisch sehr ungünstig. Im Vergleich zum Benzol sind alle Positionen desaktiviert. Im Falle einer m-Substitution wie bei IX wird das Carbenium-Ion jedoch am wenigsten desaktiviert, da hier die Ladungen günstiger verteilt sind. Daher wird vorzugsweise meta-Substitution eintreten. *-M-Substituenten wirken m-dirigierend.*

Auswirkung von Substituenten auf die Reaktivität bei der Substitution

Tabelle 8 gibt Auskunft über die Auswirkung von Substituenten auf die Reaktivität bei der S_E-Reaktion von mono-substituierten Aromaten.

Ebenso wie bei der Frage nach der Orientierung müssen wir hier den Einfluß des Substituenten auf den aktivierten σ-Komplex betrachten.

a) Induktive Effekte

Ist S in Abb. 18 ein +I-Substituent, so wird er die Elektronendichte im Ring erhöhen und also aktivierend wirken. Ist S ein -I-Substituent, so vermindert er die Elektronendichte im Ring (er erhöht die positive Ladung) und wirkt desaktivierend, was sich bekanntlich in der meta-Position am schwächsten auswirkt.

b) Mesomere Effekte

Ist S in Abb. 19 ein +M-Substituent, erhöht er die Reaktivität im Vergleich zum unsubstituierten Benzol. Die Delokalisierung der Elektronen ist bei o- und p-Substitution besonders ausgeprägt. Ist S ein -M-Substituent wie in Abb. 20, wird die Elektronendelokalisation im Ring vermindert und die Reaktivität herabgesetzt.

Zusammenfassung

Bei den meisten Substituenten sind sowohl induktive als auch mesomere Effekte wirksam, die sich im einzelnen nicht unterscheiden lassen. -I- und -M-Effekte wirken gemeinsam in eine Richtung: Sie desaktivieren den Ring und dirigieren nach meta. Analog gilt für +I- und +M-Effekte: Sie aktivieren den Ring und dirigieren nach ortho und para.

Schwieriger wird es bei +M-Substituenten, die auch einen -I-Effekt zeigen. Bei der Amino-Gruppe (Abb. 19) wirkt sich der -I-Effekt kaum aus. Anders ist es bei den Halogen-Aromaten. Dort kann der +M-Effekt den -I-Effekt nicht mehr überkompensieren: Halogen-Atome wirken desaktivierend.

Wirkung von Halogen-Atomen als Substituenten bei der S_E-Reaktion

Halogen-Atome wirken bei der Zweitsubstitution einerseits desaktivierend, andererseits dirigieren sie nach ortho und para. Der Grund für die Verminderung der Reaktivität liegt in der Herabsetzung der Elektronendichte im Aromaten durch das Halogen-Atom als Elektronenacceptor (desaktivierende Wirkung durch -I-Effekt).

Die Orientierung bei der Zweitsubstitution wird jedoch durch den *Resonanzeffekt* bestimmt (Abb. 21). Daher erhalten wir eine Orientierung nach ortho und para statt nach meta, wie man es für einen -I-Substituenten erwartet hätte. Ebenso wie bei den +M-Substituenten lassen sich für die o- und p-Substitution an Halogen-Aromaten Grenzformeln wie Xa und XIa schreiben (analog IV a und Va, Abb. 19), die vergleichsweise stabil sind und deshalb in hohem Maße zum Resonanzhybrid beitragen. Ein Angriff in o- bzw. p-Position ist also im Gegensatz zur m-Position bevorzugt, weil energetisch begünstigt.

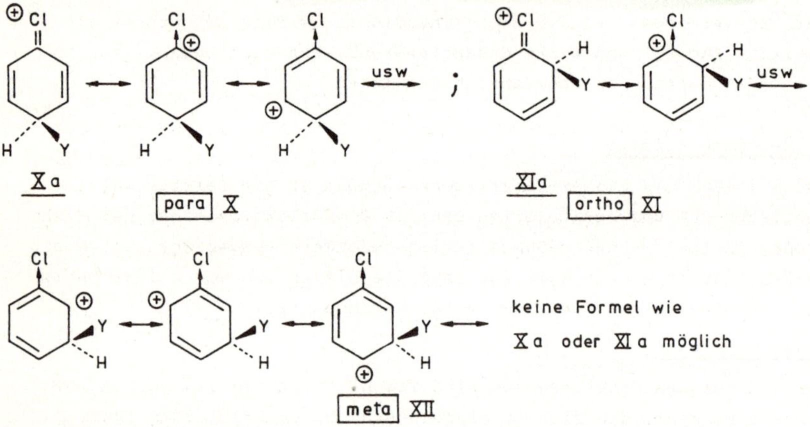

Xa — para X ; XIa — ortho XI

meta XII — keine Formel wie Xa oder XIa möglich

Abb. 21. Resonanzeffekte bei Substitution an Halogen-Aromaten

Sterische Effekte

Neben den polaren Effekten, auf die das aromatische System besonders empfindlich reagiert, wirken sich in manchen Fällen auch sperrige Substituenten auf die Anteile der Isomeren aus.

Beispiel:

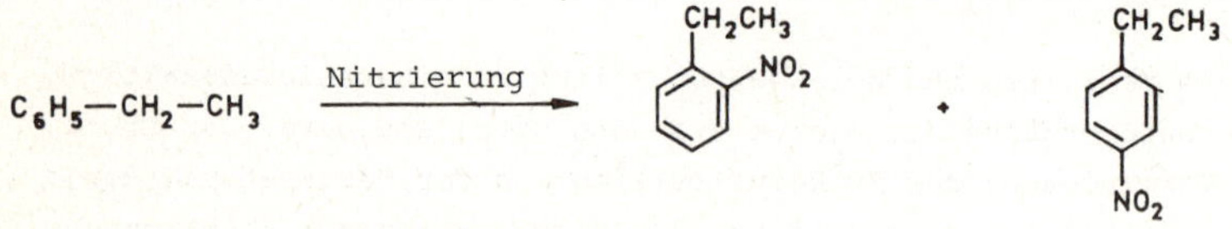

$C_6H_5-CH_2-CH_3$ —Nitrierung→ o-Verbindung (CH_2CH_3, NO_2) 55 % + p-Verbindung (CH_2CH_3, NO_2) 45 %

$C_6H_5-C(CH_3)_2-CH_3$ —Nitrierung→ o-(NO)-$C_6H_4-C(CH_3)_3$ (12 %) + p-$O_2N-C_6H_4-C(CH_3)_3$ (88 %)

<u>Zusammenfassung der Substituenteneffekte bei der S_E-Reaktion</u>

Induktiver und mesomerer Effekt können sowohl zusammen (z.B. Nitro-Gruppe) als auch gegeneinander (z.B. Halogen-Atom) wirken (weitere Beispiele s. Tabelle 9). Bei vielfachen Substitutionen am gleichen Molekül sind Vorhersagen über den Eintrittsort schwierig. Grundsätzlich kann man sich hierfür aber merken: Der Einfluß irgendeines Substituenten, ob aktivierend oder desaktivierend, macht sich in o- und p-Stellung am stärksten bemerkbar.

7.3 Hammett-Beziehung

Die Hammett-Gleichung ist geeignet zur Abschätzung von Gleichgewichtskonstanten, Geschwindigkeitskonstanten und Substituenteneffekten. Sie ist weitgehend auf m- und p-substituierte Verbindungen beschränkt und nur näherungsweise gültig. Die Beziehung lautet

$$\lg \frac{k}{k_o} = \sigma \cdot \rho \quad \text{bzw.} \quad \lg \frac{K}{K_o} = \sigma \cdot \rho$$

k = Geschwindigkeitskonstante der Reaktion substituierter aromatischer Verbindung

K = Gleichgewichtskonstante der Reaktion substituierter aromatischer Verbindung

k_o = Geschwindigkeitskonstante der Reaktion unsubstituierter aromatischer Verbindung

K_o = Gleichgewichtskonstante der Reaktion unsubstituierter aromatischer Verbindung

σ = Substituentenkonstante

ρ = Reaktionskonstante

σ ist - im Vergleich zu Wasserstoff als Substituent - ein Maß für den Einfluß eines Substituenten auf die Reaktivität des Substrats.

ρ ist ein Maß für die Empfindlichkeit der betreffenden Reaktion auf polare Substituenteneinflüsse. Großes ρ bedeutet, daß die Reaktion stark durch Substituenteneffekte beeinflusst wird.

Theoretische Begründung für die Hammett-Beziehung: lg k ist proportional $\Delta G^{\ddagger}$ und lg K ist proportional ΔG^{o} bei konstanter Temperatur und reversibler Reaktion. Die Hammett-Gleichung ist somit eine lineare Freie Energie-Beziehung.

Beispiel: Berechne pK_s von m-Nitrophenol

Aus der Hammett-Beziehung folgt:

$$\lg \frac{K_{m\text{-}NO_2}}{K_H} = \rho \cdot \sigma_{m\text{-}NO_2}$$

$$\lg K_{m\text{-}NO_2} - \lg K_H = \rho \cdot \sigma_{m\text{-}NO_2}$$

$$pK_{m\text{-}NO_2} = pK_H - \rho \cdot \sigma_{m\text{-}NO_2}$$

Aus Tabellen entnimmt man: $pK_H = pK_s$ von Phenol = 10,0

ρ = Reaktionskonstante für die "Dissoziation" von Phenolen = 2,11 (Reaktion $Ar\text{-}OH \rightleftharpoons Ar\text{-}O^{\ominus} + H^{\oplus}$)

$\sigma_{m\text{-}NO_2}$ = Substituentenkonstante der m-ständigen Nitrogruppe = +0,71

Damit ergibt sich

$$pK_{m\text{-}NO_2} = 10 - 2{,}11 \cdot 0{,}71 = 10 - 1{,}50 = 8{,}5$$

Der experimentelle Wert beträgt pK_s = 8,4.

7.4 Die nucleophile aromatische Substitution ($S_{N,Ar}$)

Nucleophile Substitutionen am Aromaten finden im allgemeinen an di- oder poly-substituierten Aromaten statt, die eine oder mehrere aktivierende Gruppen tragen. Das Reagens ist meist ein starkes Nucleophil. Die Reaktionen können mono- oder bimolekular verlaufen.

Eine dritte Möglichkeit zum Substituentenaustausch verläuft nach einem Eliminierungs-Additionsmechanismus.
Beachte, daß nur eine formale Ähnlichkeit zur nucleophilen Substitution S_N am Aliphaten (Kap. 10) besteht.

Monomolekulare nucleophile Substitution am Aromaten - S_N1, Ar

Die monomolekulare Substitution ist viel seltener als die bimolekulare Substitution. Nach ihr verläuft vermutlich die Umsetzung von Diazoniumsalzen in wäßriger und alkoholischer Lösung zu Phenolen bzw. Arylethern.

$$Ar{-}N_2^{\oplus} \xrightarrow{\text{langsam}} Ar^{\oplus} + N_2 \quad \begin{cases} \xrightarrow{H_2O} Ar{-}OH \\ \xrightarrow{CH_3OH} Ar{-}OCH_3 \end{cases}$$

Geschwindigkeitsbestimmend ist wohl die nach erster Ordnung verlaufende Zersetzung des Diazoniumions. Das gebildete reaktive Arylkation reagiert dann weiter z.B. mit einem Lösemittelmolekül. Die heterolytische Spaltung der C-N-Bindung wird durch elektronenspendende Substituenten in m-Stellung beschleunigt, durch elektronenziehende hingegen allgemein verlangsamt.

Bimolekulare nucleophile Substitution am Aromaten - S_N2, Ar

Die bimolekulare aromatische nucleophile Substitution ist ein zweistufiger Prozeß (Unterschied zu S_N2 !), bei dem zuerst durch Angriff eines Nucleophils ein Carbanion gebildet wird. Dieser Schritt ist geschwindigkeitsbestimmend. Im zweiten schnellen Schritt wird dann das aromatische System wiederhergestellt unter Abspaltung der Abgangsgruppe

Beispiel:

NO_2, Cl (Aromat) + $OH^{\ominus}$ $\underset{}{\overset{\text{langsam}}{\rightleftharpoons}}$ NO_2, OH, Cl (Carbanion, ⊖) $\underset{}{\overset{\text{schnell}}{\rightleftharpoons}}$ NO_2, OH (Aromat) + $Cl^{\ominus}$

Elektronenziehende Substituenten, insbesondere mit -M-Effekt, können das Carbanion-Zwischenprodukt vor allem in o- und p-Stellung stabilisieren.

Mesomere Grenzformeln der Carbanionen

a) o-Chlornitrobenzol

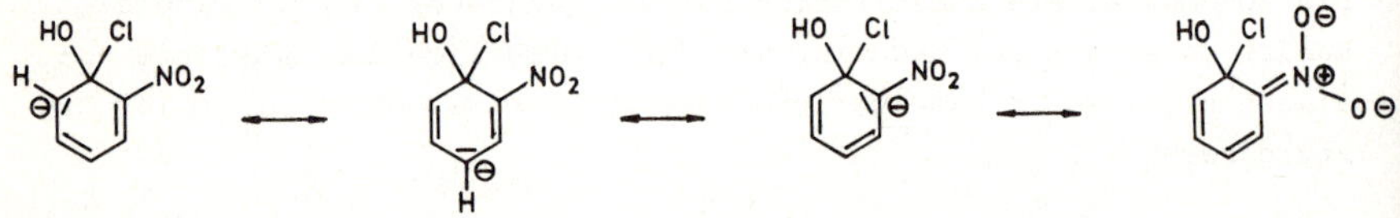

HO Cl H NO2 ⊖ ⟷ HO Cl NO2 ⊖ H ⟷ HO Cl NO2 ⊖ ⟷ HO Cl O⊖ N⊕ O⊖

b) p-Chlornitrobenzol

HO Cl H ⊖ NO2 ⟷ HO Cl ⊖ NO2 ⟷ HO Cl H ⊖ NO2 ⟷ HO Cl N ⊕ ⊖O O⊖

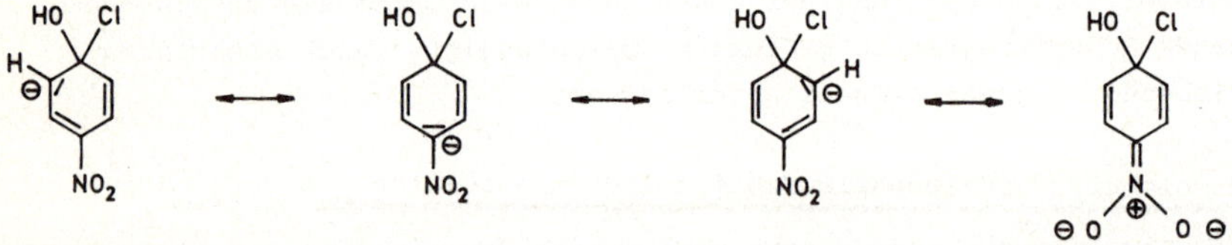

Die Nitrogruppe fördert also die nucleophile Substitution in eben den Stellungen, in denen sie die elektrophile erschwert (beachte beim Vergleich, daß bei S_N2 am Aliphaten elektronenspendende Substituenten einen beschleunigenden Einfluß ausüben). Für die $S_N2_{,Ar}$-Reaktionen gilt daher: Elektronenanziehende Substituenten aktivieren den Aromaten und dirigieren den Zweitsubstituenten nach o und p.

Bei Halogenaromaten hat die Art des Halogens kaum einen Einfluß auf die Geschwindigkeit, mit Ausnahme der Arylfluoride. Hingegen hat das Lösemittel oft einen entscheidenden Einfluß auf die Reaktionsgeschwindigkeit bei der $S_N2_{,Ar}$-Reaktion. Sehr schnell verlaufen häufig Reaktionen in aprotischen polaren Medien wie Dimethylsulfoxid, Aceton oder Acetonitril.

Andere nucleophile aromatische Substitutionen

Bekannt sind sowohl Reaktionen, bei denen zunächst ein Nucleophil addiert und danach wieder abgespalten wird (Addition-Eliminierungs-mechanismus), als auch Reaktionen, die nach einem Eliminierungs-Additions-Mechanismus verlaufen.

8 Stereochemie

3.3.1 Bereits bei den Alkanen wurde deutlich, daß die Summenformel zur Charakterisierung einer Verbindung nicht ausreicht. Es muß auch die Strukturformel hinzugenommen werden. Als *Strukturisomere oder Konstitutionsisomere* wurden Moleküle bezeichnet, die sich durch eine unterschiedliche Verknüpfung der Atome unterscheiden.

8.1 Enantiomere – Diastereomere

Eine zweite große Gruppe von Isomeren, die Stereoisomere, unterscheiden sich nur durch die räumliche Anordnung der Atome in der Konfiguration oder Konformation. Sie werden aufgrund ihrer Symmetrieeigenschaften eingeteilt:

Verhalten sich zwei Stereoisomere wie ein Gegenstand und sein Spiegelbild, so nennt man sie Enantiomere oder (optische) Antipoden. Ist eine solche Beziehung nicht vorhanden, heißen sie Diastereomere.

Daraus folgt:

① *Zwei Stereoisomere können nicht gleichzeitig enantiomer und diastereomer zueinander sein, und*

② *von einem bestimmten Molekül existieren immer nur zwei Enantiomere; es kann aber mehrere Diastereomere geben.* Tabelle 10 bringt eine Zusammenfassung.

Diastereomere unterscheiden sich, ähnlich wie die Strukturisomere, in ihren chemischen und physikalischen Eigenschaften wie Siedepunkt, Schmelzpunkt, Löslichkeit usw. Sie können durch die üblichen Trennmethoden (z.B. fraktionierte Destillation) getrennt werden.

Enantiomere sind nur spiegelbildlich verschieden und werden auch *zueinander chirale Moleküle* genannt (Gegensatz: achiral). Man versteht hierunter Moleküle, die - wie linke und rechte Hand - nicht mit ihrem Spiegelbild zur Deckung gebracht werden können. Sie verhalten sich chemisch und physikalisch genau gleich mit Ausnahme der Wechselwirkung gegenüber chiralen Medien wie polarisiertem Licht, optisch

Art der Isomerie	Gemeinsames Merkmal	Unterschiede im Molekülbau	Physikalische Eigenschaften	Chemische Eigenschaften	Beispiele
Konstitutionsisomerie Funktionsisomerie	Summen-Formel	Funktionelle Gruppen		verschiedene Reaktivität	CH_3—$\underline{\overline{O}}$—CH_3 : CH_3—CH_2—$\underline{\overline{O}}H$
Skelettisomerie		C-Gerüst			 :
Stellungsisomerie	Gerüst, Funktionen	Stellung am Gerüst			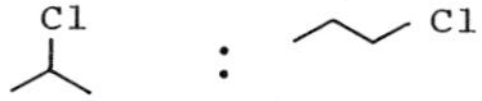 Cl : Cl substituierte Benzole
Valenztautomerie		Bindungen	Alle physikalischen Daten der Isomeren sind verschieden		Cyclooctatetraen
Stereoisomerie	Konstitution	Relat. Anordnung d. Substituenten an verschiedenen Atomen		Konfigurationsisomere lassen sich nur dadurch ineinander überführen, daß eine chemische Bindung gelöst wird	
<u>Diastereomerie</u> - cis-trans-Isomerie an Doppelbindungen		- einer Doppelbindung			Fumarsäure: Maleinsäure
- (Z-E-Isomerie) cis-trans-Isomerie an Ringen		- einem Ring			subst. Cyclohexane
- Diastereomerie bei mehreren chiralen Gruppen		- zweier chiraler Gruppen			Weinsäure
<u>Enantiomerie</u> (optische Isomerie)		Chirale Molekülpaare, Anordnung der Atome wie Gegenstand u. Spiegelbild	Unterschied nur gegenüber chiralen Medien wie linearpolarisiertem Licht	Verschiedene Reaktivität nur bei chiralen Reaktionspartnern	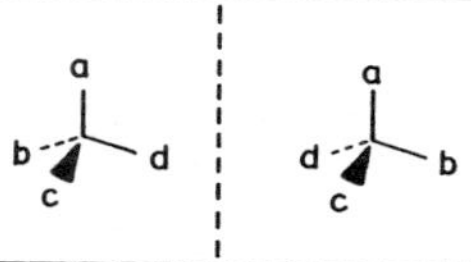 a, b, c, d ¦ a, d, c, b
<u>Konformationsisomerie</u> (= Torsionsisomerie), mit Atropisomerie (Energiebarriere 65 - 85 kJ·mol^{-1})		Verschiedene Torsionswinkel	Isomere sind nur trennbar, wenn die Verdrehung stark behindert ist	Isomerisierung erfolgt ohne Bindungsbruch	n-Butane, Biphenyl-Derivate — sie können sowohl Enantiomerie als auch Diastereomerie zeigen

aktiven (chiralen) Reagenzien und Lösungsmitteln. Bei der Synthese im Labor entstehen daher normalerweise beide Enantiomere in gleicher Menge (racemisches Gemisch), im festen Zustand: Racemat.

Enantiomere lassen sich dadurch unterscheiden, daß das eine die Polarisationsebene von linear polarisiertem Licht - unter sonst gleichen Bedingungen - nach links und das andere diese um den *gleichen* Betrag nach rechts dreht. Daher ist ein racemisches Gemisch optisch inaktiv.

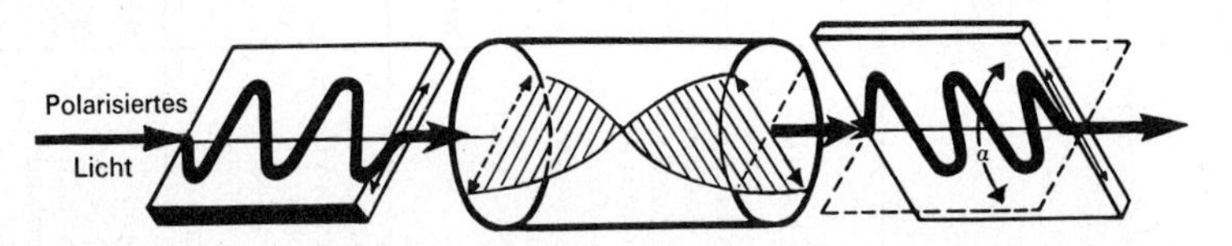

Polarisationsebene des eingestrahlten Lichts — Probe in Lösung (chirales Medium) — Polarisationsebene nach dem Durchgang

Abb. 22

Die Polarisationsebene wird im chiralen Medium zum verdrehten Band (Abb. 22). Das Ausmaß der Drehung ist proportional der Konzentration c der Lösung und der Schichtdicke l. Ausmaß und Vorzeichen hängen ferner ab von der Art des Lösungsmittels, der Temperatur T und der Wellenlänge λ des verwendeten Lichts. Eine Substanz wird durch einen spezifischen Drehwert α charakterisiert:

$$[\alpha]_\lambda^T = \frac{\alpha_\lambda^T \text{ gemessen}}{l[dm] \cdot c\ [g/ml]}$$

8.2 Molekülchiralität

Die Ursache für die Chiralität von Molekülen ist oft ein C-Atom, das mit vier *verschiedenen* Liganden verbunden ist und als asymmetrisches C-Atom (*C) oder Asymmetriezentrum bezeichnet wird. Beachte: Es genügt bereits die Substitution eines Liganden durch sein Isotop wie in CH_3-*CHD-OH.

Bei einem Asymmetriezentrum handelt es sich um einen Spezialfall des allgemeinen Begriffs Chiralitätszentrum. Es gibt nämlich auch optisch aktive Verbindungen ohne asymmetrisches C-Atom und Substanzen, die trotz asymmetrischer C-Atome optisch nicht aktiv sind (z. B. meso-Weinsäure. Asymmetrie ist daher im Unterschied zur Chiralität eine hinreichende, aber keine notwendige Bedingung für das Auftreten optischer Aktivität. Asymmetrische Moleküle haben keine Symmetrieelemente mehr. Chirale Moleküle können jedoch noch eine n-zählige Symmetrieachse C_n enthalten (und evtl. senkrecht dazu weitere C_2-Achsen). Sie besitzen jedoch weder ein Symmetriezentrum noch eine Symmetrieebene (Spiegelebene) oder eine Drehspiegelachse S_n. (Die Zähligkeit n einer Drehung um den Winkel α bei C_n oder S_n errechnet sich aus $n = \frac{360^\circ}{\alpha}$.)

Beispiele:

a) Chirale Verbindungen

CHO / HO — C — H / CH_2OH

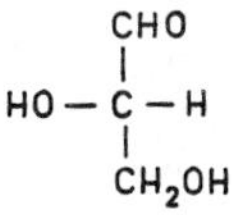

asymmetrisch (und chiral)

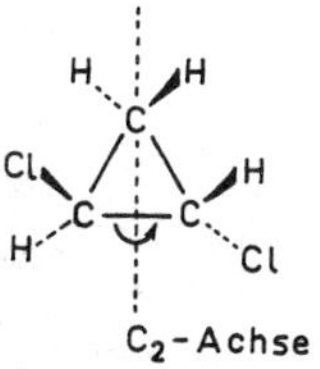

C_2-Achse

chiral (aber nicht asymmetrisch) mit zweizähliger Drehachse

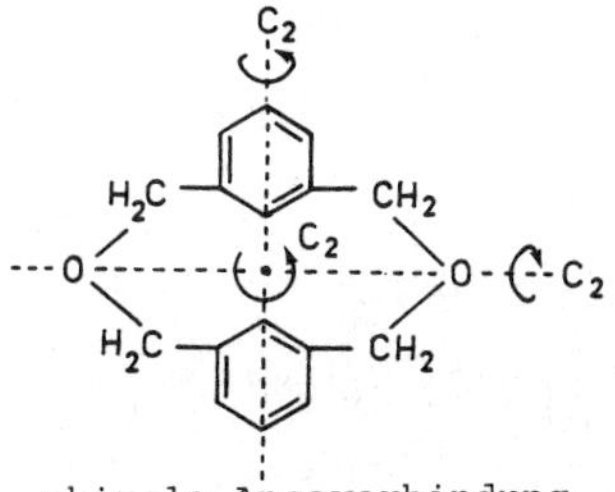

C_2

chirale Ansaverbindung mit mehreren Symmetrieachsen

b) Achirale Verbindungen

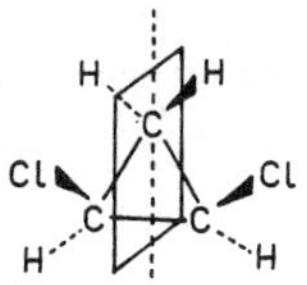

achirales Cyclopropan mit Symmetrieebene

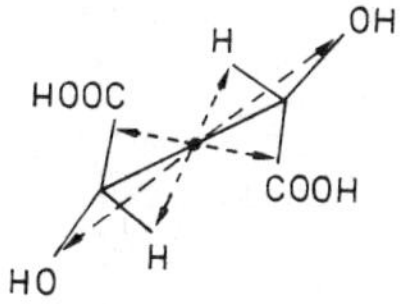

achirale Weinsäure mit Symmetriezentrum

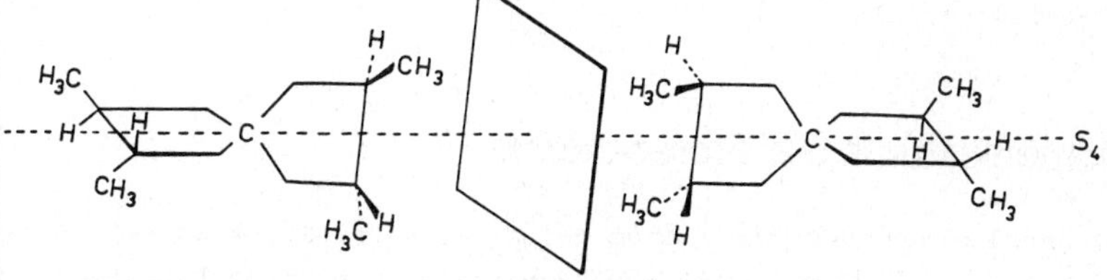

S_4

achirales Spiran mit Drehspiegelachse

3.3.6 Da die Chiralität lediglich von der Symmetrie der Moleküle abhängt, ist zu erwarten, daß außer Kohlenstoff auch andere Atome Chiralitätszentren sein können. In der Tat kennt man optische Antipoden von Verbindungen mit Si, Ge, N, P, As, Sb oder S als Asymmetriezentren.

Beispiele:

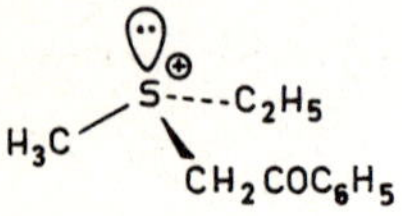

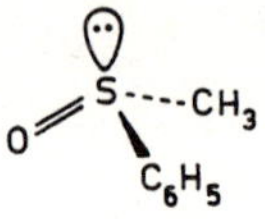

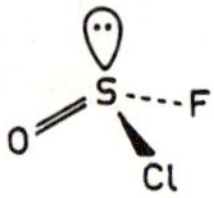

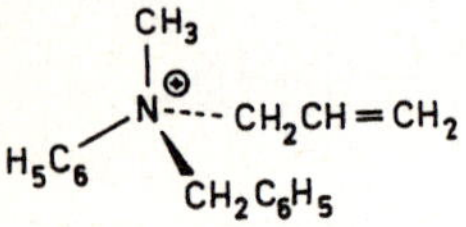

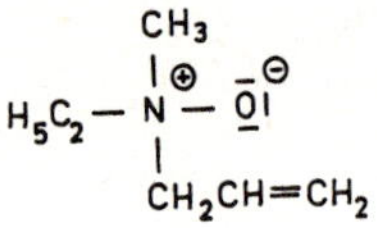

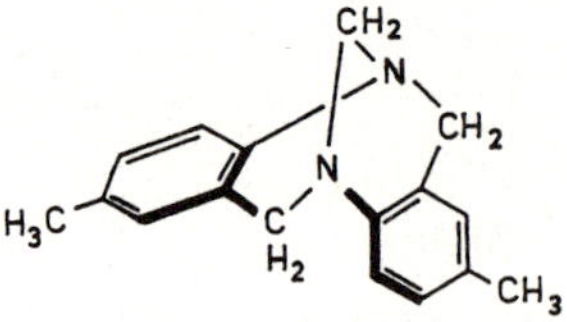

(Trögersche Base)

Bei den N-, P- und As-Verbindungen handelt es sich um vierfach koordinierte <u>*Onium-Ionen*</u>, z. B. Ammonium-Ionen. Bei dreifach koordinierten ungeladenen Stickstoff-Verbindungen ist eine Trennung in Enantiomere im allgemeinen nicht möglich, da die schnelle Inversion der "Stickstoffpyramide" im $NR^1R^2R^3$ einer Racemisierung entspricht. Baut man das N-Atom jedoch in ein starres Molekülgerüst ein wie im Fall der <u>*Trögerschen Base*</u>, dann findet keine Inversion mehr statt, und man kann beide Enantiomere isolieren. Im Fall der Schwefelverbindungen (Sulfoxide und Sulfonium-Ionen) kann das freie Elektronenpaar ebenso wie bei den Ammonium-Ionen als vierter Substituent betrachtet werden, so daß in diesen Molekülen ein asymmetrisches Schwefelatom enthalten ist.

8.3 Nomenklatur in der Stereochemie

3.3.2 Zur Wiedergabe der räumlichen Lage der Atome eines Moleküls auf dem Papier bedient man sich häufig der <u>Projektionsformeln nach Fischer</u>.

Beispiel: 2-Chlorbutan (Enantiomerenpaar), $CH_3-CH_2-\overset{*}{C}(Cl)(H)-CH_3$

Ableitung der Fischer-Projektionsformel aus der räumlichen Struktur (a ⟶ d)

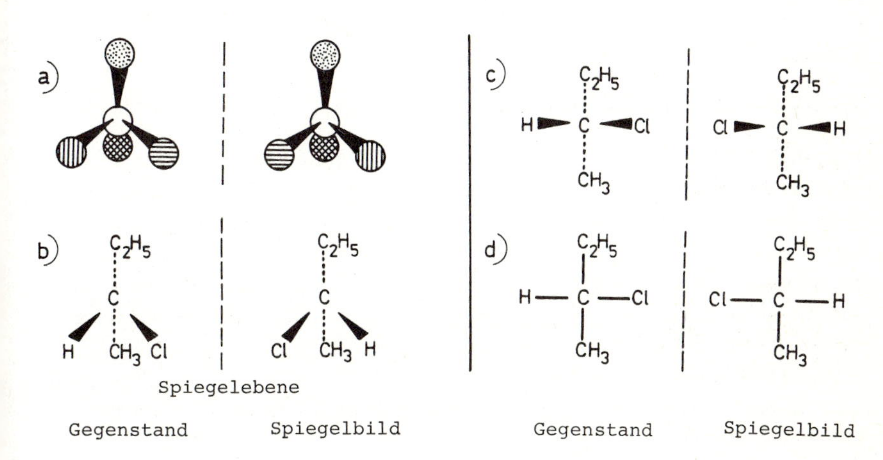

Das Asymmetriezentrum C^* wird in der Papierebene (Projektionsebene) liegend gedacht. Die beiden Bindungen (◀), die vor die Papierebene gerichtet sind, werden durch horizontale Striche, die beiden nach hinten gerichteten Bindungen durch vertikale Striche angedeutet. Die Kohlenstoffkette wird vertikal geschrieben.

Falls die Kette Kohlenstoff-Atome verschiedener Oxidationszahl enthält, bildet das C-Atom mit der höchsten Oxidationszahl den Kopf der Kette (Beispiele s. Zucker, Kap. 27.1). Im vorliegenden Beispiel haben die C-Atome die gleiche Oxidationszahl.

Fischer-Projektion

Bei Fischer-Projektionsformeln ist folgendes zu beachten:

1. Sie geben nur die Konfiguration wieder. Potentielle Konformationen werden nicht berücksichtigt. Ausgangspunkt bei den Kohlenhydraten ist die ekliptische Konformation.

2. Die Formel darf als Ganzes in der Projektionsebene um 180° gedreht werden. Das Molekül bleibt dadurch unverändert.

3. Eine Drehung um 90° oder in ein ungeradzahliges Vielfaches ist verboten, da sie die Konfiguration des anderen Enantiomeren ergibt.

4. Ein einfacher Austausch der Substituenten ist nicht erlaubt, weil dies die Konfiguration ändern würde (Gegenstand → Spiegelbild). Führt man dagegen zwei Vertauschungen unmittelbar hintereinander aus, erhält man das ursprüngliche Molekül ("Spiegelbild des Spiegelbildes", Regel des doppelten Austauschs.

R-S-Nomenklatur (Cahn-Ingold-Prelog-System)

Die exakte perspektivische (zeichnerische) Darstellung der Konfiguration am Asymmetriezentrum ist zwar korrekt, aber zu umständlich. Daher hat man eine Symbolschreibweise eingeführt, die es erlaubt, die Konfiguration eindeutig wiederzugeben. Man geht dabei folgendermaßen vor: Die direkt an das asymmetrische *C-Atom gebundenen Atome a werden nach fallender *Ordnungszahl* angeordnet. Sind zwei oder mehr Atome gleichwertig, wird ihre Prioritätsfolge ermittelt, indem man die weiter entfernt stehenden Atome b (im gleichen Liganden) betrachtet. Notfalls muß man die nächstfolgenden Atome c (evtl. auch d) heranziehen:

```
          c
          |
          b
          |
          a
          |
c-b-a-*C-a-b-c
          |
          a
          |
          b
          |
          c
```

Falls kein Substituent vorhanden ist, setzt man für die entsprechende Position die Ordnungszahl Null ein. Mehrfachbindungen zählen als mehrere Einfachbindungen, d. h. aus >C=O wird formal -O-C-O-. Aus diesen Regeln ergibt sich für wichtige Substituenten folgende Reihe, die nach abnehmender Priorität geordnet ist:

$Cl > SH > OH > NH_2 > COOH > CHO > CH_2OH > CH_3 > H.$

Man betrachtet nun ein Molekül in der Weise, daß der Substituent niedrigster Priorität (meist H) nach hinten schaut (den Tetraeder im Raum drehen!). Entspricht die Reihenfolge der restlichen drei Liganden (nach abnehmender Priorität geordnet) einer Drehung im Uhrzeigersinn, erhält das Chiralitätszentrum das Symbol R (rectus). Entspricht die Reihenfolge einer Drehung im Gegenuhrzeigersinn, erhält es die Bezeichnung S (sinister).

Beispiele:

(–)-R-Milchsäure, $CH_3-\overset{*}{C}H-COOH$ (mit OH am C*)

"Lenkrad-Methode"

COOH, HO, C, CH_3, H, Betrachter, 2 COOH, 1 HO, C, H 4, 3 CH_3, ≡ H, C, 2 COOH, 3 CH_3, 1 OH; H, COOH, CH_3, HO

(+)-S-Alanin, $CH_3-\overset{*}{C}H-COOH$ (mit NH_2 am C*)

COOH, H_2N, C, H, CH_3, Betrachter, 2 COOH, C, H 4, 3 H_3C, NH_2 1

Hat man die Verbindung bereits in der Fischer-Projektionsformel hingeschrieben, läßt sich die R-S-Konfiguration leichter bestimmen: Der Substituent niedrigster Priorität muß nach unten zeigen, da er dann hinter der Papierebene liegt. Die Reihenfolge wird dann wie angegeben bestimmt und die Konfiguration ermittelt. Weist der Substituent niedrigster Priorität nach oben, wird die Projektionsformel um 180° gedreht (S. 111, Punkt 2). Liegt er dagegen in der Horizontalen, muß er durch doppelten Austausch (S. 112, Punkt 4) in die untere Position gebracht werden.

Beispiel:

(–)-S-Serin, $HOH_2C-\overset{*}{C}H-COOH$ (mit NH_2 am C*)

COOH, H_2N, C, H, CH_2OH — doppelter Austausch → NH_2, HOOC, C, CH_2OH, H

Reihenfolge: 1 (oben), 2 — C — 3, 4 (unten) ≡ S-Konfiguration

Enthält ein Molekül mehrere asymmetrische Atome, wird jedes einzelne mit R oder S bezeichnet und die Buchstaben werden in den Namen aufgenommen.

Es sei hier ausdrücklich betont, daß die Bezeichnungen R und S lediglich die Konfiguration am Asymmetriezentrum angeben und keine Aussage darüber machen, in welche Richtung die Polarisationsebene gedreht wird. Die Drehung dieser Ebene nach rechts wird mit (+), die Drehung nach links mit (-) bezeichnet und die Drehrichtung dem Molekülnamen vorangestellt: (-)-R-2-Butanol ist der Alkohol mit der Formel CH_3-CH_2-*CHOH-CH_3, der das polarisierte Licht nach links dreht und dessen Substituenten im Uhrzeigersinn aufeinanderfolgen.

D,L-Nomenklatur

Die älteren Konfigurationsangaben D und L werden hauptsächlich bei Zuckern und Aminosäuren verwendet. Sie sind wie folgt definiert: Dem (+)-R-Glycerinaldehyd CH_2OH-C*HOH-CHO I entspricht die Fischer-Projektionsformel III. Dieser wird als D-Glycerinaldehyd bezeichnet:

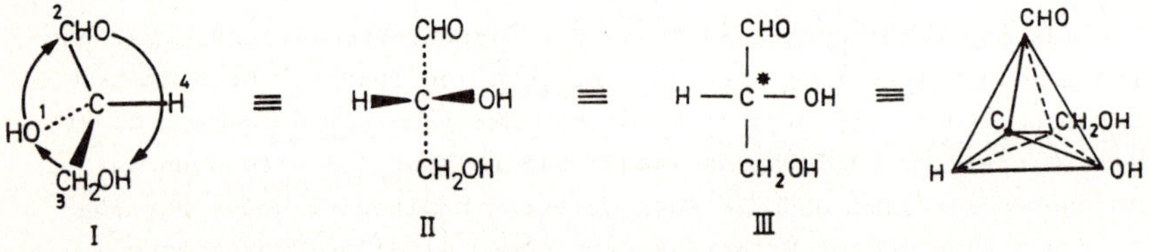

I: 2 CHO, 1 HO, C, 4 H, 3 CH_2OH ≡ II: CHO, H, C, OH, CH_2OH ≡ III: CHO, H — C* — OH, CH_2OH ≡ CHO, C, CH_2OH, H, OH

Entsprechend erhalten alle Substanzen, bei denen der Substituent (hier die OH-Gruppe) am maßgeblichen *C-Atom in der Fischer-Projektion auf der rechten Seite steht, die Bezeichnung D vorangestellt (relative Konfiguration bezüglich D-Glycerinaldehyd). Das andere Enantiomer erhält die Konfiguration L, z. B. L-Glycerinaldehyd.

Die hier dargestellte willkürliche Zuordnung der Projektionsformel III zum D-Glycerinaldehyd wurde 1951 durch Röntgenstrukturanalyse bestätigt. Um die so ermittelte absolute Konfiguration durch eine bestimmte Nomenklatur festzulegen, wurde das bereits beschriebene R-S-System entwickelt.

Eine weitere Reihe von Verbindungen mit asymmetrischem C-Atom bilden die Aminosäuren. Für sie gilt folgende Fischer-Schreibweise und Konfiguration:

COOH H_2N–C–H R	COOH H–C–NH_2 R
L-Form	D-Form
Aminogruppe nach links am α-C-Atom	Aminogruppe nach rechts am α-C-Atom

8.4 Beispiele zur Stereochemie

Verbindungen mit mehreren chiralen C-Atomen

Für Verbindungen mit n Chiralitätszentren kann es maximal 2^n Stereoisomere geben. Dies gilt unter der Voraussetzung, daß die Chiralitäts-Zentren verschieden substituiert sind (Weinsäure hat nur drei Isomere) und die C-Kette beweglich ist (Campher mit zwei Zentren bildet nur ein Enantiomeren-Paar).

Bei Verbindungen mit zwei benachbarten Chiralitäts-Zentren spricht man oft von der erythro- und der threo-Form. Die Namen stammen von den stereoisomeren Zuckern Erythrose und Threose, OHC–$\overset{*}{C}$HOH–$\overset{*}{C}$HOH–CH_2OH (Formelbild analog 2,3-Dichlorpentan).

Beispiel: 2,3-Dichlorpentan, CH_3–CH_2–$\overset{*}{C}$HCl–$\overset{*}{C}$HCl–CH_3

Es sind folgende Stereoisomere möglich:

(1)	(2)	(3)	(4)
$^1CH_3$	CH_3	CH_3	CH_3
H ▶ ^{2}C ◀ Cl	Cl ▶ C ◀ H	H ▶ C ◀ Cl	Cl ▶ C ◀ H
Cl ▶ ^{3}C ◀ H	H ▶ C ◀ Cl	H ▶ C ◀ Cl	Cl ▶ C ◀ H
$^4C_2H_5$	C_2H_5	C_2H_5	C_2H_5
2S, 3S	2R, 3R	2S, 3R	2R, 3S

Threo-Paar: 1 und 2 (Cl-Atome auf verschiedenen Seiten: ↤⊤↦)

Erythro-Paar: 3 und 4 (Cl-Atome auf der gleichen Seite: ⊏)

Enantiomerenpaar:
1 und 2 bzw. 3 und 4.

Diastereomere sind (obwohl sie Chiralitätszentren enthalten!):
1 und 3 bzw. 2 und 4,
1 und 4 bzw. 2 und 3.

Schema der Kombinationsmöglichkeiten:

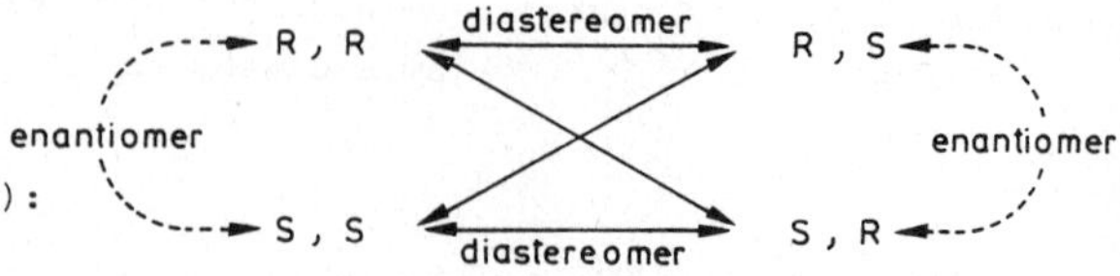

R, R ⟷ R, S (diastereomer); S, S ⟷ S, R (diastereomer); R, R ⟷ S, S (enantiomer); R, S ⟷ S, R (enantiomer)

Zur Verdeutlichung der Beziehungen ist die Konfiguration angegeben. Man sieht, daß die Spiegelbildisomeren 1 und 2 bzw. 3 und 4 an den beiden Asymmetrie-Zentren die entgegengesetzte Konfiguration haben. Auch in den perspektivischen Formeln bzw. in der *Newman-Projektion* lassen sich die Enantiomere unterscheiden:

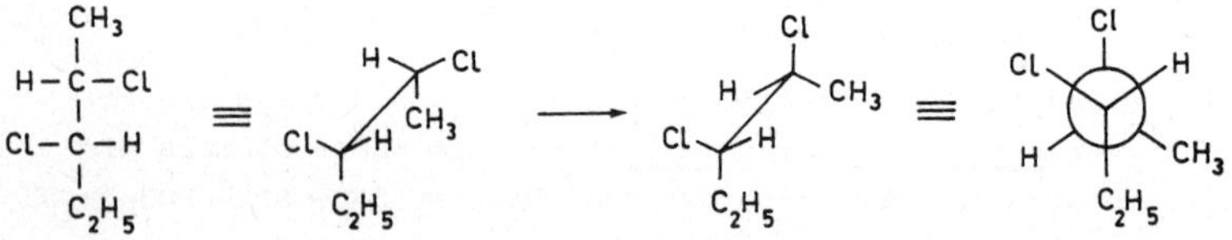

(1) ekliptisch gestaffelt Newman-Projektion

perspektivische Formeln

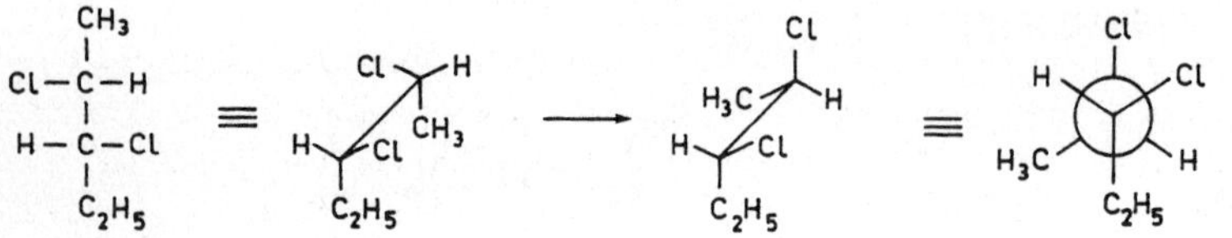

(2)

Verbindungen mit gleichen Chiralitäts-Zentren

Die Anzahl der möglichen Stereoisomere wird verringert, wenn die Verbindung zwei gleichartig substituierte Chiralitäts-Zentren enthält.

Beispiel: Weinsäure, $HOOC-\underset{OH}{\overset{*}{C}H}-\underset{OH}{\overset{*}{C}H}-COOH$

1 2 3 4

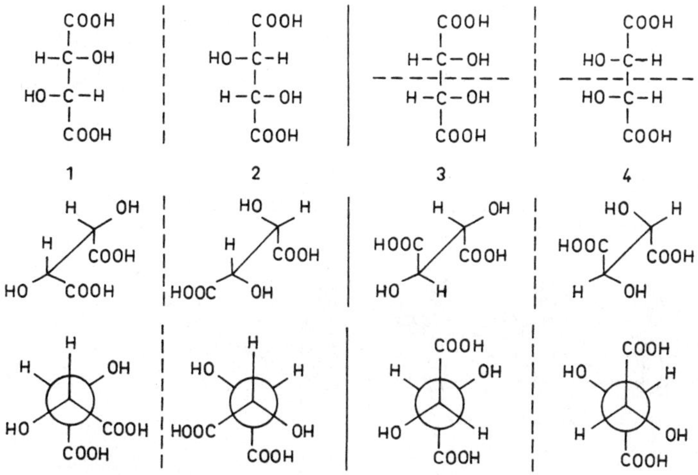

1 und 2 sind Enantiomere; 3 und 4 sehen zwar spiegelbildlich aus, können aber zur Deckung gebracht werden: bei der Fischer-Projektion durch Drehung um 180°, bei der perspektivischen Projektion durch Rotation um die C–C-Bindung. Sie besitzen in der Fischer-Projektion eine Symmetrie-Ebene und in der perspektivischen Projektion ein Symmetrie-Zentrum. Die Verbindungen sind somit identisch.

Substanzen dieser Art sind achiral, da beide Asymmetriezentren entgegengesetzte Konfiguration R bzw. S zeigen. Die beiden verschiedenen Konformationen 3 und 4 werden als *meso-Formen* bezeichnet und können nicht optisch aktiv erhalten werden. Sie verhalten sich zu dem Enantiomerenpaar 1 und 2 wie Diastereomere. Damit unterscheidet sich die meso-Weinsäure 3/4 in ihren chemischen und physikalischen Eigenschaften von 1 und 2 und kann abgetrennt werden (z.B. durch Kristallisation).

3.7 Chirale Verbindungen ohne chirale C-Atome

Zahlreiche Verbindungen sind chiral und können optisch aktiv erhalten werden, ohne chirale C-Atome zu enthalten.

3.5 ① a) *Verschieden substituierte Allene (R≠R') mit gerader Anzahl von Doppelbindungen sind chiral.* Am Orbital-Modell erkennt man, daß die

Liganden an den Molekülenden paarweise in aufeinander senkrecht stehenden Ebenen liegen.

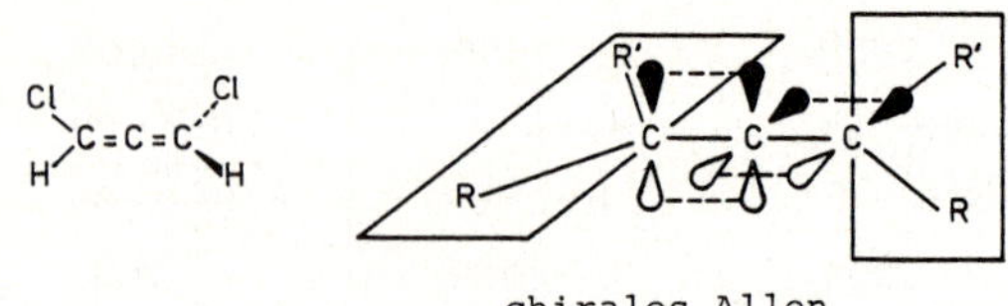

chirales Allen

b) *Allene mit ungerader Anzahl von Doppelbindungen sind achiral* und können als cis-trans-Isomere auftreten.

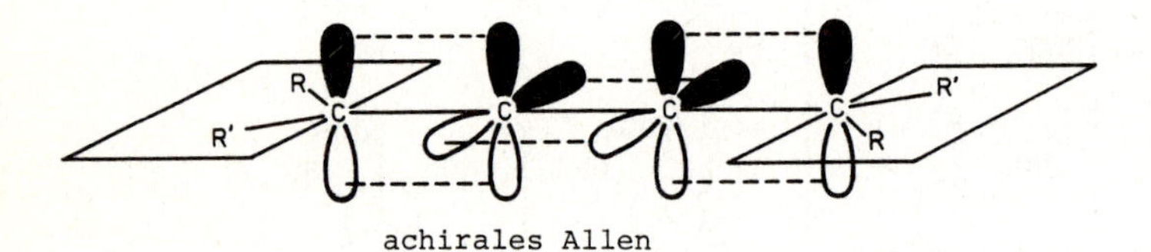

achirales Allen

(2) Das Beispiel 1-Methyl-cyclohexyliden-essigsäure-(4) zeigt im Vergleich zu den Allenen, daß eine Doppelbindung - sterisch betrachtet - einem Ring äquivalent sein kann.

(3) Ersetzt man beide Allen-Doppelbindungen durch Ringe, kommt man zu den *Spiranen*, wie hier zum 2,6-Dichlor-spiro-[3,3]-heptan.

(4) Chiralität ohne asymmetrische C-Atome tritt auch bei Biphenyl-Derivaten auf. Diese *Atropisomerie* genannte Erscheinung ist eine spezielle Konformationsisomerie, bei der eine freie Drehbarkeit um die C—C-Einfachbindung aus sterischen Gründen nicht mehr möglich ist. Bei Biphenylen kann dies z.B. durch entsprechend voluminöse ortho-Substituenten geschehen oder durch die Verknüpfung über eine Brücke wie in den Cyclophanen.

⑤ Chiralität ist auch aufgrund helicaler Strukturen möglich (Rechts- bzw. Linksschraube, vgl. Kap. 29.3). *Beispiel:* Hexahelicen

6,6'-Dinitro-diphensäure

Bis-pyrrol-Derivat

Cyclophan-Derivat

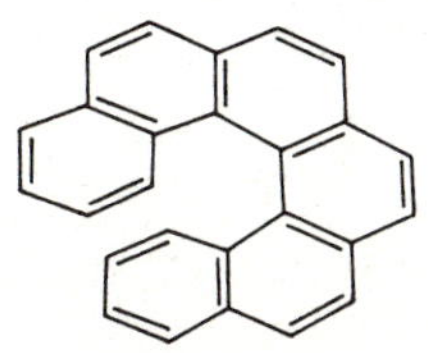

Hexahelicen

8.5 Trennung von Racematen (Racemat-Spaltung)

3.8 Wie erwähnt, entsteht bei der Synthese chiraler Verbindungen normalerweise ein Gemisch der beiden Enantiomeren im Verhältnis 1 : 1. Die Trennung eines racemischen Gemisches in die optischen Antipoden ist möglich durch:

① Mechanisches Auslesen der kristallinen Enantiomere, sofern diese makroskopisch unterscheidbar sind oder verschieden schnell aus ihrer Lösung auskristallisieren. (Erstmals von Pasteur angewandt.)

② Spaltung über Einschlußverbindungen (Clathrate). Der achirale Harnstoff bildet Einschlußverbindungen, wobei die Gastmoleküle entweder in eine rechts- oder linksgängige Spiralschraube (Helix) eingebaut werden. Die Trennung wird ermöglicht durch die unterschiedliche Löslichkeit der diastereomeren Harnstoff-Clathrate.

③ Chromatographische Trennmethoden. Verwendet man bei der Chromatographie optisch aktive Adsorbentien (z.B. Cellulose), dann werden die beiden Enantiomere verschieden stark adsorbiert und können anschließend nacheinander eluiert werden.

④ Eine sehr wirksame Methode der Racemat-Spaltung kann mit Hilfe von Enzymen durchgeführt werden. Enzyme sind chirale Biokatalysatoren, die stereospezifisch nur eines der beiden Enantiomere verarbeiten, während das andere rein zurückbleibt.

(5) Racemat-Spaltung über Diastereomere. Meistens läßt man ein racemisches Gemisch mit einer anderen optisch einheitlich aktiven Hilfssubstanz reagieren. Dabei sind oft schon die Übergangszustände der Reaktion diastereomer. Das eine Produkt wird sich also schneller bilden als das andere und kann manchmal durch rasches Aufarbeiten des Reaktionsgemisches isoliert werden (kinetische Racemat-Spaltung). Im übrigen entsteht bei der Reaktion aus dem Enantiomeren-Paar ein Diastereomeren-Paar, das aufgrund seiner physikalischen Eigenschaften getrennt werden kann. Die so erhaltenen reinen Produkte werden wieder in ihre Ausgangsverbindungen zerlegt, d.h. man erhält zwei getrennte Enantiomere und die Hilfssubstanz zurück.

Beispiel:

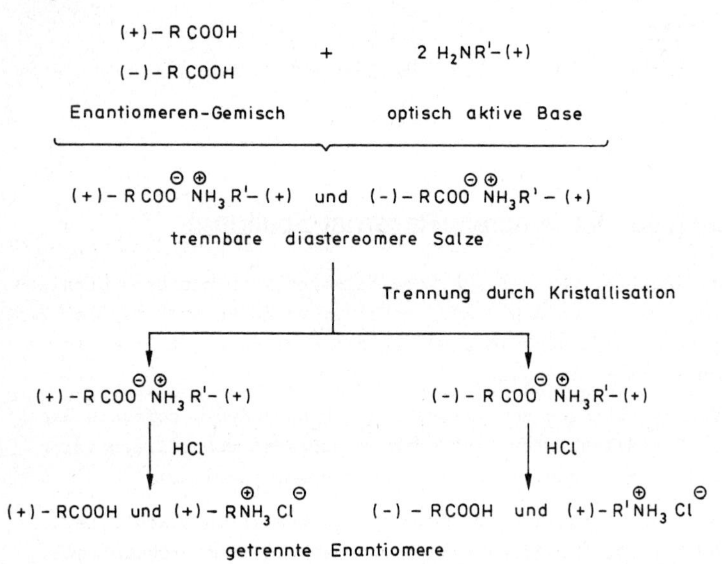

Zum Zweck der Spaltung racemischer Säuren werden meistens (-)-Brucin, (-)-Strychnin, (-)-Chinin, (+)-Cinchonin, (+)-Chinidin und (-)-Morphin verwendet. Die natürlich vorkommenden Alkaloide sind optisch aktive Basen, die leicht kristallisierende Salze bilden. Leicht zugängliche, natürlich vorkommende Säuren, die sich zur Zerlegung racemischer Basen eignen, sind (+)-Weinsäure und (-)-Äpfelsäure.

8.6 Stereochemie bei chemischen Reaktionen

3.3.9 Bei vielen chemischen Reaktionen stehen Edukte und Produkte in einer bestimmten stereochemischen und strukturellen Beziehung zueinander.

In diesem Kapitel sollen wichtige Begriffe aus der Stereochemie zusammengefaßt werden, die bei der Besprechung der Reaktionsmechanismen verwendet wurden.

Inversion, Retention und Racemisierung bei Reaktionen an einem Chiralitäts-Zentrum

① *Bei Inversion* wird die Konfiguration an einem Chiralitäts-Zentrum umgekehrt: R ⟶ S und S ⟶ R (sofern die Prioritätsfolge der Liganden gleich bleibt). Das Vorzeichen der optischen Drehung (+ oder -) muß sich dabei nicht notwendigerweise mit umkehren.

② *Bei Retention* bleibt die Konfiguration an einem Chiralitäts-Zentrum erhalten. R bleibt R und S bleibt S (gleiche Prioritätsfolge der Liganden vorausgesetzt).

③ *Bei Racemisierung* entsteht aus Enantiomeren gleicher Konfiguration ein racemisches Gemisch. Dies ist vor allem dann zu erwarten, wenn das chirale C-Atom intermediär als Carbo-Kation, Carbanion oder Radikal auftreten kann.

Spezifität und Selektivität bei chemischen Reaktionen

① *Bei einer regioselektiven Reaktion* findet eine chemische Umsetzung bevorzugt an einer von mehreren möglichen Stellen eines Moleküls statt. Dabei wird angenommen, daß bei der betrachteten Reaktion jede Stelle etwa gleichwertig ist. Manchmal werden diese Reaktionen auch als *regiospezifisch* bezeichnet.

Beispiele: Diels-Alder-Reaktionen, Hydroborierung, Hydroxymercurierung u.a.

$H_3C-CH{=}CH_2 \xrightarrow{+H-I} H_3C-CH(I)-CH_2(H)$

$H_3C-CH{=}CH_2 \not\longrightarrow H_3C-CH(H)-CH_2(I)$

(2) *Bei einer stereoselektiven Reaktion* findet eine chemische Umsetzung statt, bei der aus einem sterisch eindeutig definierten Edukt bevorzugt eines von mehreren möglichen Stereoisomeren entsteht.

Beispiel: Die Eliminierung von HCl aus Desylchlorid liefert in einer stereoselektiven Reaktion bevorzugt trans-Stilben.

$$H_5C_6-CHCl-CH_2-C_6H_5 \xrightarrow{-HCl} \underset{\text{trans- (viel)}}{(H)(H_5C_6)C{=}C(C_6H_5)(H)} + \underset{\text{cis- (wenig)}}{(H)(H_5C_6)C{=}C(H)(C_6H_5)}$$

Desylchlorid — Stilben

(3) *Bei einer stereospezifischen Reaktion* werden Edukte, die sich lediglich in ihrer Stereochemie unterscheiden, in stereochemisch verschiedene Produkte umgewandelt, d.h. aus einem sterisch eindeutig definierten Edukt entsteht ausschließlich ein sterisch eindeutig definiertes Produkt.

Beispiel: Die Addition von Brom an Alkene verläuft stereospezifisch. Die Stereochemie der Produkte hängt davon ab, welches stereoisomere Alken verwendet wird.

$$\underset{\text{cis-2-Buten}}{(H_3C)(H)C{=}C(CH_3)(H)} + Br_2 \xrightarrow{\text{nur}} H_3C-CH(Br)-CH(Br)-CH_3 + H_3C-CH(Br)-CH(Br)-CH_3$$

racemisches-2,3-Dibrombutan

$$\underset{\text{trans-2-Buten}}{(H_3C)(H)C{=}C(H)(CH_3)} + Br_2 \xrightarrow{\text{nur}} H_3C-CH(Br)-CH(Br)-CH_3$$

meso-2,3-Dibrombutan

Weiteres Beispiel: Si-Verbindungen, Kap. 12.4.

Asymmetrische Synthese (Enantioselektive Synthese)

Bei den üblichen Synthesen fallen optisch aktive Verbindungen i.a. als racemische Gemische an, die oft mühsam getrennt werden müssen. Bei asymmetrischen Synthesen versucht man, gezielt nur eines von zwei Enantiomeren zu erhalten. Dabei geht man i.a. von einer optisch reinen

Verbindung aus, deren Chiralitäts-Zentrum die Konfiguration eines im Verlauf der Synthese neu entstehenden Chiralitäts-Zentrums beeinflußt. *Diese sog. optische Induktion* ist meist nicht vollständig, d.h. die gewünschte Konfiguration des neuen Chiralitäts-Zentrums entsteht nur in einem gewissen Überschuß gegenüber der unerwünschten. Dieser Überschuß (in %) wird als *optische Ausbeute* bezeichnet. Es ist der mit 100 multiplizierte Wert der optischen Reinheit.

Die chirale Hilfssubstanz kann entweder bei der Synthese zugesetzt werden oder, wie im folgenden Beispiel, im Molekül selbst enthalten sein.

Die bevorzugte Bildung eines Enantiomeren läßt sich damit erklären, daß sich bei der Reaktion diastereomere Übergangskomplexe bilden, die verschiedene Bildungsgeschwindigkeiten und/oder verschiedene Energieinhalte haben. Nach Abbruch der Reaktion überwiegt folglich ein Produkt.

Beispiel: Synthese von 3-substituierten Alkyl-carbonsäuren durch nucleophile Addition einer Organolithium-Verbindung an ein α,β-ungesättigtes Oxazolin und nachfolgende Hydrolyse. Der Enantiomeren-Überschuß ist > 90 %.

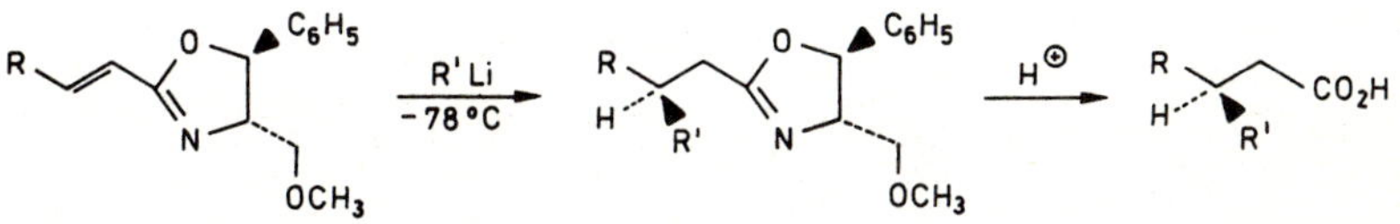

Diastereoselektive/enantioselektive Synthese

Verwendet man den Begriff asymmetrische Synthese als Oberbegriff für enantioselektive und diastereoselektive Synthesen, dann wurde vorstehend eine enantioselektive Synthese beschrieben, d.h. eine Synthese, bei der ungleiche Anteile an R- und S-Enantiomeren entstehen.

Bei diastereoselektiven Synthesen wird von den Diastereomeren, die in einer Reaktion entstehen oder verschwinden, eines schneller gebildet oder zerstört als das andere, d.h. es findet eine stereoselektive Auslese statt.

Beispiele

$$CH_3-C\equiv C-CH_3 \xrightarrow{H_2} \underset{\text{cis}}{(H)(CH_3)C=C(H)(CH_3)} + \underset{\text{trans}}{(H)(CH_3)C=C(CH_3)(H)}$$

2-Butin cis-2-Buten (überwiegt weit) trans-2-Buten

Prochiralität

Eine Verbindung des Typs $R^1R^2CL^1L^1$ mit zwei verschiedenen achiralen Liganden R^1 und R^2 und zwei gleichen Liganden L^1 wird als prochiral bezeichnet. Derartige Moleküle enthalten zwar kein chirales C-Atom, können aber durch selektive Umwandlung eines der Liganden L^1 in einen Liganden L^2 chiral werden: $R^1R^2CL^1_2 \longrightarrow R^1R^2C^*L^1L^2$. Wir erhalten dabei ein asymmetrisches C^*-Atom, das mit vier verschiedenen Liganden verbunden ist. Eine Erläuterung der stereochemischen Bezeichnungen bei Verbindungen des Typs R_2CL_2 gibt folgendes Schema:

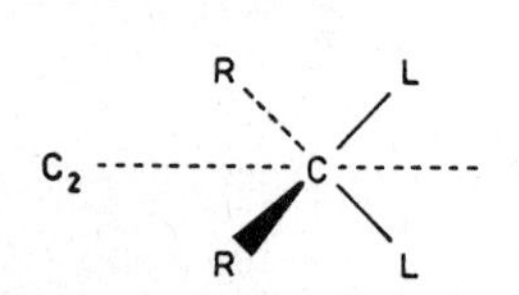

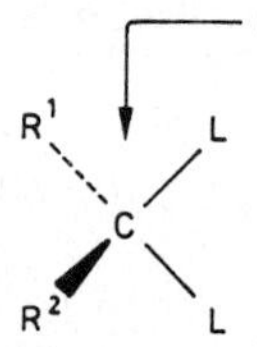

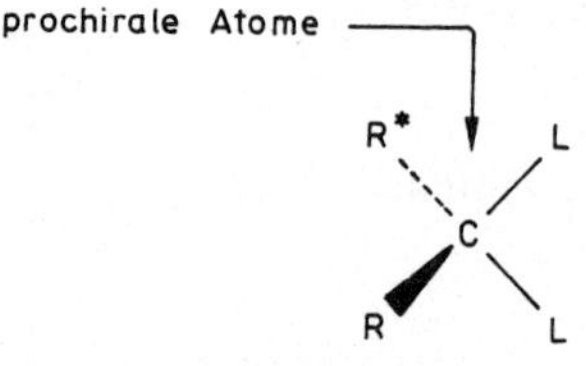

L sind *äquivalent* und zeigen identisches Verhalten. C_n-Achse ist vorhanden.

L sind *enantiotop* [+)] mit identischem Verhalten, außer gegen chirale Reagenzien und zirkularpolarisiertes Licht

L sind *diastereotop* [+)] mit chemisch unterschiedlichem Verhalten. R* ist chiral.

+) Topie = chem. Umgebung

Enantiotope Liganden L enthalten chemisch äquivalente Atome oder Atomgruppen, die nur unter chiralen Bedingungen unterschieden werden können (z.B. mit chiralen Reagenzien).

Die Prochiralität wurde vor allem an trigonalen C-Atomen des Typs $R^1R^2C{=}Y$ mit Y = O, NH, CH_2 etc. untersucht, bei denen die in der Ebene liegende Doppelbindung von zwei Seiten angegriffen werden kann. Die Seiten haben enantiotopen Charakter und werden als Re- oder Si-Seite unterschieden, gemäß den Sequenzregeln des R-S-Systems.

Beispiel: Reduktion von Brenztraubensäure zu Milchsäure mit einem chiralen Hydrier-Katalysator (die Zahlen geben die Priorität im R-S-System an)

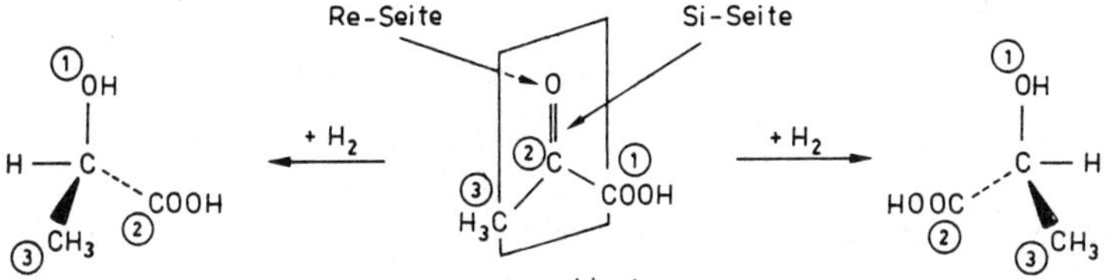

R-Milchsäure ← $+H_2$ — prochiral Brenztraubensäure (Re-Seite / Si-Seite) — $+H_2$ → S-Milchsäure

Das prochirale Verhalten von Molekülen spielt bei vielen biochemischen Reaktionen eine große Rolle, da Enzymsysteme oft stereoselektiv mit einem der beiden Liganden L reagieren.

Beispiele:

① Die vorstehende Reduktion von Brenztraubensäure verläuft bei Katalyse durch Milchsäure-dehydrogenase nur zur S-Milchsäure.

② Reduktionen mit NAD (s. Kap. 34.1).

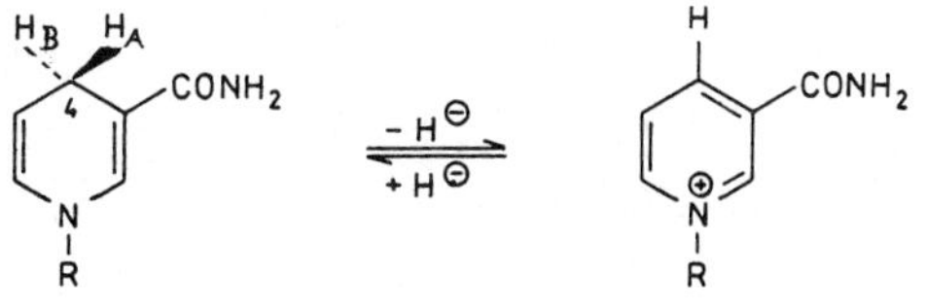

NAD-H $\underset{+H^{\ominus}}{\overset{-H^{\ominus}}{\rightleftharpoons}}$ $NAD^{\oplus}$

H_A ist pro R

H_B ist pro S

Das C-4-Atom des Heterocyclus ist prochiral. Verwendet man ein Deuterium-markiertes Substrat, dann bilden sich zwei Produkte NAD-D, wobei das Deuterium auf verschiedenen Seiten der Ringebene steht.

③ Die in Kap. 5.3 erwähnte Aconitase reagiert nur mit einer der beiden Hälften des prochiralen Citrat-Moleküls. Markiert man eine der Carboxyl-Gruppen der Citronensäure mit ^{14}C oder ^{13}C, so findet man in der gebildeten Isocitronensäure nur eine der drei Carboxyl-Gruppen markiert vor. Als Endprodukt erhält man das gemäß Weg A markierte α-Ketoglutarat.

Weg A

cis-Aconitsäure ⇌ Isocitronensäure ⇌ α-Ketoglutarsäure

prochiral

Citronensäure

Weg B

9 Halogenkohlenwasserstoffe

Halogenkohlenwasserstoffe enthalten neben Kohlenstoff und Wasserstoff ein oder mehrere Halogenatome. Sie unterscheiden sich durch das Halogenatom als funktionelle Gruppe deutlich von den in den vergangenen Kapiteln behandelten reinen Kohlenwasserstoff-Verbindungen.

Unter einer *funktionellen Gruppe* versteht man Atomgruppen in einem Molekül, die charakteristische Eigenschaften und Reaktionen zeigen und das Verhalten von Verbindungen wesentlich bestimmen. In einem Molekül können auch mehrere gleiche oder verschiedene funktionelle Gruppen vorhanden sein.

Für die Benennung dieser Verbindungsklassen gibt es mehrere Möglichkeiten, die in Kap. 36 mit Beispielen erläutert werden.

9.1 Eigenschaften

7.2 Der Ersatz eines H-Atoms durch ein Halogen-Atom X führt zu einer Polarisierung der Bindung nach $^{\delta\oplus}C-X^{\delta\ominus}$.

Dadurch ist das C-Atom einem Angriff nucleophiler Reagenzien zugänglich. Die Polarität der C–X-Bindung ist abhängig vom Halogen-Atom und von der Hybridisierung am C-Atom; sie nimmt in der Reihe $sp^3 > sp^2 > sp$ ab. Stabilisierende Mesomerieeffekte sind zusätzlich zu berücksichtigen.

Für die Reaktivität der Halogen-Verbindungen ist kennzeichnend, daß die Halogen-Atome (außer F) gut austretende Gruppen sind und die Reaktivität mit der Polarisierbarkeit ansteigt:

Polarität:	C–F > C–Cl > C–Br > C–I
Polarisierbarkeit:	C–F < C–Cl < C–Br < C–I
Reaktivität:	C–F < C–Cl < C–Br < C–I

Typische Reaktionen sind:

① *nucleophile Substitution am C-Atom*, bei der das Halogen-Atom durch eine andere funktionelle Gruppe ersetzt wird (s. Kap. 10);

② *Eliminierungsreaktionen*, d.h. Abspaltung von Halogenwasserstoff oder eines Halogen-Moleküls unter Bildung einer Doppelbindung (s. Kap. 11);

③ *Reduktion durch Metalle* zu Organometall-Verbindungen (s. Kap. 12).

Halogen-Kohlenwasserstoffe sind meist farblose Flüssigkeiten oder Festkörper. Innerhalb homologer Reihen findet man die bekannten Regelmäßigkeiten der Siedepunkte. Halogenalkane sind in Wasser unlöslich, aber in den üblichen organischen Lösungsmitteln löslich (lipophiles Verhalten).

Der qualitative Nachweis von Halogen in organischen Verbindungen gelingt mit der *Beilstein-Probe*. Hierbei zersetzt man eine Substanzprobe an einem glühenden Kupferdraht. Die entstehenden flüchtigen Kupferhalogenide färben die Bunsenbrennerflamme grün.

9.2 Verwendung

Halogen-Verbindungen sind Ausgangssubstanzen für Synthesen, da sie meist leicht herstellbar und i.a. sehr reaktionsfähig sind. Bei der Verwendung, insbesondere als Lösemittel, ist neben der narkotischen Wirkung auch eine relativ große Toxicität zu beachten.

Viele Methylierungsmittel sind überdies potentiell krebserzeugend. Außer als Lösemittel, z.B. in der chemischen Reinigung (vgl. Tabelle 11) sind mengenmäßig auch bestimmte polymere Folgeprodukte bedeutsam, so z.B. Polyvinylchlorid (PVC) aus Vinylchlorid oder Polytetrafluorethylen (Teflon, Hostaflon) u.a.) aus Tetrafluorethen. Niedrig siedende Fluorchlorkohlenwasserstoffe werden als Kühlflüssigkeiten in Kälteaggregaten oder als Treibgase für Aerosole benutzt (Freone, Frigene u.a.).

9.3 Darstellung

3.7.3 *Aliphatische Halogen-Verbindungen* werden im industriellen Maßstab meist durch radikalische Substitutionsreaktionen hergestellt (s. Kap. 3.4). Weitere Herstellungsmöglichkeiten bieten die Umsetzung von Alkoholen mit Halogenwasserstoffen oder Phosphorhalogeniden (s. Kap. 13.4) und die Addition von Halogenwasserstoffen oder Halogenen an Alkene (s. Kap. 5.2 und 4.3).

Beispiele:

① $$ROH + HCl \rightleftharpoons R{-}Cl + H_2O$$

$$3\ ROH + PBr_3 \longrightarrow 3\ R{-}Br + H_3PO_3$$

② Eine besondere Reaktion ist die Oxidation von Silbercarboxylaten *(Hunsdiecker-Reaktion)*:

$$R{-}COO^{\ominus}Ag^{\oplus} + Br_2 \longrightarrow R{-}Br + CO_2 + AgBr$$

③ *Fluor-Verbindungen* werden meist durch Austausch von Chlor-Atomen mit Fluoriden oder HF gewonnen (Finkelstein-Reaktion):

$$CCl_4 + SbF_3 \longrightarrow CCl_2F_2; \qquad C_7H_{16} + 32\ CoF_3 \longrightarrow C_7F_{16} + 16\ HF + 32\ CoF_2$$

CCl_2F_2: Dichlor-difluor-methan, Freon 12; C_7H_{16}: Heptan; C_7F_{16}: Perfluor-heptan

Aromatische Halogen-Verbindungen können durch elektrophile Substitutions-Reaktionen an Aromaten in Gegenwart eines Katalysators dargestellt werden (Kernchlorierung s. Kap. 6.5).

Bei aliphatisch-aromatischen Kohlenwasserstoffen ist auch eine Seitenkettenchlorierung möglich (Radikalreaktion unter dem Einfluß von Sonnenlicht bzw. UV-Licht (s. Kap. 6.5).

Zur Synthese von Halogenaromaten über Diazonium-Salze (Sandmeyer-Reaktion) s. Kap. 17.1.

9.4 Substitutions-Reaktionen von Halogen-Verbindungen

.4 Während die Eliminierungs-Reaktion an Halogenalkanen zu einem Hauptprodukt, einem Alken, führt, bildet die oft als Konkurrenzreaktion auftretende *nucleophile Substitution (S_N)* die Möglichkeit, eine Vielzahl von Verbindungen zu synthetisieren:

$$Y|^{\ominus} + R{-}X \longrightarrow R{-}Y + |X^{\ominus}$$

Das Nucleophil $Y|^{\ominus}$ greift am elektrophilen C-Atom des Halogenalkans an und verdrängt daraus die Abgangsgruppe X, hier ein Halogen-Anion. Einfachstes Beispiel ist die *Finkelstein-Reaktion* zur Darstellung von Fluor- oder Iodalkanen oder auch zum Isotopenaustausch:

$$R{-}Cl + I^{\ominus} \rightleftharpoons R{-}I + Cl^{\ominus}$$

$$R{-}^{128}I + {}^{132}I^{\ominus} \rightleftharpoons R{-}^{132}I + {}^{128}I^{\ominus}$$

Bei den folgenden, allgemein formulierten Reaktionen sei darauf hingewiesen, daß primäre Halogenalkane vorzugsweise S_N-Reaktionen, tertiäre Halogenalkane oft Eliminierungen eingehen. Sekundäre Halogenalkane reagieren häufig nach beiden Mechanismen. Zur Möglichkeit der Steuerung zu einem bestimmten Produkt vgl. Kap. 10.4.

Reaktionen mit N-Nucleophilen (N-Alkylierung und N-Arylierung)

① a) $R{-}X + NH_3 \longrightarrow R{-}NH_3^{\oplus} + X^{\ominus} \xrightarrow[-\,HX]{NH_3} R{-}NH_2$ Alkylamin

b) $R{-}X + RNH_2 \longrightarrow R_2NH_2^{\oplus} + X^{\ominus} \xrightarrow[-\,HX]{NH_3} R_2NH$ Dialkylamin

c) $R{-}X + R_2NH \longrightarrow R_3NH^{\oplus} + X^{\ominus} \xrightarrow[-\,HX]{NH_3} R_3N$ Trialkylamin

d) $R{-}X + R_3N \longrightarrow R_4N^{\oplus}X^{\ominus}$ Tetraalkylammonium-Halogenid

analog:

$R{-}X + H_2N{-}NH_2 \longrightarrow RNH{-}NH_2 \xrightarrow[-\,HX]{+\,R-X} R_2N{-}NH_2$ Hydrazine

Die Alkylierungsreaktion liefert, wie den Reaktionsgleichungen zu entnehmen ist, in der Regel ein Reaktionsgemisch aus verschiedenen Produkten. Relativ rein herstellbar sind die Ammonium-Verbindungen (Überschuß an Alkylhalogenid) oder ein primäres Alkylamin (Überschuß an Ammoniak).

② $O_2N{-}C_6H_3(NO_2){-}F + R{-}\overline{N}H_2 \longrightarrow O_2N{-}C_6H_3(NO_2){-}NH{-}R + HF$

2,4-Dinitrofluorbenzol

Diese nucleophile (!) *Substitutions-Reaktion am Fluoraromaten*, der durch NO_2-Gruppen aktiviert ist, dient zur Bestimmung der N-terminalen Aminosäure bei der Sequenzanalyse von Peptiden *(Sangers Reagens)*.

Weitere Einzelheiten über Eliminierungs-Additions-Reaktionen an Aromaten s. Kap. 6.5.

③ *Bei der Umsetzung mit Cyanid- und Nitrit-Ionen* sind zwei Reaktionsprodukte möglich. Die nucleophilen Reaktionspartner haben nämlich mehrere reaktive Zentren und werden ambidente oder ambifunktionelle Anionen genannt. Sie werden je nach markiertem Angriffsort als C-, N- oder O-Nucleophile bezeichnet:

$$|\overset{\ominus}{C}\equiv N| \quad ; \quad \left[\bar{O}=\bar{N}-\bar{O}|^{\ominus} \longleftrightarrow {}^{\ominus}|\bar{O}-\bar{N}=\bar{O}\right]$$

ⓐ $|N\equiv\overset{\ominus}{C}| + R-CH_2-X \longrightarrow R-CH_2-C\equiv N| + X^{\ominus}$ (Kolbe-Synthese)

Nitril

ⓑ $|C=\overset{\ominus}{\underline{N}}| + R-CH_2-X \longrightarrow R-CH_2-\overset{\oplus}{N}\equiv\overset{\ominus}{C}| + X^{\ominus}$

Isonitril

ⓒ ⓓ $O=N-\bar{O}|^{\ominus} + R-X \xrightarrow{-X^{\ominus}}$

$R-\overset{\oplus}{N}(=\bar{O})-\bar{O}|^{\ominus}$ Nitroalkan 60 %

$R-\bar{O}-\bar{N}=\bar{O}$ Alkylnitrit 30 %

Reaktionen mit S-Nucleophilen (S-Alkylierung)

Das Hydrogensulfid-Ion ist ein sehr starkes nucleophiles Reagens und bildet Thiole:

① $H\underline{S}|^{\ominus} + R-X \longrightarrow R-SH + X^{\ominus}$ Thiol

② $R-S^{\ominus} + R-X \longrightarrow R-S-R + X^{\ominus}$ Thioether oder Sulfid

Die weitere Alkylierung führt zum Dialkyl-Derivat.

Reaktionen mit O-Nucleophilen (O-Alkylierung und -Arylierung)

Die Reaktion verläuft analog den S-Nucleophilen. Zum Vergleich ist die Konkurrenzreaktion mit aufgeführt:

① a) $R'-\overline{\underline{O}}|^{\ominus} + R-X \longrightarrow R'-O-R + X^{\ominus}$. Ether, für R-X = primäres Halogenalkan

b) $R^1-\overline{\underline{O}}|^{\ominus} + -\overset{|}{\underset{|}{C}}(H)-\overset{R^2}{\underset{R^3}{C}}-X \longrightarrow \,>C=C(R^2)(R^3) + R^1OH$ Alken, für R-X = tertiäres Halogenalkan

② $H\overline{\underline{O}}|^{\ominus} + R-X \longrightarrow R-OH + X^{\ominus}$ Alkohole, Phenole

③ $R-C(=O)-\overline{\underline{O}}|^{\ominus} + R'-X \longrightarrow R-C(=O)-OR' + X^{\ominus}$ Carbonsäureester

Man beachte, daß im Beispiel ③ das mesomeriestabilisierte, wenig reaktive Carboxylat-Ion angreift (vgl. Kap. 21).

Reaktion mit Hydrid-Ionen

Das $H^{\ominus}$-Ion ist ein starkes Nucleophil und überführt die Halogenalkane in die entspr. Kohlenwasserstoffe: $H^{\ominus} + R-X \longrightarrow R-H + X^{\ominus}$. Zur Gewinnung von Hydrid-Ionen verwendet man meist komplexe Hydride wie $LiAlH_4$ (Li-Alanat, Li-Al-Hydrid), wobei die Reaktion in inerten Lösungsmitteln wie wasserfreiem Ether durchgeführt werden muß. Natriumborhydrid, $NaBH_4$, ist weniger reaktiv und kann in schwach alkalischer wäßriger Lösung verwendet werden.

Reaktion mit C-Nucleophilen (C-Alkylierung)

Arene können bekanntlich mit Elektrophilen reagieren und besitzen wegen ihres π-Elektronensystems nucleophile Eigenschaften. Ihre Nucleophilie gegenüber Halogenalkanen ist jedoch so gering, daß deren elektrophiler Charakter durch Katalysatoren (wie Lewis-Säuren) erhöht werden muß. Dadurch können in einer Friedel-Crafts-Alkylierung Alkylarene hergestellt werden. Wichtiger ist die Reaktion der Halogenalkane mit starken Nucleophilen wie Carbanionen. Viele C-H-Verbindungen können durch Reaktion mit einer starken Base in das entsprechende Carbanion übergeführt werden (CH-acide Verbindungen) und dann mit Halogenalkanen weiterreagieren.

Beispiele:

(1) $H-C\equiv C|^{\ominus}\ Na^{\oplus} + R-X \longrightarrow H-C\equiv C-R + NaX$

R–X ist hier ein primäres Halogenalkan.

Tabelle 11. Verwendung und Eigenschaften einiger Halogen-Kohlenwasserstoffe

Name	Formel	Fp. °C	Kp. °C	Verwendung
Chlormethan (Methylchlorid)	CH_3Cl	-98°	-24°	Methylierungsmittel, Kältemittel
Brommethan (Methylbromid)	CH_3Br	-94°	4°	Methylierungsmittel Bodenbegasung
Dichlormethan (Methylenchlorid)	CH_2Cl_2	-97°	40°	Lösungs- u. Extraktionsmittel
Trichlormethan (Chloroform)	$CHCl_3$	-63,5°	61,2°	Extraktionsmittel, Narkosemittel
Tetrachlorkohlenstoff	CCl_4	-23°	76,7°	Fettlösungsmittel, Reinigungsmittel
Dichlordifluormethan	CCl_2F_2	-111°	-30°	Treibmittel, Kältemittel (Frigen 12)
Difluorchlormethan	CHF_2Cl	-146°	-41°	Treibgas, (Frigen 22) $\xrightarrow{700^\circ C} CF_2=CF_2$
Chlorethan (Ethylchlorid)	C_2H_5Cl	-138°	12°	Anästhetikum
Vinylchlorid	$CH_2=CH-Cl$	-154°	-14°	Kunststoffe (PVC)
Tetrafluorethen	$CF_2=CF_2$	-142,5°	-76°	Teflon
Halothane	z.B. $F_3C-CHClBr$	-	-	Anästhesie
Halone	z.B. $F_2BrC-CF_2Br$	-	-	Feuerlöschmittel
Chlorbenzol	C_6H_5Cl	-45°	132°	→ Phenol, Nitrochlorbenzol etc.
γ-Hexachlorocyclohexan (Gammexan)	$C_6H_6Cl_6$	112°	-	Insektizid

Biologisch interessante Halogen-Kohlenwasserstoffe

Natürlich vorkommende Halogen-Verbindungen sind relativ selten. Zu den wichtigen gehören

FCH_2-COOH

Fluoressigsäure
(in der südafrikan. Giftpflanze
Dichapetalum cymosum)

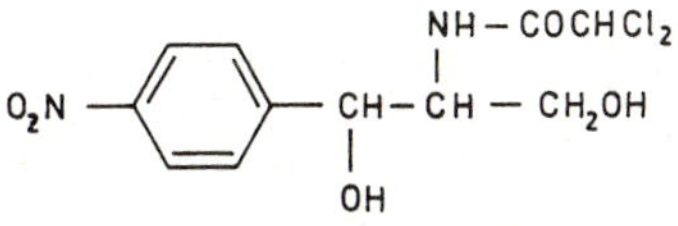

$O_2N-C_6H_4-CH(OH)-CH(NH-COCHCl_2)-CH_2OH$

NH – COCHCl2; O2N; CH – CH – CH2OH; OH

Chloramphenicol (Chloromycetin)
(Antibioticum)

Man beachte auch die Nitro-Gruppe.

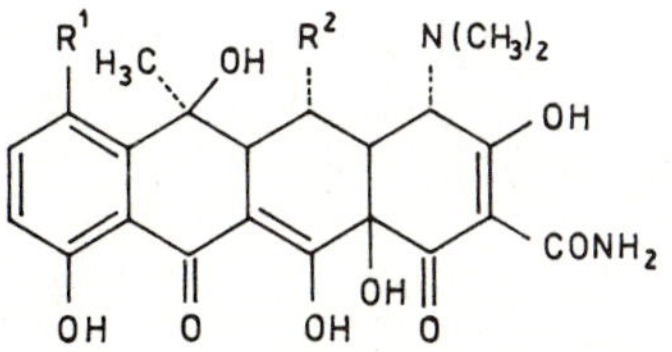

R1; H3C; OH; R2; N(CH3)2; OH; CONH2; OH; O; OH; OH; O

Aureomycin = Chlortetracyclin
R^1=Cl, R^2=H

Terramycin R^1=H, R^2=OH

Tetracyclin R^1=R^2=H

(Antibiotica)

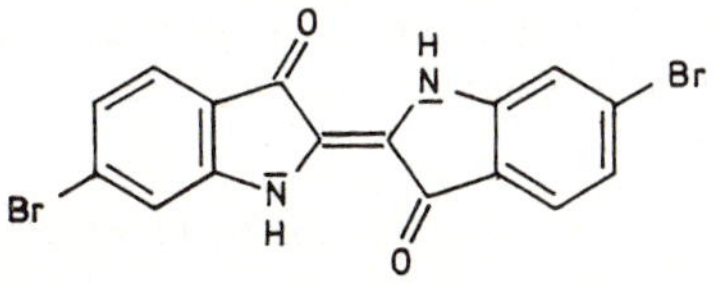

O; H; N; Br; Br; N; H; O

6,6'-Dibromindigo
(Antiker Purpur,
aus Purpurschnecken)

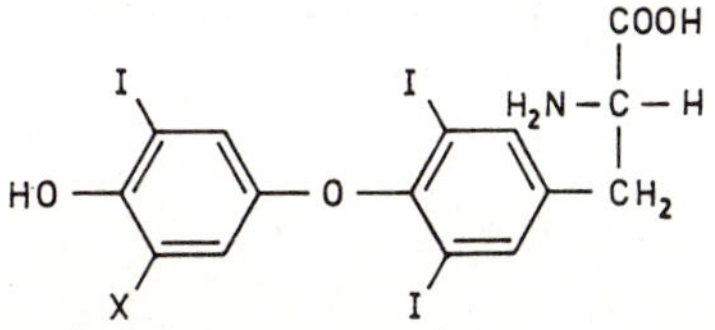

COOH; I; I; H2N – C – H; HO; O; CH2; X; I

X=H: 3,5,3'-Triiodthyronin

X=I: 3,5,3',5'-Tetraiodthyronin
(=L-Thyroxin)

(Hormone der Schilddrüse)

Bemerkung: Polychlorierte Insektizide werden zunehmend weniger verwendet wegen der Anreicherung in der Nahrungskette und wegen ihres langsamen biologischen Abbaus. Immer noch unentbehrlich zur Bekämpfung der Überträgerinsekten der Malaria (häufigste Todesursache auf der Erde) ist bislang DDT:

$$2\ C_6H_5Cl + CCl_3-CH(OH)_2 \xrightarrow{H_2SO_4} Cl-C_6H_4-CH(CCl_3)-C_6H_4-Cl + 2\ H_2O$$

Chlorbenzol

Chloralhydrat

1,1-Bis(4-chlorphenyl)-
2,2,2-trichlorethan (DDT)

10 Die nucleophile Substitution am gesättigten C-Atom (S_N)

3.2.2 **3.3.9** Die nucleophile aliphatische Substitutions-Reaktion ist eine der am besten untersuchten Reaktionen der organischen Chemie. Sie ist dadurch gekennzeichnet, daß ein nucleophiler Reaktionspartner Y| einen Substituenten X verdrängt und dabei das für die C–Y-Bindung erforderliche Elektronenpaar liefert:

$$Y| + R—X \longrightarrow Y—R + X|$$

Eine gewisse Polarisierung der R–X-Bindung begünstigt die Reaktion. Das C-Atom, an dem die Reaktion stattfinden soll, erhält dadurch eine positive Teilladung. Im Hinblick auf den Reaktionsmechanismus können unterschieden werden:

a) *die monomolekulare nucleophile Substitution, die im Idealfall nach 1. Ordnung verläuft (S_N1);*

b) *die bimolekulare nucleophile Substitution, die im Idealfall eine Reaktion 2. Ordnung ist (S_N2).*

10.1 S_N1-Reaktion (Racemisierung)

Die S_N1-Reaktion, hier am Beispiel der alkalischen Hydrolyse von tert. Butylchlorid und 3-Chlor-2,3-dimethyl-pentan gezeigt, verläuft monomolekular:

$$S_N1: \quad CH_3-\overset{\overset{CH_3}{|}}{\underset{\underset{CH_3}{|}}{C}}-Cl \quad \underset{}{\overset{\text{langsam}}{\rightleftharpoons}} \quad CH_3-\overset{\overset{CH_3}{|}}{\underset{\underset{CH_3}{|}}{C^{\oplus}}} + Cl^{\ominus} \quad \underset{+OH^{\ominus}}{\overset{\text{rasch}}{\longrightarrow}} \quad CH_3-\overset{\overset{CH_3}{|}}{\underset{\underset{CH_3}{|}}{C}}-OH + Cl^{\ominus}$$

(tert. Butylchlorid)
2-Chlor-2-methyl-propan

Der geschwindigkeitsbestimmende Schritt ist der Übergang des vierbindigen tetraedrischen, sp^3-hybridisierten C -Atoms in das dreibindige, ebene Carbenium-Ion (sp^2-hybridisiert). Der Reaktionspartner $OH^{\ominus}$ ist dabei nicht beteiligt. Für das Zeitgesetz ergibt sich: $v = k \cdot [(CH_3)_3CCl]$.

Deutlicher wird dies bei der Untersuchung der Stereochemie einer chiralen Verbindung (s. Kap. 8):

H_5C_2, H_3C, C_3H_7 –C–Cl $\xrightleftharpoons{+OH^{\ominus}/-Cl^{\ominus}}$ $HO^{\ominus}$ — $C^{\oplus}$ (C_2H_5, H_3C, C_3H_7) — $OH^{\ominus}$ ⟶ HO–C(C_2H_5, CH_3, H_7C_3) + H_5C_2, H_3C, C_3H_7 C–OH

3-Chlor-2,3-dimethylpentan (Beachte: $C_3H_7 = CH(CH_3)_2$) racemisches Gemisch

Wie das Schema zeigt, befindet sich das C-Atom des Carbenium-Ions in der Mitte eines ebenen, gleichseitigen Dreiecks, denn das 3-Chlor-2,3-dimethylpentan dissoziiert in ein Chlorid- und ein (solvatisiertes) Carbenium-Ion. Das nucleophile Agens $OH^{\ominus}$ kann mit gleicher Wahrscheinlichkeit von jeder der beiden Seiten des Dreiecks herantreten. Wir erhalten zwei neue, spiegelbildlich gleiche 2,3-Dimethyl-3-pentanole im Verhältnis 1 : 1. S_N1-Reaktionen verlaufen also unter weitgehender Racemisierung.

Diese ist allerdings nur selten vollständig und wird vor allem von zwei Faktoren bestimmt:

a) von der Stabilität des bei der Heterolyse gebildeten Carbenium-Ions,

b) von der Nucleophilie des Lösungsmittels (Solvens) bei Solvolysen.

Eine plausible Erklärung hierfür liefert das Dissoziationsschema:

$$\overset{\delta\oplus}{R}-\overset{\delta\ominus}{X} \rightleftharpoons (R^{\oplus}X^{\ominus})_{solv.} \rightleftharpoons R^{\oplus} \underset{solv.}{\wr} X^{\ominus} \rightleftharpoons R^{\oplus}_{solv.} + X^{\ominus}_{solv.}$$

I II III

Nach der Ionisierung von R–X bildet sich zunächst ein inneres Ionenpaar (Kontakt-Ionenpaar) I, dessen Ionen noch in engem Kontakt miteinander stehen und von einer gemeinsamen Lösungsmittelhülle (Solvat-Hülle) umgeben sind. Daraus entsteht ein externes Ionenpaar II, wobei sich zwischen die Ionen einige Solvens-Moleküle geschoben haben. Schließlich erhalten wir selbständige, vollkommen solvatisierte Ionen, III.

Das Nucleophil Y| kann nun in jedem dieser Stadien angreifen. Eine vollständige Racemisierung wird man dann erwarten können, wenn $R^{\oplus}$

eine relativ große Lebensdauer hat, d.h. aufgrund seiner Struktur stabil ist, oder wenn das Lösungsmittel nur schwach nucleophil ist und die Reaktion in Stufe III einsetzt. Da dabei die entstehenden Ionen solvatisiert werden müssen, hat das Lösungsmittel auch einen großen Einfluß auf die Reaktionsgeschwindigkeit. Das Energiediagramm einer S_N1-Reaktion entspricht Abb. 3, weil hierbei ein Carbenium-Ion als Zwischenprodukt auftritt. Dieses kann sich umlagern oder ein Proton abgeben und ein Olefin bilden (Eliminierung). Diese Folgereaktionen treten dabei in Konkurrenz mit der nucleophilen Substitution und liefern manchmal sogar den Hauptanteil der Reaktionsprodukte (s. Kap. 11 und Tabelle 12).

10.2 S_N2-Reaktion (Inversion)

Bei der S_N2-Reaktion, hier am Beispiel von 2-Brombutan gezeigt, erfolgen Bindungsbildung und Lösen der Bindung gleichzeitig. Das Energiediagramm entspricht Abb. 1 bzw. 2. Der geschwindigkeitsbestimmende Schritt ist die Bildung des Übergangszustandes I, d.h. der Angriff des Nucleophils. Bei dieser bimolekularen Reaktion sind beide Reaktionspartner beteiligt: $v = k\,[OH^{\ominus}][C_4H_9Br]$.

S_N2: Br / H, CH_3, CH_2CH_3 / $OH^{\ominus}$ $\xrightarrow{OH^{\ominus}}$ $[$Br ⋯ C(H, CH_3, CH_2CH_3) ⋯ OH$]^{\ominus}$ $\xrightarrow{-Br^{\ominus}}$ H, H_3C, CH_2CH_3 / OH

R-2-Brombutan   I   S-2-Butanol

Der nucleophile Partner ($OH^{\ominus}$) nähert sich dem Molekül von der dem Substituenten (-Br) gegenüberliegenden Seite. In dem Maße, wie die C—Br-Bindung gelockert wird, bildet sich die neue C—OH-Bindung aus. Im Übergangszustand I befinden sich die OH- und Br-Gruppe auf einer Geraden.

Ist das Halogen an ein optisch aktives C-Atom gebunden, wie in obigem Beispiel, so entsteht das Spiegelbild der Ausgangsverbindung. Dabei wird die Konfiguration am chiralen C-Atom umgekehrt.
Man spricht daher oft von Inversion, hier speziell von Waldenscher Umkehr.

Am Formelbild erkennt man deutlich, daß die drei Substituenten am zentralen C-Atom in eine zur ursprünglichen entgegengesetzten Konfiguration "umgestülpt" werden. Merkhilfe: Umklappen eines Regenschirms (im Wind). Die Inversion ist charakteristisch für eine S_N2-Reaktion.

Im Gegensatz zur S_N1-Reaktion läßt sich die Bildung von Olefinen und von Umlagerungsprodukten durch entsprechende Wahl der Reaktionsbedingungen vermeiden.

10.3 S_N-Reaktionen mit Retention

① Bei einigen S_N-Reaktionen tritt weder eine Konfigurationsumkehr noch eine Racemisierung auf: *Sie verlaufen unter Erhaltung der Konfiguration am Chiralitätszentrum (Retention). Der Grund hierfür sind sog. Nachbargruppeneffekte, die vor allem bei biochemischen Reaktionen eine große Rolle spielen.* Charakteristisch ist dabei, daß die Edukte ein dem Reaktionszentrum benachbartes Atom haben, das entweder eine negative Ladung oder ein einsames Elektronenpaar besitzt. Dieses Atom greift in einem ersten Schritt das Reaktionszentrum an (1. Inversion) und wird dann im zweiten Reaktionsschritt durch das von außen angreifende nucleophile Agens verdrängt (2. Inversion).

Beispiel: Die Hydrolyse von α-Brompropionat mit verd. NaOH zu D-Milchsäure verläuft kinetisch wie eine Reaktion 1. Ordnung.

O ⊖ C |O| C Br H₃C H ⇌ δ⊖ O ····· C ··· Br δ⊖ H CH₃ —1. Inv., - Br⊖→ O — C |O̅H⊖ H CH₃ ⇌ δ⊖ O ···· C ···· OH δ⊖ H CH₃ —2. Inv.→ ⊖ |O̅ C C — OH H₃C H

② Eine andere Reaktion 2. Ordnung, die unter Retention verläuft, ist die Reaktion einiger Alkohole mit Thionylchlorid. Die als S_Ni bezeichnete Umsetzung verläuft vermutlich über ein Ionenpaar I und nicht über eine intramolekulare Reorganisation:

C — OH —$SOCl_2$→ C-O-S(=O)-Cl → C⊕ ⊖|O̅=S(=O)—Cl —$-SO_2$→ C⊕ Cl⊖ → C — Cl

I

10.4 Das Verhältnis S_N1/S_N2 und die Möglichkeiten der Beeinflussung einer S_N-Reaktion

Die besprochenen S_N1- und S_N2-Mechanismen konkurrieren unterschiedlich stark miteinander bei jeder S_N-Reaktion. Oft gibt es jedoch die Möglichkeit, das Verhältnis von S_N1 zu S_N2 zu beeinflussen. Die im folgenden diskutierten Faktoren sind natürlich miteinander verknüpft und werden nur der Übersichtlichkeit wegen getrennt besprochen.

Konstitution des organischen Restes R

Aus der Betrachtung des Übergangszustandes einer S_N1-Reaktion geht hervor, daß die Substitution bei einem +I-Effekt des Restes R erleichtert wird, weil er die Polarisierung nach $R^{\delta\oplus}-X^{\delta\ominus}$ und damit die Bildung eines Carbenium-Ions begünstigt. Da sowohl der +I-Effekt als auch die Stabilität von Carbenium-Ionen in der Reihenfolge primär < sekundär < tertiär zunehmen (s. Kap. 1.2), sind *für tertiäre Alkyl-Derivate vorwiegend S_N1-Reaktionen zu erwarten*. Die Reaktionsgeschwindigkeit wird durch die Alkyl-Substituenten noch erhöht:

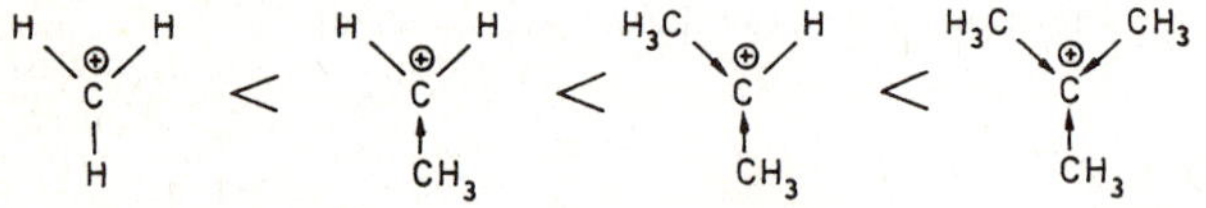

$$H_2\overset{\oplus}{C}-H < H_2\overset{\oplus}{C}\leftarrow CH_3 < (H_3C)H\overset{\oplus}{C}\leftarrow CH_3 < (H_3C)_2\overset{\oplus}{C}\leftarrow CH_3$$

Bei S_N2-Reaktionen ist zu berücksichtigen, daß im Übergangszustand fünf Substituenten um das zentrale C-Atom gruppiert sind. Der +I-Effekt wird durch den mit zunehmender Alkylierung stark wachsenden, ungünstigen sterischen Effekt überkompensiert. Die Verzweigung bei tertiären Alkyl-Derivaten erschwert daher eine S_N2-Reaktion sehr. Sie wird also vorzugsweise bei primären Alkyl-Derivaten auftreten, da in diesem Fall die Hinderung durch voluminöse, raumerfüllende Alkyl-Gruppen fehlt. Die Reihenfolge der Reaktivität ist also umgekehrt wie bei S_N1.

Beispiel: Tert. Butylchlorid reagiert etwa 10^6 mal schneller mit $Ag^{\oplus}$-Ionen in methanolischer Lösung als n-Chlorbutan (S_N1). Tert. Butylchlorid reagiert aber mit $I^{\ominus}$-Ionen in Aceton kaum, während n-Chlorbutan relativ schnell reagiert (S_N2, Finkelstein-Reaktion).

Bei R–X gilt für R = primär sekundär tertiär

S_N2 nimmt zu (←)

S_N1 nimmt zu (→)

Sekundäre Alkyl-Derivate liegen im Grenzbereich zwischen S_N1 und S_N2. Die Reaktion kann daher z.B. durch Variation des Nucleophils oder des Lösungsmittels in einem breiten Bereich gesteuert werden. Eine Steuerung nach S_N1 erfolgt auch dann, wenn die Carbenium-Ionen durch mesomere Effekte stabilisiert werden. Dies gilt z.B. für Allylchlorid, $CH_2{=}CH{-}CH_2{-}Cl$, oder Benzylchlorid:

CH_2Cl (Benzylchlorid) → [$\oplus CH_2$ ↔ CH_2 ($\oplus$ ortho) ↔ CH_2 ($\oplus$ para) ↔ CH_2 ($\oplus$ ortho)]$^{\oplus}$ $Cl^{\ominus}$

Demgegenüber gehen Vinylhalogen-Verbindungen wie $CH_2{=}CH{-}Cl$ oder Arylhalogen-Verbindungen kaum S_N1-Reaktionen ein.

Die Art der Abgangsgruppe

Die Art der Abgangsgruppe X beeinflußt vor allem die Geschwindigkeit der nucleophilen Substitution und weniger das Verhältnis von S_N1 zu S_N2. Die Spaltung der C–X-Bindung erfolgt um so leichter, je stabiler das austretende Ion oder je stärker die korrespondierende Säure H–X ist. Für die Stabilität bekannter Gruppen gilt folgende Reihe:

$F_3C{-}SO_2{-}O{-}$	$-\overset{\oplus}{N}{\equiv}N$	$p{-}H_3C{-}C_6H_4{-}SO_2{-}O{-}$	$-I$	$-Br$	$-Cl$	$-OSO_3H$	$-ONO_2$
↓	↓	↓	↓	↓	↓	↓	↓
$F_3C{-}SO_2{-}\overline{\underline{O}}\vert^{\ominus}$	N_2	$p{-}H_3C{-}C_6H_4{-}SO_3^{\ominus}$	$I^{\ominus}$	$Br^{\ominus}$	$Cl^{\ominus}$	$OSO_3H^{\ominus}$	$NO_3^{\ominus}$
Triflat-Gruppe Trifluorsulfonat-		Tosylat-Gruppe					

gute Austrittsgruppe ⟶ mäßig gute Austrittsgruppe

Man erkennt, daß zu den guten Austrittsgruppen die Anionen starker Säuren zählen. Schlechte Abgangsgruppen sind Gruppen wie –OH, –OR, $-NH_2$, –OCOR, die schwer durch andere Nucleophile zu verdrängen sind. Hydroxy- und Alkoxy-Gruppen in Alkoholen und Ethern können praktisch nur im sauren Medium substituiert werden, worin sie als Oxoniumsalze vorliegen.

Beispiel: Durch den Lucas-Test können prim., sek. und tert. Alkohole unterschieden werden. $ZnCl_2$ dient als Katalysator zur Erhöhung der Reaktivität der OH-Gruppe. Man beachte den Einfluß von R!

- prim. Alkohole: keine Reaktion mit $HCl/ZnCl_2$

- sek. Alkohole: $R{-}OH + H^{\oplus} \rightleftharpoons R{-}\overset{\oplus}{O}H_2$; $Cl^{\ominus} + R{-}\overset{\oplus}{O}H_2 \longrightarrow R{-}Cl + H_2O$ — nach einiger Zeit Reaktion mit $HCl/ZnCl_2$

- tert. Alkohole: $R{-}\overset{\oplus}{O}H_2 \longrightarrow R^{\oplus} + H_2O$; $Cl^{\ominus} + R^{\oplus} \longrightarrow R{-}Cl$ — schnelle Reaktion mit HCl ohne $ZnCl_2$

Das angreifende Nucleophil Y|

Die Geschwindigkeit einer S_N2-Reaktion wird mit zunehmender Nucleophilie von Y| erhöht. Für die Abnahme der nucleophilen Kraft verschiedener Teilchen in einem protischen Lösungsmittel gilt etwa:

$$RS^{\ominus} > CN^{\ominus} > I^{\ominus} > OH^{\ominus} > Br^{\ominus} > Cl^{\ominus} > CH_3COO^{\ominus} > H_2O > F^{\ominus}$$

Zwar ist in der Regel eine starke Base auch ein gutes Nucleophil, es gilt jedoch zu bedenken, daß die Basizität eine definierte, gut meßbare Größe ist. Die Nucleophilie hingegen ist eine kinetische Größe, ermittelt durch die Reaktion mit einem Elektrophil. Sie ist ein Maß für die Fähigkeit des betreffenden Teilchens, sein Elektronenpaar auf ein C-Atom zu übertragen. Sie ist zwar sicher von der Basizität abhängig, darüber hinaus jedoch auch von sterischen Faktoren und den Wechselwirkungen mit dem Lösungsmittel (Solvatisierung). Allgemein gilt auch: je größer ein Atom, desto größer die Nucleophilie. Dies ist verständlich, wenn man bedenkt, daß große Atome leichter polarisierbar sind (z.B. $I^{\ominus} > Br^{\ominus} > Cl^{\ominus}$), weil ihre äußeren Elektronen weniger fest gebunden werden. Mit zunehmender Größe wird die Solvation geringer (kleinere Solvationsenergie) und die kleinere Solvathülle wird bei der Reaktion leichter abgebaut. Das $I^{\ominus}$-Ion ist daher, obwohl die schwächere Base, ein stärkeres Nucleophil als das kleine, schwer polarisierbare $F^{\ominus}$-Ion, das zudem starke H-Brückenbindungen ausbildet. Geht man aber zu einem dipolar-aprotischen Lösungsmittel, z.B. Aceton (s. Kap. 1.2), über, so wird die Nucleophilie-Skala umgekehrt und es gilt: $F^{\ominus} > Br^{\ominus} > I^{\ominus}$; jetzt liegt nämlich das stärker basische, wenig solvatisierte ("nackte") $F^{\ominus}$-Ion vor.

Für den Reaktionsablauf ist von Bedeutung, daß schlecht austretende Gruppen ein starkes Nucleophil erfordern. Dies wiederum begünstigt die als Nebenreaktion auftretende Eliminierung. Es ist daher oft günstiger, gut austretende Gruppen in ein Molekül einzuführen. Darüber hinaus begünstigt eine hohe Konzentration des Nucleophils Y| die S_N2-Reaktion (Zeitgesetz!): Sie wird stark beschleunigt. Umgekehrt wirkt sich eine Verminderung von [Y|] hauptsächlich auf die S_N2-Reaktion aus, nicht aber auf die S_N1-Reaktion.

Lösungsmitteleffekte

Lösungsmittel solvatisieren die Reaktionspartner und den Übergangszustand, setzen dadurch die Aktivierungsenergie der Reaktion herab und beeinflussen in starkem Ausmaß das Verhältnis S_N1/S_N2. Wichtige Lösungsmitteleigenschaften für S_N-Reaktionen sind die Dielektrizitätskonstante (Lösungsmittelpolarität), das Solvationsvermögen und die Fähigkeit, Wasserstoff-Brückenbindungen auszubilden.

Da beim S_N1-Mechanismus sowohl das Carbenium-Ion als auch das austretende Anion stabilisiert werden müssen, begünstigen protische Lösungsmittel wie Wasser, Alkohole und Carbonsäuren diese Reaktion.

Darüber hinaus kann man auch durch Erhöhung der Polarität des Lösungsmittels S_N1-Reaktionen begünstigen, weil dadurch die Ionisierung des Eduktes und damit die Geschwindigkeit der S_N1-Reaktion beschleunigt werden (z.B. durch den Wechsel von 80 % Ethanol zu Wasser).

S_N2-Reaktionen laufen dagegen bevorzugt in aprotischen Lösungsmitteln ab wie Dimethylformamid, $(CH_3)_2N{-}CHO$, oder Dimethylsulfoxid, $(CH_3)_2SO$. Deshalb ist beim Lösungsmittelwechsel (protisch $\rightarrow$ aprotisch) nicht nur eine Veränderung der Reaktionsgeschwindigkeit, sondern auch ein Übergang etwa von S_N1 nach S_N2 möglich.

Ambidente Nucleophile

Normalerweise begünstigen hohe Konzentrationen an Nucleophilen eine S_N2-Reaktion. Dies gilt vor allem für Solvolysen (z.B. Hydrolyse), bei denen das Lösungsmittel gleichzeitig als nucleophiles Reagens fungiert. Eine weitere Möglichkeit der Variation von S_N1 nach S_N2 bieten ambifunktionelle Nucleophile (s. Kap. 10.4), wie $CN^{\ominus}$ und $NO_2^{\ominus}$.

Bei der S_N2-Reaktion greift bevorzugt das Atom mit der höheren Polarisierbarkeit (geringeren Elektronendichte) an:

(1) $NC^{\ominus} + R{-}Br \longrightarrow NC\cdots R\cdots Br \longrightarrow N{\equiv}C{-}R + Br^{\ominus}$

(2) $O_2N^{\ominus} + R{-}Br \longrightarrow R{-}NO_2 + Br^{\ominus}$

Sorgt man jedoch dafür, daß die Bildung von Carbenium-Ionen begünstigt wird, erhält man eine S_N1-Reaktion, bei der das Atom mit der höheren Elektronendichte angreift.

(3) $R{-}X + Ag^{\oplus}CN^{\ominus} \longrightarrow AgX\downarrow + R^{\oplus} + NC^{\ominus} \longrightarrow R{-}\overset{\oplus}{N}{\equiv}C|^{\ominus}$

(4) $R{-}X + Ag^{\oplus}NO_2^{\ominus} \longrightarrow AgX\downarrow + R^{\oplus} + O_2N^{\ominus} \longrightarrow R{-}\underline{\overline{O}}{-}\overline{N}{=}\underline{O}$

Durch die Bildung von schwerlöslichem Ag-Halogenid wird die Bildung von Carbenium-Ionen gefördert und es kommt, wie auch bei der Reaktion von tertiären Halogenalkanen, zu einer S_N1-Reaktion.

11 Die Eliminierungs-Reaktionen (E1, E2)

2.4 3.9 Eine Abspaltung zweier Atome oder Gruppen aus einem Molekül, ohne daß andere Gruppen an ihre Stelle treten, heißt Eliminierungs-Reaktion.

Bei einer 1,1- oder α-Eliminierung stammen beide Gruppen vom gleichen Atom, bei der häufigeren 1,2- oder β-Eliminierung von benachbarten Atomen. Eliminierungen können stattfinden:

- ohne Teilnahme anderer Reaktionspartner (Beispiel: Esterpyrolyse):

$$H{-}\overset{|}{\underset{|}{C}}{-}\overset{|}{\underset{|}{C}}{-}X| \longrightarrow H{-}X + {>}C{=}C{<}$$

- unter dem Einfluß von Basen oder Lösungsmittel-Molekülen:

$$B| + H{-}\overset{|}{\underset{|}{C}}{-}\overset{|}{\underset{|}{C}}{-}X \longrightarrow BH + {>}C{=}C{<} + X|$$

- mit Reduktionsmitteln aus vicinal (= benachbart) disubstituierten Verbindungen (Beispiel: 1,2-Dihalogen-Verbindungen, M = Metall):

$$M + X{-}\overset{|}{\underset{|}{C}}{-}\overset{|}{\underset{|}{C}}{-}X' \longrightarrow MXX' + {>}C{=}C{<}$$

11.1 1,1- oder α-Eliminierung

Werden beide Gruppen vom gleichen C-Atom abgespalten, spricht man oft von *α-Eliminierung*. Bekanntestes Beispiel ist die Hydrolyse von Chloroform mit einer starken Base.

$$H\overline{O}|^{\ominus} + H{-}CCl_3 \underset{\text{schnell}}{\rightleftharpoons} H_2O + |\overset{\ominus}{C}Cl_2{-}Cl \xrightarrow[\text{langsam}]{-Cl^{\ominus}} |CCl_2 \xrightarrow[\text{schnell}]{HO^{\ominus}/H_2O} CO + HCO_2^{\ominus} + Cl^{\ominus}$$

Carben (für $|CCl_2$), Formiat (für $HCO_2^{\ominus}$)

Im ersten Schritt wird ein Carbanion gebildet, aus dem Dichlorcarben als Zwischenprodukt entsteht. Durch geeignete Olefine wie 2-Buten lassen sich in einer Abfangreaktion Cyclopropane synthetisieren.

11.2 1,2- oder β-Eliminierung

Ebenso wie Substitutionen können auch Eliminierungen mono- oder bimolekular verlaufen (E1- bzw. E2-Reaktion). Bezüglich des zeitlichen Verlaufs der Spaltung der H–C- und C–X-Bindung gibt es mehrere Möglichkeiten, die mehr oder weniger kontinuierlich ineinander übergehen. Die drei bekanntesten sind:

1) E1: C_α–X wird zuerst gelöst.

2) E1cB: H–C_β wird zuerst aufgelöst.

3) E2: Beide Bindungen werden etwa gleichzeitig gelöst.

Eliminierung nach einem E1-Mechanismus

Der erste Reaktionsschritt, die Heterolyse der C_α–X-Bindung, ist bei E1- und S_N1-Reaktionen gleich. Er führt zu einem instabilen Carbenium-Ion als Zwischenprodukt.

$$\mathrm{H{-}\overset{\beta}{C}{-}\overset{\alpha}{C}{-}X \rightleftharpoons H{-}C{-}C\cdots X \rightleftharpoons H{-}C{-}C^{\oplus}\!\lt + X^{\ominus}}$$

Dieser Schritt ist geschwindigkeitsbestimmend. Im folgenden schnellen Reaktionsschritt kann das Carbenium-Ion mit einem Nucleophil reagieren (→ S_N1), oder es wird vom β-C-Atom ein Proton abgespalten und ein Alken gebildet (→ E1).

Beispiele: Hydrolyse von tert. Butylchlorid

$$H_3C{-}C(CH_3)_2{-}Cl \xrightleftharpoons{H_2O} (CH_3)_3C^{\oplus} + Cl^{\ominus} \begin{cases} \xrightarrow{S_N1} (CH_3)_3C{-}OH \\ \xrightarrow{E1} H_2C{=}C(CH_3)_2 + H^{\oplus} \end{cases}$$

Geschwindigkeitsgleichung für beide Reaktionsabläufe:
$v = k\,[(CH_3)_3C{-}Cl]$.

Beide Reaktionen verlaufen sehr schnell. Das Verhältnis E1/S_N1 ist nur wenig zu beeinflussen; es treten die bekannten Umlagerungen von Carbenium-Ionen als Nebenreaktionen auf (s. Kap. 1.3).

Auch die säurekatalysierte Dehydratisierung von Alkoholen zu Alkenen verläuft monomolekular als Solvolyse:

$$-\overset{|}{\underset{|}{C}}-CH_2-\overset{|}{\underset{OH}{C}}- \xrightarrow[-H_2O]{+H^{\oplus}} -\overset{|}{\underset{|}{C}}-CH_2-C^{\oplus}(CH_3)-CH_2-H \leftarrow \overline{O}H_2 \xrightarrow{-H_3O^{\oplus}} -\overset{|}{\underset{|}{C}}-CH_2-\overset{|}{C}=CH_2$$

Eliminierung nach einem E2-Mechanismus

Reaktionen nach diesem Mechanismus sind relativ selten. Er wird über ein Carbanion formuliert. Am Beispiel erkennt man, daß zuerst die C_β–H-Bindung gelöst wird (schneller Schritt). Dabei wird die conjugierte Base (= cB) des Halogenalkans gebildet, die in einem zweiten, langsamen Reaktionsschritt eine Abgangsgruppe eliminiert.

$$Y| \rightarrow H-Br_2C-CF_2F \underset{}{\overset{-H-Y}{\rightleftharpoons}} Br_2\overset{\ominus}{\overline{C}}-CF_2F \xrightarrow{-F^{\ominus}} Br_2C=CF_2$$

Eliminierung nach einem E1cB-Mechanismus

Der wichtigste Reaktionsmechanismus ist bei den Eliminierungen der einstufige E2-Mechanismus. Die Abtrennung der Gruppe vom α-C-Atom (meist ein Proton), die Bildung der Doppelbindung und der Austritt der Abgangsgruppe X verlaufen simultan. Der Übergangszustand ist von dem der S_N2-Reaktion verschieden, da jetzt eine größere Anzahl von Atomen beteiligt ist. *Beispiel:* Eliminierung von HBr aus Bromethan:

$$H\overline{\underline{O}}|^{\ominus} \rightarrow H-\overset{H}{\underset{H}{C}}-CH_2Br \longrightarrow \left[HO\cdots H-\underset{H}{C}\overset{\cdots}{=}CH_2\cdots Br \right]^{\ddagger} \longrightarrow H_2O + H_2C=CH_2 + Br^{\ominus}$$

Geschwindigkeitsgleichung: $v = k\,[CH_3{-}CH_2Br] \cdot [OH^{\ominus}]$.

Der nucleophile Reaktionspartner, die Base $OH^{\ominus}$, entfernt ein Proton von einem Kohlenstoff-Atom und gleichzeitig tritt ein Bromid-Ion aus, das solvatisiert wird. Der geschwindigkeitsbestimmende Schritt ist die Reaktion zwischen der Base und dem Halogenalkan.

Zur Stereochemie der Reaktion nach E2

E2-Reaktionen verlaufen dann besonders gut, wenn die austretenden Gruppen H und X trans-ständig sind und H, C_α, C_β, X in einer Ebene liegen (antiperiplanare Anordnung). In diesem Fall spricht man auch von anti-Eliminierung (der Ausdruck "trans" ist der Stereochemie vorbehalten).

Beispiel:

Aus der 1,2-Diphenylpropylhalogen-Verbindung entsteht nur das nach dem anti-Mechanismus zu erwartende Isomere.

Besonders ausgeprägte anti-Stereoselektivität zeigen Cyclohexan-Derivate, da die Eliminierung bevorzugt aus der transdiaxialen Konformation (vgl. Kap. 2.2.2) erfolgt. Falls eine derartige Stellung nicht möglich ist, tritt syn-Eliminierung ein.

Beispiel: Im exo-2-Brom-3-deutero-norbornan wird das cis-stehende Deuterium-Atom bevorzugt eliminiert:

tert. Hexylat, 130°

94 % 6 %

11.3 Das Verhältnis von Eliminierung zu Substitution

Bei der Besprechung der S_N-Reaktionen wurde schon darauf hingewiesen, daß oft Eliminierungen als Konkurrenzreaktionen auftreten. Dies ist verständlich, wenn man die Reaktionsmöglichkeiten eines Nucleophils $Y|^{\ominus}$ mit einem geeigneten Partner betrachtet:

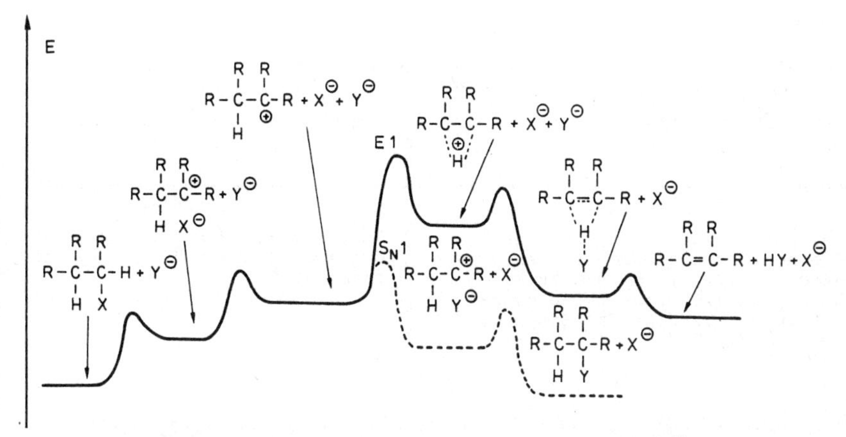

Abb. 23. Energiediagramme von E1- und S_N1-Reaktionen, $Y^{\ominus}$ = angreifendes Nucleophil

Beispiel: Solvolyse von 2-Brom-2-methylbutan in Ethanol

$$H_3C-CH_2-C(CH_3)_2Br \rightleftharpoons H_3C-CH_2-\overset{\oplus}{C}(CH_3)_2 + Br^{\ominus} \xrightarrow{C_2H_5OH}$$

$$\xrightarrow{E1} (H_3C)HC=C(CH_3)_2$$

$$\xrightarrow{S_N1} H_3C-CH_2-C(CH_3)_2-OC_2H_5$$

S_N1-Substitutionen werden normalerweise von E1-Eliminierungen als Nebenreaktionen begleitet, da beide über ein Carbenium-Ion als gemeinsames Zwischenprodukt verlaufen. Ebenso konkurrieren S_N2-Substitution und E2-Eliminierung miteinander, obwohl beide Prozesse über verschiedene Reaktionswege ablaufen.

Schema:

$$Y{-}Z + C{=}C \xleftarrow{-X|^{\ominus}} \ldots \qquad \ldots \xrightarrow{-X|^{\ominus}} \ldots$$

Eliminierung	Substitution
Bei der Eliminierung entfernt die nucleophile Base $Y|^{\ominus}$ das Atom Z (z.B. H) vom β-C-Atom. Es bildet sich eine C=C-Bindung aus unter Austritt der Gruppe $X|^{\ominus}$	In einer S_N-Reaktion verdrängt das Nucleophil $Y|^{\ominus}$ die Abgangsgruppe $X|^{\ominus}$

Beeinflussung von E/S_N

Allgemein gilt für das Verhältnis E1/E2: *E1 wird begünstigt durch die Bildung stabiler Carbenium-Ionen und durch ein gut ionisierendes und Ionen solvatisierendes Lösungsmittel.* Ebenso wie bei der S_N-Reaktion gilt auch, daß gute Abgangsgruppen wie die Tosylat-Gruppe leicht eliminiert werden. Für die Halogene findet man erwartungsgemäß: F < Cl < Br < I, d.h. I wird am leichtesten eliminiert. Es ist nicht überraschend, daß die Eliminierung im Vergleich zur Substitution mit zunehmender Stärke der angreifenden Base zunimmt, denn es wird ja meist ein Wasserstoff-Atom angegriffen. Auch die Verwendung von Basen mit großem Raumbedarf (z.B. Ethyl-dicyclohexylamin) fördert die Eliminierung, da diese nicht oder nur schwer Substitutions-Reaktionen eingehen. Häufig verwendete Basen sind: $NH_2^{\ominus} > RO^{\ominus} > HO^{\ominus}$. Wechselt man das Lösungsmittel von protisch zu dipolar-aprotisch, verringert sich die Solvatisierung der Basen über die H-Brückenbindungen und ihre Basizität kommt voll zur Wirkung.

Hohe Reaktionstemperaturen begünstigen die Eliminierung und niedere eine Substitutions-Reaktion, da die Aktivierungsenergie für eine Eliminierung größer ist.

Eliminierungen werden auch durch elektronenziehende Substituenten stark begünstigt. Ein Grund ist die Erhöhung der Acidität der β-Atome, die dann von der Base Y| leichter entfernt werden können. *Beispiel:* Dehydratisierung im Anschluß an die Aldol-Reaktion.

Hochsubstituierte Verbindungen reagieren bevorzugt in einer Eliminierungs-Reaktion. Das Nucleophil Y| wird sterisch weniger gehindert, so daß auch tertiäre Halogenide nach einem E2-Mechanismus reagieren können: Der Angriff erfolgt an der Peripherie des Moleküls (s. Schema oben). Die Geschwindigkeit bei E1 und E2 nimmt gleichermaßen in der Folge primär < sekundär < tertiär zu. Demgegenüber ist eine Substitution sterisch gehindert, d.h. das anzugreifende C-Atom ist für das

Nucleophil wegen der Raumerfüllung sperriger Substituenten weniger zugänglich.

Für das Verhältnis E2/S_N2 ergibt sich daher folgende Reihe (s. Überblick Tabelle 12).

E2 nimmt zu →

Bei R–X ist R = primär sekundär tertiär

← S_N2 nimmt zu

Beispiele: Bei der Eliminierung von Bromalkanen mit Ethanolat in Ethanol findet man üblicherweise 10 % Alken bei primären, 60 % Alken bei sekundären und 90 % Alken bei tertiären Bromalkanen.

Die in Kap. 4.3 erwähnte Reaktion von Acetyliden mit Halogenalkanen ist praktisch auf primäre Halogen-Verbindungen als Reaktionspartner beschränkt. Das Acetylid-Ion ist nämlich auch eine starke Base, so daß Eliminierungen als Nebenreaktionen auftreten:

$HC{\equiv}C|^{\ominus}$ + –C(X)–C(H)– ⟶ –C(C≡CH)–C(H)– + $|X^{\ominus}$ (S_N)

–C(X)–C(H)– + $^{\ominus}|C{\equiv}CH$ ⟶ $|X^{\ominus}$ + >C=C< + HC≡CH (E)

11.4 Isomerenbildung bei Eliminierungen

Stehen benachbart zur Abgangsgruppe X zwei nicht äquivalente β-H-Atome für die Eliminierung zur Verfügung, können isomere Alkene entstehen.

Eine stereoselektiv verlaufende Reaktion liefert Z/E-Isomere:

$$R^1(H)C{=}C(H)R^2 \xleftarrow{-HX} R^1{-}CH_2{-}CHR^2(X) \xrightarrow{-HX} R^1(H)C{=}C(H)R^2$$

(links: R^1 und R^2 auf derselben Seite; rechts: R^1 und R^2 auf entgegengesetzten Seiten)

Bei einer regioselektiv ablaufenden Reaktion erhält man stellungsisomere Alkene:

$$R^1CH_2{-}CH{=}CHR^2 \xleftarrow{-HX} R^1CH_2{-}CH(X){-}CH_2R^2 \xrightarrow{-HX} R^1CH{=}CH{-}CH_2R^2$$

Tabelle 12. Substitution - Eliminierung (aus I. Eberson, Bd. II)

	Reaktion	Begünstigt durch
evtl. Umlagerung von $R^{\oplus}$ → $R{-}Y^{\oplus}$	Reaktion von $R^{\oplus}$ oder umgelagertem $R^{\oplus}$ mit einem Nucleophil Y; S_N1-Substitution	ein starkes Nucleophil, das gleichzeitig eine schwache Base ist; niedrige Temperatur
$R{-}X \rightarrow R^{\oplus} + X^{\ominus}$	Bildung eines Carbenium-Ions im geschwindigkeitsbestimmenden Schritt, gemeinsam für den S_N1- und den E1-Mechanismus	hohes Ionisierungsvermögen des Lösungsmittels, eine gute austretende Gruppe, ein schwaches Nucleophil, tertiäres R, sekundäres R, R = Allyl oder Benzyl
evtl. Umlagerung von $R^{\oplus}$ → Alken + $H^{\oplus}$	Abspaltung von $H^{\oplus}$ aus $R^{\oplus}$ oder umgelagertem R; E1-Eliminierung	tertiäres R, sekundäres R, hohe Temperatur, stark basisches Nucleophil
$R{-}X + Y{:} \rightarrow R{-}Y^{\oplus} + X^{\ominus}$	S_N2-Substitution	ein schlecht ionisierendes Lösungsmittel, ein starkes Nucleophil Y, niedrige Temperatur, primäres R
$R{-}X + B{:} \rightarrow$ Alken + $BH^{\oplus} + X^{\ominus}$	E2-Eliminierung	eine starke Base B, tertiäres R, sekundäres R, hohe Temperatur

Orientierung bei regioselektiven Eliminierungen: Saytzeff- und Hofmann-Eliminierung

$$H_3C\text{-}CH(H_b)\text{-}CH(X)\text{-}CH_2(H_a) \rightarrow \begin{cases} H_3CCH_2CH{=}CH_2 & \text{I} \\ CH_3CH{=}CHCH_3 & \text{II} \end{cases}$$

	Orientierung nach: Hofmann	Saytzeff
I	95 %	19 %
II	5 %	81 %
	$X = \overset{\oplus}{N}(CH_3)_3$	X = Br

Bei Bromalkanen entsteht, wie bei den meisten Eliminierungen, bevorzugt das stärker verzweigte (höher substituierte) Alken II *(Regel von Saytzeff)*. Bei der Eliminierung von -onium-Salzen wie Ammoniumbasen *(Hofmann-Eliminierung)* bildet sich das Alken mit der kleinsten Anzahl von Alkyl-Gruppen (= weniger verzweigt).

Zur Erklärung können elektronische und sterische Effekte herangezogen werden: Das Alken II ist das thermodynamisch günstigere Produkt und wird bevorzugt gebildet, weil -Br eine bessere Abgangsgruppe als $-\overset{\oplus}{N}(CH_3)_3$ ist. Das Alken I wird dann gebildet, wenn große, sperrige Gruppen, z.B. am N-Atom, die Eliminierung des H-Atoms H_a begünstigen, da diese endständige Methylgruppe leichter zugänglich ist.

Während die E1-Eliminierung meist überwiegend das Saytzeff-Produkt liefert, ist die Orientierung bei der E2-Eliminierung vor allem abhängig von der Art der Substituenten an den zu X benachbarten C-Atomen, der Abgangsgruppe, dem Lösungsmittel sowie der Basizität und Raumerfüllung der Base (stark voluminöse, sperrige Basen erzwingen oft Hofmann-Orientierung).

Zur Erklärung der Orientierung bei der Eliminierung wird gelegentlich auch die *Theorie des veränderlichen Übergangszustandes* herangezogen. In Kap. 11.2. wurde erwähnt, daß die C-H- und die C-Hal-Bindung simultan gespalten werden. Das bedeutet aber nicht unbedingt, daß beide Bindungen auch exakt gleichzeitig (synchron) getrennt werden, denn: Die Spaltung der einen Bindung kann relativ zu der anderen bereits weiter forgeschritten sein. Es gäbe demnach eine kontinuierliche Reihe von E2-Übergangszuständen, wie

B···H, —C—C(δ⊕)—, X δ⊖ | B···H, —C⋯C—, X | B···H, δ⊖ —C—C—, X

a) Carbenium-Ion-artig (X tritt vor H aus)

b) synchron

c) Carbanion-artig (H tritt vor X aus)

Im Falle c) beispielsweise ist die Spaltung der C–H-Bindung erheblich weiter fortgeschritten als die der C–X-Bindung. Das C-Atom, von dem ein Proton entfernt wird, erhält dadurch den Charakter eines Carbanions.

11.5 Beispiele für wichtige Eliminierungs-Reaktionen

anti-Eliminierungen

Dehalogenierung von 1,2-Dihalogen-Verbindungen

Zum Schutz von Doppelbindungen während einer Synthese (z.B. bei Oxidationen) addiert man oft Brom und debromiert anschließend das Produkt wieder. Da beide Reaktionen sterisch einheitlich verlaufen, bleibt die Konfiguration erhalten. Zur Dehalogenierung dienen Reduktionsmittel wie $I^{\ominus}$, Zn, Mg u.a.

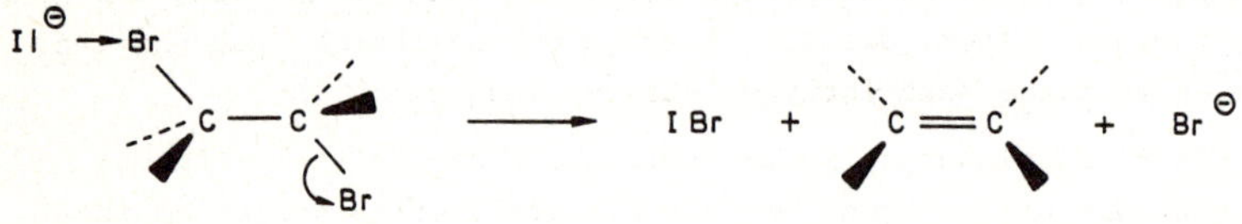

$I^{\ominus}$ → Br–C–C–Br ⟶ IBr + C=C + $Br^{\ominus}$

Abb. 24. Einstufige anti-Eliminierung nach E2 mit $I^{\ominus}$ aus einem vicinalen Dibromalkan

Durch Doppeleliminierung geeigneter 1,2-Dihalogenalkane mit Basen lassen sich je nach Reaktionsbedingung auch Alkine, Allene und konjugierte Diene herstellen.

Beispiel:

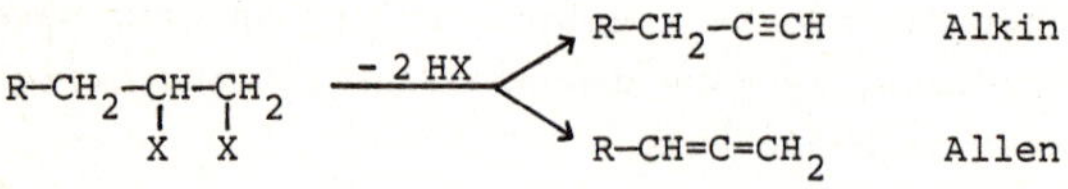

$R{-}CH_2{-}CHX{-}CH_2X \xrightarrow{-\,2\,HX}$ $R{-}CH_2{-}C{\equiv}CH$ Alkin; $R{-}CH{=}C{=}CH_2$ Allen

Biochemische Dehydrierungen

Die zur technischen Herstellung von Alkenen wichtigen Dehydrierungen sind auch biologisch von Bedeutung. Gut untersucht wurde die Abspaltung von Wasserstoff aus Bernsteinsäure durch das Enzym Succinat-Dehydrogenase. Bei den Experimenten wurden die Verbindungen mit Deuterium markiert. Die Oxidation der Bernsteinsäure zur Fumarsäure ist eine *anti-Eliminierung*, bei der jeweils gleich markierte H-Atome entfernt werden.

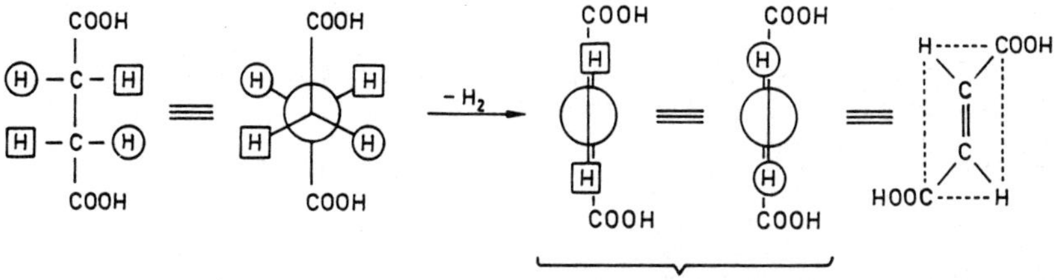

Bernsteinsäure

(Die Bindungen sollten aufeinander liegen)

Fumarsäure (planar wegen C=C)

Syn-Eliminierungen

Zahlreiche organische Verbindungen spalten bei einer Pyrolysereaktion H–X ab und bieten so eine gute Möglichkeit zur Gewinnung reiner Alkene in hohen Ausbeuten. Die Reaktionen verlaufen vermutlich über cyclische Mehrzentren-Prozesse mit hoher syn-Selektivität.

Beispiele:

① Pyrolyse von Xanthogenaten nach Tschugaeff

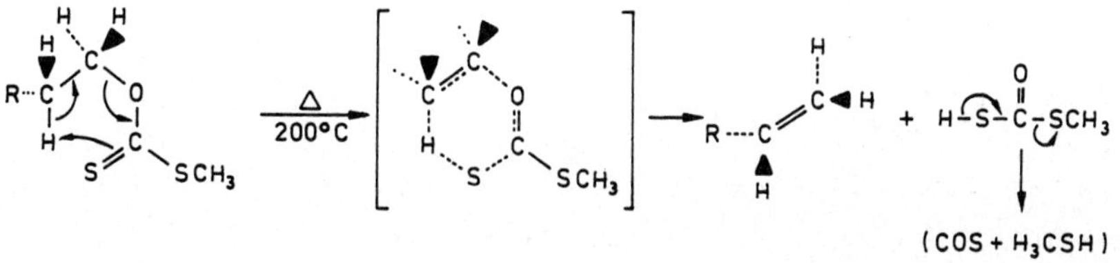

Δ, 200°C

(COS + H_3CSH)

② Pyrolyse von Estern

450°C, Δ

$H_3C-CH=CH_2$ + CH_3COOH

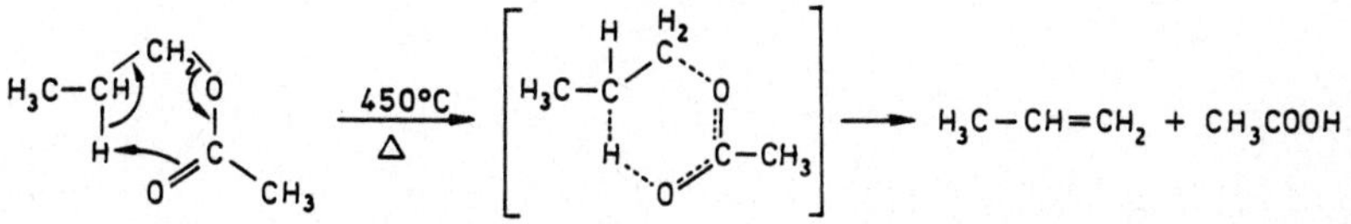

Essigsäurepropylester Propen Essigsäure

(3) Cope-Eliminierung von tertiären Aminoxiden

$$\text{C(H)}{-}\text{C}{-}\overset{\oplus}{N}(CH_3)_2{-}\overset{\ominus}{O} \xrightarrow{100\,°C} \left[\;C{=}C \cdots H \cdots O{-}N(CH_3)_2\;\right] \longrightarrow C{=}C \; + \; HO{-}N(CH_3)_2$$

(4) Decarboxylierung von β-Ketosäuren

$$R{-}\underset{\|\atop O}{C}{-}\underset{|}{\overset{|}{C}}{-}COOH \equiv O{=}C(OH){-}C{-}C(=O){-}R \longrightarrow CO_2 + \;\text{>C}{=}C(OH){-}R \longrightarrow H{-}\text{C}{-}C(=O){-}R$$

β-Ketosäure Enol Keton

Die Decarboxylierung von (substituierten) Malonsäuren verläuft analog.

12 Metallorganische Verbindungen

In der präparativen organischen Chemie finden zunehmend Verbindungen Verwendung, die Heteroatome enthalten (B, Si, Li, Cd u.a.). Die Bindungen zwischen Kohlenstoff und den Heteroatomen ähneln in ihren Eigenschaften mehr organischen als anorganischen Bindungen, nicht zuletzt wegen des organischen Restes R. Man bezeichnet sie oft als *metallorganische Verbindungen* R–M und läßt dabei für M alle Elemente zu, außer N, O, S, Hal und Edelgasen.

12.1 Bindung und Reaktivität

8.1 Viele Synthesen mit Verbindungen des Typs R–M zeichnen sich dadurch aus, daß die Heteroelemente nicht im Endprodukt erhalten bleiben, sondern lediglich zur Aktivierung der Reaktionspartner dienen. Dies beruht darauf, daß diese Verbindungen leicht nucleophile Substitutions-Reaktionen eingehen, bei denen die Bindung zwischen dem C-Atom und dem Heteroatom gelöst wird. Ein Blick auf die Elektronegativitäts-Skala zeigt, daß die Elektronegativitäts-Werte für die Heteroatome kleiner sind als der Wert für Kohlenstoff. Die Bindung ist daher polarisiert; *das C-Atom erhält eine negative Partialladung*. Im allgemeinen wächst die chemische Reaktionsfähigkeit mit zunehmendem Ionen-Charakter der M–C-Bindung (abhängig von der Elektronegativität von M). Ionische Bindungen werden mit den stärksten elektropositiven Elementen wie Na und K erhalten. Die meisten Hauptgruppenelemente bilden kovalente σ-M–C-Bindungen aus. Dabei entstehen mit Elementen wie Li, B, Al, Be Elektronenmangel-Verbindungen (s. HT, Bd. 247). Si und P können negative Ladungen an benachbarten C-Atomen besonders gut stabilisieren; charakteristisch hierfür sind die Phosphorylide $R_3P^{\oplus}–{}^{\ominus}\overline{C}HR'$. Ihre Bildung wird durch die acidifizierende Wirkung der Phosphonium-Gruppierung erleichtert (Kap. 12.4).

Demgemäß kann man alle Verbindungen vom Typ M–CR_3 als maskierte Carbanionen des Typs $R_3C|^{\ominus}$ betrachten. R_3C–H selbst ist zu wenig acid, um Carbanionen bilden zu können. Betrachtet man die Ladungsverteilung im Halogenalkan $\overset{\delta\oplus}{R}-\overset{\delta\ominus}{Hal}$ und z.B. der daraus hergestellten Verbindung $\overset{\delta\ominus}{R}-\overset{\delta\oplus}{Li}$, so fällt auf, daß der organische Rest R "umgepolt" wurde ($\delta\oplus \rightarrow \delta\ominus$). Reaktivitätsumpolungen dieser Art findet man bei vielen Verbindungen von Kohlenstoff mit Heteroatomen.

12.2 Synthetisch äquivalente Gruppen

Für Synthesen ist es oft nützlich, eine funktionelle Gruppe so zu maskieren, daß eine gewisse Reaktivität erhalten bleibt. Bei Verwendung von element-organischen Verbindungen läßt sich häufig eine Reaktivitätsumpolung damit verbinden, wie folgendes Beispiel zeigt:

Synthese von Aldehyden. Carbonyl-Gruppen haben am C-Atom ein elektrophiles Zentrum, das bei den charakteristischen Additionsreaktionen nucleophil angegriffen wird (s. Kap. 20.4). Nach Umpolung erhalten wir am C-Atom ein nucleophiles Zentrum, das nunmehr selbst nucleophil angreifen kann. Hierzu benötigt man das synthetische Äquivalent einer nucleophilen Carbonyl-Gruppe:

$H_2C(OCH_3)_2$ + $HS-(CH_2)_3-SH$ $\xrightarrow[-2\,CH_3OH]{(BF_3\cdot Et_2O)}$ 1,3-Dithian $\xrightarrow[-C_4H_{10}]{+C_4H_9Li}$ 2-Lithio-1,3-dithian ($C^{\ominus}\,Li^{\oplus}$)

Methylal 1,3-Propandithiol 1,3-Dithian ein Dithioacetal 2-Lithio-1,3-dithian

Formaldehyd polymerisiert als Reinsubstanz rasch (s. Kap. 20.5). Daher verwendet man das Dithioacetal, das aus dem Dimethylacetal (Methylal) gut zugänglich ist. Metallierung mit n-Butyl-lithium ergibt ein nucleophiles (!) Formaldehyd-Derivat. Beachte die Umpolung des Carbonyl-C-Atoms als Folge der Lithiierung! Reaktion mit R-Hal und nachfolgende Hydrolyse gibt einen Aldehyd.

2-Lithio-1,3-dithian $\xrightarrow[-LiHal]{+R-Hal}$ 2-R-1,3-Dithian $\xrightarrow{H_2O/Hg^{\oplus}}$ R-CHO + $HS-(CH_2)_3-SH$

Weiteres Beispiel siehe bei Si-Verbindungen.

12.3 Eigenschaften element-organischer Verbindungen

Oft ist es notwendig, element-organische Verbindungen unter Schutzgas-Atmosphäre zu handhaben (meist unter N_2 oder Ar), da sie in der Regel oxidations- oder hydrolyse-empfindlich sind. Manche sind sogar selbstentzündlich. Bei weniger reaktiven Verbindungen und Ether als Lösungsmittel genügt das über der Lösung befindliche "Ether-Polster".

12.4 Beispiele für element-organische Verbindungen (angeordnet nach dem Periodensystem)

I. Gruppe: Lithium

.8.2 Li-organische Verbindungen werden im technischen Maßstab hergestellt durch Addition von Lithium-organylen an Alkene:

$$R{-}Li + CH_2{=}CH_2 \longrightarrow R{-}CH_2{-}CH_2{-}Li$$

Einfache Verbindungen wie Phenyl-lithium erhält man durch Reaktion von metallischem Lithium mit Halogen-Verbindungen.

$$C_6H_5Br + 2\ Li \longrightarrow C_6H_5Li + LiBr$$

Eine weitere Methode ist der *Metall-Metall-Austausch (Transmetallierung, Ummetallierung)*:

$$4\ C_6H_5Li + (CH_2{=}CH)_4Sn \longrightarrow 4\ CH_2{=}CHLi + (C_6H_5)_4Sn$$

Methyl-lithium sowie die isomeren Butyl-lithium-Verbindungen werden häufig als starke Basen und Nucleophile bei Synthesen verwendet. Sie sind reaktiver als Grignard-Verbindungen.

II. Gruppe: Magnesium

3.2 Für Synthesen von besonderer Bedeutung sind die *Grignard-Verbindungen*.
3.3 Sie werden meist durch Umsetzung von Alkyl- oder Aryl-halogeniden mit metallischem Magnesium hergestellt. Die Reaktion wird gewöhnlich in wasserfreiem Ether durchgeführt, in dem (vermutlich) solvatisierte monomere RMgX-Moleküle (Ether-Komplex) vorliegen. Mit zunehmender Konzentration treten auch Dimere und stärker assoziierte Aggregate auf:

$$\overset{\delta\oplus\ \delta\ominus}{R-X} + Mg \longrightarrow \overset{\delta\ominus\ \delta\oplus}{R-MgX} \quad ; \quad R-MgX \cdot 2\,O(C_2H_5)_2 \quad ; \quad [(CH_3)_3C-Mg(\mu\text{-}Cl)_2Mg-C(CH_3)_3] \cdot 2\,O(C_2H_5)_2$$

Halogenid — Grignard-Verbindung — Ether-Komplex — dimere Verbindung

Die Kohlenstoff-Magnesium-Bindung ist erwartungsgemäß stark polarisiert, wobei der Kohlenstoff die negative Teilladung trägt. Grignard-Verbindungen sind daher nucleophile Reagenzien, die mit elektrophilen Reaktionspartnern nucleophile Substitutionsreaktionen eingehen. Vereinfacht betrachtet greift das Carbanion $R|^{\ominus}$ am positivierten Atom des Reaktionspartners an.

Addition an Verbindungen mit aktivem Wasserstoff

Substanzen wie Wasser, Alkohole, Amine, Alkine und andere C—H-acide Verbindungen zersetzen Grignard-Verbindungen unter Bildung von Kohlenwasserstoffen:

$$CH_3-MgBr + H-OH \longrightarrow CH_4 + Mg(OH)Br$$

$$\overset{\delta\ominus\ \delta\oplus}{CH_3-MgBr} + CH_3-C(OH)=CH-C(=O)-CH_3 \longrightarrow CH_4 + CH_3-C(OMgBr)=CH-C(=O)-CH_3$$

Enol des Acetylacetons

Durch volumetrische Bestimmung des entstandenen Methans kann man den aktiven Wasserstoff quantitativ erfassen *(Zerewitinoff-Reaktion)*.

Durch Schutz der OH-Gruppe von Alkoholen, z.B. als Tosylat, läßt sich die Zersetzungsreaktion vermeiden. Die Tosyl-Gruppe ist eine gute Abgangsgruppe, die leicht durch Brom substituiert werden kann (s. Kap. 10.4).

Addition an Verbindungen mit polaren Mehrfachbindungen

① Reaktion mit Aldehyden; es entstehen sekundäre Alkohole:

$$R-\overset{\delta\oplus}{C}H=\overset{\delta\ominus}{O} \xrightarrow{+R'-MgBr} R-CH(R')-OMgBr \xrightarrow[-Mg(OH)Br]{+H_2O} RR'CH-OH$$

Primäre Alkohole können bei Verwendung von Formaldehyd synthetisiert werden.

② Reaktion mit Ketonen; es entstehen tertiäre Alkohole:

$$\overset{\delta\ominus\ \delta\oplus}{R-MgX} + \underset{\text{Aceton}}{(H_3C)_2\overset{\delta\oplus}{C}=\overset{\delta\ominus}{O}} \longrightarrow (H_3C)_2C(R)-OMgX \xrightarrow{H_2O} \underset{\text{tert. Alkohol}}{R-C(CH_3)_2-OH} + \underset{\text{Mg-Salz}}{Mg(OH)X}$$

③ Reaktion mit Kohlendioxid; es entstehen Carbonsäuren:

$$R-MgCl \xrightarrow{+CO_2} R-COOMgCl \xrightarrow[-Mg(OH)Cl]{+H_2O} R-COOH$$

④ Reaktion mit Estern; es entstehen Ketone, die zu tertiären Alkoholen weiterreagieren. Ameisensäure-ester ergeben sekundäre Alkohole.

Säurechloride reagieren analog. Die zunächst gebildeten Ketone sind gelegentlich isolierbar.

$$\underset{\text{Essigester}}{H_3C-C(=O)-OC_2H_5} + R-MgX \longrightarrow H_3C-C(R)(O-MgX)-OC_2H_5 \xrightarrow{-MgXOC_2H_5}$$

$$\underset{\text{Keton}}{H_3C-C(=O)-R} \xrightarrow[2)\,H_2O]{1)\,R-MgX} \underset{\text{tert. Alkohol}}{H_3C-C(R)_2-OH} + Mg(OH)X$$

⑤ Reaktion mit Nitrilen; es entstehen Ketone:

$$\underset{\text{Acetonitril}}{H_3C-\overset{\delta\oplus}{C}\equiv\overset{\delta\ominus}{N}} + R-MgX \longrightarrow (H_3C)(R)C=N-MgX \xrightarrow{H_2O} \underset{\text{Ketimin}}{\left[(H_3C)(R)C=NH\right]} \xrightarrow[-NH_3]{+H_2O} \underset{\text{Keton}}{(H_3C)(R)C=O}$$

Addition an Verbindungen mit C=C-Bindungen

Die Knüpfung von C—C-Bindungen ist auch möglich durch nucleophile Addition einer Grignard-Verbindung an aktivierte C=C-Bindungen. Die

Aktivierung wird durch eine elektronenziehende Gruppe erreicht.

$$R-MgX + \rangle C=C-C(=O)OEt \longrightarrow R-C-C=C(OMgX)OEt \xrightarrow{H^{\oplus}} R-C-C=C(OH)OEt \longrightarrow R-C-CH-C(=O)OEt$$

Substitutionsreaktion

Die wichtigste Substitutionsreaktion ist die Ummetallierung zur Darstellung anderer Element-organoverbindungen aus Metall- bzw. Nichtmetallhalogeniden:

Beispiel:

$$R-MgX + Z-Cl \longrightarrow R-Z + MgXCl$$

Z = Metall bzw. Nichtmetall

$$PCl_3 + 3\,C_2H_5MgCl \longrightarrow P(C_2H_5)_3 + 3\,MgCl_2$$

V. Gruppe: Phosphor

Die Alkylphosphine RPH_2, R_2PH und R_3P sind oxidations-empfindlich und oft selbstentzündlich. Sie sind schwächere Basen, aber nucleophiler als die analogen Amine, und sie bilden stabile Übergangsmetallkomplexe.

$$R-PH_2 \xrightarrow{Ox.} R-PH_2{=}O \xrightarrow{Ox.} R-PH(=O)-OH \xrightarrow{Ox.} R-P(OH)(=O)-OH$$

Phosphin — Phosphinoxid — Phosphinsäure — Phosphonsäure

Ester von Phosphin- und Phosphonsäuren sind durch *Michael-Arbusow-Reaktion* erhältlich:

$$R^1{-}PCl_2 \xrightarrow[-2\,HCl]{2\,R^2OH} R^1{-}P(OR^2)_2 \xrightarrow[-\,R^2Hal]{+\,R^3Hal} R^1{-}P(=O)(R^3){-}OR^2$$

Besonders bekannt sind Ester wie Parathion (E 605), die als Insektizide verwendet werden. In der Biochemie von großer Bedeutung sind ATP u.a.

$$(CH_3CH_2O)_2P(=S){-}O{-}C_6H_4{-}NO_2 \qquad \text{Parathion}$$

Ylide

Quartäre Phosphoniumhalogenide mit α-ständigem H-Atom werden durch starke Basen in *Alkyliden-phosphorane* überführt:

$$R^1_3\overset{\oplus}{P}{-}CH(R^2)(R^3)\ X^{\ominus} \xrightarrow{C_4H_9Li} \underset{\text{Ylid}}{R^1_3\overset{\oplus}{P}{-}\overset{\ominus}{C}R^2R^3} \longleftrightarrow \underset{\text{Ylen}}{R^1_3P{=}CR^2R^3}$$

Diese sind mesomeriestabilisiert (Ylid-Ylen-Struktur) mit einer stark polarisierten P=C-Bindung. Wichtigste Reaktion ist die *Carbonyl-Olefinierung mit P-Yliden nach Wittig*. Mit dieser Additionsreaktion können auch stereoselektiv E- und Z-Diastereomere hergestellt werden (vgl. Peterson-Reaktion).

$$(C_6H_5)_3\overset{\oplus}{P}{-}\overset{\ominus}{C}H{-}R^1 + O{=}CH{-}R^2 \longrightarrow \underset{\text{Phosphooxetan}}{(C_6H_5)_3P{-}CH{-}R^1 \,/\, O{-}CH{-}R^2} \longrightarrow \underset{\text{Alken}}{R^1{-}CH{=}CH{-}R^2} + \underset{\text{Phosphinoxid}}{(C_6H_5)_3P{=}O}$$

Die Reaktion verläuft auch mit R^1=H und liefert aus Aldehyden und Ketonen terminale Alkene, $RCH{=}CH_2$ bzw. $RR'C{=}CH_2$.

13 Alkohole (Alkanole)

3.9.1 Alkohole enthalten eine oder mehrere OH-Gruppen im Molekül. Je nach dem Substitutionsgrad des Kohlenstoffatoms, das die OH-Gruppe trägt, unterscheidet man <u>primäre</u>, <u>sekundäre</u> und <u>tertiäre Alkohole</u> (vgl. Kap. 2.1) und nach der Zahl der OH-Gruppen <u>ein</u>-, <u>zwei</u>-, <u>drei</u>- und <u>mehrwertige Alkohole</u>.

Beispiele:

$R-CH_2-OH$	$R^1-CH(R^2)-OH$	$R^2-C(R^1)(R^3)-OH$	(manchmal als "Carbinole" bezeichnet, z.B. Trimethylcarbinol = tert. Butanol)
primärer Alkohol	sekundärer Alkohol	tertiärer Alkohol	

CH_3OH	CH_2OH-CH_2OH	$CH_2OH-CHOH-CH_2OH$	$CH_2OH-(CHOH)_4-CH_2OH$
einwertig Methanol	zweiwertig 1,2-Ethandiol (Glykol)	dreiwertig 1,2,3-Propantriol (Glycerin)	sechswertig Sorbit

Einfache Vertreter der Alkanole (Stamm-Kohlenwasserstoffe (Alkane)) sind:

CH_3OH	CH_3-CH_2OH	$CH_3-CH_2-CH_2OH$	$CH_3-CH(OH)-CH_3$	$CH_3-CH_2-CH_2-C$
Methanol	Ethanol (Spiritus, Weingeist)	1-Propanol	2-Propanol (Isopropanol)	1-Butanol primärer Alko

$CH_3-CH(CH_3)-CH_2OH$	$CH_3-CH_2-CH(OH)-CH_3$	$CH_3-C(CH_3)_2-OH$
2-Methylpropan-1-ol (Isobutanol) primärer Alkohol	2-Butanol, sekundärer Alkohol	2-Methylpropan-2- (tert. Butanol) tertiärer Alkohol

Die Namen werden gebildet, indem man an den nomenklaturgerechten Namen des betreffenden Alkans die Endung -ol anhängt. Auch hier ist die Bildung homologer Reihen möglich.

3.9.2 Ebenso wie bei den Alkanen nehmen Schmelz- und Siedepunkte der Alkanole mit zunehmender Kohlenstoffzahl zu. Allerdings liegen die Werte der Alkohole höher als die der Alkane des entsprechenden Molekulargewichts (s. Abb. 4). Der Grund hierfür ist die Assoziation der Moleküle über Wasserstoffbrücken (Abb. 26). Dies führt dazu, daß z.B. eine Größere Verdampfungswärme aufgewandt werden muß als bei den entsprechenden Alkanen. Dementsprechend geringer ist auch ihre Flüchtigkeit.

Ebenso verändern sich die Löslichkeiten: Die polare Hydroxylgruppe erhöht die Löslichkeit der Alkohole in Wasser. Dies gilt besonders für die kurzkettigen und die mehrwertigen Alkohole. Diese *Hydrophilie* wirkt sich um so geringer aus, je länger der Kohlenwasserstoffrest ist. Dann bestimmt vor allem der *hydrophobe (lipophile)* organische Rest das Lösungsverhalten. Höhere Alkohole lösen sich nicht mehr in Wasser, weil die gegenseitige Anziehung der Alkoholmoleküle durch die van der Waals-Kräfte größer wird als die Wirkung der H-Brücken zwischen den Alkohol- und den Wassermolekülen. Sie sind dann nur noch in lipophilen Lösungsmitteln löslich. Die niederen Alkohole wie Methanol und Ethanol lösen sich dagegen sowohl in unpolaren wie auch in hydrophilen Lösungsmitteln.

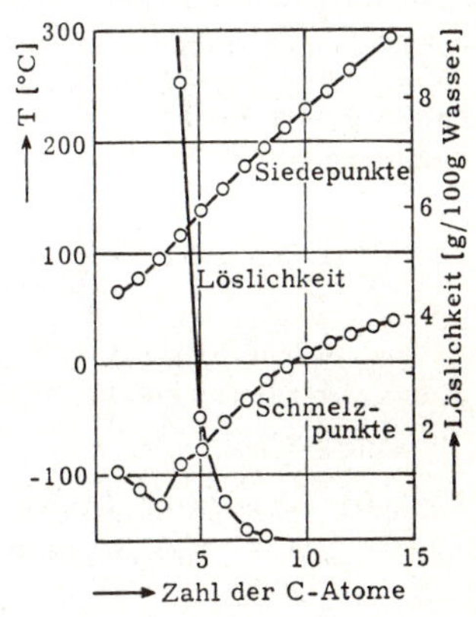

Abb. 25. Schmelz- und Siedepunkte der linearen Alkan-1-ole bei 1 bar sowie ihre Wasserlöslichkeit in Abhängigkeit von der Zahl der Kohlenstoffatome

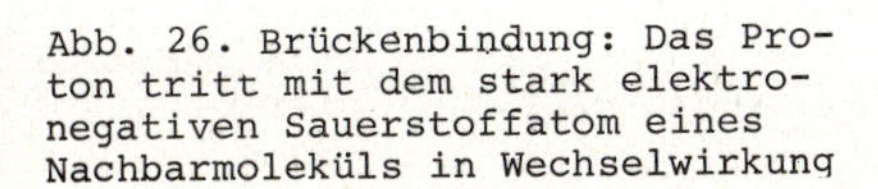

Abb. 26. Brückenbindung: Das Proton tritt mit dem stark elektronegativen Sauerstoffatom eines Nachbarmoleküls in Wechselwirkung

13.1 Synthese einfacher Alkohole

3.9.4 Aus der großen Anzahl von Darstellungsmethoden für Alkohole sind folgende Verfahren allgemein anwendbar.

① Hydrolyse von Halogenalkanen mit NaOH oder Ag_2O:

$$R{-}Cl + NaOH \longrightarrow R{-}OH + NaCl$$

$$2\ R{-}Cl + Ag_2O + H_2O \longrightarrow 2\ R{-}OH + AgCl$$

② Reaktion von Grignard-Verbindungen mit Carbonyl-Verbindungen.

③ Verkochen aliphatischer Diazoniumsalze (s. Kap. 17.1).

④ Reduktion von Ketonen:

$$\begin{matrix} R^1 \\ R^2 \end{matrix}\!\!>C{=}O \xrightarrow{2\,H\ (nasc.)} \begin{matrix} R^1 \\ R^2 \end{matrix}\!\!>CH{-}OH$$

⑤ Anlagerung von Wasser an Olefine (Additionsreaktion s. Kap. 5.3):

$$CH_2{=}CH_2 + H_2O \xrightarrow{(H_3PO_4)} CH_3{-}CH_2OH$$

Darüber hinaus werden die einfachen Alkohole oft nach speziellen Verfahren gewonnen:

Das als Lösungsmittel wichtige giftige Methanol wird technisch durch Hydrierung von Kohlenmonoxid gewonnen:

$$CO + 2\ H_2 \xrightarrow[200\ bar,\ 400^{\circ}C]{ZnO/Cr_2O_3} CH_3OH$$

Früher wurde es durch trockene Destillation von Holz hergestellt "Holzgeist").

Ethanol kann durch Umsetzung von Ethylen mit Schwefelsäure und anschließende Hydrolyse des erhaltenen Esters erhalten werden (s. Kap. 13.2).

Große Mengen werden durch alkoholische Gärung erzeugt. Dabei werden Poly-, Di oder Monosaccharide mit Hilfe der in Hefe vorhandenen Enzyme zu Ethanol abgebaut:

$$2(C_6H_{10}O_5)_n + n\ H_2O \xrightarrow{\text{Diastase}} n\ C_{12}H_{22}O_{11}$$

Maltose

$$C_{12}H_{22}O_{11} + H_2O \xrightarrow{\text{Maltase}} 2\ C_6H_{12}O_6$$

Glucose

$$C_6H_{12}O_6 \xrightarrow{\text{Hefe}} 2\ C_2H_5OH + 2\ CO_2$$

Als Ausgangsmaterialien dienen z.B. stärkehaltige Produkte wie Kartoffeln, Melasse, Reis oder Mais. Die Stärke wird durch das Enzym Diastase in Maltose, Maltose durch das Enzym Maltase in Glucose umgewandelt. Die Vergärung der Glucose zu Ethanol und Kohlendioxid erfolgt dann in Gegenwart von Hefe, die den Enzymkomplex Zymase enthält. Nach Abschluß des Vergärungsprozesses besitzt das Reaktionsgemisch einen Volumengehalt von ca. 20 % Ethanol, das durch Destillation bis auf 95,6 % angereichert werden kann.

Ethylenglykol (1,2-Glykol) ist ein *zwei*wertiger Alkohol.

Grundsätzlich verhalten sich mehrwertige Alkohole chemisch ähnlich wie einwertige Alkohole, jedoch treten die OH-Gruppen nacheinander in Reaktion. Es lassen sich Mono- und Diester herstellen.

Darstellung

1. Durch Reaktion von Ethylenoxid mit Wasser (Additionsreaktion):

$$\underset{\text{Ethylenoxid}}{H_2C\overset{O}{—}CH_2} + H_2O \xrightarrow{(H^{\oplus})} \underset{OH\quad OH}{CH_2-CH_2}$$

2. Durch Anlagerung von HOCl (aus Chlorwasser) an Ethylen und Hydrolyse des Ethylenchlorhydrins:

$$\underset{\text{Ethylen}}{CH_2=CH_2} \xrightarrow{+\ HOCl} \underset{\text{Ethylenchlorhydrin}}{\underset{OH\quad Cl}{CH_2-CH_2}} \xrightarrow[-\ NaCl,\ -\ CO_2]{+\ NaHCO_3} \underset{OH\quad OH}{CH_2-CH_2}$$

Glycerin, ein *drei*wertiger Alkohol, ist z.B. Bestandteil von Fetten (= Fettsäureestern) und entsteht neben den freien Fettsäuren bei deren alkalischer Hydrolyse (Verseifung).

Technisch wird Glycerin hauptsächlich durch Umsetzung von Propen (Bestandteil der Crackgase) mit Chlor über verschiedene Stufen und Hydrolyse der Halogenverbindungen gewonnen:

$$\underset{\text{Propen}}{CH_3-CH=CH_2} \xrightarrow[-\,HCl]{+\,Cl_2} \underset{\text{Allylchlorid}}{CH_2Cl-CH=CH_2} \xrightarrow[-\,KCl]{+\,KOH} \underset{\text{Allylalkohol}}{CH_2OH-CH=CH_2} \xrightarrow{+\,HOCl} \underset{\text{Glycerin-1-chlorhydrin}}{CH_2OH-CHOH-CH_2Cl} \xrightarrow[-\,KCl]{+\,KOH} \underset{\text{Glycerin}}{CH_2OH-CHOH-CH_2OH}$$

Propen | Allylchlorid | Allylalkohol | Glycerin-1-chlorhydrin | Glycerin

Glycerin und Ethylenglykol sind Ausgangsstoffe für viele chemische Synthesen. Es sind zähflüssige, süß schmeckende Flüssigkeiten, beliebig mischbar mit Wasser und nur wenig löslich in Ether. Sie werden u.a. als Frostschutzmittel und Lösungsmittel verwendet. Glycerin ist in der pharmazeutischen Technologie ein vielverwendeter Bestandteil von Salben und anderen Arzneizubereitungen. Der Sprengstoff Dynamit ist Glycerin-trinitrat, das in Kieselgur aufgesaugt wurde und so gegen Erschütterungen relativ unempfindlich ist.

13.2 Reaktionen mit Alkoholen

Basizität und Acidität der Alkohole

3.9.3 3.9.5 Alkohole sind im allgemeinen etwas schwächere Säuren als Wasser und in ihrer Basizität etwa genauso stark. Mit starken Säuren bilden sich Alkyloxoniumionen. Dies ermöglicht erst die nucleophilen Substitutions-Reaktionen bei Alkoholen, da OH- eine schlechte Abgangsgruppe ist. Analog wirken Lewis-Säuren wie $ZnCl_2$ oder BF_3:

$$C_2H_5-\overline{O}H \;+\; HCl \longrightarrow \left[C_2H_5-\overset{\oplus}{\overline{O}}(H)-H\right] \;+\; Cl^{\ominus}\;;\quad \text{mit } BF_3\text{:}\quad R-\overset{\oplus}{O}(H)-BF_3$$

Ethyloxonium-Ion

Mit Alkalimetallen bilden sich salzartige Alkoholate, wobei das H-Atom der OH-Gruppe durch das Metall ersetzt wird:

$$C_2H_5-OH \; + \; Na \longrightarrow C_2H_5\overset{\ominus}{O}\overset{\oplus}{Na} \; + \; \frac{1}{2}H_2\uparrow$$

Ethanol — Natriumethylat

Die OH-Gruppe der Alkohole vermag also analog zu H_2O sowohl als Protonen-Akzeptor als auch als Protonen-Donator zu fungieren.

Mit Halogenalkanen entstehen aus Alkoholaten Ether *(Williamson-Synthese)*:

$$C_2H_5\overset{\ominus}{\underline{\overline{O}}|}\overset{\oplus}{Na} \; + \; I-C_2H_5 \longrightarrow C_2H_5-O-C_2H_5 \; + \; NaI$$

Die Acidität nimmt in der Reihenfolge primär - sekundär - tertiär ab. Ein Grund hierfür ist, daß die sperrigen Alkylgruppen die Hydratisierung mit H_2O-Molekülen behindern, die letztlich das Alkoholat-Anion stabilisieren. Die Wirkung des +I-Effektes der Alkylgruppen ist umstritten. Infolge seiner relativ kleinen Methylgruppe ist Methanol eine etwa so starke Säure wie Wasser, während der einfachste aromatische Alkohol, das Phenol C_6H_5-OH, mit $pK_s = 9{,}95$ eine weitaus stärkere Säure darstellt. Der Grund ist in der Mesomeriestabilisierung des Phenolat-Anions zu sehen.

Reaktionen von Alkoholen in Gegenwart von Säuren

Die Reaktion von Säuren mit Alkoholen kann je nach den Reaktionsbedingungen zu unterschiedlichen Produkten führen.

Eliminierungen

In einer Eliminierungsreaktion können durch Erhitzen mit konz. H_2SO_4 oder H_3PO_4 Alkene gebildet werden. Die β-Eliminierung von Alkoholen ist eine wichtige Methode zur Herstellung von Alkenen.

Verschieden substituierte Alkohole reagieren wie folgt:

Substitutionsgrad		Säure	Temperatur	Mechanismus
primär:	CH_3CH_2OH	95 % H_2SO_4	160 °C	E2
sekundär:	$(H_3C)_2CHOH$	60 % H_2SO_4	120 °C	E2/E1
tertiär:	$(H_3C)_3C-OH$	20 % H_2SO_4	90 °C	E1

Die Reaktivitätsunterschiede machen sich in den unterschiedlichen Reaktionsbedingungen deutlich bemerkbar. Oft treten Umlagerungen von Carbenium-Ionen, sog. *Wagner-Meerwein-Umlagerungen*, ein (s. Kap. 1.3).

Substitutionen

In einer Substitutions-Reaktion können zwei verschiedene Produkte erhalten werden:

$$R-OH \xrightarrow{H^{\oplus}} R-\overset{\oplus}{O}H_2 \xrightarrow[-H_2O]{+ROH} R-\overset{\oplus}{\underset{H}{O}}-R \xrightarrow{-H^{\oplus}} R-O-R \quad \text{Ether}$$

$$R-\overset{\oplus}{O}H_2 \xrightarrow[-H_2O]{+Y^{\ominus}} R-Y \quad \text{Ester (Y = Säure-Rest)}$$

① Bei einem Überschuß an Alkohol bilden sich Ether.

② Bei einem Überschuß an Säure erhalten wir Ester.

Bei der Reaktion mit Schwefelsäure, Halogenwasserstoffsäuren und tertiären Alkoholen wird die C-O-Bindung gespalten, d.h. die Esterbildung verläuft über ein Alkyloxonium-Ion, das vom Säure-Anion nucleophil angegriffen wird.

Dieser Mechanismus kann auch beschrieben werden als Abspaltung von H_2O aus dem Oxoniumion und Angriff des so gebildeten tertiären Carbeniumions an der Säure, z.B. der Carboxylgruppe bei Carbonsäuren.

Säuren mit mehreren Hydroxylgruppen können dabei mehrmals mit Alkoholen reagieren:

$$CH_3-OH + HO-SO_2-OH \longrightarrow H-\overset{\oplus}{\underset{H}{O}}-CH_3 + {}^{\ominus}O-SO_2-OH \longrightarrow CH_3-O-SO_2-OH + H_2O$$

Oxonium-Ion

Schwefelsäure-monomethylester

$$CH_3-O-SO_2-O^{\ominus} + CH_3-\overset{\oplus}{\underset{H}{O}}-H \longrightarrow CH_3-O-SO_2-O-CH_3 + H_2O$$

Dimethylsulfat

Die Veresterung primärer und sekundärer Alkohole mit Carbonsäuren verläuft im allgemeinen über die Spaltung der O-H-Bindung des Alkohols. Angreifendes Agens ist die protonierte Carbonsäure, deren OH-Gruppe im zweiten Schritt verlorengeht.

$$R'-\overline{O}H + R-C(\overset{\oplus}{O}H)(OH) \rightleftharpoons R'-\overset{\oplus}{O}(H)-C(OH)(OH)-R \overset{-H_2O}{\rightleftharpoons} R'-O-\overset{\oplus}{C}(OH)-R \overset{-H^{\oplus}}{\rightleftharpoons} R'O-C(=O)-R$$

Die säurekatalysierte Veresterung ist eine reversible Reaktion, wobei das Gleichgewicht z.B. durch Entfernen des gebildeten Wassers in Richtung auf die Produkte hin verschoben werden kann.

Darstellung von Halogen-Verbindungen

Eine wichtige Reaktion, bei der die C–O-Bindung gespalten wird, ist auch die Umsetzung von Alkoholen mit Halogenwasserstoff oder Phosphorhalogeniden zu Halogenalkanen (Kap. 9). An dieser Reaktion soll noch einmal die Verwandtschaft der Alkohole mit Wasser verdeutlicht werden:

$$3\ H-OH + PCl_3 \longrightarrow 3\ HCl + H_3PO_3$$

$$3\ R-OH + PCl_3 \longrightarrow 3\ R-Cl + H_3PO_3$$

Die nucleophile Substitution von –OH durch –Hal verläuft bei den meisten primären Alkoholen nach einem S_N2-Mechanismus.

13.3 Reaktionen von Diolen

① Umlagerungen

Die säurekatalysierte Dehydratisierung von 1,2-Glykolen führt zu einem umgelagerten Keton. Die Reaktion ist vom Typ einer *Wagner-Meerwein-Umlagerung*.

Beispiel: Pinakol-Pinakolon-Umlagerung

$$H_3C-C(CH_3)(OH)-C(CH_3)(OH)-CH_3 \xrightarrow[-H_2O]{+H^{\oplus}} (H_3C)_2C^{\oplus}-C(CH_3)(OH)-CH_3 \longrightarrow H_3C-C(CH_3)_2-C(=OH^{\oplus})-CH_3 \xrightarrow{-H^{\oplus}} H_3C-C(CH_3)_2-C(=O)-CH_3$$

Pinakol Pinakolon

Das 2,3-Dimethyl-2,3-butandiol (Pinakol) wird an einer OH-Gruppe protoniert; unter Wasserabspaltung bildet sich ein Carbenium-Ion. Bei unsymmetrischen Glykolen wird bevorzugt die Gruppe protoniert, die zum stabileren Carbenium-Ion führt. Dieses stabilisiert sich durch eine nucleophile 1,2-Umlagerung. Nach Abspaltung eines Protons erhält man 3,3-Dimethyl-2-butanon (Pinakolon).

(2) Cyclisierungen

Diole wie 1,4-Butandiol werden bei der säurekatalysierten Dehydratisierung in cyclische Ether überführt. Es handelt sich dabei um den intramolekularen nucleophilen Angriff einer OH-Gruppe:

$$HO-(CH_2)_4-OH \xrightarrow{H^{\oplus}} HO-CH_2-CH_2-CH_2-CH_2-\overset{\oplus}{O}H_2 \longrightarrow \text{THF} + H_2O$$

1,4-Butandiol Tetrahydrofuran (THF)

(3) Glykol-Spaltung

C–C-Bindungen mit benachbarten OH-Gruppen lassen sich in der Regel oxidativ spalten. Geeignete *Oxidationsmittel sind Bleitetraacetat (Methode nach Criegee) oder Periodsäure (nach Malaprade)*. Beide Verfahren haben präparativ große Bedeutung. Die Reaktionen verlaufen vermutlich über cyclische Ester wie I.

$$-C(OH)-C(OH)- \xrightarrow[Pb(OCOCH_3)_4]{H_5IO_6 \text{ bzw.}} \text{I} \longrightarrow 2\ {>}C{=}O + Pb(OCOCH_3)_2$$

I (cyclischer Pb-Ester: $-C-O-Pb(OCOCH_3)_2-O-C-$)

Die Methode nach Malaprade wird quantitativ bei der Gehaltsbestimmung von Arzneimitteln verwendet, die im Molekül einen Zuckerrest tragen (z.B. bei Riboflavin, dem Vitamin B_2). Hierbei ergeben primäre Alkoholgruppen in Glykolen unter Verbrauch von 1/2 Mol HIO_4 Formaldehyd, sekundäre unter Verbrauch von 1 Mol HIO_4 Ameisensäure:

$$\begin{array}{l} R \\ | \\ CH_2 \\ | \\ CHOH \\ | \\ (CHOH)_2 \\ | \\ CH_2OH \end{array} + 3\,NaIO_4 \longrightarrow R-CH_2-CHO + \underset{\text{Ameisensäure}}{2\,HCOOH} + \underset{\text{Formaldehyd}}{HCHO} + 3\,NaIO_3 + H_2O$$

Riboflavin mit Ribityl-Rest

13.4 Redoxreaktionen

Mit Alkoholen lassen sich auch Redoxreaktionen durchführen, wobei diese je nach Stellung der Hydroxylgruppe zu verschiedenen Produkten oxidiert werden, die alle eine Carbonylgruppe (>C=O) enthalten:

a) $$R-CH_2OH \underset{Red}{\overset{Ox}{\rightleftharpoons}} R-\underset{H}{\underset{|}{C}}=O \underset{Red}{\overset{Ox}{\rightleftharpoons}} R-\underset{O}{\underset{\|}{C}}-OH$$

$$R-CH_2OH + 1/2\ O_2 \longrightarrow R-\underset{H}{\underset{|}{C}}=O + H_2O; \quad R-CHO + 1/2\ O_2 \longrightarrow R-COOH$$

primärer Alkohol $\underset{Red}{\overset{Ox}{\rightleftharpoons}}$ Aldehyd $\underset{Red}{\overset{Ox}{\rightleftharpoons}}$ Carbonsäure

$$CH_3-\underset{CH_3}{\underset{|}{CH}}-CH_2-OH \underset{Red}{\overset{Ox}{\rightleftharpoons}} CH_3-\underset{H_3C}{\underset{|}{CH}}-\underset{H}{\underset{|}{C}}=O \underset{Red}{\overset{Ox}{\rightleftharpoons}} CH_3-\underset{H_3C}{\underset{|}{CH}}-\underset{OH}{\underset{|}{C}}=O$$

2-Methylpropan-1-ol Isobutanol — 2-Methylpropanal (Methylpropionaldehyd) — 2-Methylpropansäure (Methylpropionsäure)

b)

$$R-\overset{\displaystyle H}{\underset{\displaystyle R'}{C}}-OH \underset{}{\overset{-H_2}{\rightleftharpoons}} R-\underset{\displaystyle R'}{C}=O \not\longrightarrow$$

Abbau des Moleküls (unter drastischen Bedingungen)

sekundärer Alkohol $\underset{Red}{\overset{Ox}{\rightleftharpoons}}$ Keton $\not\longrightarrow$ Abbau des Moleküls

$$CH_3-CH_2-\underset{\displaystyle CH_3}{CH}-OH \underset{Red}{\overset{Ox}{\rightleftharpoons}} CH_3-CH_2-\underset{\displaystyle CH_3}{C}=O$$

2-Butanol 2-Butanon

c)

tertiärer Alkohol $\not\longrightarrow$ Abbau des Moleküls

Die Oxidationsprodukte Aldehyd, Keton und Carbonsäure lassen sich durch Reduktion wieder in die entsprechenden Alkohole überführen. Da lediglich die funktionelle Gruppe abgewandelt wird, bleibt das Grundgerüst des Moleküls erhalten.

Tabelle 13. Physikalische Eigenschaften und Verwendung von Alkoholen

Verbindung	Fp. °C	Kp. °C	weitere Angaben
Methanol (Methylalkohol)	-97	65	Lösungsmittel, Methylierungsmittel, Ausgangsprodukt für Formaldehyd und Anilinfarben; giftig
Ethanol (Ethylalkohol)	-114	78	Ausgangsprodukt für Butadien, Ether, Ethylate (Katalysatoren); alkoholische Getränke
1-Propanol (n-Propylalkohol)	-126	97	Lösungsmittel
2-Propanol (Isopropylalkohol)	-90	82	Acetongewinnung, Lösungsmittel
1-Butanol (n-Butylalkohol)	-80	117	Lösungsmittel für Harze, Esterkomponente für Essig- und Phthalsäure
2-Methyl-1-propanol (Isobutylalkohol)	-108	108	
2-Methyl-2-propanol (tert. Butylalkohol)	25	83	Aluminium-tert.butylat (Katalysator)
1-Pentanol (n-Amylalkohol)	-79	138	
3-Hydroxy-1-propen (Allylalkohol)	-129	97	

Tabelle 13 (Fortsetzung)

Verbindung	Fp. °C	Kp. °C	weitere Angaben
Ethandiol (Glykol)	-11	197	Polyesterkomponente, Gefrierschutzmittel, Lösungsmittel für Lacke und Acetylcellulose
Propantriol (Glycerin)	20	290	Alkydharze, Dynamit, Weichmacher für Filme, Frostschutzmittel u.a.; Bestandteil der Fette
Cyclohexanol (Cyclohexylalkohol)	25	161	Ausgangsprodukt für die Nylonherstellung

13.5 Biologisch interessante Hydroxy-Verbindungen

Einige höherkettige Alkohole kommen als Esterkomponente in Wachsen vor: n-Cetylalkohol $C_{16}H_{33}OH$ (Walrat), n-Cerylalkohol $C_{26}H_{53}OH$ (Bienenwachs, Carnaubawachs), n-Myricylalkohol $C_{31}H_{63}OH$ (Bienenwachs, Carnaubawachs). Alkoholische OH-Gruppen finden sich auch in Terpenen (z.B. Menthol, s. Kap. 30) und im Inosit (stereoisomere Cyclohexanhexole).

Menthol (Pfefferminzöl)

meso-Inosit (z.B. im Herzmuskel, Wuchsstoff für Bakterien)

14 Phenole, Chinone

14.1 Nomenklatur und Darstellung

3.9.1 Die Phenole sind Beispiele für aromatische Hydroxy-Verbindungen.
3.9.6 Sie enthalten eine oder mehrere OH-Gruppen unmittelbar an einen aromatischen Ring (sp^2-C-Atom) gebunden. Entsprechend unterscheidet man ein- und mehrwertige Phenole. (Beachte: $C_6H_5-CH_2-OH$ ist kein Phenol, sondern Benzylalkohol!).

Beispiele:

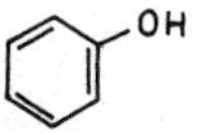

Phenol 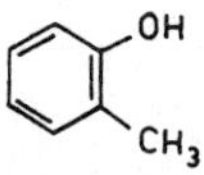 | o-Kresol 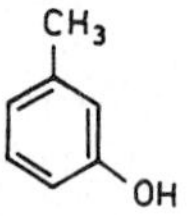 | m-Kresol  | p-Kresol 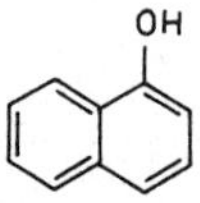 | α-Naphthol 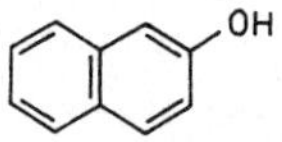 | β-Naphthol

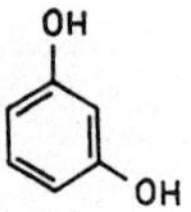

Resorcin | Brenzcatechin | Hydrochinon | 1,4-Naphthohydrochinon | Thymol 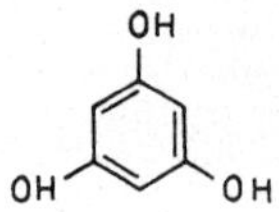 | Phloroglucin

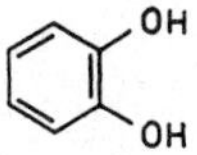

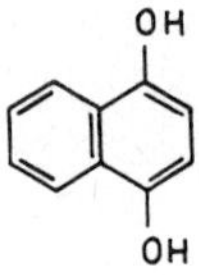

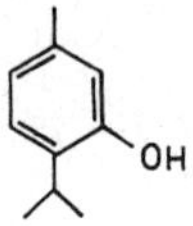

Phenole sind in der Natur weit verbreitet. Sie sind Bestandteil vieler pflanzlicher Farb- und Gerbstoffe sowie von etherischen Ölen, Steroiden, Alkaloiden und Antibiotica und dienen als Inhibitoren bei Radikalreaktionen.

Phenol, C_6H_5-OH, ist eine farblose, kristalline Substanz mit charakteristischem Geruch, die sich an der Luft langsam rosa färbt. In Ethanol und Ether ist Phenol leicht löslich. Wäßrige Lösungen hingegen sind nur in niederer oder sehr hoher Konzentration homogen. Die Löslichkeit ist temperaturabhängig: Oberhalb von 66°C sind Phenol und Wasser in jedem Verhältnis mischbar (Abb. 27).

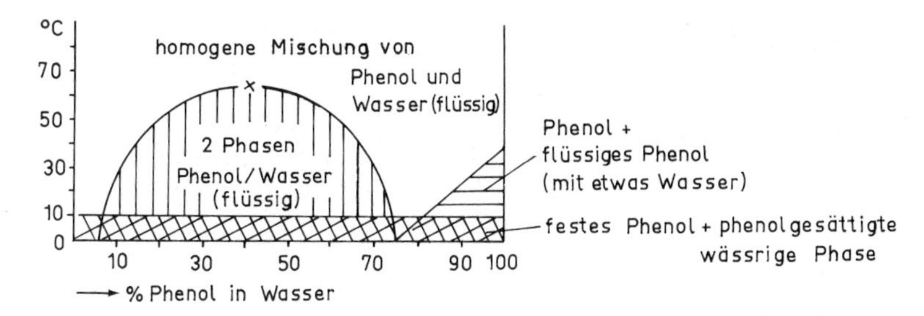

Abb. 27. Phasendiagramm des Systems Wasser-Phenol (vereinfacht)

Neben der Gewinnung aus Steinkohlenteer gibt es andere Darstellungsverfahren und technische Synthesen.

① Aus Natrium-Benzolsulfonat und Natronlauge und anschließendem Freisetzen aus dem Phenolat mit H_2CO_3:

$$C_6H_5-SO_3Na + NaOH \xrightarrow{350^\circ C} C_6H_5-ONa + NaHSO_3$$

② Alkalische Hydrolyse von Chlorbenzol:

$$C_6H_5-Cl + 2\ NaOH \xrightarrow[300^\circ C,\ 180\ bar]{(Cu)} C_6H_5-ONa + NaCl + H_2O$$

③ Verkochen von Diazoniumsalzen (s. Kap. 17), die aus Arylaminen erhalten werden, welche ihrerseits z. B. durch Reduktion von Nitroarenen zugänglich sind.

④ Cumol-Phenol-Verfahren: Aus dem Propen der Crackgase und Benzol erhält man Cumol (Friedel-Crafts-Alkylierung) und daraus durch Oxidation mit Luftsauerstoff Cumolhydroperoxid. Dieses wird mit verd. Schwefelsäure in Aceton und Phenol gespalten (Hock-Verfahren):

$$C_6H_6 + H_2C{=}CH{-}CH_3 \xrightarrow{H_3PO_4} C_6H_5{-}CH(CH_3)_2 \xrightarrow{+\ O_2} C_6H_5{-}C(CH_3)_2{-}O{-}O{-}H \xrightarrow{H_2SO_4} C_6H_5{-}OH + H_3C{-}CO{-}CH_3$$

Benzol   Propen   Cumol   Cumolhydroperoxid   Phenol   Aceton

Die Reaktion verläuft über eine Umlagerung am Sauerstoff-Atom:

$$H_3C-C(C_6H_5)(CH_3)-OOH \underset{}{\overset{+H^{\oplus}}{\rightleftharpoons}} H_3C-C(C_6H_5)(CH_3)-O-\overset{\oplus}{O}H_2 \xrightarrow{-H_2O} (H_3C)_2\overset{\oplus}{C}-\bar{O}-C_6H_5$$

$$\xrightarrow{+H_2O} H_3C-C(\overset{\oplus}{O}H_2)(CH_3)-O-C_6H_5 \xrightarrow{-H^{\oplus}} H_3C-C(=O)-CH_3 + H-O-C_6H_5$$

14.2 Eigenschaften von Phenolen

3.9.3 Ebenso wie bei den Alkoholen wird auch bei den Phenolen das chemische Verhalten durch die Hydroxylgruppe bestimmt. Gewisse Änderungen ergeben sich dadurch, daß die Reaktivität der OH-Gruppe durch die Wechselwirkungen mit dem aromatischen Ring verändert wird.

So sind Phenole im Gegensatz zu den Alkoholen erheblich stärkere Säuren: C_6H_5-OH $pK_s \approx 9$, C_2H_5-OH $pK_s \approx 17$ (Karbolsäure = Phenol). Phenole lösen sich daher in Alkalihydroxidlösungen unter Bildung von Phenolaten. Die Basizität einer $NaHCO_3$-Lösung reicht dazu jedoch nicht aus (Trennung von Phenolen und Carbonsäuren durch Ausschütteln mit NaOH- bzw. $NaHCO_3$-Lösung).

Durch Einleiten von CO_2 in die Phenolatlösung wird Phenol in öligen Tropfen wieder ausgeschieden (Anwendung s. (1) in Kap. 14.1.

$$C_6H_5-OH + NaOH \rightleftharpoons C_6H_5-\bar{\underline{O}}|^{\ominus}\ Na^{\oplus} + H_2O$$

Phenolat

$$C_6H_5-ONa + CO_2 + H_2O \longrightarrow C_6H_5-OH + NaHCO_3$$

Phenol

Ein guter qualitativer Nachweis für Phenole ist ihre Reaktion mit $FeCl_3$ in Wasser oder Ethanol unter Bildung farbiger Eisensalze.
Die Acidität der Phenole beruht darauf, daß das Phenolat-Anion mesomeriestabilisiert ist (vgl. die formale Analogie zum Enolat-Anion (Kap. 20.4).

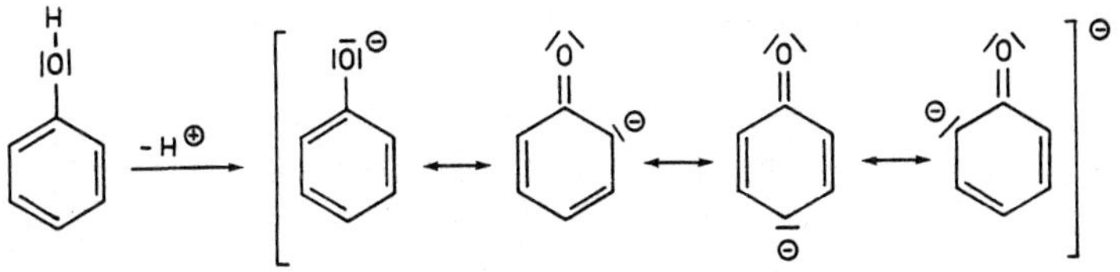

Dabei wird die negative Ladung des Sauerstoff-Atoms in das π-System des Benzolrings einbezogen. Zugleich wird die Elektronendichte im Ring erhöht und der Benzolkern einer elektrophilen Substitution leichter zugänglich. Dies gilt insbesondere für den Angriff eines Elektrophils in der 2- und 4-Stellung. Im Gegensatz zum Benzol wird die Substitution an diesen Stellen begünstigt sein, d.h. Phenole bzw. Phenolate lassen sich leichter nitrieren, sulfonieren und chlorieren.

Elektronenanziehende Gruppen, z. B. Nitrogruppen, in 2- und 4-Stellung am Aromaten erhöhen die Acidität beträchtlich; so hat 2,4,6-Trinitrophenol (Pikrinsäure) einen pK_s-Wert von 0,8.

14.3 Reaktionen mit Phenolen

① *Ester-Bildung* mit Säurechloriden oder Säureanhydriden *(Schotten-Baumann-Reaktion)*; auch bei Alkoholen möglich, dabei Säure mit Soda-Lösung abfangen):

$$C_6H_5\text{-}OH + (H_3C\text{-}CO)_2O \longrightarrow C_6H_5\text{-}O\text{-}C(=O)\text{-}CH_3 + CH_3COOH$$

Essigsäurephenylester

② *Ether-Bildung* mit Halogenalkanen (Williamson-Synthese, s. Kap. 15.2):

$$C_6H_5\text{-}ONa + CH_3\text{-}Cl \xrightarrow{-NaCl} C_6H_5\text{-}OCH_3$$

Methylphenylether
(Anisol)

③ *Elektrophile Substitutionsreaktionen*

a) Bei der Nitrierung wird ein Gemisch von o- und p-Nitrophenol erhalten:

$$C_6H_5OH \xrightarrow{HNO_3,\ 10\,^\circ C} o\text{-}O_2N\text{-}C_6H_4\text{-}OH \text{ und } p\text{-}O_2N\text{-}C_6H_4\text{-}OH$$

o-Nitrophenol p-Nitrophenol

b) Bei der Sulfonierung von Phenol mit konz. H_2SO_4 erhält man bei $20\,^\circ C$ hauptsächlich o-Phenolsulfonsäure und bei $100\,^\circ C$ die p-Verbindung. Die Reaktion verläuft im ersten Fall offenbar kinetisch, im zweiten Fall thermodynamisch kontrolliert (vgl. Kap. 6.5).

$$C_6H_5OH \xrightarrow{100^\circ} p\text{-}HO_3S\text{-}C_6H_4\text{-}OH$$

p-Phenolsulfonsäure

$$C_6H_5OH \xrightarrow{20^\circ} o\text{-}HO_3S\text{-}C_6H_4\text{-}OH$$

o-Phenolsulfonsäure

c) *Reimer-Tiemann-Synthese* zur Darstellung von Phenolaldehyden. Bei der Einwirkung von Chloroform und Natronlauge auf Phenol entsteht Salicylaldehyd. - Aus Chloroform und Natronlauge bildet sich das äußerst reaktive *Dichlorcarben* $|CCl_2$, das als Elektrophil das Phenolat-Anion angreift. Zum Verständnis dieses Schrittes vgl. die Reaktionen anderer Enolat-Anionen (Kap. 20.8). Durch Protonenwanderung entsteht Dichlormethyl-phenolat, das zu Salicylaldehyd hydrolysiert wird:

$+ |CCl_2$; $Na^{\oplus}$; $CHCl_2$; $\overline{C}Cl_2$

$+ H_2O$ / $- 2\,HCl$; $+ H_2O(H^{\oplus})$ / $- NaOH$

Salicylaldehyd

d) *Kolbe-Schmitt-Reaktion* zur Darstellung von Phenolcarbonsäuren. Natriumphenolat reagiert mit Kohlendioxid zu Salicylsäure als Hauptprodukt. Die o-Hydroxybenzoesäure wird durch Wasserdampfdestillation von dem gleichzeitig gebildeten p-Isomeren abgetrennt:

ONa ; $O^{\delta\ominus}=C^{\delta\oplus}=O^{\delta\ominus}$; 125°C, 4-7 bar ; OH, COONa ; $H^{\oplus}$; OH, COOH

Natriumsalicylat   Salicylsäure

e) Kupplungsreaktionen mit Diazoniumsalzen, s. Kap. 17.1 (als Elektrophil fungiert dabei das Diazonium-Kation).

(4) *Redoxprozesse:* Viele Phenole lassen sich durch Oxidation in Chinone überführen.

Tabelle 14. Technisch und biologisch wichtige Phenole

Verbindung	Fp.°C	Kp.°C	Verwendung
Hydroxybenzol (Phenol)	41	181	Farbstoffe, Kunstharze (Phenoplaste), Lacke, künstliche Gerbstoffe
2-Methyl-hydroxy-benzol (o-Kresol)	31	191	
3-Methyl-hydroxy-benzol (m-Kresol)	11	202	Desinfektionsmittel (Lysol)
4-Methyl-hydroxy-benzol (p-Kresol)	34	202	
1-Hydroxy-naphthalin (α-Naphthol)	94		Farbstoffindustrie
2-Hydroxy-naphthalin (β-Naphthol)	123		
1,2-Dihydroxy-benzol (Brenzcatechin)	105	280	photographischer Entwickler
1,3-Dihydroxy-benzol (Resorcin)	110	295	Farbstoffindustrie, Antiseptikum
1,4-Dihydroxy-benzol (Hydrochinon)	170	246	photographischer Entwickler
1,3,5-Trihydroxy-benzol (Phloroglucin)	218		

Phenole sind oft in Pflanzen zu finden, z.B. als Gerb-, Farb- oder Geruchsstoffe, und werden z.T. auch daraus gewonnen, wie z.B. Pyrogallol aus Gallussäure.

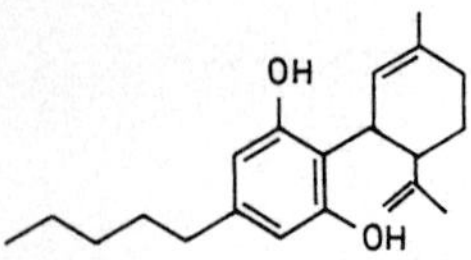

Cannabidiol
(*Cannabis sativa*, Hanf)

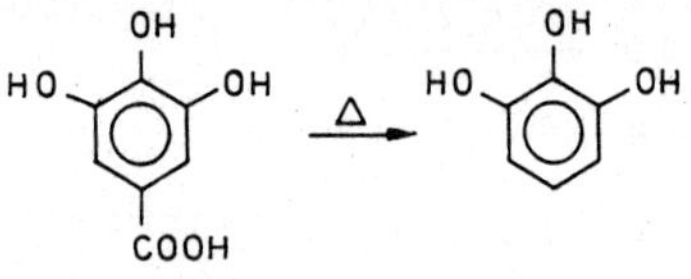

Gallussäure → Pyrogallol

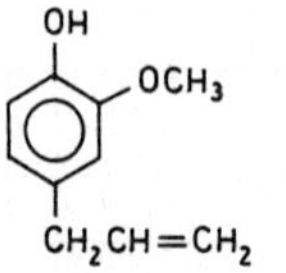

Eugenol
(Gewürznelke)

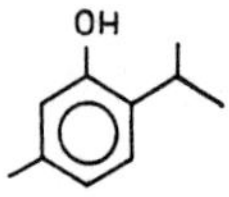

Thymol
(Thymianöl)

Praktische Bedeutung besitzen auch viele substituierte Phenole, z.B. als Arzneimittel oder Herbizide.

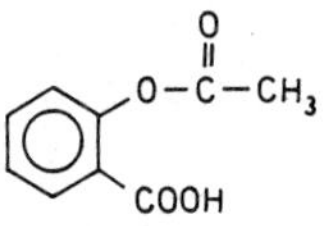

Acetylsalicylsäure (Aspirin, Antipyreticum)

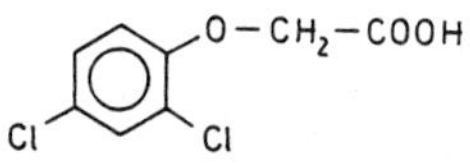

2,4-D (2,4-Dichlorphenoxyessigsäure), ein Herbizid aus Phenol und Chloressigsäure

Die bakterizide Wirkung insbesondere der chlorierten Phenole wird in Desinfektionsmitteln ausgenutzt, z.B.

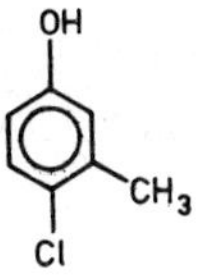

4-Chlor-3-methylphenol

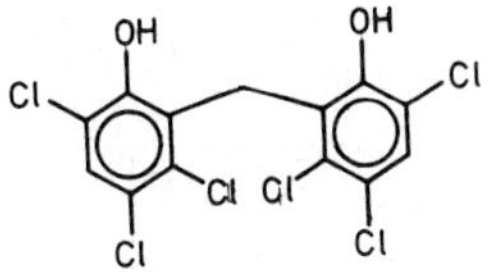

Hexachlorophen (2'4'-Dihydroxy-3,3',5,5',6,6'-hexachlor-diphenylmethan)

Von physiologischer und pharmazeutischer Bedeutung sind z.B.

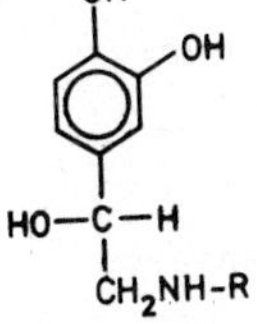

R = CH_3: L-Adrenalin
R = H: L-Noradrenalin
R = $CH(CH_3)_2$: L-Isopropylnoradrenalin

Adrenalin und Noradrenalin wirken insbesondere blutdrucksteigernd, Isopropylnoradrenalin wird therapeutisch gegen Bronchialasthma verwendet.

14.4 Chinone

3.9.8 Phenol selbst läßt sich nur schwer zu p-Benzochinon oxidieren, während Hydrochinon leicht zu Chinon (p-Benzochinon) oxidiert (dehydriert) wird. Dabei geht das *aromatische* System in ein *chinoides* über.

Auch andere Dihydroxyaromaten mit OH-Gruppen in o- oder p-Stellung können zu *Chinonen* oxidiert werden. Man versteht hierunter Verbindungen, die zwei Carbonylfunktionen in cyclischer Konjugation enthalten.

Beispiele (unter den Formeln sind die in Alkohol gemessenen Normalpotentiale E^{o} angegeben. Die mit * markierten Werte wurden in Wasser bestimmt):

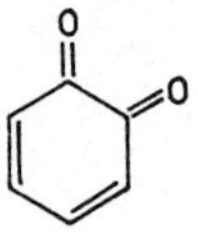

o-Benzochinon	p-Benzochinon	1,4-Naphthochinon	9,10-Anthrachinon
E^{o} = 0,792 V*	E^{o} = 0,699 V*	E^{o} = 0,470 V*	
	E^{o} = 0,715 V	E^{o} = 0,484 V	E^{o} = 0,154 V

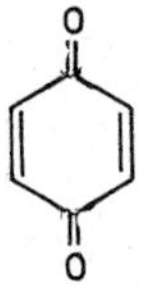

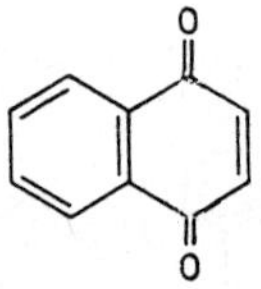

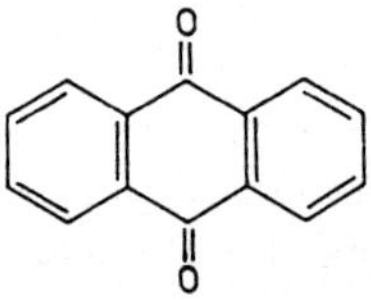

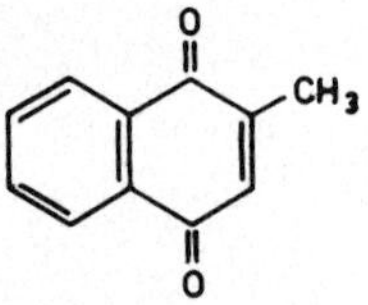

2-Methyl-	2-Hydroxy-	2-Methoxy-1,4-Naphthochinon
E^{o} = 0,408 V	E^{o} = 0,356 V	E^{o} = 0,353 V

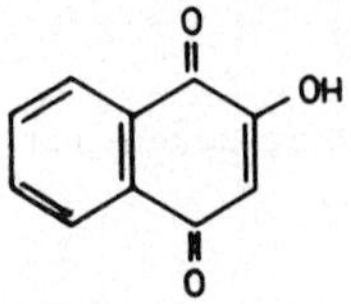

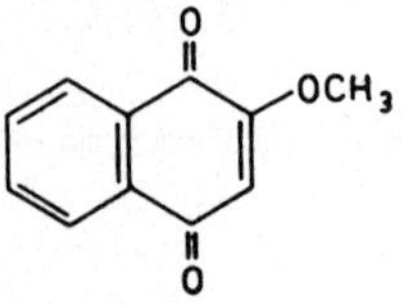

Aus den gemessenen Werten E^{o} läßt sich folgende abnehmende Reihenfolge für die Redoxpotentiale angeben (A > B bedeutet: A hat ein höheres (positiveres) Redoxpotential):

o-Benzochinon > p-Benzochinon > 1,4-Naphthochinon > 2-Methyl- > 2-Hydroxy- > 2-Methoxy-1,4-Naphthochinon > Anthrachinon

Chinone und Hydrochinone können durch Redoxreaktionen ineinander umgewandelt werden.

Beispiel: Diese Reaktion dient auch zur technischen Darstellung von H_2O_2 über Anthrachinonderivate mit z.B. R = C_2H_5.

OH R + O_2 ⇌ + H_2/Kat. O R + H_2O_2 OH O

Anthrahydrochinon Anthrachinon Wasserstoffperoxid

Das p-Benzochinon ("Chinon") wird durch Oxidation von Anilin z.B. mit Chromsäure hergestellt. Relativ leicht lassen sich Aminophenole zu Chinonen oxidieren. Geeignete Oxidationsmittel müssen i.a. experimentell herausgefunden werden, z.B. $FeCl_3$, N_2O_4, HNO_3, Ag_2O etc.

Beispiel:

OH → Diazot. → $|\overline{O}|^{\ominus}$ N=N-C_6H_5 → NaOH, $Na_2S_2O_4$ → OH $NH_3^{\oplus}Cl^{\ominus}$ → H_2SO_4, $K_2Cr_2O_7$ → O O

1-Naphthol 4-Amino-1-naphthol-hydrochlorid 1,4-Naphthochinon

(2) O O ⇌ $+e^{\ominus}$ / $-e^{\ominus}$ $|\overline{O}|^{\ominus}$ |O| • ⇌ $+e^{\ominus}$ / $-e^{\ominus}$ $|\overline{O}|^{\ominus}$ $|\underline{O}|^{\ominus}$ ⇌ $+2H^{\oplus}$ / $-2H^{\oplus}$ OH OH

I

Chinon Semichinon Hydrochinon

Semichinone (wie I) sind mesomeriestabilisiert. 1,4-Benzochinon wird daher als Inhibitor bei radikalischen Polymerisationen benutzt.

Für das vorstehende Reaktionsschema ergibt sich das Redoxpotential aus der Nernstschen Gleichung (vgl. HT, Bd. 247) zu:

$$E = E^{o} + \frac{R \cdot T \cdot 2{,}303}{2\,F} \cdot \lg \frac{[\text{Chinon}] \cdot [H^{\oplus}]^2}{[\text{Hydrochinon}]}$$

Daraus kann man u.a. folgende Schlüsse ziehen:

1. Ist das Produkt der Konzentrationen von Chinon und $H^{\oplus}$ gleich der Konzentration von Hydrochinon, so wird $E = E^{o}$, da lg 1/1 = lg 1 = 0 ist. Das Redoxpotential des Systems ist dann so groß wie sein Normalpotential E^{o}.

2. Mischt man ein Hydrochinon mit seinem Chinon im Molverhältnis 1 : 1, so entsteht eine Additionsverbindung, das tiefgrüne Chinhydron, ein sog. *charge-transfer-Komplex*. Er besteht aus zwei Komponenten, dem elektronenreichen Donor (hier Hydrochinon) und dem elektronenziehenden Acceptor (hier Chinon). Die entsprechenden Komplexe nennt man daher auch Donor-Acceptor-Komplexe. Sie sind meist intensiv farbig, wobei man die Farbe dem Elektronenübergang Donor ⟶ Acceptor zuschreibt. In einer gesättigten Chinhydron-Lösung liegen die Reaktionspartner in gleicher Konzentration (also 1 : 1) vor. Damit vereinfacht sich die Nernstsche Gleichung zu:

$$E = E^{o} + \frac{R \cdot T \cdot 2{,}3}{2\,F} \lg [H^{\oplus}]^2 = E^{o} + \frac{R \cdot T \cdot 2{,}3}{F} \lg [H^{\oplus}]$$

$$= E^{o} - \frac{R \cdot T \cdot 2{,}3}{F} \cdot \text{pH}$$

Jetzt ist das Redoxpotential nur noch vom pH-Wert der Lösung abhängig. Eine Chinhydron-Elektrode kann daher zu Potentialmessungen benutzt werden.

Aus den angegebenen Redoxpotentialen läßt sich entnehmen, daß mit zunehmender Anellierung (z.B. Übergang p-Benzochinon ⟶ Naphthochinon) das Potential abnimmt, d.h. die chinoide Struktur wird stabiler. Der Grund hierfür ist vor allem die Stabilisierung der chinoiden Struktur als Folge einer Ausbildung benzoider π-Systeme (vgl. Anthrachinon). Die Neigung zur Elektronenaufnahme wird dadurch verringert, d.h. die oxidierende Wirkung nimmt ab. Einen ähnlichen Effekt haben Substituenten, die in das chinoide System Elektronen abgeben, z.B. HO-, H_3C–O- und Alkyl-Gruppen.

2.16 Chinone wirken als Oxidationsmittel, so z.B. Chloranil (Tetrachlor-p-benzochinon):

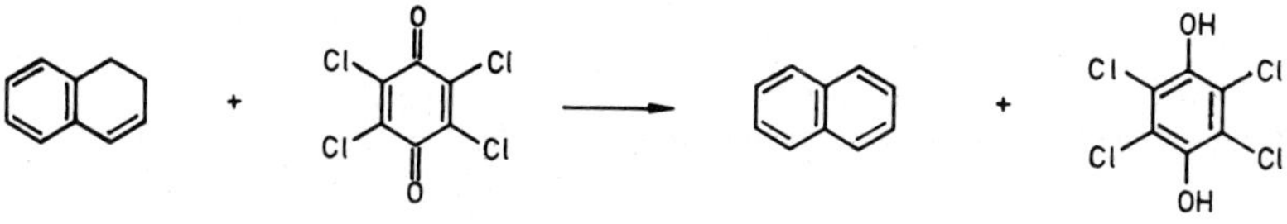

1,2-Dihydro-naphthalin + Tetrachlor-p-benzochinon ⟶ Naphthalin + Tetrachlor-hydrochinon

Hydrochinon wird als Reduktionsmittel verwendet (z.B. als photographischer Entwickler). Die 1,4-Chinone sind auch ungesättigte Ketone, die 1,2 und 1,4-Additionsreaktionen eingehen können. Außerdem sind Diels-Alder-Reaktionen möglich mit Chinon als Dienophil, z.B.

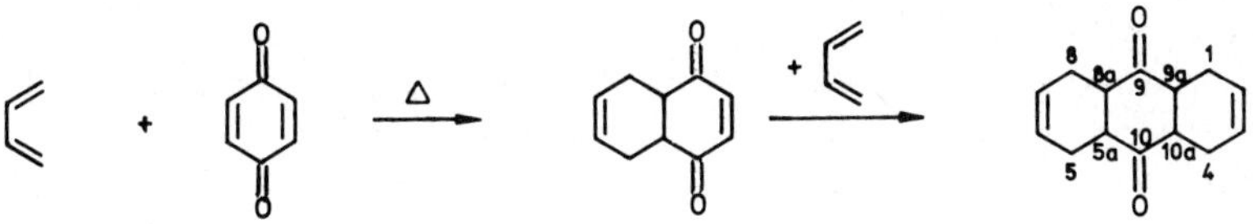

1,4-Butadien + p-Benzochinon —Δ→ … —+ Butadien→ …

Einige biologisch wichtige Chinone

Chinone sind wegen ihrer Redox-Eigenschaften wichtig. Genannt seien:

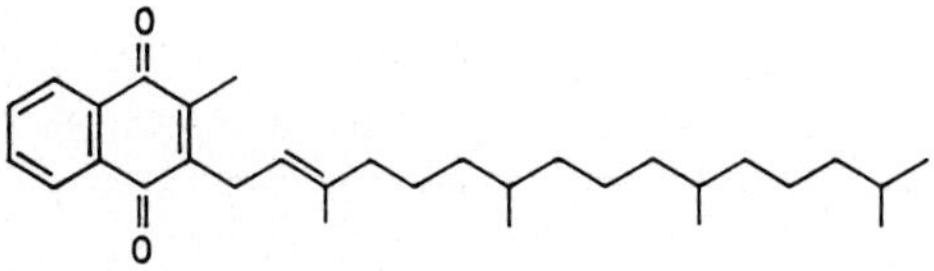

Vit. K_1 (Phyllochinon)

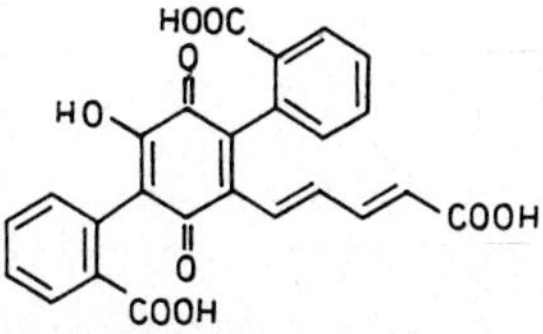

Muscarufin, orangerot, aus Amanita muscaria (Fliegenpilz)

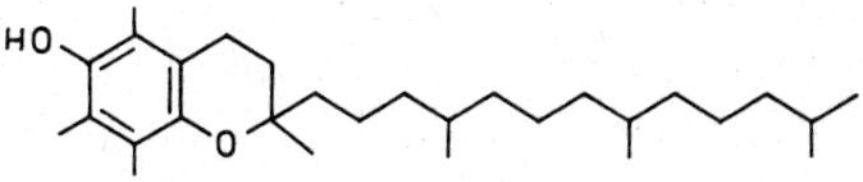

Tocopherol (Vit. E-Reihe) (pflanzliche Öle)

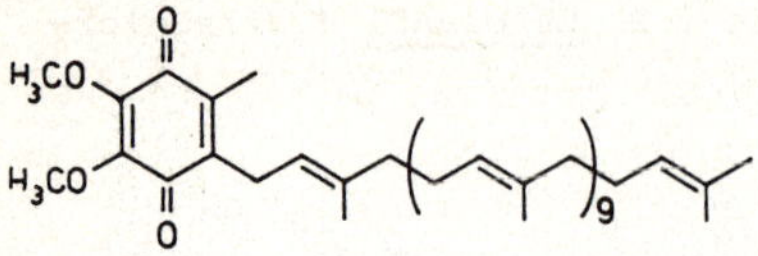

H_3CO H_3CO O O 9

Ubichinon 50 (Wasserstoff-Überträger bei der biolog. Oxidation in den Mitochondrien)

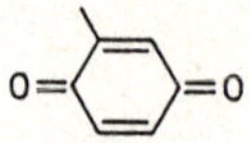

O O

Toluchinon
Bombardierkäfer
(Brachynidae)

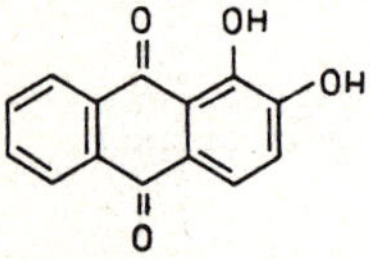

O OH OH O

Alizarin, rot
(Krappwurzel)

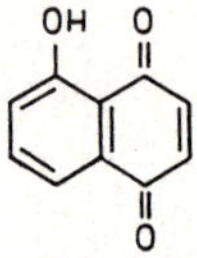

OH O O

Juglon, gelb
(Walnuß)

15 Ether

3.9.1 Ether enthalten eine Sauerstoffbrücke -O- im Molekül und können als Disubstitutionsprodukte des Wassers betrachtet werden. Man unterscheidet einfache (symmetrische), gemischte (unsymmetrische) sowie cyclische Ether.

Beispiele:

CH_3-O-CH_3	$C_6H_5-O-CH_3$ Anisol		(Ring mit O)
Dimethylether	Methylphenylether	Tetrahydrofuran	Tetrahydropyran
einfach	gemischt	cyclisch	

15.1 Eigenschaften und Reaktionen

3.9.3 3.9.10 Ether sind farblose Flüssigkeiten, die in Wasser nur wenig löslich sind, da sie keine H-Brücken ausbilden können. Sie haben daher auch eine kleinere Verdampfungswärme und einen niedrigeren Siedepunkt als die Alkohole (Abb. 28).

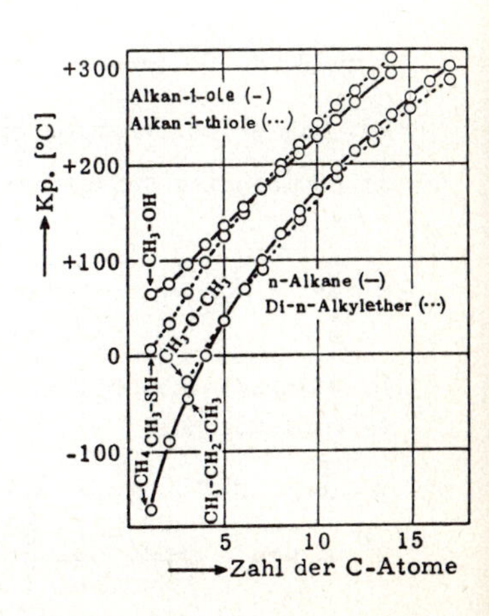

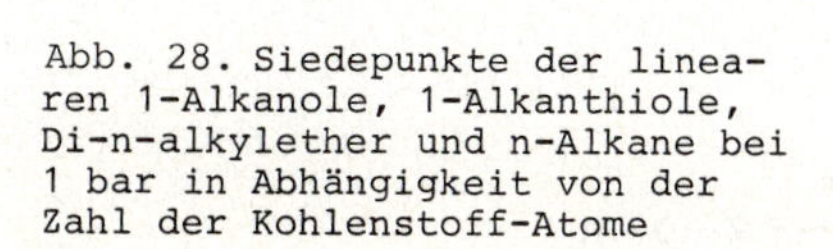
Abb. 28. Siedepunkte der linearen 1-Alkanole, 1-Alkanthiole, Di-n-alkylether und n-Alkane bei 1 bar in Abhängigkeit von der Zahl der Kohlenstoff-Atome

Im Gegensatz zu Alkoholen sind Ether reaktionsträge und können deshalb als inerte Lösungsmittel verwendet werden. Sie sind unempfindlich gegen Alkalien, Alkalimetalle und Oxidations- bzw. Reduktionsmittel. So reagiert Methylphenylether auch nicht beim Erwärmen auf 60°C mit einer alkalischen Kaliumpermanganat-Lösung.
Gegenüber molekularem Sauerstoff besitzen Ether jedoch eine gewisse Reaktivität: Beim Stehenlassen an der Luft bilden sich unter Autoxidation (s. Kap. 1.3) sehr expolsive Peroxide, was besonders beim Destillieren beachtet werden muß.

Diethylether ("Äther") wird im Labor oft als Lösungsmittel verwendet. Er ist erwartungsgemäß mit Wasser nur wenig mischbar (ca. 2 g/100 g H_2O) und hat einen niedrigen Flammpunkt. Seine Dämpfe sind schwerer als Luft und bilden mit dieser explosive Gemische. Mit starken Säuren bilden sich wasserlösliche Oxoniumsalze, z. B.

$$(CH_3CH_2)_2\overline{\underline{O}} + HCl \longrightarrow \left[(CH_3CH_2)_2\overset{\oplus}{O}-H\right]^{\oplus} Cl^{\ominus}$$ Diethyloxonium-chlorid

Wegen des fehlenden H-Atoms am Sauerstoff haben Ether im Gegensatz zu Alkoholen keine sauren Eigenschaften.

15.2 Ethersynthesen

3.9.9 (1.) Die saure Veretherung von Alkoholen bei 140°C führt zu symmetrischen Ethern. Der Reaktionsmechanismus kann folgendermaßen formuliert werden:

$$R-OH + H^{\oplus} \rightleftharpoons R-\overset{\oplus}{O}H_2$$ (Alkyloxoniumion)

Für die Weiterreaktion gibt es zwei Möglichkeiten:

a) nucleophile Substitution durch ein Alkohol-Molekül:

$$R-\overline{O}|(H) + R-\overset{\oplus}{O}H_2 \xrightarrow[-H_2O]{} R-\overset{\oplus}{O}(H)-R \xrightarrow[-H^{\oplus}]{} R-O-R$$

b) Bildung eines Carbenium-Ions und anschließend Reaktion mit einem Alkohol-Molekül:

$$R-\overset{\oplus}{O}H_2 \rightleftharpoons R^{\oplus} + H_2O$$

$$R^{\oplus} + HOR \rightleftharpoons R-\overset{\oplus}{O}(H)-R \xrightarrow{-H^{\oplus}} R-O-R$$

Die Reaktion von Ethanol mit konz. Schwefelsäure verläuft vermutlich nach Gleichung a) und zwar über das Monoalkylsulfat. Dieses entsteht in einer vorgelagerten Reaktion aus dem Ethyloxoniumion.
Als Nebenprodukt findet man Ethen, das in einer Eliminierungsreaktion (Dehydratisierung von Ethanol) gebildet wird.

(2) Die Umsetzung von Halogenalkanen mit Natriumalkoholaten führt in einer S_N2-Reaktion zu (gemischten) Ethern *(Williamson-Synthese)*:

$$R'-Br + Na^{\oplus} \; |\overline{O}R^{\ominus} \longrightarrow R'-O-R + Na^{\oplus} \; |\overline{Br}|^{\ominus}$$

(3) Die Anlagerung von Sauerstoff an Olefine liefert Epoxide (s. auch Prileschajew-Reaktion).

$$H_2C=CH_2 \xrightarrow{\frac{1}{2}O_2(Ag)} H_2C\underset{O}{\diagdown\!\diagup}CH_2$$ Ethylenoxid (Oxiran)

Auch Chlorhydrine lassen sich mit Basen in Epoxide überführen

$$H_2C(OH)-CH_2Cl \xrightarrow[-H_2O]{+OH^{\ominus}} H_2C(|\overline{O}|^{\ominus})-CH_2Cl \xrightarrow{-Cl^{\ominus}} H_2C\underset{O}{\diagdown\!\diagup}CH_2$$

Oxiran wird im Gegensatz zu anderen Ethern nicht nur elektrophil, sondern auch leicht nucleophil angegriffen und ist ein wichtiges industrielles Zwischenprodukt, das auch als Insektizid und in der Medizin zum Sterilisieren verwendet wird.

$$H_2C\underset{O}{\diagdown\!\diagup}CH_2 \xrightarrow{H_2O} HOCH_2CH_2OH$$ (Glykol, Polyglykole)

$$\xrightarrow{NH_3} H_2NCH_2CH_2OH$$ (Ethanolamine)

$$\xrightarrow{ROH} HOCH_2CH_2OR$$ (Glykolether, Polyglykolether)

Beispiele zur Ringöffnung von Epoxiden:

alkalisch: (nucleophiler Angriff)

$$HO|^{\ominus} + H_2C{-}CH_2 \text{ (über O verbrückt)} \longrightarrow HO{-}CH_2CH_2{-}O|^{\ominus} \xrightarrow{+H^{\oplus}} HOCH_2CH_2OH$$

sauer: (elektrophiler Angriff mit $H_3O^{\oplus}$)

$$H_2O + H_2C{-}CH_2 \text{ (über } O^{\oplus}{-}H \text{ verbrückt)} \longrightarrow H\overset{\oplus}{O}(H)CH_2CH_2OH \xrightarrow{-H^{\oplus}} HOCH_2CH_2OH$$

4. Die katalytische Hydrierung von Furan ergibt Tetrahydrofuran:

$$\text{Furfural} \xrightarrow{-CO} \text{Furan} \xrightarrow{2\,H_2} \text{Tetrahydrofuran}$$

Furfural (aus Pentosen) — Furan — Tetrahydrofuran (THF), ein Lösungsmittel

5. Beim Erhitzen von Ethylenglykol mit konz. Mineralsäuren entsteht 1,4-Dioxan:

$$2\ \begin{matrix} CH_2{-}OH \\ | \\ CH_2{-}OH \end{matrix} \xrightarrow[-2\,H_2O]{H_2SO_4} \text{1,4-Dioxan}$$

1,4-Dioxan (ein Lösungsmittel)

6. Methylether lassen sich gut mit Diazomethan erhalten (Kap. 17.2).

15.3 Ether-Spaltung

In der präparativen Chemie werden OH-Gruppen gegen weitere Reaktionen oft durch Veretherung oder Veresterung geschützt. Während Diarylether gegenüber HI inert sind, werden Dialkylether und Arylalkylether, obwohl sonst sehr reaktionsträge, von HI gespalten. Besonders gut verläuft die Reaktion mit Benzyl- oder Alkyl-Gruppen, so daß erstere oft als Schutzgruppe verwendet wird:

$$C_6H_5CH_2{-}\overline{O}{-}CH_3 + HI \rightleftharpoons C_6H_5CH_2{-}\overset{H}{\underset{}{\overline{O}}}{}^{\oplus}{-}CH_3 + I^{\ominus} \longrightarrow C_6H_5CH_2I + HOCH_3$$

Die Reaktionen können nach einem S_N2-Mechanismus (wie vorstehend) oder einem S_N1-Mechanismus verlaufen.

Bei der quantitavien Bestimmung von Alkoxy-Gruppen nach *Zeisel* werden Ether ebenfalls mit Iodwasserstoffsäure gespalten:

$$R\text{-}O\text{-}CH_3 + HI \xrightarrow{\Delta} R\text{-}OH + CH_3I$$

R = Alkyl; C_6H_5

Das Alkyliodid wird dann quantitativ bestimmt, z.B. durch Gravimetrie des Silberiodids nach Zersetzung in alkoholischer $AgNO_3$-Lsg.

15.4 Umlagerungen

Die Claisen-Umlagerung von Allyl-arylether gehört zur Gruppe der sigmatropen Reaktionen. Dabei wandert eine σ-Bindung, die einem oder mehreren π-Elektronensystemen benachbart ist, in eine neue Position. Die Verschiebung verläuft intramolekular und ohne Katalysator; die Anzahl der Einfach- und Doppelbindungen bleibt dabei unverändert.

Beispiel:

Claisen-Umlagerung von Allyl-arylethern

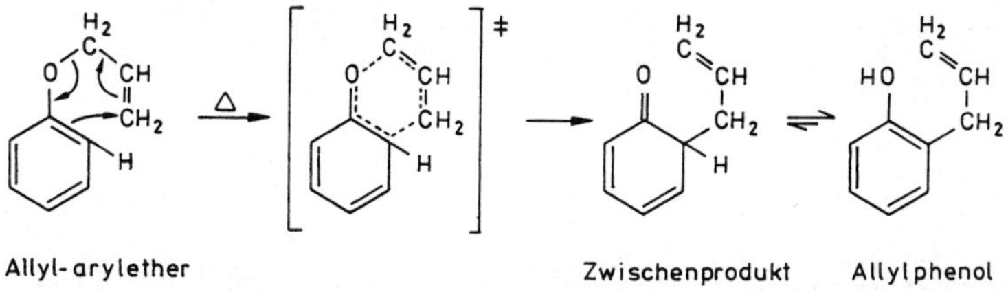

Allyl-arylether Zwischenprodukt Allylphenol

Auch die [1,2]-Umlagerungen von Carbenium-Ionen, z.B. nach Wagner-Meerwein, sind konzertiert ablaufende Reaktionen, die sich analog deuten lassen.

16 Stickstoffverbindungen: Amine, Nitrosoverbindungen

16.1 Amine

3.10.1 Amine können als Substitutionsprodukte des Ammoniaks aufgefaßt werden. Nach der Zahl der im NH_3-Molekül durch Alkylgruppen ersetzten H-Atome unterscheidet man primäre, sekundäre und tertiäre Amine. Die Substitutionsbezeichnungen beziehen sich auf das N-Atom; demzufolge ist das tertiäre Butylamin ein primäres Amin. Falls der Stickstoff vier Substituenten trägt, spricht man von (quartären) Ammoniumverbindungen.

Beispiele:

$CH_3\bar{N}H_2$	$CH_3-\bar{N}(H)-CH_3$	$CH_3-\bar{N}(CH_3)-CH_3$	$CH_3-C(CH_3)_2-\bar{N}H_2$
Methylamin primär	Dimethylamin sekundär	Trimethylamin tertiär	tert. Butylamin primär

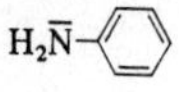

$H_2\bar{N}-C_6H_5$	$HO-CH_2-CH_2-\bar{N}H_2$	$NH_4^{\oplus}\ Cl^{\ominus}$	$HO-CH_2-CH_2-N^{\oplus}(CH_3)_2-CH_3\ OH^{\ominus}$
Anilin	Colamin 2-Aminoethanol Ethanolamin	Ammonium-chlorid	Cholin

primäre Amine — quartäre Ammoniumsalze

Unter Di- und Triaminen versteht man aliphatische oder aromatische Kohlenwasserstoffverbindungen, die im Molekül zwei oder drei NH_2-Gruppen besitzen.

Beispiele:

$H_2N-CH_2-CH_2-NH_2$	$H_2N-(CH_2)_6-NH_2$	$C_6H_2(NH_2)_3COOH$	$C_6H_4(NH_2)_2$
Ethylendiamin	Hexamethylen-diamin	2,4,6-Triamino-benzoesäure	m-Phenylen-diamin

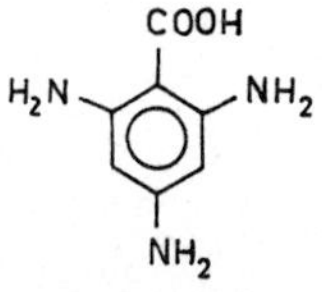

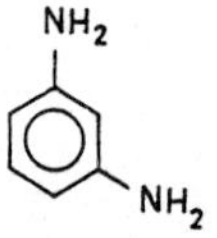

Cyclische Amine gehören zu dem umfangreichen Gebiet der heterocyclischen Verbindungen (s. Kap. 25). Es sind ringförmige Kohlenwasserstoffe (zumeist 5- und 6-Ringe), in denen eine oder mehrere CH- bzw. CH_2-Gruppen durch NH- bzw. N- ersetzt sind. Es gibt gesättigte aromatische und partiell ungesättigte Systeme. Cyclische Amine und Imine sind Bestandteile vieler biochemisch wichtiger Verbindungen (Aminosäuren, Enzyme, Nucleinsäuren, Farbstoffe, Alkaloide, Vitamine u. a.) und von vielen Arzneimitteln.

Auch viele kondensierte heterocyclische Systeme gehören in diese Stoffklasse: Indol, Acridin, Chinolin, Isochinolin, Purin, Pteridin, Alloxazin u. a.

Große Bedeutung und weite Verbreitung haben Amine auch deshalb, weil viele Verbindungen funktionelle Gruppen tragen, die sich formal von den Aminen ableiten, vgl. Tabelle 15.

Darstellung von Aminen

0.3 ① *Umsetzung von Halogen-Verbindungen mit NH_3 oder Aminen.* Diese Methode eignet sich besonders zur Gewinnung alkylierter Amine sowie von Arylaminen, deren aromatischer Kern durch elektronenziehende Substituenten aktiviert ist

Beispiele:

a) o-Nitrochlorbenzol + $2\,NH_3$ ⟶ o-Nitranilin + NH_4Cl

b) $\overline{N}H_3 \xrightarrow{CH_3I} CH_3\overline{N}H_2 \xrightarrow{CH_3I} (CH_3)_2\overline{N}H \xrightarrow{CH_3I} (CH_3)_3\overline{N} \xrightarrow{CH_3I} (CH_3)_4N^{\oplus}\,I^{\ominus}$

Methylamin — Dimethylamin — Trimethylamin — Tetramethylammoniumiodid

Nachteilig ist bei der synthetischen Anwendung des Verfahrens, daß es i.a. zu einem Gemisch verschiedener Amine führt.

Diese Reaktionsfolge ist für die Strukturbestimmung von N-haltigen Naturstoffen (z.B. Alkaloiden) von großer Bedeutung (Methode der erschöpfenden Methylierung, Hofmann-Abbau). Mit AgOH wird ein quartäres Ammoniumhydroxid gebildet, das beim Erhitzen in ein Alken und ein tertiäres Amin übergeht (Hofmann-Eliminierung!

Beispiel:

$$\text{Piperidin} \xrightarrow[2)\ AgOH]{1)\ CH_3I} [\text{N,N-Dimethylpiperidinium}]^{\oplus}\ OH^{\ominus} \xrightarrow[-H_2O]{\Delta} \text{Amin} \xrightarrow[2)\ AgOH]{1)\ CH_3I} [\text{Ammonium}]^{\oplus}\ OH^{\ominus} \xrightarrow[-H_2O]{\Delta} \text{1,4-Pentadien} + N(CH_3)_3$$

Piperidin 1,4-Pentadien

② *Reduktion von Nitro-Verbindungen oder Säurederivaten* wie Amiden, Oximen oder Nitrilen. Für aromatische Amine verwendet man vor allem die Reduktion von Nitro-Verbindungen (s. Kap. 18).

Beispiele:

$$C_6H_5NO_2 \xrightarrow{Fe/HCl} C_6H_5NH_2 \;;\quad CH_3-CH_2-NO_2 \xrightarrow[\text{oder}\ H_2/Kat.]{Zn/HCl} CH_3-CH_2-NH_2$$

Nitrobenzol, Anilin, Nitroethan, Ethylamin

③ *Gabriel-Reaktion:* Durch Hydrolyse von N-Alkyl-phthalimiden, die sich aus Halogenalkanen und Kaliumphthalimid bilden, entstehen primäre Amine.

Eine Mehrfachalkylierung wird dadurch verhindert, daß die Stickstoff-Funktion durch Alkylierung als Phthalimid geschützt ist (Schutzgruppen-Prinzip).

$$R-Cl + K^{\oplus}\ {}^{\ominus}N(CO)_2C_6H_4 \xrightarrow{-KCl} R-N(CO)_2C_6H_4 \xrightarrow{+2\,H_2O} C_6H_4(COOH)_2 + R-NH_2$$

Kaliumphthalimid, N-Alkylphthalimid, Phthalsäure

④ *Abbau von Carbonsäure-Derivaten:* Primäre Amine erhält man als Endprodukte in Abbau-Reaktionen nach

Hofmann: von Amiden $R-C(=O)NH_2$

Curtius: von Aziden
(z.B. aus Hydraziden

$$R-C(=O)-NH-NH_2 \xrightarrow[-\,2\,H_2O]{+\,HNO_2} R-C(=O)-\overset{\ominus}{\underline{N}}-\overset{\oplus}{N}\equiv N|$$

Lossen:
von Hydroxamsäure-Derivaten

$$R-C(=O)-NH-OCOR'$$

Die gebildeten primären Amine enthalten ein C-Atom weniger als die ursprünglichen Carbonsäure-Verbindungen. Diese Reaktionen sind in ihrem Mechanismus einander sehr ähnlich.

Mit dem Curtius-Abbau verwandt ist die *Schmidt*-Reaktion von Carbonsäuren:

$$R-C(=O)-OH \xrightarrow[-\,H_2O]{+\,HN_3,\,+H^{\oplus}} R-C(=O)-NH-\overset{\oplus}{N}\equiv N| \xrightarrow{-N_2,\,-H^{\oplus}} R-N=C=O \xrightarrow[-\,CO_2]{+\,H_2O} R-NH_2$$

Beispiel: Beim Hofmann-Abbau von Carbonsäureamiden entsteht aus Acetamid Methylamin:

$$CH_3-CO-NH_2 \;+\; KOBr \longrightarrow CH_3-NH_2 \;+\; KBr \;+\; CO_2$$

Im einzelnen laufen dabei folgende Reaktionen ab:

$$H_3C-C(=O)-NH_2 \xrightarrow[-\,KOH]{+\,KOBr} H_3C-C(=O)-NH-Br \xrightarrow[-\,H_2O]{OH^{\ominus}} H_3C-C(=O)-\overset{\ominus}{\underline{N}}-Br \xrightarrow{-\,Br^{\ominus}} \left[H_3C-\overset{\ominus}{\underline{N}}-\overset{\oplus}{C}=O \longleftrightarrow H_3C-\overline{N}=C=\overline{\underline{O}}\right]$$

Acetamid — N-Bromacetamid — I nucleophile 1,2-Verschiebung — Methylisocyanat

$$\xrightarrow{+\,H_2O} H_3C-N(H)-C(=O)-OH \xrightarrow{OH^{\ominus}} HCO_3^{\ominus} + H_3C-NH_2$$

Methyl-carbamidsäure — Methylamin

Das früher formulierte Acylnitren $H_3C-C(=O)-\overline{\underline{N}}$ tritt vermutlich nicht auf.

Die Wanderung des CH_3-Restes bei der Umlagerung von I erfolgt wahrscheinlich gleichzeitig mit der Abspaltung des $Br^{\ominus}$-Ions.

(5) *Amine werden auch bei der Benzidin-Umlagerung erhalten.* Es handelt sich dabei um eine intramolekulare Umlagerung von 1,2-Diarylhydrazinen, die wie folgt schematisch dargestellt werden kann:

$$H_5C_6-NH-NH-C_6H_5 \overset{H^{\oplus}}{\rightleftharpoons} H_5C_6-\overset{\oplus}{N}H_2-\overset{\oplus}{N}H_2-C_6H_5 \rightleftharpoons [\ldots]^{\ddagger}$$

1,2-Diphenylhydrazin
Hydrazobenzol

Benzidin 70 %
4,4'-Diaminobiphenyl

+

Diphenylin 30 %

Nach der Protonierung der N-Atome bildet sich ein stark polarer Übergangszustand aus. Die erste "Molekülhälfte" kann an den Positionen 2 und 4 von der di-kationischen zweiten "Hälfte" angegriffen werden. Dadurch entstehen die angegebenen beiden Produkte. Spaltung der N–N-Bindung und Knüpfung der C–C-Bindung finden bei der Umlagerung zu Benzidin gleichzeitig statt.

Vielseitig anwendbare Synthesemethoden sind auch die

(6) <u>reduktive Aminierung von Carbonylverbindungen</u> (vgl. Kap. 20)

$$>C=O + NH_3 \xrightarrow{-H_2O} >C=NH \xrightarrow{\text{Red.}(H_2)} >CH-NH_2$$

Imin — Amin

d.h. Aldehyden oder Ketonen - z.B. mit Ammoniak - über ein intermediär gebildetes Imin, das zum Amin reduziert wird.

(7) reduktive Alkylierung von primären und sekundären Aminen nach Leuckart-Wallach. Verwendet man Formaldehyd (Eschweiler-Clarke-Reaktion) und reduziert mit Ameisensäure, werden die Amine methyliert:

$$C_6H_5\text{-}CH_2\text{-}NH_2 \xrightarrow{CH_2O,\,HCOOH} C_6H_5\text{-}CH_2\text{-}N(CH_3)_2$$

Die Reaktion verläuft vermutlich über ein Imoniumkation, das sich aus Formaldehyd und dem Amin bildet. Dieses wird unter Hydridtransfer durch Ameisensäure reduziert, die selbst zu CO_2 oxidiert wird.

$$R_2NH + CH_2O \overset{H^{\oplus}}{\rightleftharpoons} R_2N\text{-}CH_2OH \overset{H^{\oplus}}{\rightleftharpoons} R_2\overset{\oplus}{N} = CH_2 + H_2O$$

$$H - O - \underset{\underset{O}{\|}}{C} - H + CH_2 = \overset{\oplus}{N}R_2 \longrightarrow R_2N - CH_3 + CO_2 + H^{\oplus}$$

Eigenschaften der Amine

0.2 Amine besitzen wie die Stammsubstanz Ammoniak polarisierte Atombindungen und können intermolekulare H-Brücken ausbilden. Die Moleküle mit einer geringen Zahl von C-Atomen sind daher wasserlöslich. Ebenso wie bei den Alkoholen nimmt die Löslichkeit mit zunehmender Größe des Kohlenwasserstoff-Restes ab. Verglichen mit Alkoholen sind die H-Brückenbindungen zwischen Aminen schwächer.

Bei cyclischen Iminen liegt ein sp^2-hybridisiertes N-Atom, wie z.B. im Pyridin vor.

Bei der Verwendung von aromatischen Aminen ist ihre hohe Toxicität und Hautresorbierbarkeit zu beachten.

Basizität

Eine typische Eigenschaft der Amine ist ihre Basizität. Wie Ammoniak können sie unter Bildung von Ammoniumsalzen ein Proton anlagern. Die Extraktion mit z.B. 10 %-iger wäßriger Salzsäure ist eine oft benutzte, einfache Methode zur Trennung von Aminen und neutralen organischen Verbindungen aus organischen Phasen.

$$(CH_3)_3N| + HCl \rightleftharpoons \left[(CH_3)_3\overset{\oplus}{N}\text{-}H \right]^{\oplus} Cl^{\ominus}$$

Trimethylamin — Trimethylammoniumchlorid

Durch Zugabe einer starken Base, z.B. Natriumhydroxid, läßt sich diese Reaktion umkehren, d.h. das Amin bildet sich zurück. Es ist daher wichtig, die Stärke der einzelnen Basen quantitativ erfassen zu können. Dazu dient ihr pK_s-Wert (vgl. HT, Bd. 247). Kennt man diesen Wert, kann man über die bekannte Beziehung $pK_s + pK_b = 14$ auch den pK_b-Wert in Wasser ausrechnen. Ferner kann man aufgrund der Gleichung $pH = 7 + 1/2\ pK_s + 1/2\ lg\ c$ den pH-Wert einer Amin-Lösung der Konzentration c berechnen.

Beispiel: 0,1 molare Lösung von Ammoniak:

$$pH = 7 + 1/2\ (9{,}25 + lg\ 0{,}1) = 7 + 1/2\ (9{,}25 - 1) = 7 + 4{,}1 = 11{,}1.$$

Liegt eine Mischung aus Ammoniak und Ammoniumchlorid vor, so läßt sich hierfür die Gleichung für Puffer anwenden (s. HT, Bd. 247). Allgemein gilt für Puffersysteme wie Amine und ihre Hydrochloride, wenn die Komponenten im Verhältnis 1 : 1, also äquimolar vorliegen: $pH = pK_s$.

Beispiel: Eine 1:1-Mischung von Anilin und Anilinhydrochlorid hat in Wasser den pH-Wert 4,58.

Mit Hilfe der pK-Werte lassen sich die Amine in eine Reihenfolge bringen (Tabelle 15). Dabei gilt: Je größer der pK_s- und je kleiner der pK_b-Wert ist, desto basischer ist das Amin.

Die Basizität der Amine kann in weitem Umfang durch Substituenten beeinflußt werden (vgl. Acidität der Carbonsäuren, Kap. 21.1). Ihre Stärke hängt davon ab, wie leicht sie ein Proton aufnehmen können.

Ein aliphatisches Amin ist stärker basisch als Ammoniak, weil die elektronenliefernden Alkyl-Gruppen die Verteilung der positiven Ladung im Ammonium-Ion begünstigen. Die Abnahme der Basizität bei tertiären Aminen im Vergleich zu sekundären und primären Aminen beruht darauf, daß im ersten Fall die Hydratisierung, die auch zur Stabilisierung des Ammonium-Ions beiträgt, erschwert ist. Der Basizitätsunterschied beruht demnach sowohl auf Solvationseffekten als auch auf elektronischen Effekten.

Erwartungsgemäß vermindert die Einführung von Elektronenacceptoren (elektronen-ziehenden Gruppen) wie $-Cl$ oder $-NO_2$ die Basizität, weil dadurch die Möglichkeit zur Aufnahme eines Protons verringert wird. Deshalb ist z.B. NF_3 keine Base mehr. Das gleiche gilt für die Acyl- und Sulfonyl-Reste, wie man anhand der mesomeren Strukturen erkennt:

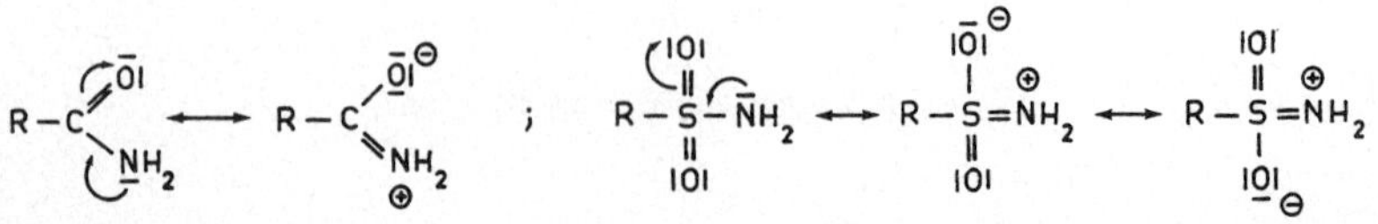

$$R-C(=\overline{O}|)-\overline{N}H_2 \longleftrightarrow R-C(-|\overline{O}|^{\ominus})=\overset{\oplus}{N}H_2 \quad ; \quad R-S(=O)_2-\overline{N}H_2 \longleftrightarrow R-S(=O)(-|\overline{O}|^{\ominus})=\overset{\oplus}{N}H_2 \longleftrightarrow R-S(=O)(-|\overline{O}|^{\ominus})=\overset{\oplus}{N}H_2$$

Säureamide sind in Wasser nur sehr schwach basisch; monosubstituierte Sulfonamide haben etwa die gleiche Acidität wie Phenol.

Aromatische Amine sind nur schwache Basen. Beim Anilin tritt das Elektronenpaar am Stickstoff mit den π-Orbitalen des Phenyl-Rings in Wechselwirkung (+M-Effekt):

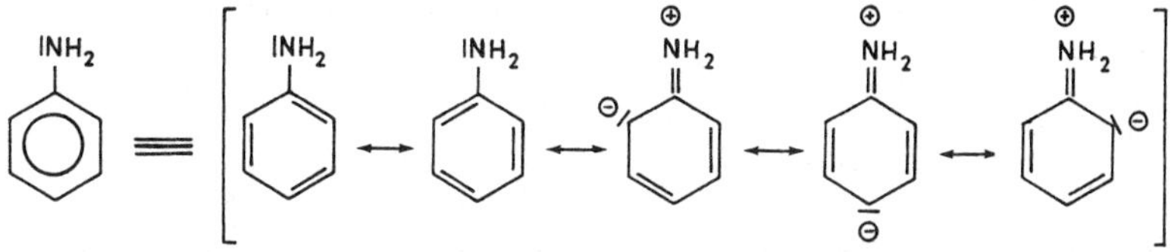

Die Resonanzstabilisierung des Moleküls wird teilweise wieder aufgehoben, wenn ein Anilinium-Ion gebildet wird:

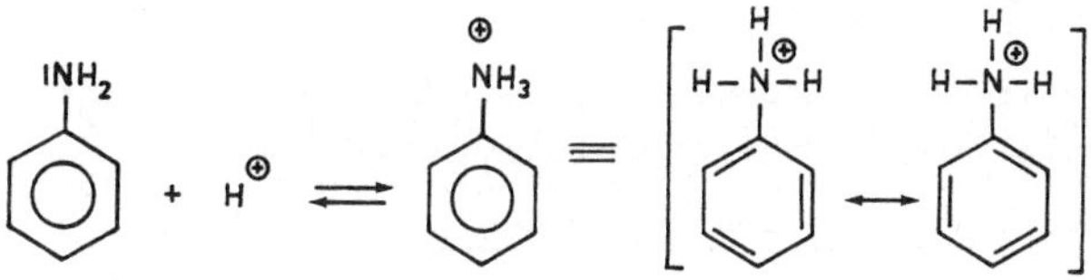

$pK_s = 4,58$

Die geringe Basizität aromatischer Amine ist also eine Folge der größeren Resonanzstabilisierung im Vergleich zu den entsprechenden Ionen. Kleinere Änderungen sind durch die Einführung von Substituenten in den aromatischen Ring möglich: Elektronendonatoren wie $-NH_2$, $-OCH_3$, $-CH_3$ stabilisieren das Kation und erhöhen die Basizität,

Elektronenacceptoren wie $-\overset{\oplus}{N}H_3$, $-NO_2$, $-SO_3^{\ominus}$ vermindern die Basizität noch stärker.

Eine Basizitätsabnahme ist auch typisch für solche Basen, deren N-Atome an Mehrfachbindungen beteiligt sind. So ist Pyridin mit $pK_b = 8,96$ eine schwächere Base als Triethylamin ($pK_b = 3,42$), weil das einsame Elektronenpaar stärker durch das sp^2-hybridisierte N-Atom gebunden wird. Beim Pyrrol ist das Elektronenpaar in ein aromatisches 6-Elektronen-π-System eingebaut (s. Kap. 25) und damit die Anlagerung eines Protons sehr erschwert ($pK_b \approx 13,6$).

Tabelle 15. pK-Werte von Aminen (pK_s gilt für die Reaktion: $R^1R^2R^3NH^{\oplus} \rightleftharpoons R^1R^2R^3N + H^{\oplus}$)

	pK_b	Name	Formel	pK_s	
steigende Basizität ↑	3,29	Dimethylamin	$(CH_3)_2NH$	10,71	fallende Basizität ↓
	3,32	tert. Butylamin	$(CH_3)_3CNH_2$	10,68	
	3,36	Methylamin	CH_3NH_2	10,64	
	4,26	Trimethylamin	$(CH_3)_3N$	9,74	
	4,64	Benzylamin	$C_6H_5CH_2NH_2$	9,36	
	4,75	Ammoniak	NH_3	9,25	
	9,42	Anilin	$C_6H_5NH_2$	4,58	

Reaktionen von Aminen mit HNO_2: Diazonium-Salze, Nitrosoverbindungen

3.10.4 3.10.7 Läßt man Amine mit salpetriger Säure, HNO_2, reagieren, so können je nach Substitutionsgrad verschiedene Verbindungen entstehen:

3.10.10 ① *Primäre aromatische* Amine bilden Diazoniumsalze:

$$Ar{-}NH_2 + HONO \xrightarrow{+\,HX} [Ar{-}N{\equiv}N]^{\oplus}X^{\ominus} + 2\,H_2O$$

Primäre aliphatische Amine (auch Aminosäuren!) bilden instabile Diazoniumsalze, die weiter zerfallen (van Slyke-Reaktion):

$$R{-}NH_2 + HONO \xrightarrow[-\,2\,H_2O]{+\,HX} [R{-}N{\equiv}N]^{\oplus}X^{\ominus} \xrightarrow{H_2O} N_2 + \text{Alkohol} + \text{Alken}$$

② *Sekundäre* aliphatische oder aromatische Amine bilden Nitrosamine, die meist toxisch oder carcinogen sind:

$$R_2NH \xrightarrow{HONO} R_2N{-}NO \qquad (\xrightarrow{Red.} R_2NH)$$

Da die NO-Gruppe wieder reduktiv aufgespalten werden kann, ist es möglich, diese Reaktionsfolge bei der Reinigung sekundärer Amine einzusetzen.

③ Bei *tertiären aromatischen* Aminen wird oft der Ring substituiert:

$$(CH_3)_2N{-}C_6H_5 \xrightarrow{HONO} (CH_3)_2N{-}C_6H_4{-}NO$$

p-Nitrosodimethylanilin kann mit geeigneten Carbanionen Kondensationsreaktionen zu einem Imin eingehen, das sich wiederum in eine Carbonylverbindung und ein Amin hydrolysieren läßt. Im Endergebnis wird die Nitrosogruppe zur Aminogruppe reduziert und die Carbanion-Verbindung oxidiert.

Tertiäre aliphatische Amine werden durch HNO_2 gespalten:

$$R_2NCHR'_2 \xrightarrow{2\,HNO_2} R'_2C{=}O + R_2N{-}NO + N_2O$$

Mechanismus der Reaktionen von Aminen mit HNO_2

Das nitrosierende Reagens bei allen Reaktionen ist das Elektrophil N_2O_3 bzw. $NO^{\oplus}$:

$$2\,HNO_2 \rightleftharpoons H_2O + O{=}N{-}N^{\oplus}(O^{\ominus}){=}O$$

$$-N| + |N^{\oplus}{\equiv}O| \longrightarrow -N^{\oplus}{-}N{=}O$$

N-Nitrosoammonium-Ion

Das gebildete N-Nitrosoammonium-Ion kann weiterreagieren:

① Primäre Amine:

$$R{-}N^{\oplus}H_2{-}N{=}O \xrightarrow{-H^{\oplus}} R{-}N{=}N{-}OH \xrightarrow{+H^{\oplus}} R{-}N^{\oplus}{\equiv}N| + H_2O$$

Diazosäure Diazonium-Ion

② Sekundäre Amine:

$$R{-}N^{\oplus}HR{-}NO \xrightarrow{-H^{\oplus}} R_2N{-}NO$$

Nitrosamin

③ Tertiäre Amine:

$$R^1{-}CH(H){-}N^{\oplus}R^2R^3{-}NO \xrightarrow[-NO^{\ominus}]{-H_3O^{\oplus}} R^1{-}CH{=}N^{\oplus}R^2R^3 \xrightarrow[-H^{\oplus}]{+H_2O} R^1CHO + R^2R^3NH$$

(Base: H_2O) β-Eliminierung Immonium-Ion

Oxidation von Aminen; Isonitrilreaktion

① Einige primäre Amine liefern Nitroalkane, meist sind jedoch komplizierte Reaktionen zu erwarten.

$$R\text{—}NH_2 \xrightarrow{H_2O_2} RNO_2$$

② Sekundäre Amine bilden N,N-Dialkyl-Hydroxylamine, die evtl. weiterreagieren können:

$$R_2NH \xrightarrow{H_2O_2} R_2\text{—}\overset{\overset{|\bar{O}|^{\ominus}}{|}}{N}^{\oplus}\text{—}H \longrightarrow R_2N\text{—}OH$$

③ Tertiäre Amine lassen sich zu Aminoxiden oxidieren, die bei geeigneten Edukten in einer syn-Eliminierung Alkene liefern können (Cope-Eliminierung),

$$R'\text{—}\overset{R}{\underset{R''}{N}}| \xrightarrow{H_2O_2} R'\text{—}\overset{R}{\underset{R''}{N}}^{\oplus}\text{—}\bar{\underline{O}}|^{\ominus}$$

Die Reaktionen ① - ③ lassen sich auch mit verschiedenen aromatischen Aminen durchführen, insbesondere bei Verwendung von Persäuren (z.B. CF_3CO_3H) als Oxidationsmittel.

3.10.4 Ein wichtiger Nachweis für primäre Amine ist die Isonitril-Reaktion:

$$R\text{—}NH_2 + CHCl_3 + 3\ NaOH \longrightarrow \underset{\text{Isonitril}}{R\text{—}\overset{\oplus}{N}\equiv\overset{\ominus}{C}|} + 3\ NaCl + 3\ H_2O$$

Dabei entsteht intermediär Dichlorcarben, welches das primäre Amin angreift:

$$RNH_2 + |CCl_2 \longrightarrow \left[R-\overset{\oplus}{N}H_2-\overset{\ominus}{|C}Cl_2\right] \xrightarrow{2\,NaOH} R-\overset{\oplus}{N}\equiv\overset{\ominus}{C}| + 2\,NaCl + 2\,H_2O$$

Tabelle 16. Einige technisch wichtige Amine

Name	Formel	Fp. °C	Kp. °C	Verwendung
Methylamin	CH_3NH_2	-92	7,5	chem. Synthesen, Kühlmittel
Ethylendiamin	$(H_2N{-}CH_2)_2$	8	117	Komplexbildner
Hexamethylendiamin	$H_2N{-}(CH_2)_6{-}NH_2$	39	196	→ Polyamide
Anilin	$C_6H_5{-}NH_2$	-6	184	chem. Synthesen
p-Toluidin	$p{-}CH_3{-}C_6H_4{-}NH_2$	44	200	→ Farbstoffe
N-Methylanilin	$H_3C{-}NH{-}C_6H_5$	-57	196	→ Farbstoffe
4-Aminophenol	$p{-}HO{-}C_6H_4{-}NH_2$	186 Z.	-	photograph. Entwickler
β-Phenylethylamin	$C_6H_5{-}CH_2{-}CH_2{-}NH_2$	-	186	Arzneimittel

<u>Biochemisch wichtige Amine</u> (s. auch Alkaloide, Kap. 32)

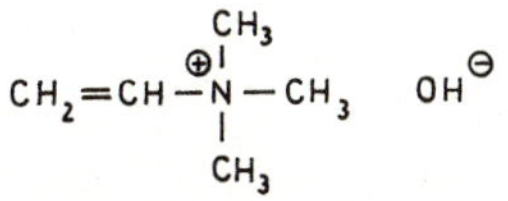

$$CH_2{=}CH{-}\overset{\oplus}{N}(CH_3)_3 \quad OH^{\ominus}$$

Neurin (Nervenzellen)

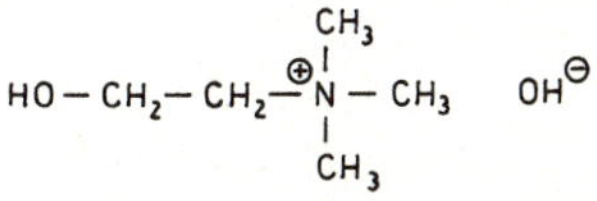

$$HO{-}CH_2{-}CH_2{-}\overset{\oplus}{N}(CH_3)_3 \quad OH^{\ominus}$$

Cholin (in Lecithinen)

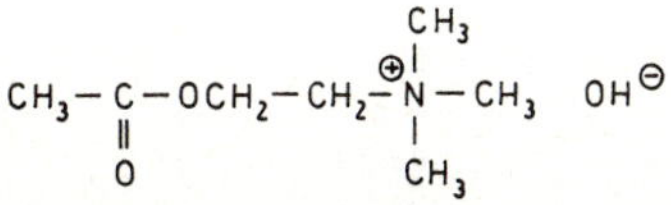

$$CH_3{-}\underset{\underset{O}{\|}}{C}{-}OCH_2{-}CH_2{-}\overset{\oplus}{N}(CH_3)_3 \quad OH^{\ominus}$$

Acetylcholin (Nerven)

$$(HO)_2C_6H_3{-}\underset{OH}{CH}{-}CH_2{-}NH{-}CH_3$$

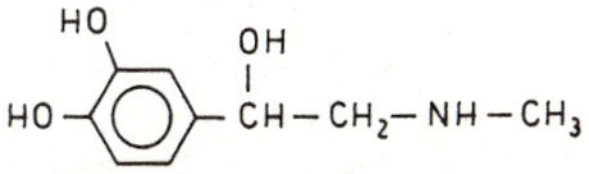

Adrenalin (Hormon, Nebennierenmark)

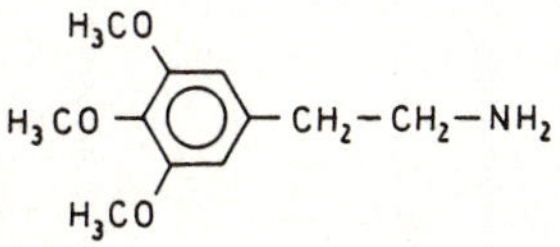

$$(H_3CO)_3C_6H_2{-}CH_2{-}CH_2{-}NH_2$$

Mescalin (aus *Lophophora williamsii*)

Tabelle 17. Synthesemöglichkeiten wichtiger N-haltiger Verbindungen

	Funktionelle Gruppe	Darstellung
Amide (Säureamide)		
a) Carbonsäureamide	$-CO-NH_2$	$R-C(=O)-Cl \xrightarrow[-HCl]{+NH_3} R-C(=O)-NH_2$
b) Sulfonsäureamide	$-SO_2-NH_2$	$R-SO_2-Cl \xrightarrow[-HCl]{+NH_3} R-SO_2-NH_2$
Imine (Aldimine, Schiffsche Basen)	$>C=NH$ $>C=NR$	$R-C(H)=O \xrightarrow[-H_2O]{+NH_3} R-C(H)=NH$
Imide	$-C(=O)-NH-C(=O)-$	Phthalsäureanhydrid $\xrightarrow[-H_2O]{+NH_3}$ Phthalimid
Nitrile (Cyanide)	$-C\equiv N\vert$	$CH_3-I \xrightarrow[-KI]{+KCN} CH_3-C\equiv N$ und $CH_3-\overset{\oplus}{N}\equiv \overset{\ominus}{C}\vert$ oder $R-C(=O)-NH_2 \xrightarrow[-H_2O]{P_4O_{10}} R-C\equiv N$
Isonitrile (Isocyanide)	$-\overset{\oplus}{N}\equiv \overset{\ominus}{C}\vert$	$R-I \xrightarrow[-AgI]{+AgCN} R-\overset{\oplus}{N}\equiv \overset{\ominus}{C}\vert$

Tabelle 17 (Fortsetzung)

	Funktionelle Gruppe	Darstellung
Cyansäureester (Cyanate)	$-O-C\equiv N|$	$C_6H_5OH \xrightarrow[-HCl]{+Cl-CN} C_6H_5O-CN$
Isocyansäureester (Isocyanate)	$-N=C=\underline{O}$	$C_6H_5NH_2 \xrightarrow[-2HCl]{+COCl_2} C_6H_5NCO$
Hydroxylamine	$>N-OH$ H_2N-OR	$R_2NH \xrightarrow{+H_2O_2} R_2N^{\oplus}(-\overline{O}|^{\ominus})-H \longrightarrow R_2NOH$
Oxime	$>C=N-OH$	$RR'C=O + H_2N-OH \xrightarrow[-H_2O]{} RR'C=N-OH$
Hydroxamsäuren	$-C(=O)NHOH$	$R-C(=O)OC_2H_5 \xrightarrow[-C_2H_5OH]{+NH_2OH} R-C(=O)NHOH$
Aminoxide	$\geq N \rightarrow \overline{O}|$ $\geq N^{\oplus}-\overline{O}|^{\ominus}$	$R_3N| \xrightarrow[-H_2O]{+H_2O_2} R_3N^{\oplus}-\overline{O}|^{\ominus}$

Tabelle 17 (Fortsetzung)

	Funktionelle Gruppe	Darstellung
Hydrazine (3 Arten)		
a) monosubstituiert	$-NH-NH_2$	$R-CH{=}N-NH_2 \xrightarrow{Pt\ /\ H_2} R-CH_2-NH-NH_2$
b) sym. disubstituiert	$-NH-NH-$	$O{=}C(R)-NH-NH-C(R){=}O \xrightarrow[-\ 2\ RCOOH]{1)\ \text{Methylierung}\ 2)\ \text{Verseifung}} CH_3-NH-NH-CH_3$
c) asym. disubstituiert	$>N-NH_2$	$R_2N-NO \xrightarrow[-\ H_2O]{+\ 4\ H} R_2N-NH_2$
Hydrazide	$-C(=O)-NH-NH_2$	$R-C(=O)-Cl + H_2N-NH_2 \xrightarrow{-HCl} R-C(=O)-NH-NH_2$
Hydrazone (substituiert)	$>C{=}N-NH-R$	$(CH_3)_2C{=}O + H_2N-NH-R \longrightarrow (CH_3)_2C{=}N-NH-R$
Nitrosamine (N-Oxide)	$>N-NO$	$R_2NH \xrightarrow[-\ HNO_2]{+\ N_2O_3} R_2N-NO$

Tabelle 17 (Fortsetzung)

	Funktionelle Gruppe	Darstellung		
Nitroso-Verbindungen	$-N=\overline{O}$	C_6H_5-NHOH	$\xrightarrow[-\ H_2O]{K_2Cr_2O_7}$	C_6H_5-NO
Nitro-Verbindungen	$-NO_2$	C_6H_6	$\xrightarrow{+\ NO_2^{\oplus}}$	$C_6H_5-NO_2$
Azo-Verbindungen (aliphatisch)	$-N=N-$	$CH_3-NH-NH-CH_3$	Oxid. mit $\xrightarrow[-\ 2H]{HNO_2}$	$CH_3-N=N-CH_3$
Azo-Verbindungen (aromat.)	$-N=N-$	$C_6H_5-N_2^{\oplus} + C_6H_5-\overline{O}|^{\ominus}$	$\xrightarrow{pH\ 9-10}$	$C_6H_5-N=N-C_6H_4-OH$
Diazo-Verbindungen (aliphatisch)	$-\overset{\ominus}{\underline{C}}H-\overset{\oplus}{N}\equiv N|$	$Ar-SO_2-N(CH_3)(NO)$	$\xrightarrow[-\ H_2O,\ -\ Ar-SO_3^{\ominus}K^{\oplus}]{+\ KOH}$	CH_2-N_2
Diazonium-Verbindungen (aromat.) (Diazoniumsalze)	$Ar-\overset{\oplus}{N}\equiv N|\ \ X^{\ominus}$	$C_6H_5-NH_2\cdot HCl$	$\xrightarrow[-\ 2H_2O]{+\ HNO_2}$	$C_6H_5-\overset{\oplus}{N_2}\ Cl^{\ominus}$
Azide	$-N_3$	CH_3I	$\xrightarrow[-\ NaI]{+\ NaN_3}$	CH_3-N_3
Säureazide	$-C(=O)-N_3$	$R-C(=O)-Cl$	$\xrightarrow[-\ NaCl]{+\ NaN_3}$	$R-C(=O)-N_3$

17 Diazo- und Diazoniumverbindungen

17.1 Diazonium-Verbindungen

3.10.6 Eines der wenigen Beispiele für die Bildung stabiler Produkte bei der Reaktion primärer Amine mit HNO_2 ist die Umsetzung von α-Aminosäure-estern (nicht der freien Aminosäuren!) mit HNO_2. Es entstehen mesomeriestabilisierte Diazoester.

Beispiel:

$$\underset{NH_2}{\overset{|}{CH_2}}-COOR \xrightarrow{HNO_2} \left[\overset{\ominus}{|CH}(-N^{\oplus}\equiv N|)-C(=\overline{O})-OR \longleftrightarrow CH(=N^{\oplus}=\overline{N}^{\ominus})-C(=\overline{O})-OR \longleftrightarrow CH(-N^{\oplus}\equiv N|)=C(-\overline{O}|^{\ominus})-OR \right]$$

Glycin-ethylester ($R = C_2H_5$)

Durch Umsetzung mit H—R erhält man daraus α-substituierte Essigsäure-ester $R{-}CH_2{-}COOR$.

Beispiel:

$$C_6H_5-NH_2 + N_2CH-COOC_2H_5 \xrightarrow[-N_2]{} C_6H_5-NH-CH_2-COOC_2H_5$$

Diazoessigester N-Phenyl-glycinethylester

Diazomethan

Die Darstellung des *giftigen, carcinogenen Diazomethans*, CH_2N_2, erfolgt - wegen seiner Neigung zu Explosionen - am besten in Lösung aus N-Nitroso-N-methyl-p-toluolsulfonamid:

$$H_3C-C_6H_4-SO_2-N(CH_3)(NO) + KOH \longrightarrow CH_2N_2 + CH_3-C_6H_4-SO_3^{\ominus}K^{\oplus} + H_2O$$

N-Nitroso-N-methyl-p-toluolsulfonamid K-Salz der p-Toluolsulfonsäure

Verwendung

① Diazomethan dient wegen seiner großen Reaktivität als Methylierungsmittel für C—H-acide Substanzen (Säuren, Alkohole, Phenole etc.)

und zur Erzeugung von Carben $|CH_2$, weil es unter Lichteinfluß in N_2 und $|CH_2$ zerfällt.

Methylierung:

$$\left[\begin{matrix} H \\ H \end{matrix} \overset{\ominus}{\underline{C}} - \overset{\oplus}{N} \equiv N| \longleftrightarrow \begin{matrix} H \\ H \end{matrix} C = \overset{\oplus}{N} = \overset{\ominus}{\underline{N}}| \right] \begin{cases} \xrightarrow[-N_2]{+RCOOH} R-COOCH_3 \text{ Methylester} \\ \xrightarrow[-N_2]{+ROH/Kat.} ROCH_3 \text{ Methylether} \end{cases}$$

Diazomethan

② Von Bedeutung ist Diazomethan auch für die Herstellung der präparativ wichtigen Diazoketone durch Umsetzung von Säurechloriden mit Diazomethan. Diazoketone können mehrere Folgereaktionen eingehen.

$$R-C\overset{O}{\underset{Cl}{\lessgtr}} + CH_2N_2 \longrightarrow \left[R-\underset{|\underline{O}|^{\ominus}}{C}-CH-\overset{\oplus}{N}\equiv N| \longleftrightarrow R-\underset{O}{\underset{\|}{C}}-\overset{\ominus}{\bar{C}}H-\overset{\oplus}{N}\equiv N| \right] \xrightarrow[Kat.]{-N_2} \begin{cases} \xrightarrow{HOH} R-CH_2-COOH \\ \xrightarrow{ROH} R-CH_2-COOR \\ \xrightarrow{NH_3} R-CH_2-CONH_2 \end{cases}$$

Diazoketon

Von den Beispielen soll der Carbonsäure-Aufbau nach *Arndt-Eistert* näher erläutert werden:

Carbonsäuren R—COOH, deren Rest R um eine CH_2-Gruppe verlängert werden soll ("Homologisierung"), führt man zuerst z.B. mit $SOCl_2$ in das Säurechlorid R—CO—Cl über. Dieses bildet mit Diazomethan wie angegeben ein Diazoketon, R—CO—CHN_2. Das mesomeriestabilisierte Diazoketon ist erheblich stabiler als Diazomethan, spaltet aber in einer durch Ag_2O katalysierten Reaktion N_2 ab unter Bildung eines Ketens RCHCO:

$$R-\overset{O}{\overset{\|}{C}}-\overset{H}{\overset{|}{\underset{\ominus}{\underline{C}}}}-\overset{\oplus}{N}\equiv N \xrightarrow[-N_2]{(Ag_2O)} \left[(R)-\overset{O}{\overset{\|}{C}}-\bar{C}-H \right] \longrightarrow O=C=C\begin{matrix} H \\ R \end{matrix}$$

Ketocarben Keten

Meist wird angenommen, daß zunächst ein Ketocarben entsteht, das sich unter 1,2-Alkyl-Verschiebung in ein Keten umlagert *(Wolff-Umlagerung)*.

Die Hydrolyse des Ketens liefert die homologe Carbonsäure:

$$R-CH=C=O + H_2\overline{O} \longrightarrow \left[R-CH=C\begin{matrix} \overline{O}|^{\ominus} \\ \overset{\oplus}{O}H_2 \end{matrix} \longleftrightarrow R-\overset{\ominus}{\bar{C}}H-C\begin{matrix} O \\ \overset{\oplus}{O}H_2 \end{matrix} \right] \longrightarrow R-CH_2-COOH$$

Wie in Kap. 16.3 erwähnt, geben primäre Amine mit HNO_2 Diazoniumsalze (Diazotierungsreaktion), die im Fall der aliphatischen Amine meist sofort zerfallen:

$$R{-}NH_2 + HNO_2 \xrightarrow{(HX)} [R{-}N{\equiv}N]^{\oplus}\ X^{\ominus} + 2\ H_2O$$

Diazoniumsalz

Bei aromatischen Aminen (R = Aryl) sind die Salze unter $5^{o}C$ haltbar und können weiter zu Azo-Verbindungen ($R^1{-}N{=}N{-}R^2$) umgesetzt werden ("Azokupplung"). Im Fall des Azobenzols ($R^1,R^2{=}C_6H_5$) konnten die cis-trans-Isomere getrennt isoliert werden.

17.2 Substitutions-Reaktionen mit Diazoniumsalzen

Azokupplung (elektrophile Substitution)

Kupplungsreaktionen sind von großer Bedeutung für die technische Synthese der Azofarbstoffe (s. Kap. 33). Die elektrophile Substitution ist in der Regel nur mit aktivierten Aromaten möglich. Dabei ist zwischen Phenolen und Aminen zu unterscheiden.

① *C-Kupplung* mit Phenolen

Die Reaktion erfolgt in schwach basischem Medium. Dort liegen Phenolat-Anionen vor, d.h. das aromatische System ist stärker aktiviert als im Phenol (vgl. Kap. 14.2). Neben der p-Azoverbindung entsteht auch teilweise die o-Azoverbindung, wie dies nach den Substitutionsregeln zu erwarten ist.

Benzoldiazonium-Ion

p-Hydroxy-azobenzol

(2) *Kupplung* mit Aminen

Bei Aminen hängt der Reaktionsverlauf vom pH-Wert und der Art des eingesetzten Amins ab. Das elektrophile Diazonium-Ion wird zunächst am Ort der höchsten Elektronendichte angreifen. Dies kann, wie im Fall b) auch die NH_2-Gruppe sein. Folgereaktionen, wie hier eine Umlagerung, sind dann möglich.

a)

$$C_6H_5-\overset{\oplus}{N}\equiv N| + C_6H_5-\overline{N}(CH_3)_2 \longrightarrow C_6H_5-N=N(H)C_6H_4=\overset{\oplus}{N}(CH_3)_2$$

N,N-Dimethyl-anilin

$$\downarrow$$

$$C_6H_5-N=N-C_6H_4-N(CH_3)_2$$

p-(N,N-Dimethyl-amino)-azobenzol

Hier kuppelt das freie Amin in schwach saurem Medium.

b)

$$C_6H_5-\overset{\oplus}{N}_2 + H_2N-C_6H_5 \underset{}{\overset{HOAc}{\rightleftharpoons}} \left[C_6H_5-N=N-\overset{\oplus}{N}H_2-C_6H_5\right] \underset{+H^{\oplus}}{\overset{-H^{\oplus}}{\rightleftharpoons}} C_6H_5-N=N-NH-C_6H_5$$

1,3-Diphenyltriazen

HCl/H_2O (links, abwärts); HCl/H_2O Umlagerung (rechts, abwärts)

$$C_6H_5-N=N(H)C_6H_4=\overset{\oplus}{N}H_2 \xrightarrow{-H^{\oplus}} C_6H_5-N=N-C_6H_4-NH_2$$

p-Aminoazobenzol

Bei der Diazotierung von Anilin in acetatgepuffertem schwach saurem Medium entsteht in einer kinetisch kontrollierten Reaktion ein Triazen, das sich in ein Azobenzol umlagert. Dazu erfolgt Rückspaltung des Triazens in das Diazonium-Ion und Anilin, die beide sich thermodynamisch kontrolliert zur Azoverbindung umsetzen. Diese Reaktion ist in stärker saurem Medium auch direkt möglich.

Diazo-Spaltung (nucleophile Substitution)

① Der Ersatz einer Diazonium-Gruppe durch ein H-Atom (formal durch $H^{\ominus}$!) gelingt am besten mit H_3PO_2. Dies ist dann erforderlich, wenn man bei einer Synthese die dirigierende Wirkung der NH_2-Gruppe in der Ausgangsverbindung ausnutzen will.

Beispiel: m-Bromtoluol läßt sich nicht durch Bromierung von Toluol herstellen, wohl aber über p-Toluidin (p-Amino-toluol). Die Umsetzung mit Acetanhydrid, die sog. Acetylierung, dient dem Schutz der NH_2-Gruppe:

Toluol $\xrightarrow[H_2SO_4]{HNO_3/}$ p-Nitrotoluol (CH_3, NO_2) $\xrightarrow{Sn/HCl}$ p-Toluidin (CH_3, NH_2) $\xrightarrow{(CH_3CO)_2O}$ (CH_3, $NHCOCH_3$) $\xrightarrow[-HBr]{+Br_2}$

(CH_3, Br, $NHCOCH_3$) $\xrightarrow{H_3O^{\oplus}}$ (CH_3, Br, NH_2) $\xrightarrow[HCl, 0°C]{NaNO_2/}$ (CH_3, Br, $N_2^{\oplus}Cl^{\ominus}$) $\xrightarrow[-H_3PO_3, -HCl, -N_2]{+H_3PO_2, +H_2O}$ (CH_3, Br)

② Arbeitet man bei höherer Temperatur, wird die Diazonium-Gruppe unter Stickstoff-Abspaltung in einer S_N1-Reaktion durch ein Anion wie $I^{\ominus}$ oder $OH^{\ominus}$ substituiert:

$$[C_6H_5-N{\equiv}N]^{\oplus}OH^{\ominus} \longrightarrow C_6H_5OH + N_2 \quad \text{(Phenol-Verkochung)}$$

Im Falle aliphatischer Diazoniumsalze entstehen Alkohole.

③ Fluorbenzole bilden sich beim Erhitzen der Tetrafluoroborate in einer S_N1-Reaktion *(Schiemann-Reaktion)*:

$$[C_6H_5-N{\equiv}N]^{\oplus} BF_4^{\ominus} \xrightarrow{\Delta} C_6H_5-F + BF_3 + N_2$$

Sandmeyer-Reaktion (radikalische Substitution)

Die Einführung von Cl-, Br-, –C≡N und anderen Gruppen gelingt am besten in Gegenwart von Cu(I)-Salzen als Katalysator (*Sandmeyer-Reaktion*, eine Radikalsubstitution):

$$[Ar{-}N_2^{\oplus}]X^{\ominus} + \overset{+1}{Cu}X \longrightarrow Ar\cdot + N_2 + \overset{+2}{Cu}X_2$$

$$Ar\cdot + CuX_2 \longrightarrow ArX + \overset{+1}{Cu}X; \qquad X = Cl,\ Br,\ CN\ u.a.$$

Reduktion von Diazonium-Salzen

Reduziert man das Phenyldiazonium-Salz mit Sulfit, erhält man Phenylhydrazin. Dieses wird ebenso wie 2,4-Dinitrophenylhydrazin benutzt, um von Carbonyl-Verbindungen gut kristallisierende, exakt schmelzende Derivate herzustellen:

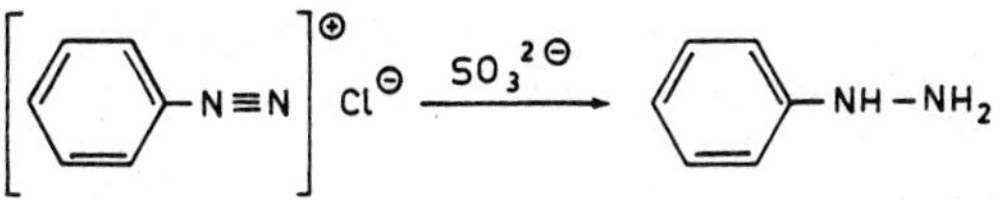

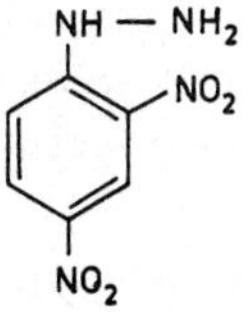

$$[C_6H_5{-}N{\equiv}N]^{\oplus}\,Cl^{\ominus} \xrightarrow{SO_3^{2\ominus}} C_6H_5{-}NH{-}NH_2$$

Phenylhydrazin

NH — NH_2, NO_2, NO_2

2,4-Dinitrophenylhydrazin

18 Nitroverbindungen

18.1 Nomenklatur und Darstellung

3.10.8 Man unterscheidet aromatische Nitroverbindungen und Nitroparaffine (Nitroalkane). Letztere leiten sich von den Paraffinen durch Ersatz eines H-Atoms durch die Nitrogruppe ab. Beachte: Bei Nitroverbindungen ist die NO_2-Gruppe über das Stickstoffatom mit Kohlenstoff verknüpft (C-N-Bindung). Zum Unterschied davon ist die NO_2-Gruppe der Salpetersäureester über ein O-Atom an Kohlenstoff gebunden (N-O-C-Bindung).

Das einfachste Nitroalkan ist Nitromethan, das mit Methylnitrit isomer ist:

CH_3-NO_2	CH_3-O-NO	CH_2-O-NO_2 $\vert$ $CH-O-NO_2$ $\vert$ CH_2-O-NO_2
Nitromethan	Methylnitrit (Salpetrigsäure-methylester)	Nitroglycerin Glycerintrinitrat (Salpetersäureester)

Darstellung:

(1.) Durch direkte Nitrierung von Alkanen mit Salpetersäure. Dabei handelt es sich vermutlich um eine radikalische Substitutionsreaktion. Bei den höheren Paraffinen erhält man Gemische verschiedener Nitroverbindungen:

$$CH_3-CH_3 + HNO_3 \xrightarrow[-H_2O]{450^\circ C} \underset{80-90\,\%}{C_2H_5-NO_2} + \underset{10-20\,\%}{CH_3-NO_2}$$

(2.) Eine brauchbare Methode im Labor ist die Umsetzung von Alkylhalogeniden mit Alkalinitrit. Allerdings entstehen hier gleichzeitig die isomeren Salpetrigsäureester (Alkylnitrite):

$$2\ R-X + 2\ NaNO_2 \longrightarrow \underset{\text{Nitroalkan}}{R-NO_2} + \underset{\text{Alkylnitrit}}{R-O-NO} + 2\ NaX$$

Die Bildung des Nitroalkans ist eine S_N2-Reaktion, die Synthese des Alkylnitrits verläuft nach S_N1. Eine Steuerung ist in begrenztem Umfang möglich durch Wahl eines geeigneten Reaktionspartners und Variation des Lösungsmittels (s. Kap. 10.4).

10.9 Die Nitrierung von Aromaten wurde bereits im Kap. 6.5 besprochen, der Einfluß der Nitrogruppe als Substituent im Kap. 7.2.

18.2 Chemische Eigenschaften

Bei der Nitrogruppe sind ebenso wie bei der Carboxylgruppe (s. Kap. 21.1) mehrere Grenzformeln möglich:

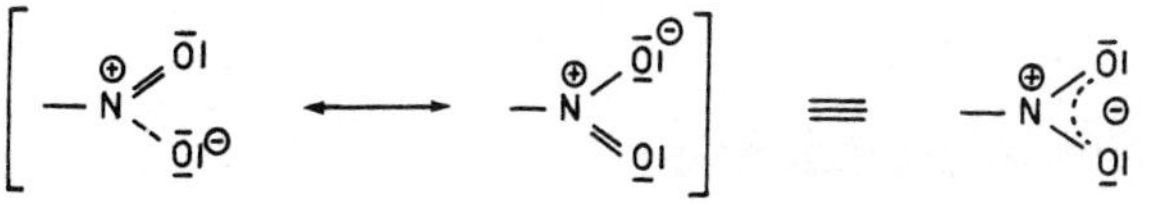

$$\left[-\overset{\oplus}{N}(=\bar{O}|)-\underline{\bar{O}}|^{\ominus} \longleftrightarrow -\overset{\oplus}{N}(-\bar{O}|^{\ominus})=\underline{O}| \right] \equiv -\overset{\oplus}{N}\langle O, O \rangle^{\ominus}$$

Benachbarte C–H-Bindungen werden durch die stark polare NO_2-Gruppe beeinflußt (-I-Effekt). *Primäre und sekundäre Nitroparaffine sind daher C–H-acide Verbindungen, die mit Basen Salze bilden.* Das nach Abgabe des Protons vom α-C-Atom entstandene Anion ist mesomerie-stabilisiert.

Beispiel:

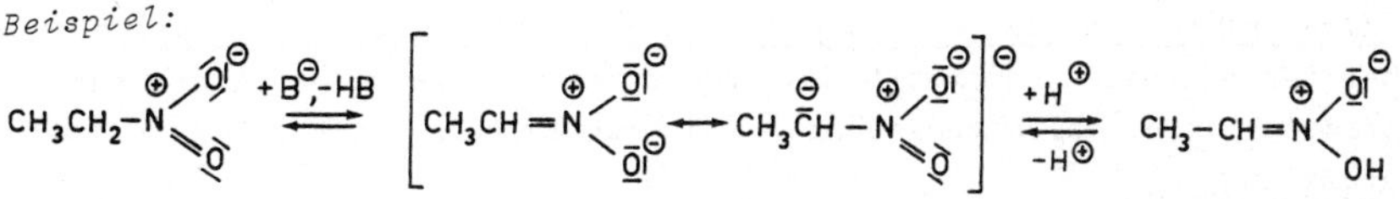

$$CH_3CH_2-\overset{\oplus}{N}O_2 \underset{}{\overset{+B^{\ominus}, -HB}{\rightleftharpoons}} \left[CH_3CH=\overset{\oplus}{N}(-O^{\ominus})_2 \longleftrightarrow CH_3\overset{\ominus}{\bar{C}}H-\overset{\oplus}{N}O_2 \right]^{\ominus} \underset{-H^{\oplus}}{\overset{+H^{\oplus}}{\rightleftharpoons}} CH_3-CH=\overset{\oplus}{N}(-\bar{O}|^{\ominus})-OH$$

nitro-Form   aci-Form

Durch Ansäuern erhält man die sog. aci-Form (analog zu der Enol-Form, s. Kap. 20.1).

Nitroalkane können mit starken Säuren gespalten werden. Aus primären Verbindungen entstehen Carbonsäuren und Hydroxylamin, aus sekundären Ketone und N_2O:

① $$CH_3-CH_2-CH_2-NO_2 \xrightarrow{H_3O^{\oplus}/H_2O} CH_3-CH_2-COOH + NH_2OH$$

1-Nitropropan   Propionsäure   Hydroxylamin

② $$2\ R_2CH-NO_2 \xrightarrow{H_3O^{\oplus}} 2\ R_2C=O + N_2O + H_2O$$

Keton

Sie reagieren ferner wie alle C–H-aciden Verbindungen mit Carbonyl-Verbindungen (s. Kap. 20.8). Ein bekanntes Beispiel ist die Kondensation von Nitromethan mit Trimethoxybenzaldehyd, dessen Reaktionsprodukt zu Mescalin reduziert werden kann:

$$(CH_3O)_3C_6H_2{-}CHO \xrightarrow[-H_2O]{+CH_3NO_2} (CH_3O)_3C_6H_2{-}CH{=}CH{-}NO_2 \xrightarrow[-2H_2O]{+4H_2} (CH_3O)_3C_6H_2{-}CH_2{-}CH_2{-}NH_2$$

3,4,5-Trimethoxybenzaldehyd (Gallylaldehyd-trimethylether) Trimethoxy-ω-nitrostyrol Mescalin

18.3 Reduktion von Nitro-Verbindungen

Bei der Reduktion aromatischer Nitro-Verbindungen lassen sich je nach der $H_3O^{\oplus}$-Konzentration verschiedene Produkte erhalten:

① Reduktion in *neutraler* bis schwach saurer Lösung: Es entsteht Phenylhydroxylamin, wobei Nitrosobenzol vermutlich eine Zwischenstufe bildet.

② Reduktion in *saurer* Lösung mit Metallen als Reduktionsmittel: Wie bei den Nitroalkanen erhält man direkt die entsprechende Amino-Verbindung, wobei man Nitrosobenzol und Phenylhydroxylamin als Zwischenstufe annimmt.

Allgemeine Reaktionsgleichung:

$$C_6H_5{-}NO_2 \xrightarrow{+2e^{\ominus}} C_6H_5{-}\overline{N}{=}\overline{O} \xrightarrow{+2e^{\ominus}} C_6H_5{-}NH{-}OH \xrightarrow{+2e^{\ominus}} C_6H_5{-}NH_2$$

Nitrobenzol Nitrosobenzol Phenylhydroxylamin Anilin

③ Reduktion in *alkalischem* Milieu: Es bildet sich zunächst Azoxybenzol, das aus den Reduktionsprodukten Nitrosobenzol und Phenylhydroxylamin unter Wasser-Abspaltung entsteht. Weitere Reduktion liefert Hydrazobenzol.

Nitroso-benzol + Phenyl-hydroxylamin $\xrightarrow{-H_2O}$ Azoxybenzol (gelb) $\xrightarrow{Red}$ Hydrazobenzol

Bei Verwendung stärkerer Reduktionsmittel erhalten wir aus Nitrobenzol Azobenzol, das durch katalytische Hydrierung in Hydrazobenzol überführt werden kann. Reduktion von Nitrobenzol mit Zn/NaOH liefert direkt Hydrazobenzol:

2 Nitrobenzol $\xrightarrow[NaOH]{SnCl_2}$ Azobenzol (rot) $\xrightarrow{+H_2}$ Hydrazobenzol (farblos)

(Nitrobenzol $\xrightarrow{Zn/NaOH}$ Hydrazobenzol)

18.4 Technische Verwendung von Nitro-Verbindungen

① Nitro-Verbindungen sind Ausgangsstoffe für Amine.

② Nitromethan und Nitrobenzol werden als Lösungsmittel verwendet.

③ *Handelsübliche Sprengstoffe sind meist Nitro-Verbindungen oder Salpetersäureester.* Der Grund hierfür ist ihre thermodynamische Labilität bei gleichzeitiger hoher kinetischer Stabilität.

Zerfallsgleichungen für 2,4,6-Trinitrotoluol (TNT) und Dynamit:

$$2\ H_3C{-}C_6H_2(NO_2)_3 \longrightarrow 7\ CO + 7\ C + 5\ H_2O + 3\ N_2;$$

$$\Delta H = -940\ kJ \cdot mol^{-1} \mathrel{\hat{=}} 4\ kJ \cdot g^{-1}$$

$$4\ C_3H_5(ONO_2)_3 \longrightarrow 12\ CO_2 + 10\ H_2O + 6\ N_2 + O_2$$

Wichtige Sprengstoffe für Explosionen (Stoßwelle < 1000 m sec^{-1}) und Detonationen (Stoßwelle 2000 - 8000 m sec^{-1}) sind: Ester, z.B. Cellulosenitrat (Schießbaumwolle), Glycerintrinitrat (als Dynamit, aufgesaugt z.B. in Kieselgur, als Sprenggelatine mit Cellulosenitrat), Pentaerythrit-tetranitrat $(CH_2ONO_2)_4$; Nitro-Verbindungen wie TNT, Nitroguanidin, Hexogen (1,3,5-Trinitro-1,3,5-triaza-cyclohexan).

19 Schwefelverbindungen

Die einfachste Schwefel-Kohlenstoffverbindung ist der leichtentzündliche Schwefelkohlenstoff CS_2. Vom Schwefelwasserstoff H_2S leiten sich den Alkoholen und Ethern analoge Verbindungen ab, die Thiole (Mercaptane) und die Sulfide (Thioether). Daneben existieren andere Schwefel-Sauerstoff-Verbindungen, wie Sulfonsäuren, Sulfoxide und Sulfone.

19.1 Thiole

3.11.1 *Thiole oder Thioalkohole sind Monosubstitutionsprodukte des H_2S und enthalten als funktionelle Gruppe die SH-Gruppe.* Eine andere Bezeich-
3.11.2 nung ist *Mercaptane*, da die Thiole leicht Quecksilbersalze (Mercaptide) bilden ("mercurium captans").

$$2\ R{-}SH + HgO \longrightarrow (R{-}S)_2Hg + H_2O$$

Beispiele:

C_2H_5SH	$CH_3{-}SH$	$C_2H_5{-}S{-}C_2H_5$	$C_6H_5{-}SH$
Ethanthiol	Methanthiol	Diethylsulfid	Phenylmercaptan
Ethylmercaptan	Methylmercaptan		Thiophenol

Ebenso wie H_2S sind Thiole nicht assoziiert und zeigen einen im Vergleich zu den Alkoholen niedrigeren Siedepunkt (Abb. 28), da sie keine H-Brücken ausbilden können. Thiole sind auch viel stärker sauer als Alkohole (kleinerer pK_s-Wert) und bilden gut kristallisierende Schwermetallsalze. Sie lassen sich an ihrem äußerst widerwärtigen Geruch leicht erkennen.

Darstellung

Thiole können auf verschiedene Weise leicht hergestellt werden.

① Aus allen Mercaptiden wird durch Mineralsäure das Mercaptan freigesetzt:

$$(C_2H_5S)_2Hg + 2\ HCl \longrightarrow 2\ C_2H_5\text{–}SH + HgCl_2$$

Ethylmercaptan

② Durch Erhitzen von Halogenalkanen mit Kaliumhydrogensulfid:

$$CH_3\text{–}I \ + \ K\text{–}SH \longrightarrow CH_3\text{–}SH \ + \ KI$$

Methyliodid → Methylmercaptan

③ In einer Grignard-Reaktion:

$$R\text{–}MgX \xrightarrow{+\ S} R\text{–}S\text{–}MgX \xrightarrow{H_2O} R\text{–}SH \qquad R = Ar,\ tert.\ Alkyl$$

④ Erhitzen von S-Alkyl-isothiuroniumsalzen (zugänglich aus Thioharnstoff und Halogenalkanen) mit Natronlauge:

$$S{=}C(NH_2)_2 \xrightarrow{R-Br} \left[R\text{–}S\text{–}C(={\overset{\oplus}{N}H_2})NH_2\right] Br^{\ominus} \xrightarrow{NaOH} R\text{–}SH + NaBr + O{=}C(NH_2)_2$$

Thioharnstoff — Isothiuroniumsalz — Thiol

Vorkommen

In der Natur bilden sich Thiole bei Zersetzungsprozessen (Fäulnis) von Eiweiß (S-haltige Verbindungen); sie sind für den unangenehmen Geruch bei der Verwesung organischer Substanz mitverantwortlich.

Reaktionen

Thiole können ebenso wie Alkohole oxidiert werden, jedoch ist z.B. Ethylmercaptan leichter zu oxidieren als Ethanol. Der Angriff erfolgt nicht am C-Atom wie bei den Alkoholen, sondern am S-Atom. Man erhält Disulfide und Sulfonsäuren. Disulfide sind erheblich stabiler als ihre Sauerstoff-Analogen, die Peroxide.

$$2\ R-SH \xrightarrow{Ox} R-S-S-R + 2\ H^{\oplus} + 2\ e^{\ominus}$$

Thiol Disulfid

Beispiele:

$$2\ CH_3CH_2SH \longrightarrow C_2H_5-S-S-C_2H_5 + 2\ H^{\oplus} + 2\ e^{\ominus}$$

Ethanthiol Diethyldisulfid

$$R-SH \xrightarrow{O_2} R-S-OH \xrightarrow{O_2} R-S(=O)-OH \xrightarrow{O_2} R-S(=O)_2-OH$$

Sulfensäure Sulfinsäure Sulfonsäure

Ein biochemisch wichtiges Derivat des Ethylmercaptans ist die Aminosäure Cystein. Durch Dehydrierung (Oxidation) erhält man das Disulfid Cystin, das wieder zu Cystein reduziert werden kann. Diese Redox-Reaktion ist ein wichtiger biochemischer Vorgang in der lebenden Zelle. Durch Decarboxylierung von Cystein entsteht Cysteamin, $NH_2-CH_2-CH_2-SH$, dessen SH-Gruppe die aktivierende Gruppe im Coenzym A ist.

$$2\ H_2N-CH(CO_2H)-CH_2-SH \underset{+2H}{\overset{-2H}{\rightleftharpoons}} H_2N-CH(CO_2H)-CH_2-S-S-CH_2-CH(CO_2H)-NH_2$$

Cystein Cystin

$$2\ H_2N-CH(CO_2H)-CH_2-SH \xrightarrow{-CO_2} H_2N-CH_2-CH_2-SH$$

Cystein Cysteamin

Durch katalytische Hydrierung ist eine Desulfurierung möglich: $R-SH + H_2 \longrightarrow R-H + H_2S$. Diese Reaktion ist wichtig zur Entfernung von Thiolen aus dem Erdöl (Entschwefelung, vgl. Claus-Prozeß, HT, Bd. 247).

19.2 Thioether (Sulfide)

3.11.1 3.11.3 Die Thioether, analog den Ethern benannt, sind eigentlich als Sulfide aufzufassen und zu benennen. *Sie leiten sich formal vom Schwefelwasserstoff ab, in dem die beiden H-Atome durch Alkyl-Gruppen ersetzt sind.* Man erhält Thioether durch Erhitzen von Halogenalkanen mit Alkalimercaptiden oder Kaliumsulfid:

$$CH_3I + Na^{\oplus}\,{}^{\ominus}\bar{S}-CH_3 \longrightarrow CH_3-\bar{\underline{S}}-CH_3 + NaI$$

Mercaptid — Dimethylsulfid

$$2\,C_2H_5Cl + K_2S \longrightarrow C_2H_5-\bar{\underline{S}}-C_2H_5 + 2\,KCl$$

Diethylsulfid

Tetrahydrothiophen (cyclischer Thioether, Odorierungsmittel für Erdgas)

$$Cl-CH_2-CH_2-\bar{\underline{S}}-CH_2-CH_2-Cl$$

Bis(2-chlorethyl)sulfid, (Senfgas, Lost, Gelbkreuz)

Reaktionen

Thioether können aufgrund der beiden einsamen Elektronenpaare am S-Atom folgende Reaktionen eingehen:

① Mit Halogenalkanen entstehen Trialkylsulfoniumsalze. Der Schwefel ist hier dreibindig. Sulfoniumsalze sind die S-analogen Verbindungen der Oxoniumsalze:

$$R^1R^2\bar{\underline{S}} + R^3-Cl \longrightarrow R^1R^2R^3\bar{S}^{\oplus}\;Cl^{\ominus}$$

Thioether — Halogenalkan — Sulfoniumsalz

für $R^1 \neq R^2 \neq R^3$ existieren zwei Enantiomere

② Mit Sauerstoff entstehen zunächst Sulfoxide, dann Sulfone:

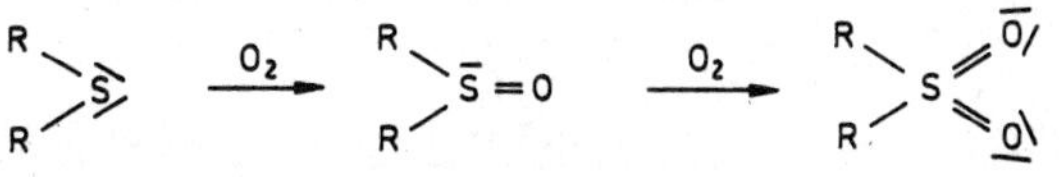

$$R_2\bar{\underline{S}} \xrightarrow{O_2} R_2\bar{S}=O \xrightarrow{O_2} R_2S(=\bar{\underline{O}})_2$$

Thioether — Sulfoxid — Sulfon 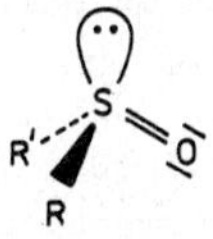 — Sulfoxid

Ein als Lösungsmittel gebräuchliches Sulfoxid ist das Dimethylsulfoxid $(CH_3)_2SO$ (DMSO), das allerdings mit starken Basen Carbanionen bildet (vgl. Carbonylgruppe Kap. 20.8.).

Diese CH-Acidität wird bei einigen interessanten Synthesen ausgenutzt.

Beispiel: Carbanionbildung mit Natriumhydrid

$$H_3C-\overset{\overset{|\overline{O}|^{\ominus}}{|}}{\underset{\oplus}{\underline{S}}}-CH_3 + NaH \longrightarrow CH_3-\overset{\overset{|\overline{O}|^{\ominus}}{|}}{\underset{\oplus}{\underline{S}}}-\overset{\ominus}{\overline{C}}H_2\ Na^{\oplus}$$

Die Formel des Sulfons zeigt, daß der Schwefel nicht immer der Oktettregel gehorcht: Im Gegensatz zum Sauerstoff, der seine Außenelektronen nur auf dem s- und p-Niveau unterbringen kann (vgl. Kap. 20), verfügt der Schwefel noch über freie d-Orbitale. Die Ausbildung einer p_{π}-d_{π}-Bindung kann zu einem pyramidalen Molekül führen.

19.3 Sulfonsäuren

3.11.1 3.11.5 *Die SO_3H-Gruppe heißt Sulfonsäure-Gruppe.* Sulfonsäuren dürfen nicht mit Schwefelsäureestern verwechselt werden: In den Estern ist der Schwefel über Sauerstoff mit Kohlenstoff verbunden (Kap. 13.4), in den Sulfonsäuren ist S direkt an ein C-Atom gebunden. Aromatische Sulfonsäuren entstehen durch Sulfonierung von Benzol mit SO_3 oder konz. Schwefelsäure,

$$C_6H_6 + SO_3 \longrightarrow C_6H_5-SO_3H$$

Benzolsulfonsäure

Die Sulfonat-Gruppe geht nur unter drastischen Bedingungen eine nucleophile aromatische Substitution ein: Phenol oder Nitrile erhält man in Salzschmelzen von Alkalihydroxiden bzw. -cyaniden bei 200 - 350° C.

Bei Einwirkung von Chlorsulfonsäure ("Sulfochlorierung") entstehen Sulfonsäurechloride, die weiter umgesetzt werden können:

$$C_6H_6 + ClSO_3H \xrightarrow[-H_2O]{} C_6H_5{-}SO_2Cl$$

Benzolsulfochlorid

$$C_6H_5{-}SO_2Cl + NaOH \longrightarrow C_6H_5{-}SO_3^{\ominus}Na^{\oplus} + HCl$$

Na-Benzolsulfonat

$$C_6H_5{-}SO_2Cl + NH_3 \longrightarrow C_6H_5{-}SO_2NH_2 + HCl$$

Benzolsulfonamid

$$C_6H_5{-}SO_2Cl + ROH + NaOH \longrightarrow C_6H_5{-}SO_2{-}OR + NaCl + H_2O$$

Benzolsulfonsäureester

Verwendung von Sulfonsäuren

Die Natriumsalze alkylierter aromatischer Sulfonsäuren dienen als Tenside (vgl. Kap. 35). Einige Sulfonamide werden als Chemotherapeutica verwendet. Stammsubstanz ist das *Sulfanilamid* $H_2N{-}C_6H_4{-}SO_2{-}NH_2$ (p-Amino-benzolsulfonamid), das als Amid der Sulfanilsäure $H_2N{-}C_6H_4{-}SO_3H$ (p-Amino-benzolsulfonsäure) anzusehen ist.

Weitere *Beispiele:*

$$H_2N{-}C_6H_4{-}SO_2{-}NH{-}C(=S){-}NH_2$$

Sulfathiocarbamid

$$HOOC{-}CH_2{-}CH_2{-}C(=O){-}NH{-}C_6H_4{-}SO_2NH{-}C_3H_2NS$$

Succinoylsulfathiazol

Die antibakterielle Wirkung der Sulfonamide beruht darauf, daß sie von den Enzymen als Metaboliten anstelle der p-Amino-benzoesäure, $HOOC{-}C_6H_4{-}NH_2$, eingesetzt werden. Die Wirksamkeit der verschiedenen Sulfonamide hängt u.a. von der Art des Restes R ab, der als Substituent am Amid-stickstoff sitzt. Da Sulfonamide im Organismus am Amid-stickstoff teilweise acetyliert werden, setzt man Kombinationspräparate oder entsprechend disubstituierte Verbindungen ein.

Von den Alkansulfonsäuren ist das Methansulfonylchlorid ("Mesylchlorid") als Hilfsmittel bei Synthesen sehr beliebt, weil sich damit leicht die $-SO_2CH_3$-Gruppe einführen läßt, die auch eine gute Abgangsgruppe darstellt:

$$C_6H_{11}OH \xrightarrow[\text{Base}]{+CH_3SO_2Cl} C_6H_{11}\text{-O-}SO_2CH_3 \xrightarrow[-CH_3SO_3^{\ominus}K^{\oplus}]{+CH_3COO^{\ominus}K^{\oplus}} C_6H_{11}\text{-O-}\underset{\underset{O}{\|}}{C}\text{-}CH_3$$

Cyclohexanol — Cyclohexylmethansulfonat — Cyclohexylacetat

Methansulfonylchlorid ist hinsichtlich Substitutions- und Eliminierungsreaktionen einem Halogenalkan vergleichbar (vgl. Kap. 9).

Einige technisch und biologisch wichtige Schwefel-Verbindungen

Außer den Aminosäuren Methionin, Cystein und Cystin sind auch cyclische Sulfide von Bedeutung.

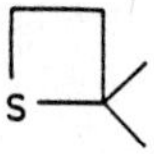

2,2-Dimethylthietan (Nerz, Iltis)

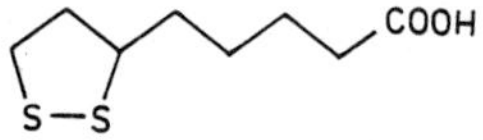

Liponsäure (Fettsäurestoffwechsel)

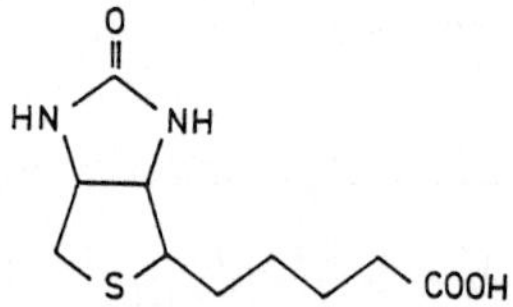

Biotin (Vit. H, als Enzym zur Übertragung von —COOH)

Stinktier (mephitis mephitis):

- $H_3C\text{—}CH(CH_3)\text{—}CH_2\text{—}CH_2\text{—}SH$ 3-Methyl-1-butanthiol
- $H_3C\text{—}CH\text{=}CH\text{—}CH_2\text{—}SH$ E-2-Buten-1-thiol
- $H_3C\text{—}CH\text{=}CH\text{—}CH_2\text{—}S\text{—}S\text{—}CH_3$ E-2-Butenyl-methyl-disulfid

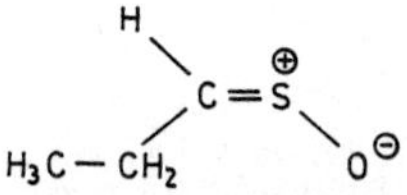

$H_3C\text{—}CH_2\text{—}CH\text{=}S^{\oplus}\text{—}O^{\ominus}$

Propen-1-sulfensäure (Tränenreizstoff der Zwiebel, $CH_3\text{—}CH\text{=}CH\text{—}SOH$)

$HS\text{—}CH_2\text{—}COOH$

Thioglycolsäure (Bestandteil von Kaltwellpräparaten)

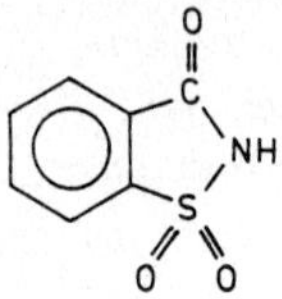

Saccharin (o-Sulfobenzoesäureimid)

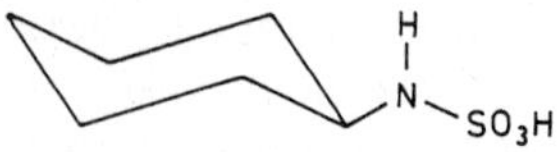

Cyclamat (Cyclohexylamid der Schwefelsäure)

Die Süßstoffe werden in Form ihrer Salze verwendet.

Verbindungen mit ungesättigten funktionellen Gruppen

Die Carbonyl-Gruppe

3.2.8 Die wichtigste funktionelle Gruppe ist die Carbonyl-Gruppe $R^1R^2C=\underline{\bar{O}}$.
12.2 In ihr benutzt der Kohlenstoff sp^2-Hybridorbitale. R, C und O liegen demzufolge in einer Ebene und haben Bindungswinkel von $\approx 120^{\circ}$. Zwischen C und O ist zusätzlich zur σ-Bindung eine π-Bindung ausgebildet.

Der Unterschied zwischen einer C=C- und einer C=O-Bindung besteht darin, daß die Carbonyl-Gruppe polar ist, weil Sauerstoff elektronegativer als Kohlenstoff ist. Die Carbonyl-Gruppe besitzt am Kohlenstoff ein elektrophiles und am Sauerstoff ein nucleophiles Zentrum, d.h. das C-Atom ist positiv polarisiert (trägt eine positive Partialladung), das O-Atom ist negativ polarisiert (trägt eine negative Partialladung) (Abb. 29). Die Polarität läßt sich durch Messung der Dipolmomente von Aldehyden und Ketonen nachweisen.

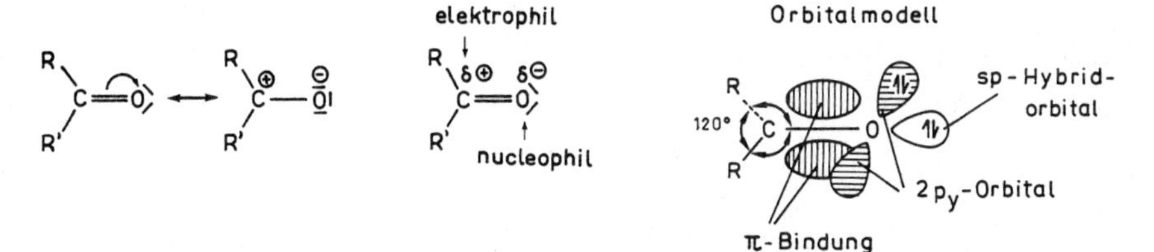

Abb. 29. Die σ-Bindungen sind durch Linien dargestellt. Die freien Elektronenpaare des Sauerstoffs sind zusätzlich eingezeichnet. Sie befinden sich in einem sp-Hybridorbital bzw. $2p_y$-Orbital des Sauerstoffs. R, R', C und O liegen in einer Ebene

Carbonyl-Verbindungen lassen sich etwa wie folgt nach steigender Reaktivität ordnen:

$$R{-}C(=O){-}\overline{\underline{O}}|^{\ominus} < R{-}C(=O){-}\underline{O}H < R{-}C(=O){-}|NR_2 < R{-}C(=O){-}\underline{O}R < R{-}C(=O){-}CH_3 < R{-}C(=O){-}H < R{-}C(=O){-}Cl$$

Die positive Partialladung am C-Atom kann von den Substituenten immer weniger kompensiert werden. Dies ist von großer Bedeutung für Reaktionen mit Carbonyl-Gruppen. Schlüsselschritt bei den meisten Umsetzungen ist nämlich die Addition eines Nucleophils:

$$\begin{matrix} R \\ R' \end{matrix}\!\!>C=O \;+\; |Y^{\ominus} \;\rightleftharpoons\; R-\underset{R'}{\overset{|\overline{O}|^{\ominus}}{C}}-Y \;\longrightarrow\; \text{Produkte}$$

Die Folgereaktionen werden somit durch die Eigenschaften der entstandenen tetraedrisch koordinierten Zwischenstufe bestimmt.

Elektrophile, z.B. Protonen, lagern sich demgegenüber am negativierten Sauerstoffatom an.

Beispiel: Säurekatalysierte Aldolreaktion, Chlormethylierung.

20 Aldehyde und Ketone

2.1 Aldehyde und Ketone sind primäre Oxidationsprodukte der Alkohole. Sie haben die Carbonyl-Gruppe gemeinsam. Bei einem Aldehyd trägt das C-Atom dieser Gruppe ein H-Atom und ist mit einem zweiten C-Atom verbunden (Aldehyd = *Al*kohol *dehyd*riert). Beim Keton ist das Carbonyl-C-Atom mit zwei weiteren C-Atomen verknüpft. (Beachte: Ein Lacton ist kein Keton!)

Aldehyde tragen die Endsilbe -al, Ketone die Endung -on. Für Aldehyde werden gelegentlich Namen benutzt, die von der entsprechenden Carbonsäure abgeleitet sind.

H–C(H)=O	H_3C–C(H)=O	C_6H_5–C(=O)–H	H_3C–C(=O)–CH_3	C_6H_5–C(=O)–CH_3
Formaldehyd, Methanal	Acetaldehyd, Ethanal	Benzaldehyd	Aceton, Propanon	Acetophenon, Methylphenylketon

20.1 Eigenschaften

.8 Die Siedepunkte der Aldehyde und Ketone liegen tiefer als die der analogen Alkohole, da die Moleküle untereinander keine H-Brücken ausbilden können. Niedere Aldehyde und Ketone sind wasserlöslich und können mit H_2O-Molekülen H-Brücken bilden und zu Additionsprodukten (Hydrate) reagieren.

.9 *Keto-Enol-Tautomerie*

Aldehyde und Ketone mit α-ständigen Wasserstoff-Atomen bilden "tautomere Gleichgewichte" mit den entsprechenden Enolen (Enol = Verbindung, in der eine OH-Gruppe direkt an eine C=C-Bindung gebunden ist). *Tautomerie ist der rasche, reversible Übergang einer konstitutions-*

isomeren Form in eine andere. Oft unterscheiden sich die beiden Formen durch die Stellung eines Protons (Prototropie, Protonen-Isomerie). Bei der Keto-Enol-Tautomerie besteht ein Keton-Enol-Gleichgewicht:

$$-\overset{H_\alpha}{\underset{|}{\overset{|}{C}}}-C\!\overset{O}{\underset{\diagdown}{\lessgtr}} \rightleftharpoons \;>C=C\!\overset{OH}{\underset{\diagdown}{<}}$$

Keton — Enol — Keto-Enol-Tautomerie

Die Lage des Gleichgewichts hängt von der Temperatur, dem Reaktionsmedium und dem Energieinhalt der beiden Formen ab. Enole reagieren leicht mit elektrophilen Reagenzien. Keto-Enol-Gleichgewichte sind bezüglich ihres Reaktionsverhaltens von außerordentlicher Bedeutung.

Beispiele:

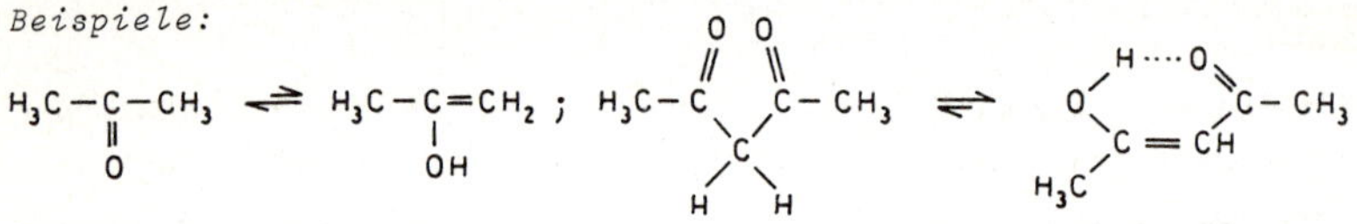

$$H_3C-\underset{\underset{O}{\|}}{C}-CH_3 \rightleftharpoons H_3C-\underset{\underset{OH}{|}}{C}=CH_2 \;;\quad H_3C-\overset{O}{\overset{\|}{C}}-CH_2-\overset{O}{\overset{\|}{C}}-CH_3 \rightleftharpoons H_3C-C(-O-H\cdots O=)=CH-C-CH_3$$

Keto-Form — Enol-Form (0,0003 %) — Acetylaceton (Pentan-2,4-dion)

Aceton

Während sich bei reinen Aldehyden und Ketonen das Gleichgewicht nur langsam einstellt, erfolgt diese Einstellung in Lösung (durch Säuren und Basen katalysiert) schneller. Meist liegt das Gleichgewicht auf der Seite des Ketons.

20.2 Darstellung von Aldehyden und Ketonen

① Die Oxidation primärer Alkohole gibt Aldehyde, die sekundärer Alkohole Ketone (s. Kap. 13.6). Gebräuchliche Oxidationsmittel sind $KMnO_4$, $K_2Cr_2O_7$ oder CrO_3.

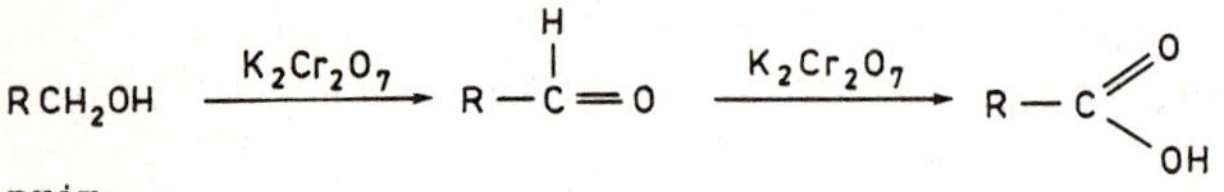

$$RCH_2OH \xrightarrow{K_2Cr_2O_7} R-\overset{H}{\overset{|}{C}}=O \xrightarrow{K_2Cr_2O_7} R-C\!\overset{O}{\underset{OH}{\lessgtr}}$$

prim. Alkohol — Aldehyd — Carbonsäure

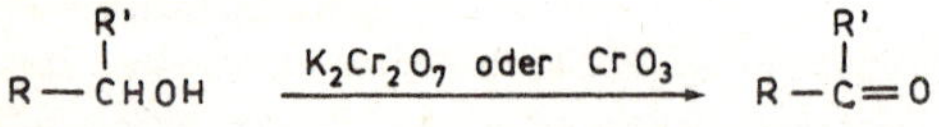

$$R-\overset{R'}{\overset{|}{C}}HOH \xrightarrow{K_2Cr_2O_7 \text{ oder } CrO_3} R-\overset{R'}{\overset{|}{C}}=O$$

sek. Alkohol — Keton

Bei primären Alkoholen führt die Oxidation leicht bis zu den Carbonsäuren, daher muß die Aldehyd-Zwischenstufe durch spezielle Methoden aus dem Reaktionsgemisch entfernt werden. Selektiv zu verwendende Oxidationsreagenzien sind Silber oder Kupfer, aber auch hier muß der Aldehyd durch Abdestillieren vor weiterer Oxidation geschützt werden.

.14 Eine selektive Oxidation von Methylketonen zu α-Ketoaldehyden durch Selendioxid ermöglicht die Riley-Reaktion:

$$C_6H_5-\underset{\underset{O}{\|}}{C}-CH_3 \xrightarrow{SeO_2} C_6H_5-\underset{\underset{O}{\|}}{C}-\underset{\underset{O}{\|}}{C}-H$$

Acetophenon   Phenylglyoxal

Eine andere Möglichkeit bietet das Abfangen des Aldehyds als Diacetat (Ester des Aldehyd-hydrats) mit Acetanhydrid (Ar = Aryl-Gruppe):

$$Ar-CH_3 \xrightarrow[(CH_3CO)_2O]{CrO_3} Ar-CH(O-\overset{\overset{O}{\|}}{C}-CH_3)(O-\underset{\underset{O}{\|}}{C}-CH_3) \xrightarrow{H_2O} Ar-CHO$$

(2) Die Reduktion von Carbonsäurechloriden mit H_2 und Palladium als Katalysator führt zu gesättigten Alkoholen. Zusatz von $BaSO_4$ und eines Kontaktgiftes (Thioharnstoff, Phenylsenföl) verhindert, daß der zunächst entstehende Aldehyd zum Alkohol reduziert wird. Dieses Verfahren ist als *Rosenmund-Reduktion* zur Darstellung von Aldehyden aus Säurechloriden bekannt:

$$R-C\begin{smallmatrix}Cl\\ \\ O\end{smallmatrix} + H_2 \xrightarrow{(Pd/BaSO_4)} R-C\begin{smallmatrix}H\\ \\ O\end{smallmatrix} + HCl$$

Säurechlorid   Aldehyd

(3) Während mittels $AlCl_3$ und R-Hal etc. die Einführung eines Alkyl-Restes in den Aromaten möglich ist (Friedel-Crafts-Alkylierung, s. Kap. 6.5), erhält man bei Verwendung von Säurechloriden aromatische Ketone *(Friedel-Crafts-Acylierung)*.

$$C_6H_5-H + Cl-\underset{\underset{O}{\|}}{C}-CH_3 \xrightarrow[-\ HCl]{(AlCl_3)} C_6H_5-\underset{\underset{O}{\|}}{C}-CH_3$$

Acetophenon

④ Ein Spezialfall der Friedel-Crafts-Acylierung ist die *Vilsmeier-Reaktion*. Hier gelingt die Einführung des Formaldehyd-Restes in den Ring und somit die Darstellung aromatischer Aldehyde mittels Phosphoroxi-trichlorid und N-Methylformanilid als CHO-Donator. Damit lassen sich wichtige aromatische Aldehyde wie Anisaldehyd und Vanillin darstellen.

Die Reaktion verläuft über "Vilsmeier-Komplexe", die durch Addition des $POCl_3$ an N-Methylformanilid entstehen. Aus ihnen bildet sich ein mesomerie-stabilisiertes Carbenium-Ion, das elektrophil am Aromaten angreift. Hydrolyse des Primärproduktes gibt den Aldehyd und N-Methylanilin-hydrochlorid.

Beispiel:

$$C_6H_5{-}N(CH_3){-}CH{=}O \xrightarrow{+\,POCl_3} \left[C_6H_5{-}\overset{\oplus}{N}(CH_3){-}CH{-}O{-}P(=O)Cl_2\right]Cl^{\ominus} \longrightarrow \left[C_6H_5{-}\bar{N}(CH_3){-}\overset{\oplus}{C}HCl \longleftrightarrow C_6H_5{-}\overset{\oplus}{N}(CH_3){=}CHCl\right]$$

$$\downarrow + CH_3O{-}C_6H_5 \text{ (Anisol)}$$

$$C_6H_5{-}N(CH_3){-}H + CH_3{-}\bar{O}{-}C_6H_4{-}CH{=}O \xleftarrow[-\,H^{\oplus},\,-HCl]{-\,H_2O} \left[CH_3\overset{\oplus}{O}{=}C_6H_4(H){-}CH(Cl){-}N(CH_3)(C_6H_5)\right]$$

N-Methylanilin (als Hydrochlorid) | Anisaldehyd 4-Methoxybenzaldehyd (+ o-Isomeres) | Primärprodukt

⑤ Aromatische Aldehyde und Ketone können auch durch andere elektrophile Substitutionsreaktionen erhalten werden. Dazu gehören die *Reimer-Tiemann-Reaktion* (Kap. 14.3) sowie die *Houben-Hoesch-Synthese*:

$$Ar{-}H + R{-}CN + HCl \xrightarrow{AlCl_3} \left[Ar{-}\underset{\overset{\|}{\oplus NH_2}}{C}{-}R\right]Cl^{\ominus} \xrightarrow[-\,NH_4Cl]{+\,H_2O} Ar{-}\underset{\overset{\|}{O}}{C}{-}R$$

Ar-H = nur Phenole!

⑥ Die analoge Reaktion mit HCN gibt Aldehyde und heißt *Gattermann-Formylierung*, da die CHO-Gruppe in den Aromaten eingeführt wird.

⑦ Ozonid-Spaltung zur Herstellung von Aldehyden und Ketonen s. Kap. 4.3.

⑧ Grignard-Synthesen und verwandte Reaktionen s. Kap. 12.4.

⑨ Ketone werden auch bei der sog. Keton-Spaltung der Ketocarbonsäureester erhalten, s. Kap. 22.3.

20.3 Diketone

Verbindungen, die zwei C=O-Gruppierungen im Molekül enthalten, heißen Diketone. Je nach Stellung ihrer Carbonyl-Funktionen zueinander werden 1,2-, 1,3- und 1,4-Diketone bzw. α-, β- und γ-Diketone unterschieden. Von besonderer Bedeutung ist die Reaktion von Diketonen mit Aminen. Diese Umsetzungen ermöglichen einen guten Zugang zu Heterocyclen (s. Kap. 25).

1,2-Diketone (α-Diketone)

1,2-Diketone sind wichtige Ausgangssubstanzen für die präparative organische Chemie. Ihre Dioxime werden in der Analytik zum Nachweis bestimmter Metallkationen verwendet, z.B. Diacetyldioxim für $Ni^{2\oplus}$ (s. HT, Bd. 247).

Die einfachsten Vertreter sind Diacetyl (Dimethylglyoxal) und Benzil.

$$H_3C-\underset{\underset{O}{\|}}{C}-\underset{\underset{O}{\|}}{C}-CH_3 \xrightarrow[-\,2\,H_2O]{+\,2\,NH_2-OH} H_3C-\underset{\underset{\underset{OH}{|}}{\underset{N}{\|}}}{C}-\underset{\underset{\underset{OH}{|}}{\underset{N}{\|}}}{C}-CH_3$$

Diacetyl — Diacetyldioxim (Dimethylglyoxim)

4 Herstellung von Diacetyl:

Neben der Oxidation mit Selendioxid lassen sich Methyl- oder Methylengruppen, die einer Carbonylgruppe direkt benachbart sind, noch auf folgende Weise oxidieren:

$$CH_3-\underset{\underset{O}{\|}}{C}-CH_2-CH_3 \xrightarrow[(S_E)]{HNO_2} CH_3-\underset{\underset{O}{\|}}{C}-\underset{\underset{NO}{|}}{CH}-CH_3 \xrightarrow[\text{merie}]{\text{Tauto-}} CH_3-\underset{\underset{O}{\|}}{C}-\underset{\underset{NOH}{\|}}{C}-CH_3$$

$$\xrightarrow[-NH_2OH]{+\,H_2O} CH_3-\underset{\underset{O}{\|}}{C}-\underset{\underset{O}{\|}}{C}-CH_3 \quad \text{Diacetyl (Butandion-2,3)}$$

$$C_6H_5-CO-CO-C_6H_5 \xrightarrow[-2\,H_2O]{+2\,NH_2-OH} C_6H_5-C(=N-OH)-C(=N-OH)-C_6H_5$$

Benzil — Benzil-dioxim

Benzil kann durch Oxidation von Benzoin mit Salpetersäure leicht hergestellt werden:

$$C_6H_5-CO-CH(OH)-C_6H_5 \xrightarrow[-H_2O]{+\frac{1}{2}O_2} C_6H_5-CO-CO-C_6H_5$$

Benzoin — Benzil

Benzil zeigt als charakteristische Reaktion die *Benzilsäure-Umlagerung*. Beim Erhitzen entsteht unter der Einwirkung einer Base Benzilsäure in einer anionotropen 1,2-Verschiebung.

Es handelt sich um einen intramolekularen Redoxvorgang (vgl. Mechanismus der Cannizzaro-Reaktion, Kap. 20.5).

$$Ph-CO-CO-Ph \xrightarrow{OH^\ominus} HO-C(Ph)(O^\ominus)-CO-Ph \rightarrow HO-CO-C(O^\ominus)(Ph)-Ph \rightleftharpoons {}^\ominus O-CO-C(OH)(Ph)-Ph$$

Ph = C_6H_5-

Benzilsäure-Anion

Derartige Umlagerungen lassen sich auch mit anderen 1,2-Diketonen durchführen, wobei man α-Hydroxycarbonsäuren erhalten kann.

20.4 Einfache Additions-Reaktionen mit Aldehyden und Ketonen

Aldehyde und Ketone reagieren mit Nucleophilen nach einem einheitlichen Schema in einer Additionsreaktion:

$$HB + {>}C{=}O \rightleftharpoons H-B^{\oplus}-C-O^{\ominus} \rightleftharpoons B-C-O-H$$

Das nucleophile Reagens lagert sich an das positivierte C-Atom der >C=O-Gruppe an. Unter Protonen-Wanderung bildet sich daraus eine Additionsverbindung, die je nach den Reaktionsbedingungen weiterreagieren kann. Die Reaktion wird durch Säuren beschleunigt, da Protonen als elektrophile Teilchen mit dem nucleophilen Carbonyl-Sauerstoff reagieren können und dadurch die Polarität der C=O-Gruppe erhöhen (Säurekatalyse):

.2.8

$$>C=O + H^{\oplus} \rightleftharpoons [>C=\overset{\oplus}{O}-H \leftrightarrow >\overset{\oplus}{C}-\overline{O}-H]$$

Ablauf der säurekatalysierten Additionsreaktion:

$$H\overline{B} + >C=O + H^{\oplus} \rightleftharpoons H\overset{\oplus}{B}-\overset{|}{\underset{|}{C}}-OH \xrightleftharpoons{-H^{\oplus}} \overline{B}-\overset{|}{\underset{|}{C}}-OH$$

Manchmal ist es zweckmäßig, in alkalischer Lösung zu arbeiten, wie bei der Addition von Blausäure (HCN). In diesem Fall ist nämlich das gebildete Cyanid-Ion ($CN^{\ominus}$) ein besseres Nucleophil als HCN.

2.6 Die nucleophile Addition an Ketone und Aldehyde sei an einigen Beispielen erläutert:

Reaktion mit O-Nucleophilen

Wasser lagert sich unter Bildung von Hydraten an:

$$>C=O + H-\overline{O}-H \rightleftharpoons -\overset{|}{\underset{OH}{C}}-OH$$

Beispiel:

$$\text{Triketoindan} \xrightarrow{+H_2O} \text{Ninhydrin}$$

Triketoindan   Ninhydrin

Die Reaktion mit Alkoholen verläuft analog unter Bildung von Halbacetalen und Acetalen (bzw. Ketalen):

a) $$\overset{H}{\underset{R'}{>}}C=O + HOR \rightleftharpoons R'-\overset{H}{\underset{OH}{C}}-OR \quad \text{Halbacetal}$$

b) $$R'-\underset{\underset{H\ \oplus\ H}{\overset{|}{O}}}{\overset{H}{\overset{|}{C}}}-OR \; + \; O\genfrac{}{}{0pt}{}{H}{R} \;\underset{+H^{\oplus}}{\overset{-H^{\oplus}}{\rightleftharpoons}}\; R'-\underset{OR}{\overset{H}{C}}-OR \; + \; H_2O \quad \text{(Voll-) Acetal}$$

Die *Acetal-Bildung* verläuft in zwei Schritten. Zunächst bildet sich unter Addition eines Alkohols ein Halbacetal (a). Dabei lagert sich ein Proton an das O-Atom (nucleophiles Zentrum) der Carbonyl-Gruppe an und erhöht deren Reaktionsfähigkeit. Im zweiten Schritt (b) wird die protonierte OH-Gruppe durch ein Alkohol-Molekül nucleophil substituiert (s. Kap. 10). Es bildet sich ein Acetal (aus Aldehyden) bzw. Ketal (aus Ketonen), die beide auch ringförmig sein können (s. Kap. 27).

Darstellung eines cyclischen Ketals mit Ethylenglykol:

$$\genfrac{}{}{0pt}{}{R}{R'}\!>C=O \; + \; \genfrac{}{}{0pt}{}{HO}{HO}\Big] \xrightarrow{-H_2O} \genfrac{}{}{0pt}{}{R}{R'}\!>C<\genfrac{}{}{0pt}{}{O}{O}\Big]$$

cyclisches Halbacetal (Ring mit O, Substituenten OH und H)

cyclisches (Voll-)Acetal (Ring mit O, Substituenten OR und H)

Man beachte, daß Acetale im Gegensatz zu Ethern in der Regel durch Säuren leicht wieder in Alkohol und Aldehyd gespalten werden können, doch gegen Basen beständig sind.

Die Reaktion mit Thiolen (R–SH) verläuft analog zu den Thio-acetalen bzw. Thio-ketalen.

Hinweis: Die Bezeichnung Acetal wird oft sowohl für Vollacetale als auch für Ketale gebraucht.

Reaktion mit N-Nucleophilen

① *Primäre Amine*

$$>C=O \; + \; H-\underset{H}{\underset{|}{N}}-R \longrightarrow \underset{\text{I}}{-\underset{HO}{\underset{|}{\overset{|}{C}}}-\underset{H}{\underset{|}{N}}-R} \xrightarrow{-H_2O} \underset{\text{II}}{>C=N-R} \quad \text{Schiffsche Base (Azomethin)}$$

Das Additionsprodukt I aus dem Amin und der Carbonyl-Gruppe ist instabil und i.a. nicht isolierbar. Es geht unter Dehydratisierung (Wasserabspaltung) in das Endprodukt II (Azomethin) über.

Der mechanistische Ablauf entspricht einem Additions-Eliminierungs-Prozeß.

Analog reagieren:

$$-\overset{|}{C}=O \quad + \quad \underset{\text{Ammoniak}}{H_2N-H} \longrightarrow \left[-\overset{|}{\underset{OH}{C}}-NH_2\right] \longrightarrow \underset{\text{Imin}}{-\overset{|}{C}=N-H}$$

$$-\overset{|}{C}=O \quad + \quad \underset{\text{Hydroxylamin}}{H_2N-OH} \longrightarrow \left[-\overset{|}{\underset{OH}{C}}-NH-OH\right] \longrightarrow \underset{\text{Oxim}}{-\overset{|}{C}=N-OH}$$

$$-\overset{|}{C}=O \quad + \quad \underset{\text{Hydrazin}}{H_2N-NH_2} \longrightarrow \left[-\overset{|}{\underset{OH}{C}}-NH-NH_2\right] \longrightarrow \underset{\text{Hydrazon}}{-\overset{|}{C}=N-NH_2}$$

$$-\overset{|}{C}=O \quad + \quad \underset{\text{Hydrazon}}{H_2N-N=CR_1R_2} \longrightarrow \underset{\text{Azin}}{>C=N-N=C(R^1)(R^2)}$$

$$>C=O \quad + \quad \underset{\text{Semicarbazid}}{H_2N-NH-\underset{\|}{\overset{}{C}}(=O)-NH_2} \longrightarrow \underset{\text{Semicarbazon}}{>C=N-NH-CO-NH_2}$$

$$-\overset{|}{C}=O \quad + \quad \underset{\text{Phenylhydrazin}}{H_2N-NH-C_6H_5} \longrightarrow \left[-\overset{|}{\underset{OH}{C}}-NH-NH-C_6H_5\right] \longrightarrow \underset{\text{Phenylhydrazon}}{-\overset{|}{C}=N-NH-C_6H_5}$$

② *Sekundäre Amine* reagieren unter Bildung eines isolierbaren Primärproduktes zu einem Enamin:

$$-\overset{|}{C}H-\overset{|}{C}=O \quad + \quad HNR_2 \longrightarrow \underset{\text{Primärprodukt}}{-\overset{|}{C}H-\overset{|}{\underset{NR_2}{C}}-OH} \xrightarrow{-H_2O} \underset{\text{Enamin}}{-\overset{|}{C}=\overset{|}{C}-NR_2}$$

Spaltet das Primärprodukt intramolekular kein Wasser ab, sondern reagiert mit einem weiteren Molekül Amin, so erhält man <u>Aminale</u>:

$$>C=O + HNR_2 \longrightarrow >C(\overline{\underline{O}}|^{\ominus})(NHR_2^{\oplus}) \longrightarrow >C(OH)(NR_2) \xrightarrow{+\ HNR_2} \underset{\text{Aminal}}{>C(NR_2)(NR_2)}$$

Enamine stehen mit den Iminen in einem tautomeren Gleichgewicht, das der Keto-Enol-Tautomerie analog ist:

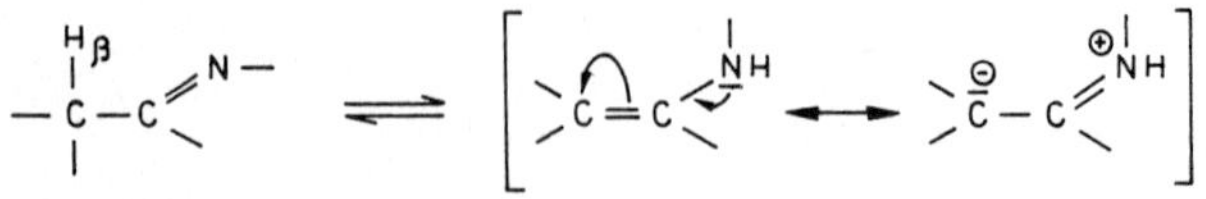

Imin Enamin

Die Amino-Gruppe ist ein Elektronen-Donor; Enamine können daher am β-C-Atom leicht elektrophil angegriffen werden und lassen sich ebenso wie Ketone gut für Synthesen verwenden.
Enamine und Ketone kann man bezüglich ihrer Reaktivität wie folgt einstufen:

a) 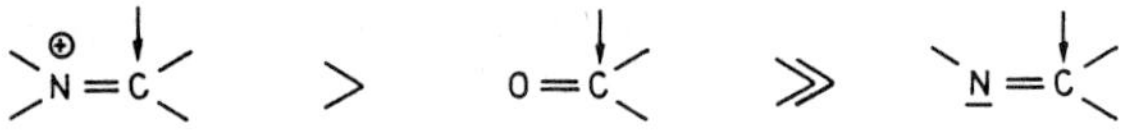 Iminium-Ion > Carbonyl-Gruppe ≫ Imin

Die Pfeile weisen auf den Ort hoher Elektrophilie hin.

b) 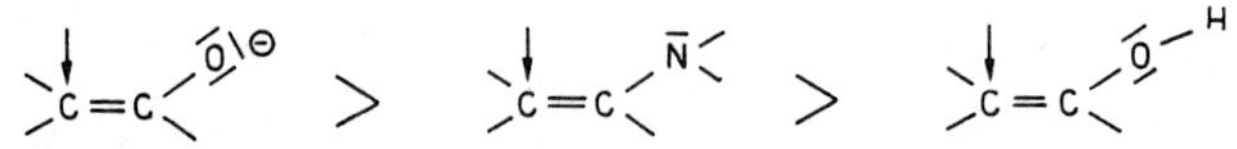 Enolat-Ion > Enamin > Enol

Die Pfeile bei (b) weisen auf einen Ort hoher Nucleophilie hin, d.h. ein Elektrophil wird mit dem markierten Atom bevorzugt reagieren.

Anwendungsbeispiele: Synthese von 1,3-Diketonen (Kap. 20.6), Heterocyclen-Synthesen (Kap. 25.4).

③ *Tertiäre Amine* reagieren nicht, da sie keinen Wasserstoff am Stickstoff-Atom tragen.

Addition von Natriumhydrogensulfit

Diese Reaktion wird zur Reinigung und Abtrennung von Carbonyl-Verbindungen verwendet. Nach Zugabe von Säuren oder Basen wird aus dem kristallinen Addukt (Bisulfit-Addukt) die Carbonyl-Verbindung wieder freigesetzt:

$$>C=O \; + \; NaHSO_3 \rightleftharpoons -\overset{|}{\underset{OH}{C}}-SO_3^{\ominus}Na^{\oplus} \xrightarrow[-H_2O,\,-SO_2,\,-Na^{\oplus}]{+H^{\oplus}} >C=O$$

Addukt

Addition von HCN

12.8 Die bereits erwähnte Addition von Blausäure (HCN) führt zu Cyanhydrinen (α-Hydroxynitrile). Von Bedeutung ist ferner, daß Cyanhydrine als Nitrile zu α-Hydroxysäuren umgesetzt werden können (s. Kap. 21.5).

$$-\underset{|}{CH}-\overset{H}{\overset{|}{C}}=O \; + \; HCN \rightleftharpoons -\underset{|}{CH}-\overset{H}{\overset{|}{\underset{OH}{\underset{|}{C}}}}-CN \xrightarrow{H^{\oplus},\Delta} -\underset{|}{CH}-\overset{H}{\overset{|}{\underset{OH}{\underset{|}{C}}}}-COOH$$

Cyanhydrin

Vgl. die Strecker-Synthese von Aminosäuren in Kap. 23.3 sowie die Kiliani-Synthese für Zucker in Kap. 27.6. Durch Eliminierung von Wasser aus Cyanhydrinen erhält man α-, β-ungesättigte Nitrile.

Addition von Grignard-Verbindungen

12.8 Bei der Addition von Grignard-Verbindungen an Aldehyde entstehen sekundäre Alkohole (Formaldehyd: primäre Alkohole), während die Addition an Ketone tertiäre Alkohole liefert (s. Kap. 12.4).

20.5 Reaktionen spezieller Aldehyde

Formaldehyd, Acetaldehyd und Benzaldehyd nehmen unter den Aldehyden eine gewisse Sonderstellung ein, die in einigen speziellen Reaktionen zum Ausdruck kommt.

Formaldehyd und Acetaldehyd

① Hydrat-Bildung

Während Formaldehyd (ein farbloses Gas) in wäßriger Lösung vollständig hydratisiert ist, beträgt der Hydrat-Anteil des Acetaldehyds lediglich 60 %. Durch Einführung elektronenziehender Gruppen ist eine Stabilisierung dieser Aldehyd-hydrate möglich, so daß sie isoliert werden können, z.B. Chloralhydrat.

$$R(R')C{=}O + H_2O \rightleftharpoons R(R')C(OH)_2 \quad ; \quad H_2C(OH)_2$$

Hydrat des Formaldehyds

② Polymerisation

Aliphatische Aldehyde neigen besonders bei Gegenwart von Protonen zur Polymerisation (genauer: Polykondensation; vgl. Kap. 26.1). Formaldehyd polymerisiert zu Paraformaldehyd, der eine lineare Kettenstruktur besitzt:

$$HO-CH_2-OH \xrightarrow{CH_2O} HO-CH_2-O-CH_2-OH \xrightarrow{n\,CH_2O} HO{-}[CH_2-O]_n{-}H$$

monomer — dimer — polymer (Paraformaldehyd)

Er bildet sich bereits beim Stehenlassen einer Formalinlösung (40%ige wäßrige Formaldehyd-Lösung). Durch Zugabe von wenig Methanol wird eine Ausflockung polymerer Produkte verhindert.

Ein trimeres cyclisches Produkt, das Trioxan, wird durch Zugabe verdünnter Säuren erhalten:

$$3\,CH_2O \xrightarrow{H^{\oplus}} (CH_2O)_3$$

Trioxan (Trioxymethylen)

Acetaldehyd polymerisiert zu Paraldehyd und Metaldehyd:

$$CH_3CHO \xrightarrow[H_2SO_4]{25\,°C} (CH_3CHO)_3 \quad \text{Paraldehyd}$$

$$CH_3CHO \xrightarrow[H_2SO_4]{-10\,°C} (CH_3CHO)_4 \quad \text{Metaldehyd}$$

Metaldehyd (Trockenspiritus, "Esbit")

Aromatische Aldehyde

12.7 *Aromatische Aldehyde besitzen in α-Stellung zur Carbonyl-Gruppe keine H-Atome.* Sie unterscheiden sich daher in manchen Reaktionen von aliphatischen Aldehyden.

① Cannizzaro-Disproportionierung

In alkalischer Lösung gehen aromatische Aldehyde keine Aldol-Reaktion ein, sondern disproportionieren in Alkohol und Carbonsäure (Mechanismus s. Kap. 20.3):

$$2\ C_6H_5CHO \xrightarrow{OH^{\ominus}} C_6H_5{-}CH_2OH + C_6H_5{-}COO^{\ominus}$$

② Benzoin-Addition

Aromatische Aldehyde reagieren in alkalischer Lösung in Gegenwart von Cyanid-Ionen zu α-Hydroxy-ketonen und nicht zu Cyanhydrinen. In saurer Lösung konkurrieren beide Reaktionen miteinander.

Aus zwei Molekülen Benzaldehyd bildet sich unter dem katalytischen Einfluß von Cyanid-Ionen das Benzoin. Es liegt hier als Racemat vor.

12.8 Ketonalkohole mit der Struktur $R^1{-}CH(OH){-}C(=O){-}R^1$ werden auch als Acyloine bezeichnet.

$$C_6H_5{-}CHO + OHC{-}C_6H_5 \xrightarrow{(CN^{\ominus})} C_6H_5{-}CH(OH){-}C(=O){-}C_6H_5$$

Benzoin

Mechanismus: Das Cyanid-Ion addiert sich zunächst nucleophil an den positivierten Kohlenstoff der C=O-Gruppe, und ein Proton lagert sich am Sauerstoff an. Das entstandene Carbanion reagiert mit einem zweiten Molekül Benzaldehyd unter Bildung einer C–C-Bindung. Nach Abspaltung des Cyanid-Ions und erneuter Protonen-Wanderung stabilisiert sich die Verbindung zu Benzoin:

$$C_6H_5-CHO \xrightleftharpoons{+|C\equiv N^{\ominus}} \left[C_6H_5-\underset{|\underline{O}|^{\ominus}}{\overset{C\equiv N|}{C}}-H \rightleftharpoons C_6H_5-\underset{|\underline{O}-H}{\overset{C\equiv N|}{C}}|^{\ominus} \right]$$

Carbanion

$$+ H-C(=O)-C_6H_5 \rightleftharpoons C_6H_5-\underset{|\underline{O}|}{\overset{C\equiv N|}{C}}-\underset{|\underline{O}|^{\ominus}}{\overset{H}{C}}-C_6H_5 \xrightleftharpoons{-CN^{\ominus}} C_6H_5-\underset{\|}{C}(=|O|)-\underset{|\underline{O}H}{\overset{H}{C}}-C_6H_5$$

Benzoin

20.6 Reaktionen mit C-H-aciden Verbindungen (Carbanionen I)

<u>Bildung und Eigenschaften von Carbanionen</u>

3.2.9 Carbonyl-Verbindungen sind Schlüsselsubstanzen bei vielen Synthesen. Dies gilt vor allem für Verbindungen, die am α-C-Atom zur Carbonyl-Funktion ein H-Atom besitzen. Die elektronenziehende Wirkung des Carbonyl-O-Atoms und die daraus resultierende Positivierung des Carbonyl-C-Atoms beeinflussen die Stärke der C–H-Bindung an dem zur >C=O-Gruppe benachbarten α-C-Atom in besonderem Maße. Dadurch ist es oft möglich, dieses H-Atom mit einer Base $B|^{\ominus}$ als Proton abzuspalten. Man spricht daher auch von der <u>C–H-Acidität</u> dieser C–H-Bindung.

Es entstehen negativ geladene Ionen, die als mesomeriestabilisierte Enolationen und Carbanionen formuliert werden können:

$$B|^{\ominus} + R-\underset{H}{\overset{H}{C}}-\underset{H}{C}=O \rightleftharpoons B-H + \left[R-\underset{H}{\overset{\ominus}{\underline{C}}}-\underset{H}{C}=O \longleftrightarrow R-\underset{H}{C}=\underset{H}{C}-\overset{\ominus}{\underline{\overline{O}}}| \right]$$

Carbanion $\qquad$ Enolat-Ion

Beachte: Eine Verbindung R_3C–CHO enthält kein α-ständiges H-Atom und kann deshalb nicht entsprechend der vorstehenden Gleichung reagieren (s. Cannizzaro-Reaktion).

Das Enolat-Ion ist <u>*ambident*</u>, d.h. es hat zwei reaktive Zentren. Beide sind nucleophil und können somit von Elektrophilen angegriffen werden. Andererseits kann das Enolat-Ion auch selbst als C-Nucleophil reagieren und z.B. zur C–C-Verknüpfung verwendet werden. *Beispiel:* Aldol-Reaktion.

Die Lage des Gleichgewichts bei der Carbanion-Bildung ist abhängig von den Basizitäten der Base $B|^{\ominus}$ und des Carbanions. Eine elektronenziehende Gruppe steigert die Acidität des betreffenden H-Atoms. Die aktivierende Wirkung von $-\underset{Y}{\underset{|}{C}}=O$ nimmt wegen der zunehmenden Elektronendonator-Wirkung von Y in folgender Reihe ab:

$$R{-}CH_2{-}\underset{H}{\underset{|}{C}}{=}O \;>\; R{-}CH_2{-}\underset{R'}{\underset{|}{C}}{=}O \;>\; R{-}CH_2{-}\underset{OR'}{\underset{|}{C}}{=}O \;>\; R{-}CH_2{-}\underset{NH_2}{\underset{|}{C}}{=}O \;>\; R{-}CH_2{-}\underset{|\overline{O}|^{\ominus}}{\underset{|}{C}}{=}O$$

Tragen zwei Carbonyl-Verbindungen die gleiche Gruppe, so wird die sterisch weniger gehinderte Verbindung als Carbonyl-Komponente reagieren (Beispiel 3, S. 247). Auch andere elektronenziehende Substituenten wie $-CN$ oder $-NO_2$ können zur Stabilisierung von α-Carbanionen beitragen. Bezüglich ihrer acidifizierenden Wirkung läßt sich folgende Reihe angeben:

$$-NO_2 \;>\; -\underset{H}{\underset{|}{C}}{=}O \;>\; -\underset{R}{\underset{|}{C}}{=}O \;>\; -CN \;>\; -COOR$$

Beispiele:

① Für biochemische Reaktionen von großer Bedeutung sind u.a. benachbarte >C=O-Gruppen, wie sie in den Ketocarbonsäuren vorliegen.

② Die in Kap. 27.3 aufgeführten Ester-Synthesen sind synthetisch vielseitig einsetzbare Reaktionen.

③ *Phosphor-Ylide*, die bei der Wittig-Reaktion benutzt werden, lassen sich aus Phosphonium-Salzen leicht herstellen wegen der C–H-acidifizierenden und carbanion-stabilisierenden $R_3P^{\oplus}$-Gruppe.

Die Aldol-Reaktion

2.8 *Die basenkatalysierte Aldol-Reaktion*

Bei der basenkatalysierten Reaktion zweier Aldehyde entsteht zunächst ein Alkohol, der noch eine Aldehyd-Gruppe enthält ("Aldol"), falls einer der Reaktionspartner (die "Methylen-Komponente") ein acides α-H-Atom besitzt. Ketone reagieren analog. Bei Reaktionen mit Aldehyden fungieren Ketone wegen ihrer geringeren Carbonyl-Aktivität stets als Methylen-Komponente.

Reaktionsablauf:

$$B|^{\ominus} + R{-}CH_2{-}CHO \rightleftharpoons B{-}H + R{-}\overset{\ominus}{C}H{-}CHO$$

Das mit einer Base gebildete Carbanion kann selbst als Nucleophil mit einer Carbonyl-Gruppe reagieren:

$$R'(H)C{=}O + {}^{\ominus}|C(R)(H){-}CHO \rightleftharpoons R'{-}C(O^{\ominus})(H){-}C(R)(H){-}CHO \underset{}{\overset{+B-H}{\rightleftharpoons}} R'{-}C(OH)(H){-}C(R)(H){-}CHO + B|^{\ominus}$$

(I)

Der nucleophile Angriff des Carbanions am Carbonyl-C-Atom hat somit eine Verlängerung der Kohlenstoff-Atomkette zur Folge. An diese Addition, die zu (I) führt, schließt sich oft die Abspaltung von Wasser (Dehydratisierung) an, so daß ungesättigte Carbonyl-Verbindungen (II) entstehen:

$$R'{-}C(OH)(H){-}C(R)(H){-}CHO \xrightarrow{-H_2O} R'(H)C{=}C(R)(CHO)$$

(I) (II)

Beachte: Die Reaktionsfolge, die zu (I) führt, ist auch umkehrbar ("Retro-Aldolreaktion"), sofern keine Dehydratisierung stattfindet (Beispiel 3). Eine Dehydratisierung ist nur möglich, wenn die Methylen-Komponente zwei α-H-Atome enthält.

Übersichtsschema:

$$>C{=}O + H{-}C_{\alpha}(H){-}C(=O){-} \longrightarrow \boxed{-C_{\beta}(OH){-}}\boxed{C_{\alpha}(H){-}C(=O){-}} \xrightarrow{-H_2O} \boxed{>C{=}}\boxed{C<{-}C{=}O}$$

(I) (II)

Eine Aldol-Reaktion führt zwei Carbonyl-Verbindungen in eine β-Hydroxy-carbonyl-Verbindung I über. Anschließende Dehydratisierung kann eine α,β-ungesättigte Carbonyl-Verbindung II ergeben. Bei geeigneter Schreibweise ist es ohne weiteres möglich, aus den Zwischen- oder Endprodukten die Ausgangsstoffe zu erkennen. Sie sind durch Einrahmung gekennzeichnet.

Beispiele zur Aldol-Reaktion

Beispiel (1): Acetaldehyd $CH_3{-}CHO$

(a) Bildung des Carbanions mit Hilfe der Base $B|^{\ominus}$:

$$B|^{\ominus} + CH_3CHO \longrightarrow B{-}H + |\overset{\ominus}{C}H_2{-}CHO$$

(b) Nucleophiler Angriff des Carbanions am Carbonyl-Kohlenstoff eines zweiten Acetaldehyd-Moleküls (Aldol-Addition):

$$H_3C{-}CH{=}O + {}^{\ominus}|CH_2{-}CHO \longrightarrow H_3C{-}CH(\overline{\underline{O}}|^{\ominus}){-}CH_2{-}CHO \xrightarrow{+B-H} H_3C{-}CH(OH){-}\boxed{CH_2{-}CHO} + B|^{\ominus}$$

Acetaldehyd Aldol (3-Hydroxybutanal)

(c) Der gebildete Hydroxyaldehyd Aldol kann dehydratisiert werden (Aldol-Kondensation):

$$H_3C{-}CH(OH){-}CH_2{-}CHO \xrightarrow[-H_2O]{(H^{\oplus})} H_3C{-}CH{=}CH{-}CHO$$

Crotonaldehyd (2-Butenal)

Der Name Aldol-Reaktion ist für diese Art von Umsetzung allgemein üblich, auch wenn statt Acetaldehyd andere Aldehyde oder gar Ketone eingesetzt werden.

Beispiel (2): Aceton $CH_3{-}C({=}O){-}CH_3$

$$H_3C{-}C({=}O){-}CH_2{-}H + C({=}O)(CH_3){-}CH_3 \xrightarrow{Base} \boxed{H_3C{-}C({=}O){-}CH_2}{-}C(OH)(CH_3){-}CH_3 \xrightarrow{-H_2O} \boxed{H_3C{-}C({=}O){-}CH}{=}C(CH_3){-}CH_3$$

(Dimethylketon) Aceton 4-Hydroxy-4-methyl-2-pentanon Diacetonalkohol Mesityloxid (4-Methyl-3-penten-2-on)

Beispiel ③:

$$H_3C-CH{=}O + H-C(CH_3)_2-CH{=}O \xrightarrow{\text{Base}} H_3C-CH(OH)-C(CH_3)_2-CH{=}O$$

Carbonyl-Komponente: Acetaldehyd; Methylen-Komponente: 2-Methylpropanal; Produkt: 3-Hydroxy-2,2-dimethyl-butanal

Aldol-Reaktionen dienen auch zur Synthese von Cyclohexan- und Cyclopentan-Derivaten in einer intramolekularen Ringschlußreaktion (Beispiel 2, Kap. 20.8).

Säurekatalysierte Aldol-Reaktion

Die Aldol-Reaktion z.B. mit Acetaldehyd kann auch säurekatalysiert ablaufen. Der Acetaldehyd wird protoniert und reagiert dann mit der Methylen-Komponente. Diese liegt dabei in der Enol-Form vor, deren Bildung durch Protonierung an der Carbonyl-Gruppe erleichtert wird. Die C=C-Doppelbindung ist elektronenreich und kann daher elektrophil angegriffen werden.

Säurekatalysierte Aldol-Reaktion von Acetaldehyd:

$$H_3C-CH{=}\overset{\oplus}{O}-H + H_2C{=}CH-OH \rightleftharpoons H_3C-CH(OH)-CH_2-CH{=}\overset{\oplus}{O}H \underset{}{\overset{-H^{\oplus}}{\rightleftharpoons}} H_3C-CH(OH)-CH_2-CH{=}O$$

protonierter Acetaldehyd; Enol-Form ("Vinylalkohol"); Aldol

$$\text{Aldol} \xrightarrow{-H_2O} \text{Crotonaldehyd}$$

Man erkennt, daß dabei dasselbe Endprodukt wie bei der basenkatalysierten Addition entsteht, jedoch läßt sich die säurekatalysierte Aldol-Reaktion nicht auf der Stufe des Aldols stoppen.

Synthetisch wichtige Reaktionen mit Carbanionen

Die Mannich-Reaktion

Unter der Mannich-Reaktion versteht man *die Aminoalkylierung von C-H-aciden Verbindungen*. Sie ist eine Dreikomponenten-Reaktion, durch die man β-Aminoketone, die sog. Mannich-Basen, erhält. Ein Reaktionsteilnehmer ist in der Regel Formaldehyd, dazu kommen als Variable die

C–H-aciden Komponenten, z.B. Ketone, und die Amin-Komponente (prim. und sek. Amine).

Reaktionsablauf:

Aus Formaldehyd und dem Amin bildet sich ein Carbenium-Immonium-Ion, eine carbonyl-analoge Verbindung. Diese wird dann nucleophil angegriffen. Der Angriff ist hier formuliert über ein Carbanion in Schema (a) und alternativ über ein Enolat in Schema (b). Die Mannich-Reaktion ist stark pH-abhängig.

$$H_2C{=}O + HNR'_2 \longrightarrow HO{-}CH_2{-}NR'_2 \xrightarrow[-H_2O]{+H^\oplus} \left[\overset{\oplus}{C}H_2{-}\overline{N}R'_2 \longleftrightarrow CH_2{=}\overset{\oplus}{N}R'_2 \right]$$

Carbenium-Immonium-Ion

a) $R^2{-}CO{-}CH_2{-}H + \overset{\oplus}{C}H_2{-}\overline{N}R'_2 \xrightarrow[-H^\oplus]{Base} R^2{-}CO{-}CH_2{-}CH_2{-}NR'_2$

b) $R^2{-}C(|\overline{O}|^\ominus){=}CH_2 \; (+H^\oplus) + \overset{\oplus}{C}H_2{-}\overline{N}R'_2 \longrightarrow R^2{-}C({=}\overset{\oplus}{O}H){-}CH_2{-}CH_2{-}NR'_2 \xrightarrow[-H^\oplus]{Base} R^2{-}CO{-}CH_2{-}CH_2{-}NR'_2$

Enolat

Mannich-Base (α, β)

Mannich-Basen lassen sich durch Reduktion in die physiologisch wichtigen β-Aminoalkohole oder durch Erhitzen unter Abspaltung eines sekundären Amins in α,β-ungesättigte Carbonyl-Verbindungen überführen (Fragmentierung). Verwendet wird die Mannich-Reaktion bei der Labor- und Biosynthese vieler Naturstoffe.

Beispiel: β-Aminocarbonsäuren, hergestellt durch Mannich-Reaktion aus Malonsäure, fragmentieren zu einer α,β-ungesättigten Carbonyl-Verbindung, einem Amin und CO_2.

$$HOOC{-}C(R)(COO|^\ominus){-}CH_2{-}\overset{\oplus}{N}H(C_2H_5)_2 \xrightarrow{\Delta} (R)(HOOC)C{=}CH_2 + HN(C_2H_5)_2 + CO_2$$

Die Knoevenagel-Reaktion

.9 Die Knoevenagel-Reaktion bietet eine allgemeine *Synthesemöglichkeit für Alkene und Acrylsäure-Derivate.*

Reaktions-Schema: Nucleophiler Angriff eines Carbanions an einem Aldehyd oder Keton:

$$R^1R^2C{=}O + H{-}CHZ^1Z^2 \longrightarrow R^1{-}C(R^2)(OH){-}C(H)(Z^2){-}Z^1 \xrightarrow{-H_2O} R^2R^1C{=}CZ^1Z^2$$

Z^1 und Z^2 = -CHO, -COR, -COOR, -CN, $-NO_2$, >C=NR

Beispiel:

Zur Synthese der Zimtsäure verwendet man Benzaldehyd sowie einen Malonester ($Z^1 = Z^2 = $ —COOR). Der entstandene Benzalmalonester wird hydrolysiert und danach zur Zimtsäure decarboxyliert (s. Kap. 22.3; vgl. Perkin-Reaktion).

$$H_5C_6{-}CHO + H{-}CH(COOR)_2 \longrightarrow H_5C_6{-}CH(OH){-}CH(COOR){-}COOR \longrightarrow H_5C_6{-}CH{=}C(COOR)_2 \xrightarrow{-OR^{\ominus},\,-CO_2} \text{Zimtsäure}$$

Malonester Benzalmalonester

3.13.9 Die Michael-Reaktion

Eine bei Naturstoffsynthesen häufig verwendete Reaktion ist die Michael-Reaktion. Ihr Mechanismus ist analog zur Aldol-Reaktion. Falls bei einer Synthese beide Reaktionen möglich sind, läuft die Michael-Reaktion in der Regel schneller ab und ist oft noch thermodynamisch günstiger (s. Beispiel 2). Häufig verwendete Methylenkomponenten sind Malonester, Acetessigester und Cyanoessigester.

Schema:

$R^1{-}C(=O){-}C_\alpha{=}C_\beta$ (Angriff E_1 am Carbonyl-C, E_2 am β-C) + $^{\ominus}C{-}C(=O){-}R^2$ (N)

Aldol-R.: N+E_1 → $HO{-}C(R^1)(C{=}C){-}C{-}C(=O){-}R^2$

Michael-R.: N+E_2 → $R^1{-}C(=O){-}CH{-}C{-}C{-}C(=O){-}R^2$

Die Michael-Reaktion kann generell beschrieben werden als die Addition eines Nucleophils an das β-C-Atom einer α,β-ungesättigten elektrophilen Verbindung. Als elektrophile Komponente dient ein Alken, das benachbart zur Doppelbindung elektronenziehende Gruppen enthält, z.B. $-NO_2$, $-CRO$, $-CN$ oder $-SO_2R$. In einem Molekül mit einer so aktivierten C=C-Bindung ist das β-C-Atom elektrophil und somit einem Angriff anionischer Nucleophile gut zugänglich:

Analoges gilt für die C≡C-Bindung in einem Alkin (vgl. die 1,2- und 1,4-Addition in Kap. 4.2).

Im gebildeten Michael-Addukt läßt sich die Ladung leicht delokalisieren:

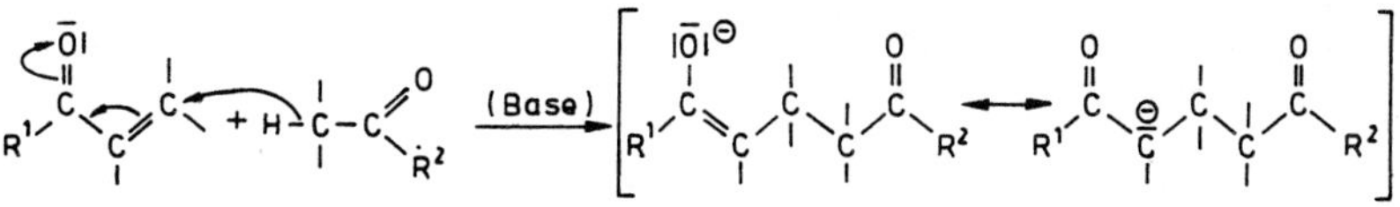

Beispiele:

① 2-Butanon reagiert mit einem Überschuß Acrylnitril gleich zweimal in einer Michael-Reaktion zu 3,3-Bis(2-cyanoethyl)-2-butanon:

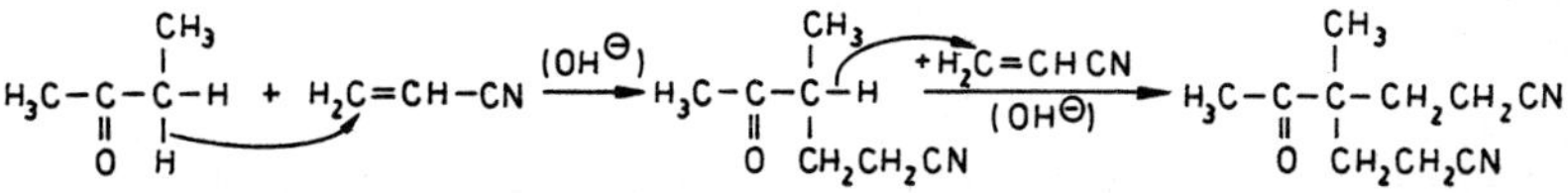

Synthese von Halogencarbonyl-Verbindungen

Die zur Carbonyl-Gruppe α-ständigen H-Atome werden leicht durch Halogene ersetzt. Die Reaktion kann säure- bzw. basenkatalysiert ablaufen.

Basenkatalysierte α-Halogenierung

Der Angriff der Base $OH^{\ominus}$ führt zur Abspaltung des α-ständigen H-Atoms unter Bildung eines ambidenten nucleophilen Ions I, das entweder am

C- oder am O-Atom protoniert werden kann. Dieser Reaktionsschritt ist geschwindigkeitsbestimmend. Die zugesetzte Base bewirkt eine schnelle Einstellung des Keton-Enol-Gleichgewichts und zusätzlich eine Erhöhung der Konzentration des Enolats:

$$2\ -\overset{\overset{\displaystyle O}{\|}}{C}-\overset{|}{\underset{|}{C}}-H + 2\ |\underline{O}H^{\ominus} \rightleftharpoons 2\ -\overset{\overset{\displaystyle O}{\|}}{C}-\overset{|}{\underset{|}{C}}|^{\ominus} + 2\ H_2O$$

$$2\left[-\overset{\overset{\displaystyle O}{\|}}{C}-\underset{|}{C}|^{\ominus} \longleftrightarrow -\overset{|\overline{O}|^{\ominus}}{\overset{|}{C}}=C\Big<\right]_{I} \xrightarrow{+2H^{\oplus}} -\overset{\overset{\displaystyle O}{\|}}{C}-\overset{|}{\underset{|}{C}}-H + -\overset{OH}{\overset{|}{C}}=C\Big<$$

Die Halogenierung läßt sich formulieren als Angriff über das Enolat-Ion:

$$① \quad -\overset{|\overline{O}|^{\ominus}}{\overset{|}{C}}=C\Big< + X-X \longrightarrow -\overset{\overset{\displaystyle O}{\|}}{C}-\overset{|}{\underset{|}{C}}-X + X^{\ominus}$$

oder alternativ als elektrophile aliphatische Substitution mit einer C-H-aciden Verbindung (Elektrophil: X-X, z.B. Br_2):

$$② \quad O=\underset{|}{C}-\overset{|}{\underset{|}{C}}-H + X-X \xrightarrow{(OH^{\ominus})} O=\underset{|}{C}-\overset{|}{\underset{|}{C}}-X + H^{\oplus} + X^{\ominus}$$

Das Ergebnis ist die Substitution eines α-Atoms durch ein Halogen-Atom. Bei weiteren vorhandenen α-H-Atomen ist nun infolge des eingeführten Halogen-Substituenten die Carbanion-Bildung am gleichen α-C-Atom erleichtert. Diese können baseninduziert ebenfalls substituiert werden.

allgemeines Schema:

$$R-COCH_3 \longrightarrow RCOCH_2X \longrightarrow RCOCHX_2 \longrightarrow \underset{\text{Trihalogen-methylketon}}{RCOCX_3} \qquad (X = Cl, Br, I)$$

Beispiele und Verwendung der Produkte

$$(CH_3-CHO)_3 \quad + \quad 9\,Br_2 \longrightarrow 3\,CBr_3-C\begin{matrix} \diagup H \\ \diagdown\!\!\diagdown O \end{matrix} \quad + \quad 9\,HBr$$

Paraldehyd

$$CH_3-\underset{\underset{O}{\|}}{C}-CH_3 \quad + \quad 3\,Br_2 \longrightarrow CH_3-\underset{\underset{O}{\|}}{C}-CBr_3 \quad + \quad 3\,HBr$$

Aceton — Tribromaceton

$$C_6H_5-\underset{\underset{O}{\|}}{C}-CH_3 \quad + \quad Cl_2 \longrightarrow C_6H_5-\underset{\underset{O}{\|}}{C}-CH_2-Cl \quad + \quad HCl$$

Acetophenon — ω-Chloracetophenon (Phenylacylchlorid)

Halogenaldehyde und besonders die Trihalogen-Derivate sind wichtige Ausgangsstoffe für Arzneimittel und Insektizide. Halogenketone, vor allem Monohalogenketone, dienen zur Darstellung heterocyclischer Verbindungen. Aufgrund der stark augenreizenden Wirkung werden Monohalogenketone als Tränengase benutzt. Manche Halogenaldehyde werden technisch oft direkt aus den entsprechenden Alkoholen hergestellt.

Beispiel: Chloral (Trichloracetaldehyd)

$$CH_3-CH_2-OH \quad + \quad 4\,Cl_2 \quad + \quad H_2O \longrightarrow CCl_3-CH(OH)_2 \quad + \quad 5\,HCl$$

Ethanol — Chloralhydrat

Chlor wirkt hier oxidierend (Alkohol $\longrightarrow$ Aldehyd) und substituierend.

Aus seinem Hydrat wird das Chloral mit konz. Schwefelsäure freigesetzt:

$$CCl_3-CH(OH)_2 \xrightarrow[-\,H_2O]{H_2SO_4} CCl_3-CHO$$

Chloral

15 *Haloform-Reaktion*

Trihalogenmethyl-Ketone unterliegen im basischen Milieu einer Abbaureaktion (Haloform-Reaktion), die zur Bildung von Carbonsäuren und des entsprechenden Trihalogenmethans führt. Es entstehen je nach verwendetem Halogen Chloroform $CHCl_3$, Bromoform $CHBr_3$ oder Iodoform CHI_3:

$$R-C(=O)CX_3 + {}^{\ominus}OH \longrightarrow R-C(O^{\ominus})(OH)-CX_3 \longrightarrow \left[RC(=O)OH + {}^{\ominus}CX_3 \right] \longrightarrow RCOO^{\ominus} + CHX_3$$

Die Iodoform-Bildung (auch Iodoform-Reaktion) wurde früher zum Nachweis von CH_3CO-Gruppen verwendet. Heute ist diese Reaktion für die Synthese schwer zugänglicher Carbonsäuren wichtig.

20.7 Hydrid-Transfer und Redox-Reaktionen der Carbonylgruppe

3.12.7 Reduktion zu Alkoholen

3.12.9 In Umkehrung ihrer Bildungsreaktion (Oxidation von Alkoholen) lassen sich Aldehyde und Ketone durch Reduktion wieder in Alkohole überführen:

$$R-C(H)=O \xrightarrow{+\ H_2} R-CH_2OH$$

Aldehyd prim. Alkohol

$$RR'C=O \xrightarrow{+\ H_2} RR'CH-OH$$

Keton sek. Alkohol

① *Reduktion mit Metallen und Metallhydriden*

Die Reduktion mit H_2/Pt verläuft relativ langsam und ist wenig selektiv. Besser geeignet sind Metallhydride wie $NaBH_4$ oder $LiAlH_4$:

$$>C=O + H-AlH_3^{\ominus}\ Li^{\oplus} \longrightarrow H-C-OAlH_3^{\ominus}\ Li^{\oplus} \xrightarrow{3\ >C=O} Li^{\oplus}\left[Al(OCH<)_4\right]^{\ominus} \xrightarrow{H_2O}$$

$$4\ \overset{\uparrow}{H}-C-OH + LiOH + Al(OH)_3$$

Das mit ↑ markierte H-Atom stammt vom $LiAlH_4$ (wichtig für Isotopenmarkierung mit $LiAlD_4$). C=C-Bindungen werden bei dieser Reaktionsfolge nicht hydriert.

Zwei Moleküle Aldehyd oder Keton lassen sich mit metallischem Mg oder Zn zu 1,2-Diolen reduzieren, z.B. Aceton zu Pinakol.

Weitere Hydrid-Transfer-Reaktionen sind z.B. die Meerwein-Ponndorf-Verley-Reduktion, die Cannizzaro-Reaktion und die Claisen-Tischtschenko-Reaktion (s. u.).

② *Reduktion mit Isopropanol*

Eine weitere Methode, Carbonyl-Gruppen zu reduzieren, ohne daß auch andere im Molekül gleichzeitig vorhandene reduzierbare Gruppen wie Doppelbindungen oder Nitro-Gruppen miterfaßt werden, ist die *Meerwein-Ponndorf-Verley-Reduktion*. Aldehyde bzw. Ketone reagieren mit Isopropylalkohol in Gegenwart von Aluminiumisopropylat:

$$RR'C{=}O + (H_3C)_2CH{-}OH \xrightarrow{Al[OCH(CH_3)_2]_3} RR'CHOH + (H_3C)_2C{=}O$$

Das Gleichgewicht dieser Redox-Reaktion läßt sich durch Abdestillieren des Nebenproduktes Aceton vollständig nach rechts zugunsten des gebildeten Alkohols verschieben. Die Reduktion der Carbonyl-Verbindung erfolgt durch Übertragung eines Hydrid-Ions vom α-Kohlenstoff-Atom einer Isopropyl-Gruppe des Al-Isopropylats an den Carbonyl-Kohlenstoff:

$$RR'C{=}\overline{O}| + H{-}C(CH_3)_2{-}O{-}Al[OCH(CH_3)_2]_2 \rightleftharpoons RR'CH{-}O{-}Al[OCH(CH_3)_2]_2 + CH_3COCH_3$$

$$RR'CH{-}O{-}Al[OCH(CH_3)_2]_2 + (CH_3)_2HCOH \rightleftharpoons RR'CH{-}OH + Al[OCH(CH_3)_2]_3$$

Reduktion zu Kohlenwasserstoffen

Je nach Reaktionsbedingung führt die Reduktion von Ketonen zu unterschiedlichen Endprodukten. Unter bestimmten Voraussetzungen können Ketone zu Kohlenwasserstoffen reduziert werden, wobei die Carbonyl-Gruppe in eine Methylen-Gruppe überführt wird.

① *Nach Clemmensen*

Die Methode nach Clemmensen reduziert mittels amalgamiertem Zink und starken Mineralsäuren Ketone, die dieses stark saure Milieu vertragen:

$$\begin{matrix} R \\ R' \end{matrix}\!\!>C{=}O \xrightarrow[(HCl)]{(Zn/Hg)} R-CH_2-R'$$

Kohlenwasserstoff

② *Nach Wolff-Kishner*

Verbindungen, die säureinstabil sind bzw. mit Säuren in nicht gewünschter Weise reagieren, können mit Basen, z.B. Hydrazin und Lauge, mit der *Wolff-Kishner-Methode* reduziert werden:

$$\begin{matrix} R \\ R' \end{matrix}\!\!>C{=}O + NH_2-NH_2 \xrightarrow{OH^\ominus} R-CH_2-R' + N_2\uparrow + H_2O$$

Das Keton bildet mit Hydrazin ein Hydrazon (s. Kap. 20.4), das im alkalischen Medium nach folgendem Schema abgebaut wird:

$$>C{=}O + NH_2-NH_2 \rightleftharpoons >C{=}N-NH_2 + H_2O$$

Hydrazon

$$>C{=}\overline{N}-\overline{N}H_2 \xrightleftharpoons{+OH^\ominus,\ -H_2O} \left[>C{=}\overline{N}-\overline{\underline{N}}H^\ominus \longleftrightarrow >\overset{\ominus}{\overline{C}}-\overline{N}{=}\overline{N}H\right] \xrightleftharpoons{+H_2O/-OH^\ominus} -\overset{H}{\underset{|}{\overset{|}{C}}}-\underline{N}{=}\underline{N}-H$$

$$-\overset{H}{\underset{|}{\overset{|}{C}}}-\underline{N}{=}\underline{N}-H + |\overline{\underline{O}}H^\ominus \longrightarrow -\overset{H}{\underset{|}{\overset{|}{C}}}|^\ominus + N_2 + H_2O\ ;\quad -\overset{H}{\underset{|}{\overset{|}{C}}}|^\ominus \xrightarrow[-OH^\ominus]{+H_2O} -\overset{H}{\underset{|}{\overset{|}{C}}}-H$$

Carbanion Kohlenwasserstoff

Oxidationsreaktionen

Die meisten bisher vorgestellten Reaktionen sind mit Aldehyden und Ketonen möglich. Unterschiede zeigen beide im Verhalten gegen Oxidationsmittel.

So werden Aldehyde zu Carbonsäuren oxidiert; Ketone hingegen lassen sich an der Carbonyl-Gruppe nicht weiter oxidieren.

Zum Nachweis von Verbindungen mit Aldehyd-Funktionen dient daher deren reduzierende Wirkung auf Metallkomplexe. So wird bei der *Fehling-Reaktion* eine alkalische Kupfer(II)-tartrat-Lösung ($Cu^{2\oplus}/OH^{\ominus}$/Weinsäure) zu rotem Cu_2O reduziert ($Cu^{2\oplus} \longrightarrow Cu^{\oplus}$) und bei der *Tollens-Reaktion* (Silberspiegel-Prüfung) eine ammoniakalische Silbersalzlösung ($Ag^{\oplus}$/ $NH_4^{\oplus}OH^{\ominus}$) zu metallischem Silber. Alkohole und Ketone geben damit keine Reaktion. Benzaldehyd gibt keine Fehling-Reaktion, sondern die *Cannizzaro-Reaktion*.

Tollens: positiv bei allen Aldehyden

Fehling: negativ bei Benzaldehyd, Isobutyraldehyd; Braunfärbung bei $R-CH_2-CHO$; positiv bei $R-CH(OH)-CHO$ und $R-CH(OH)-C(=O)-R$

Oxidation zu Ketonen

Die Umkehrung der Meerwein-Ponndorf-Verley-Reduktion ist die *Oppenauer-Oxidation*. Sie wird zur Darstellung spezieller Keto-Gruppen (z.B. in der Naturstoffchemie bei Steroiden und Alkaloiden) als schonende Dehydrierungsmethode von alkoholischen Gruppen angewandt. Für Aldehyde ist sie im allgemeinen nicht brauchbar, da Folgereaktionen wie die Aldol-Addition eintreten.

$$RR'CH-OH + (H_3C)_2C=O \xrightarrow[\text{Al-tert. Butanolat}]{\text{Al-isopropylat oder}} RR'C=O + (H_3C)_2CH-OH$$

Disproportionierungen

Aldehyde *ohne* α-ständiges H-Atom können in Gegenwart von starken Basen *keine* Aldole bilden (s. Kap. 20.8.2), sondern unterliegen der *Cannizzaro-Reaktion*. Unter Disproportionierung entsteht aus dem Aldehyd ein äquimolares Gemisch des analogen primären Alkohols und der Carbonsäure. Verwendet man statt Alkalilauge Aluminiumalkoholat, erhält man einen primären Alkohol und den Carbonsäureester (*Claisen-Tischtschenko*-Reaktion). Neben aromatischen Aldehyden (z.B. Benzaldehyd) gehen auch einige aliphatische Aldehyde wie Formaldehyd und Trimethylacetaldehyd die Cannizzaro-Reaktion ein.

Beispiele:

$$2\ C_6H_5CHO + NaOH \longrightarrow C_6H_5CH_2OH + C_6H_5COO^{\ominus}Na^{\oplus}$$

Benzaldehyd — Benzylalkohol — Na-Benzoat

$$2\ HCHO + NaOH \longrightarrow CH_3OH + HCOO^{\ominus}Na^{\oplus}$$

Formaldehyd — Methanol — Natriumformiat

Mechanismus: Die Anlagerung eines $OH^{\ominus}$-Ions an das C-Atom der polarisierten C=O-Gruppe ermöglicht die Abspaltung eines Hydrid-Anions $H^{\ominus}$, das sich an das positivierte C-Atom einer zweiten Carbonyl-Verbindung anlagert. Auf diese Weise entstehen Alkoholat und Säure, die jetzt ein Proton austauschen.

$$R-CHO + OH^{\ominus} \rightleftharpoons R-CH(O^{\ominus})-OH$$

$$R-CH(O^{\ominus})-OH + R-CHO \longrightarrow R-COOH + RCH_2O^{\ominus} \longrightarrow RCOO^{\ominus} + RCH_2OH$$

Biologisch wichtige Verbindungen

Wegen der Vielzahl verschiedenartiger Carbonyl-Verbindungen werden diese z.T. in anderen Kapiteln besprochen, so z.B. Citral, Anisaldehyd und Vanillin, Menthon und Zimtaldehyd. Amygdalin kommt in bitteren Mandeln als Glykosid vor und liefert bei der enzymatischen Spaltung die giftige Blausäure (HCN):

$$H_5C_6-CH(CN)-O-C_{12}H_{21}O_{10} \xrightarrow{\text{Emulsin}} C_6H_5-CHO + HCN + C_{12}H_{22}O_{11} \quad \text{(Gentobiose)}$$

Diacetyl findet sich in der Butter: $H_3C-C(=O)-C(=O)-CH_3$

$H_3C-CH(-CH_2-(CH_2)_{11}-)-CH_2-C=O$ (Ring)

Muscon *(Moschus moschiferus)*
3-Methylcyclopentadecanon

$HC-(CH_2)_7-C(=O)-(CH_2)_7-CH$, $HC=CH$ (Ring)

Zibeton (Zibet-Katze)
Z-9-Cycloheptadecenon

Tabelle 18. Eigenschaften und Verwendung einiger Carbonyl-Verbindungen

Verbindung	Formel	Fp. °C	Kp. °C	Verwendung
Methanal (Formaldehyd)	H—CHO	-92	-21	Farbstoffe, Pheno- u. Aminoplaste, Desinfektions- u. Konservierungsmittel, Polyformaldehyd: Filme, Fäden
Ethanal (Acetaldehyd)	CH_3—CHO	-123	20	Ausgangsprodukt für Ethanol, Essigsäure, Acetanhydrid, Butadien
Propanal (Propionaldehyd)	CH_3—CH_2—CHO	-81	49	Hochpolymere, Copolymerisate
Butanal (Butyraldehyd)	CH_3—$(CH_2)_2$—CHO	-97	75	
Pentanal (Valeraldehyd)	CH_3—$(CH_2)_3$—CHO	-92	104	
Propenal (Acrolein)	CH_2=CH—CHO	-88	52	
2-Butenal (Crotonaldehyd)	CH_3—CH=CH—CHO	-76	104	
Benzaldehyd	C_6H_5—CHO	-26	178	Farbstoffindustrie
Propanon (Aceton, Dimethylketon)	CH_3—CO—CH_3	-95	56	gutes Lösungsmittel (für Acetylen, Acetatseide, Lacke), Ausgangsprodukt für Chloroform u. Methacrylsäureester
Butanon (Methylethylketon)	CH_3—CO—C_2H_5	-86	80	
3-Pentanon (Diethylketon)	C_2H_5—CO—C_2H_5	-42	102	
Cyclohexanon	(Cyclohexanring)=O	-30	156	Ausgangsprodukt für Perlon, höhergliedrige Ringketone sind Riechstoffe
Acetophenon (Methylphenylketon)	CH_3—CO—C_6H_5	20	202	
Benzophenon (Diphenylketon)	C_6H_5—CO—C_6H_5	48	306	
Keten	CH_2=C=O	-151	-56	Darst. v. Essigsäurederivaten, Acylierungsmittel

21 Carbonsäuren

21.1 Nomenklatur

3.13.1 *Carbonsäuren sind die Oxidationsprodukte der Aldehyde. Sie enthalten die Carboxyl-Gruppe –COOH.* Die Hybridisierung am Kohlenstoff der COOH-Gruppe ist wie bei der Carbonyl-Gruppe sp^2. Viele schon lange bekannte Carbonsäuren tragen Trivialnamen. Nomenklaturgerecht ist es, an den Stammnamen die Endung -säure anzuhängen oder das Wort -carbonsäure an den Namen des um ein C-Atom verkürzten Kohlenwasserstoff-Restes anzufügen. Die Stammsubstanz kann aliphatisch, ungesättigt oder aromatisch sein. Ebenso können auch mehrere Carboxyl-Gruppen im gleichen Molekül vorhanden sein. Entsprechend unterscheidet man Mono-, Di-, Tri- und Polycarbonsäuren.

Beispiele (die Namen der Salze sind zusätzlich angegeben):

$H{-}COOH$	$H_3C{-}COOH$	$CH_3{-}CH_2{-}COOH$
Ameisensäure: Formiate	Essigsäure: Acetate	Propionsäure: Propionate

$CH_3{-}CH_2{-}CH_2{-}COOH$	$CH_3{-}(CH_2)_{16}{-}COOH$	$CH_3{-}(CH_2)_7{-}CH{=}CH{-}(CH_2)_7{-}COOH$	
n-Buttersäure	Stearinsäure	Ölsäure isomer mit	Elaidinsäure
Butansäure	Octadecansäure	cis-9-Octadecensäure	trans-9-Octadecensäure
Propan-1-carbonsäure	Heptadecan-1-carbonsäure	cis-8-Heptadecen-1-carbonsäure	trans-8-Heptadecen-1-carbonsäure
(Butyrate)	(Stearate)	(Oleate)	(Elaidate)

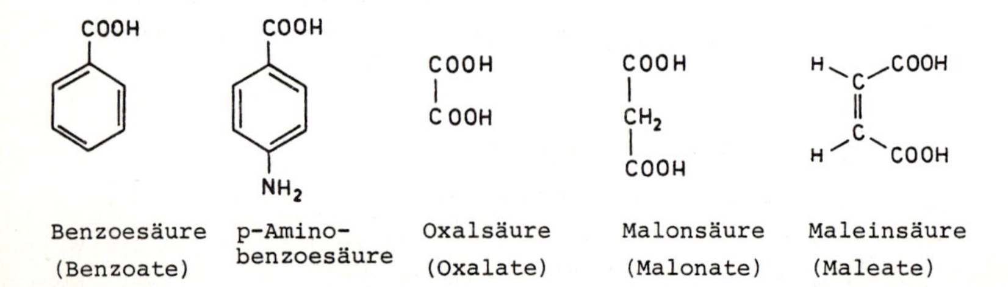

Benzoesäure (Benzoate) | p-Aminobenzoesäure | Oxalsäure (Oxalate) | Malonsäure (Malonate) | Maleinsäure (Maleate)

21.2 Eigenschaften von Carbonsäuren

3.13.2 Carbonsäuren enthalten in der Carboxyl-Gruppe je eine polare C=O- und OH-Gruppe. Sie können deshalb untereinander und mit anderen geeigneten Verbindungen H-Brückenbindungen bilden (Assoziation). Die ersten Glieder der Reihe der aliphatischen Carbonsäuren sind daher unbeschränkt mit Wasser mischbar. Die längerkettigen Säuren werden erwartungsgemäß lipophiler und sind in Wasser schwerer löslich. Sie lösen sich besser in weniger polaren Lösungsmitteln wie Ether, Alkohol oder Benzol. Der Geruch der Säuren verstärkt sich von intensiv stechend zu unangenehm ranzig.

Die längerkettigen Säuren sind schon dickflüssig und riechen wegen ihrer geringen Flüchtigkeit (niederer Dampfdruck) kaum. Carbonsäuren haben außergewöhnlich hohe Siedepunkte und liegen sowohl im festen als auch im dampfförmigen Zustand als Dimere vor, die durch H-Brückenbindungen zusammengehalten werden:

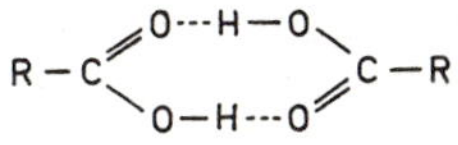

R—C(=O···H—O)(—O—H···O=)C—R

Die erheblich größere Acidität der COOH-Gruppe im Vergleich zu den Alkoholen beruht auf der Mesomeriestabilisierung der konjugierten Base (vgl. auch Phenole). Die Delokalisierung der Elektronen führt zu einer symmetrischen Ladungsverteilung und damit zu einem energieärmeren, stabileren Zustand.

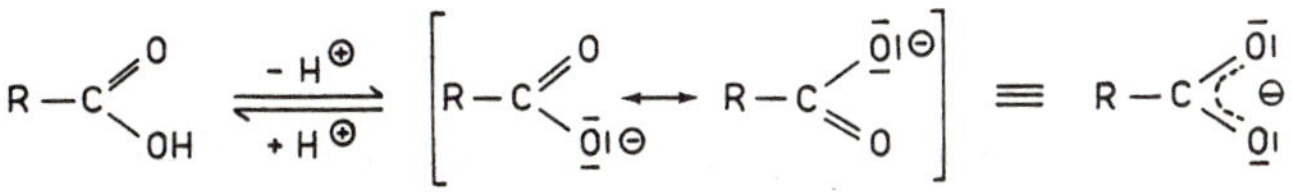

$$R-C(=O)OH \underset{+H^{\oplus}}{\overset{-H^{\oplus}}{\rightleftharpoons}} \left[R-C(=O)-\overline{\underline{O}}|^{\ominus} \longleftrightarrow R-C(-\overline{\underline{O}}|^{\ominus})=O \right] \equiv R-C(\overline{O}|)(\overline{O}|)^{\ominus}$$

Substituenteneinflüsse auf die Säurestärke

Die Abspaltung des Protons der Hydroxyl-Gruppe wird durch den Rest R in R—COOH beeinflußt. Dieser Einfluß läßt sich mit Hilfe induktiver und mesomerer Effekte plausibel erklären.

① Elektronenziehender Effekt (-I-Effekt)

Elektronenziehende Substituenten wie Halogene, —CN, $—NO_2$ oder auch —COOH bewirken eine Zunahme der Acidität. Ähnlich wirkt eine in Konjugation zur Carboxyl-Gruppe stehende Doppelbindung.

Bei den α-Halogen-carbonsäuren $X-CH_2COOH$ nimmt der Substituenteneinfluß entsprechend der Elektronegativität der Substituenten in der Reihe F > Cl > Br > I deutlich ab, was an der Zunahme der zugehörigen pK_s-Werte zu erkennen ist (pK_s = 2,66; 2,81; 2,86; 3,12 für X = F, Cl, Br, I). Interessanterweise ergaben Messungen der Säurestärken in der Gasphase eine Umkehrung der Reihenfolge (F < Cl < Br), wobei die Fluoressigsäure sich als die schwächste Säure erwies (s.u.).

Cl ← C ← C(=O)–O–H

-I-Effekt
(Zunahme der Acidität)

Die Stärke des -I-Effektes ist auch von der Stellung der Substituenten abhängig. Mit wachsender Entfernung von der Carboxyl-Gruppe nimmt seine Stärke rasch ab (vgl. β-Chlorpropionsäure).

Bei *mehrfacher* Substitution ist die Wirkung i.a. additiv, wie man an den pK_s-Werten der verschieden substituierten Chloressigsäuren erkennen kann. CF_3COOH erreicht schon die Stärke anorganischer Säuren.

Bestimmt man die Hydrationsenthalpien der Halogen-essigsäuren und ihrer Anionen, so findet man, daß die Zunahme der Säurestärke in Wasser fast ausschließlich auf der Zunahme der Hydrationsenthalpie der Anionen in der Reihe $BrCH_2COO^{\ominus}$ < $ClCH_2COO^{\ominus}$ < $FCH_2COO^{\ominus}$ beruht. Die Säurestärke wird demnach offenbar vor allem von Solvationseffekten der Anionen bestimmt. Dies läßt sich auch thermodynamisch begründen und liefert eine Erklärung zu den erwähnten Messungen in der Gasphase:

Die Säurekonstante des Säure-Base-Gleichgewichts ist proportional der Freien Enthalpie der Ionisation. Diese wiederum setzt sich aus einem Enthalpie- und einem Entropie-Anteil zusammen. Die ΔH^o-Werte der einzelnen Säuren zeigen nur kleine Unterschiede. ΔG^o wird also überwiegend vom Entropieglied bestimmt, das Solvationseffekte mitberücksichtigt:

$\Delta G^{\circ} = 2{,}303 \cdot R \cdot T \cdot pK_s$; $\Delta G^{\circ} = \Delta H^{\circ} - T \cdot \Delta S^{\circ}$ (s. HT Bd. 247)

② Elektronendrückender Effekt (+I-Effekt)

Elektronendrückende Substituenten wie Alkyl-Gruppen bewirken eine Abnahme der Acidität (Zunahme des pK_s-Wertes), weil sie die Elektronendichte am Carboxyl-C-Atom und am Hydroxyl-sauerstoff erhöhen.

Alkyl-Gruppen haben allerdings keinen so starken Einfluß wie die Gruppen mit einem -I-Effekt.

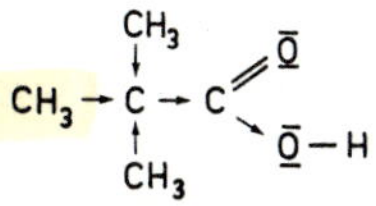

$CH_3 \rightarrow C(CH_3)_2 \rightarrow C(=\overline{O})-\overline{O}-H$

+I-Effekt
(Abnahme der Acidität)

③ Mesomere Effekte

Bei aromatischen Carbonsäuren treten zusätzlich mesomere Effekte auf. Benzoesäure ist zwar stärker sauer als Cyclohexancarbonsäure (pK_s = 4,87), doch läßt sich die an sich schwache Acidität durch Einführung von -I- und -M-Substituenten beträchtlich steigern. Es ist hierbei allerdings zu beachten, daß das aromatische π-Elektronensystem je nach Substituent als Elektronendonor oder -acceptor wirken kann.

Beispiel: p-Nitrobenzoesäure, pK_s = 3,42

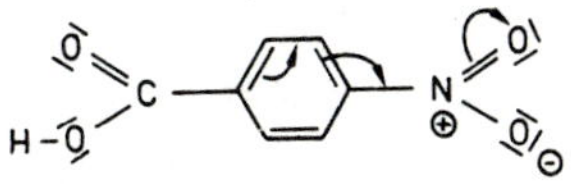

④ H-Brückenbildung

Ein interessanter Fall liegt bei der Salicylsäure (o-Hydroxy-benzoesäure) vor, deren Anion sich durch intramolekulare H-Brückenbindungen stabilisieren kann (pK_s = 2,97):

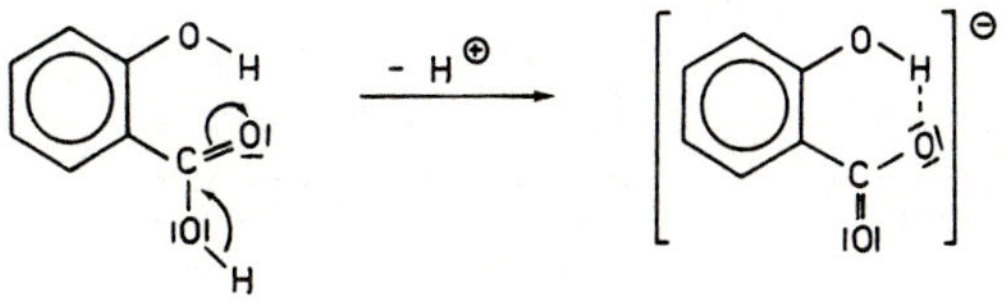

$\xrightarrow{-H^{\oplus}}$

Ebenso wie bei den Aminen kann man auch bei den Carbonsäuren mit Hilfe des pK_s-Wertes den pH-Wert der Lösungen berechnen, sofern man die Konzentration der Säure kennt (s. HT, Bd. 247).

Beispiel: 0,1 molare Propionsäure; pK_s = 4,88, c = 10^{-1}.

$$pH = 1/2\ pK_s - 1/2\ \lg c;\ pH = 2,44 - 1/2\ (-1) = 2,94$$

Tabelle 19. pK_s-Werte von Carbonsäuren

(↑ steigender pK_s-Wert)

pK_s	Formel	Name	pK_s	Formel	Name
4,76	CH_3COOH	Essigsäure	5,05	$(CH_3)_3CCOOH$	Trimethylessigsäure
4,26	$CH_2{=}CHCOOH$	Acrylsäure	4,85	$(CH_3)_2CHCOOH$	Iso-Buttersäure
2,81	$ClCH_2COOH$	Monochloressigsäure	4,88	CH_3CH_2COOH	Propionsäure
1,30	$Cl_2CHCOOH$	Dichloressigsäure	4,76	CH_3COOH	Essigsäure
0,65	Cl_3CCOOH	Trichloressigsäure	3,77	$HCOOH$	Ameisensäure
4,88	CH_3CH_2COOH	Propionsäure	0,23	F_3CCOOH	Trifluoressigsäure
4,1	CH_2ClCH_2COOH	β-Chlorpropionsäure	4,22	C_6H_5–COOH	Benzoesäure
2,8	$CH_3CHClCOOH$	α-Chlorpropionsäure			

21.3 Darstellung von Carbonsäuren

3.13.3 Die Darstellungsmethode hängt oft von der zur Verfügung stehenden Ausgangsverbindung ab.

① Ein allgemein gangbarer Weg ist die *Oxidation primärer Alkohole und Aldehyde*. Sie führt ungesteuert generell zu Carbonsäuren. Als Oxidationsmittel eignen sich z.B. CrO_3, $K_2Cr_2O_7$ und $KMnO_4$.

$$R{-}CH_2OH \xrightarrow{\text{Oxid.}} R{-}CHO \xrightarrow{\text{Oxid.}} R{-}COOH$$

prim. Alkohol — Aldehyd — Carbonsäure

Bei der Oxidation von Alkylaromaten werden aromatische Carbonsäuren erhalten:

$$C_6H_5{-}CH_3 \xrightarrow{KMnO_4} C_6H_5{-}COOH$$

Toluol — Benzoesäure

② *Die Verseifung von Nitrilen* bietet präparativ mehrere Vorteile. Nitrile sind leicht zugänglich aus Halogenalkanen und KCN (s. Kap. 9.4). Die Verseifung geschieht mit Säuren- oder Basenkatalyse:

$$R-Cl \xrightarrow[-KCl]{KCN} R-C\equiv N \xrightarrow{H_2O} R-\underset{\underset{O}{\|}}{C}-NH_2 \xrightarrow{H_2O} R-CO_2H + NH_3$$

③ Eine präparativ wichtige Darstellungsmethode ist die *Umsetzung von Grignard-Verbindungen mit CO_2* (s. Kap. 12.4, Carboxylierungsreaktion):

$$R-Mg-Br + CO_2 \longrightarrow R-C{\overset{\displaystyle O}{\underset{\displaystyle OMgBr}{}}} \xrightarrow{\text{verd. HCl}} R-CO_2H + MgBrCl$$

Eine Carboxylierungsreaktion ist auch die Reaktion von Phenolat mit CO_2, vgl. die Darstellung der Salicylsäure (Kap. 16.3).

④ Eine Methode zur Darstellung von Carbonsäuren ist auch *die Malonester-Synthese*. Sie bietet eine allgemeine Möglichkeit, eine C-Kette um zwei C-Atome zu verlängern oder sie zu verzweigen (Kap. 22.3).

Substituierte Carbonsäuren

⑤ *Die Verseifung von Cyanhydrinen* (aus Aldehyden und HCN, s. Kap. 20.4) liefert speziell α-Hydroxycarbonsäuren (s. Kap. 23.5). Man erhält hierdurch eine Verlängerung der C-Kette um eine Einheit.

⑥ Aminosäuren lassen sich u.a. durch die *Strecker-Synthese* herstellen (s. Kap. 23.3).

⑦ α-Halogencarbonsäuren wie α-Brom- oder Chlor-carbonsäuren werden am besten *nach Hell-Volhard-Zelinsky* mit Halogenen und Phosphor (rot) als Katalysator hergestellt:

$$2\,P + 3\,Br_2 \longrightarrow 2\,PBr_3$$

$$R-CH_2COOH \xrightarrow{PBr_3} R-CH_2-C{\overset{\displaystyle O}{\underset{\displaystyle Br}{}}} \underset{}{\overset{(H^{\oplus})}{\rightleftharpoons}} R-CH=C{\overset{\displaystyle OH}{\underset{\displaystyle Br}{}}} \xrightarrow[-HBr]{Br_2} R-\underset{\underset{Br}{|}}{CH}-C{\overset{\displaystyle O}{\underset{\displaystyle Br}{}}}$$

$$+\ R-CH_2COOH \longrightarrow R-\overset{\overset{Br}{|}}{CH}-COOH + R-CH_2-C{\overset{\displaystyle O}{\underset{\displaystyle Br}{}}}$$

Das gebildete PBr_3 führt die Säure in das Säurebromid über, dessen α-H-Atom durch ein Brom-Atom substituiert wird. Anschließend erfolgt Brom-Austausch mit einem weiteren Säuremolekül. Das Halogenatom kann durch NH_3 substituiert werden unter Bildung einer Aminosäure (s. Kap. 23.3).

(8) α-substituierte Carbonsäuren können allgemein durch nucleophile Substitution des Halogens in α-Halogencarbonsäuren erhalten werden.

21.4 Reaktionen von Carbonsäuren

3.13.4 (1) Reduktion (Umkehr der Synthese)

$$R\text{-}COOH \xrightarrow[-H_2]{+LiAlH_4} R\text{-}COOLi + AlH_3; \quad R\text{-}COO^{\ominus} \xrightarrow{AlH_4^{\ominus}} RCH_2OH$$

(2) Oxidation mit H_2O_2 zu Persäuren

$$R\text{-}C(=O)OH \underset{}{\overset{H^{\oplus}}{\rightleftharpoons}} R\text{-}C(=\overset{\oplus}{O}H)OH + |\overline{O}-\overline{O}-H \text{ (H)} \rightleftharpoons R\text{-}C(OH)(OH)\text{-}\overset{\oplus}{O}(H)\text{-}OH \overset{-H^{\oplus}}{\rightleftharpoons} R\text{-}C(=O)\text{-}O\text{-}OH + H_2O$$

(3) Abbau unter CO_2-Abspaltung

Decarboxylierungen sind möglich durch Erhitzen der Salze (über 400° C), Oxidation mit Bleitetraacetat oder durch oxidative Decarboxylierung zu Bromiden (Hunsdiecker-Reaktion).

$$R-COO^{\ominus}Ag^{\oplus} + Br-Br \xrightarrow{CCl_4} R-Br + CO_2 + AgBr$$

(4) Bildung von Derivaten s. Kap. 22.

Tabelle 20. Verwendung und Eigenschaften von Monocarbonsäuren

Name	Formel	Fp. °C	Kp. °C	pK_s	Vorkommen, Verwendung
Ameisensäure	$HCOOH$	8	100,5	3,77	Ameisen, Brennesseln
Essigsäure	CH_3COOH	16,6	118	4,76	Lösungsmittel, Speiseessig
Propionsäure	C_2H_5COOH	-22	141	4,88	Konservierungsmittel
Buttersäure	$CH_3(CH_2)_2COOH$	-6	164	4,82	Butter, Schweiß
Isobuttersäure	$(CH_3)_2CHCOOH$	-47	155	4,85	Johannisbrot
n-Valeriansäure	$CH_3(CH_2)_3COOH$	-34,5	187	4,81	Baldrianwurzel
Capronsäure	$CH_3(CH_2)_4COOH$	-1,5	205	4,85	Ziege
Önanthsäure	$CH_3(CH_2)_5COOH$	-11	224	4,89	Weinblüte
Caprylsäure	$CH_3(CH_2)_6COOH$	16	237	4,85	Ziege
Caprinsäure	$CH_3(CH_2)_8COOH$	31	269		Ziege
Laurinsäure	$CH_3(CH_2)_{10}COOH$	44			Lorbeer
Myristinsäure	$CH_3(CH_2)_{12}COOH$	54			Myristica, Muskatnuß
Palmitinsäure	$CH_3(CH_2)_{14}COOH$	63			Palmöl
Stearinsäure	$CH_3(CH_2)_{16}COOH$	70			Talg
Acrylsäure	$CH_2=CHCOOH$	13	141	4,26	Kunststoffe
Sorbinsäure	(Strukturformel) COOH	133			Konservierungsmittel
Ölsäure	cis-Octadecen-(9)-säure	16	223 (10 Torr)		in Fetten
Elaidinsäure	trans-Octadecen-(9)-säure	44			in Fetten
Linolsäure	cis,cis-Octadecen-(9,12)-säure	-5	230 (16 Torr)		in Fetten
Linolensäure	cis,cis,cis-Octadecen-(9,12,15)-säure	-11	232 (16 Torr)		in Fetten
Benzoesäure	C_6H_5COOH	122	250	4,22	Konservierungsmittel
Phenylessigsäure	$C_6H_5CH_2COOH$	78	265	4,31	
Salicylsäure	$o\text{-}HOC_6H_4COOH$	159		3,00	Konservierungsmittel
Anthranilsäure	$o\text{-}H_2NC_6H_4COOH$	145		5,00	
p-Aminobenzoesäure	$p\text{-}H_2NC_6H_4COOH$	187		4,92	

21.5 Dicarbonsäuren

3.13.1 Dicarbonsäuren enthalten zwei Carboxyl-Gruppen im Molekül und können daher in zwei Stufen dissoziieren. Die ersten Glieder der homologen Reihe sind stärker sauer als die entsprechenden Monocarbonsäuren, da sich die beiden Carboxyl-Gruppen gegenseitig beeinflussen (-I-Effekt). Die einfachen Dicarbonsäuren haben oft Trivialnamen, die auf die Herkunft der Säure aus einem bestimmten Naturstoff hinweisen (Einzelheiten s. Tabelle 21). Die IUPAC-Nomenklatur entspricht der der Monocarbonsäuren: $HOOC{-}CH_2{-}CH_2{-}COOH$ (Bernsteinsäure) = 1,2-Ethan-dicarbonsäure = Butandisäure.

Synthesebeispiele

3.13.3 Die Synthese von Dicarbonsäuren erfolgt meist nach speziellen Methoden. Grundsätzlich können aber die gleichen Verfahren wie bei Monocarbonsäuren angewandt werden, wobei als Ausgangsstoffe bifunktionelle Verbindungen eingesetzt werden.

Oxalsäure: Durch Erhitzen von Natriumformiat:

$$2\,HCOO^{\ominus}Na^{\oplus} \xrightarrow[-\,H_2]{(NaOH)} \begin{matrix} COO^{\ominus}Na^{\oplus} \\ | \\ COO^{\ominus}Na^{\oplus} \end{matrix} \xrightarrow[-\,2\,NaOH]{Ca(OH)_2} (COO)_2^{2\ominus}Ca^{2\oplus} \xrightarrow[-\,CaSO_4]{H_2SO_4} \begin{matrix} COOH \\ | \\ COOH \end{matrix}$$

Von historischem Interesse ist die Synthese von Oxalsäure durch Hydrolyse von Dicyan von F. Wöhler (1824).

Malonsäure: Durch Hydrolyse von Cyanessigsäure, die aus Chloressigsäure und KCN erhalten wird:

$$H_2C\begin{matrix} COOH \\ Cl \end{matrix} \xrightarrow[-\,KCl]{KCN} H_2C\begin{matrix} COOH \\ C{\equiv}N \end{matrix} \xrightarrow[-\,NH_3]{2\,H_2O} H_2C\begin{matrix} COOH \\ COOH \end{matrix}$$

Adipinsäure: Aus Phenol über Cyclohexanon durch oxidative Ringöffnung:

$$\text{Phenol} \xrightarrow{+\,3\,H_2} \text{Cyclohexanol} \xrightarrow{-\,H_2} \text{Cyclohexanon} \xrightarrow[\text{Kat.}]{3/2\,O_2} \text{Adipinsäure}\ (HO_2C{-}(CH_2)_4{-}CO_2H)$$

Phenol Cyclohexanon Adipinsäure

Phthalsäure: Durch Hydrolyse von Phthalsäureanhydrid, hergestellt durch Oxidation von o-Xylol oder Naphthalin

V_2O_5 / O_2 ; + H_2O ; Δ / − H_2O

Phthalsäureanhydrid Phthalsäure

Terepthalsäure: Durch Oxidation von p-Xylol oder Carboxylierung von Benzoesäure mit CO_2

Kat. / O_2 ; CO_2

Terephthalsäure

Tabelle 21. Eigenschaften und Verwendung von Dicarbonsäuren

Trivialname	Formel	Fp. °C	pK_{s_1}	pK_{s_2}	Vorkommen und Verwendung
Oxalsäure	HOOC—COOH	189	1,46	4,40	Sauerklee (Oxalis), Harnsteine
Malonsäure	$HOOCCH_2COOH$	135	2,83	5,85	Leguminosen
Bernsteinsäure	$HOOC(CH_2)_2COOH$	185	4,17	5,64	Citrat-Cyclus, Rhabarber, Zuckerrübe
Glutarsäure	$HOOC(CH_2)_3COOH$	97,5	4,33	5,57	
Adipinsäure	$HOOC(CH_2)_4COOH$	151	4,43	5,52	Nylonherst.; Zuckerrübe
Maleinsäure	cis-HOOCCH=CHCOOH	130	1,9	6,5	
Fumarsäure	trans-HOOCCH=CHCOOH	287	3,0	4,5	Citrat-Cyclus
Acetylendicarbonsäure	HOOC—C≡C—COOH	179	-	-	Synthesen
Phthalsäure	1,2-$C_6H_4(COOH)_2$	231	2,96	5,4	Weichmacher, Polymere
Terephthalsäure	1,4-$C_6H_4(COOH)_2$	300	3,54	4,46	Kunststoffe

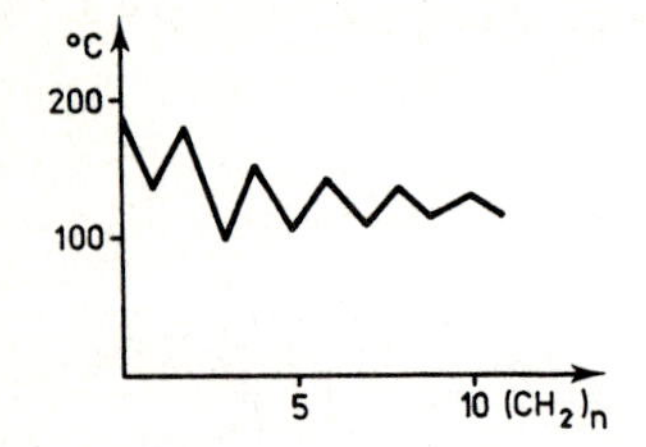

Abb. 30. Zusammenhang zwischen Fp. und $-(CH_2)_n-$ von Dicarbonsäuren

3.14.4 Reaktionen von Dicarbonsäuren

Die Dicarbonsäuren unterscheiden sich durch ihr Verhalten beim Erhitzen.

1,1-Dicarbonsäuren, wie die Malonsäure, decarboxylieren viel leichter als die Monocarbonsäuren:

$$HOOC-CH_2-COOH \xrightarrow[-CO_2]{\Delta} HO-C(OH)=CH_2 \rightleftharpoons HO-C(=O)-CH_3$$

3.13.6 1,2- und 1,3-Dicarbonsäuren liefern beim Erhitzen cyclische Anhydride:

$$HOOC-CH_2-CH_2-COOH \xrightarrow{\Delta} \text{Bernsteinsäureanhydrid} + H_2O \; ; \; HOOC-CH_2-CH_2-CH_2-COOH \xrightarrow{\Delta} \text{Glutarsäureanhydrid} + H_2O$$

Bernsteinsäure -anhydrid Glutarsäure -anhydrid

Höhergliedrige Dicarbonsäuren mit 5 oder mehr Kohlenstoff-Atomen zwischen den Carboxyl-Gruppen geben beim Erhitzen ausschließlich polymere Anhydride. In Gegenwart von Basen werden anstelle der polymeren Anhydride cyclische Ketone erhalten. Eine 1,4-Dicarbonsäure wie Adipinsäure wird z.B. in Cyclopentanon übergeführt. Diese Reaktion eignet sich zur Darstellung fünf- und sechsgliedriger cyclischer Ketone. Unter bestimmten Voraussetzungen können Ketone mit Ringgrößen bis zu 20 Ringatomen erhalten werden.

Beispiel:

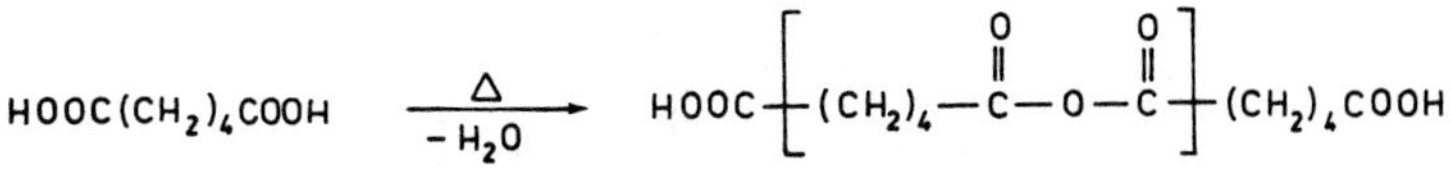

$$HOOC(CH_2)_4COOH \xrightarrow[-H_2O]{\Delta} HOOC\left[(CH_2)_4-\overset{O}{\overset{\|}{C}}-O-\overset{O}{\overset{\|}{C}}\right](CH_2)_4COOH$$

polymeres Anhydrid

$$CH_2(CH_2-COOH)-CH_2(CH_2-COOH) \xrightarrow{\Delta,\ Base} \text{Cyclopentanon} + CO_2 + H_2O$$

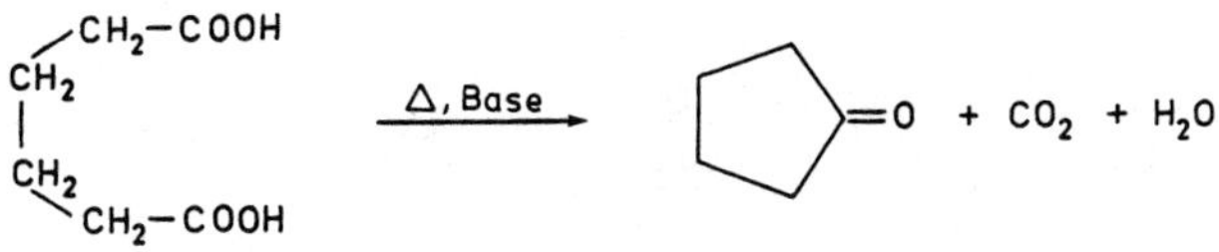

Adipinsäure Cyclopentanon

Spezielle Dicarbonsäuren

Neben gesättigten Dicarbonsäuren gibt es auch ungesättigte und aromatische Dicarbonsäuren, wovon Maleinsäure, Fumarsäure und die Benzoldicarbonsäuren besondere Bedeutung haben.

Maleinsäure und Fumarsäure sind cis-trans-Isomere. Bei der Maleinsäure sind die beiden Carboxyl-Gruppen räumlich benachbart (cis-Anordnung) und ermöglichen die Bildung eines Anhydrids im Gegensatz zur Fumarsäure:

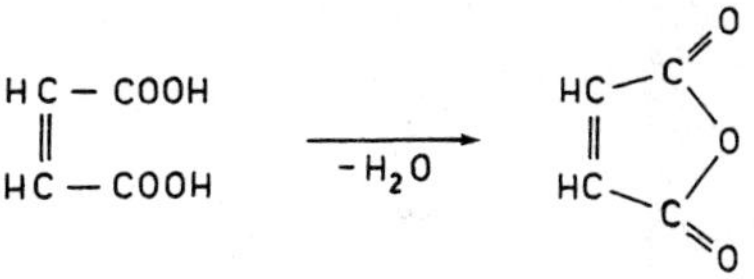

$$HC-COOH \,\|\, HC-COOH \xrightarrow[-H_2O]{} \text{Maleinsäureanhydrid}$$

Maleinsäure Maleinsäureanhydrid

Maleinsäure und Fumarsäure können durch Erhitzen oder UV-Bestrahlung wechselseitig umgewandelt werden (Isomerisierung):

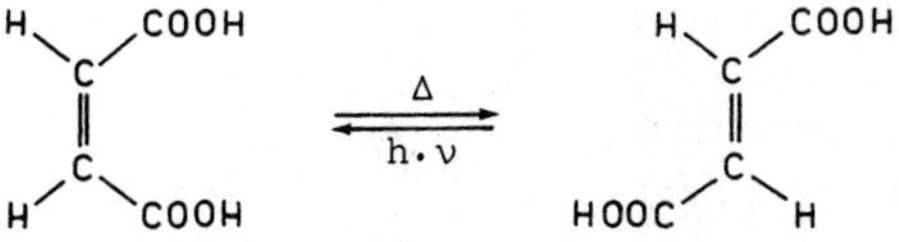

$$\text{Maleinsäure (cis)} \underset{h\cdot\nu}{\overset{\Delta}{\rightleftharpoons}} \text{Fumarsäure (trans)}$$

Maleinsäure (cis) Fumarsäure (trans)

Fumarsäure spielt im Citronensäure-Cyclus eine wichtige Rolle. Sie entsteht dort bei der Dehydrierung von Bernsteinsäure als Zwischenprodukt. Maleinsäure wurde bisher in der Natur nicht gefunden und ist nur synthetisch zugänglich.

o-Phthalsäure (Benzol-o-dicarbonsäure) findet zur Synthese von Farbstoffen Verwendung. Sie läßt sich durch Wasserabspaltung leicht in ihr Anhydrid überführen, das ebenfalls als Ausgangsverbindung für chemische Synthesen vielfache Anwendung findet:

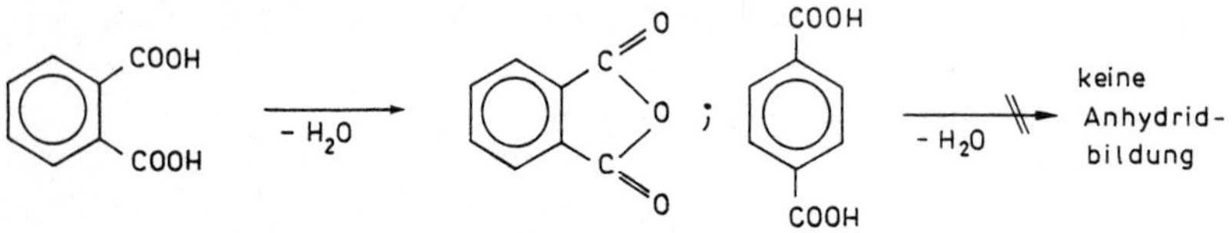

Phthalsäure $\xrightarrow{-H_2O}$ Phthalsäureanhydrid ; Terephthalsäure $\xrightarrow{-H_2O}$ keine Anhydridbildung

Die Benzol-p-dicarbonsäure wird auch Terephthalsäure genannt. Sie besitzt zur Darstellung von Kunststoffen (Polyesterfaser) wie Trevira, Diolen u.a. technische Bedeutung (s. Kap. 26).

Cyclisierungen von Dicarbonsäure-Estern zu carbocyclischen Ringsystemen

(1) Dieckmann-Reaktion

Ester von Dicarbonsäuren können die Claisen-Reaktion (s. Kap. 24.3) wie üblich intermolekular, in einigen Fällen aber auch intramolekular eingehen, wobei cyclische Ketoester entstehen. Dies erlaubt den Aufbau fünf- und sechsgliedriger Ringsysteme.

Beispiel:

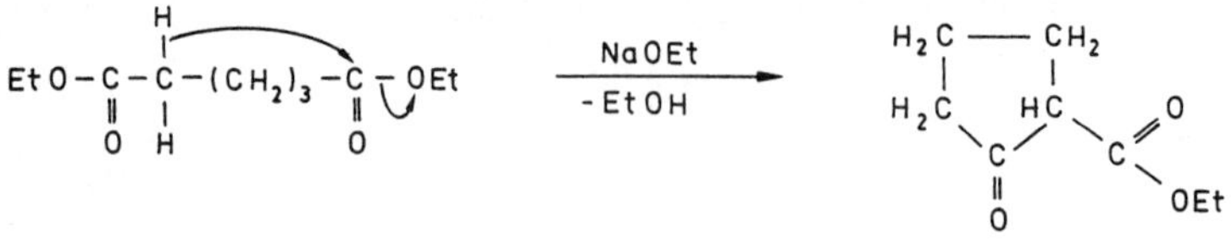

$$EtO-\underset{\underset{O}{\|}}{C}-CH_2-(CH_2)_3-\underset{\underset{O}{\|}}{C}-OEt \xrightarrow[-EtOH]{NaOEt} \text{2-Carbethoxy-cyclopentanon}$$

Adipinsäure-diethylester — 2-Carbethoxy-cyclopentanon

12.8 ② Acyloin-Reaktion

Ringe mit 10 bis 20 Ringgliedern sind meist nur in schlechten Ausbeuten herzustellen. Zwar ist die Ringspannung im Vergleich zu kleineren Ringen etwas geringer, es wird jedoch auch die Wahrscheinlichkeit kleiner, daß die beiden Enden des Moleküls miteinander reagieren können. Daher entstehen oft unerwünschte Polymere. Die Ausbeute kann durch Verdünnung der Reaktionsmischung erhöht werden. Bessere Ausbeuten liefert die sog. Acyloin-Reaktion. Sie verläuft an der Oberfläche von elementarem Natrium, wobei solvatisierte Elektronen als Nucleophil wirken. Man erhält dank der guten Abgangsgruppe $^{\ominus}OC_2H_5$ Ausbeuten von 60 bis 95 %. Bei Reaktionen mit Monocarbonsäure-estern entstehen offenkettige Acyloine.

OEt, C, O, Na-metall, $(CH_2)_{n_{8-18}}$, O, C, OEt → $(CH_2)_n$ → OEt, $(CH_2)_n$, OEt $\xrightarrow{-2\,C_2H_5O^{\ominus}}$ O=C, O=C, $(CH_2)_n$

Diketon

$\xrightarrow{Na}$ $^{\ominus}$O–C, $^{\ominus}$O–C, $(CH_2)_n$ $\xrightarrow{H^{\oplus}}$ HO–C, HO–C, $(CH_2)_n$ → O=C, HO–C, H, $(CH_2)_n$

Endiol

α-Hydroxyketon (Acyloin)

22 Derivate der Carbonsäuren

22.1 Überblick

3.2.8 Zu den wichtigsten Reaktionen der Carbonsäuren zählen die verschiedenen Möglichkeiten, die Carboxyl-Gruppe in charakteristischer Weise abzuwandeln. Dabei wird die OH-Gruppe durch eine andere funktionelle Gruppe Y ersetzt. Die entstehenden Produkte werden als Carbonsäure-Derivate bezeichnet und können allgemein als $R-\underset{Y}{\underset{|}{C}}=O$ formuliert werden.

Die Derivate lassen sich meist leicht ineinander überführen und haben daher präparativ große Bedeutung. Es gibt folgende Verbindungstypen, die in der Reihenfolge zunehmender Reaktivität gegenüber Nucleophilen geordnet sind (s. Kap. 20.8):

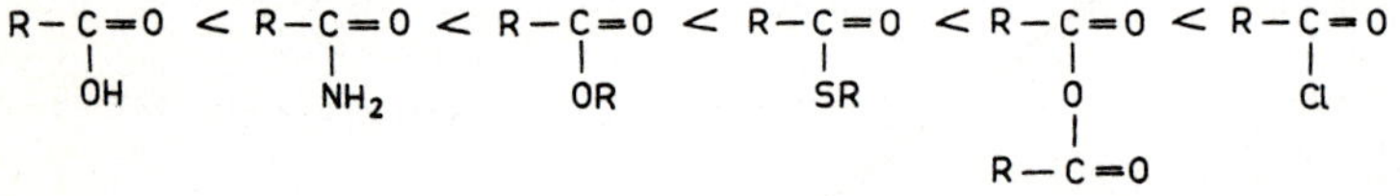

$$R-\underset{OH}{\underset{|}{C}}=O < R-\underset{NH_2}{\underset{|}{C}}=O < R-\underset{OR}{\underset{|}{C}}=O < R-\underset{SR}{\underset{|}{C}}=O < R-\underset{O-C(=O)-R}{\underset{|}{C}}=O < R-\underset{Cl}{\underset{|}{C}}=O$$

Carbonsäure	-amid	-ester	-thioester	-anhydrid	-chlorid (-halogenid)

Beispiele:

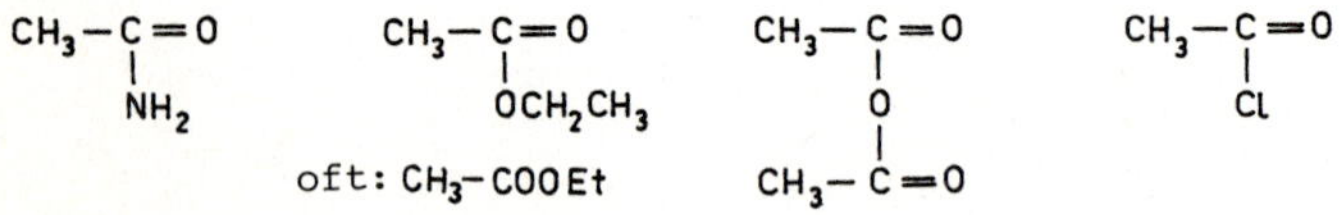

$CH_3-C(=O)-NH_2$	$CH_3-C(=O)-OCH_2CH_3$ oft: $CH_3-COOEt$	$CH_3-C(=O)-O-C(=O)-CH_3$	$CH_3-C(=O)-Cl$
Essigsäure-amid Acetamid	-ethylester Ethylacetat	-anhydrid Acetanhydrid	-chlorid Acetylchlorid

$HO-C(=O)-NH_2$	$H_2N-C(=O)-NH_2$	$Cl-C(=O)-Cl$	$C_2H_5O-C(=O)-NH_2$
Kohlensäure- -monoamid Carbaminsäure	-diamid Harnstoff	-dichlorid Phosgen	Carbaminsäure- ethylester Ethylurethan

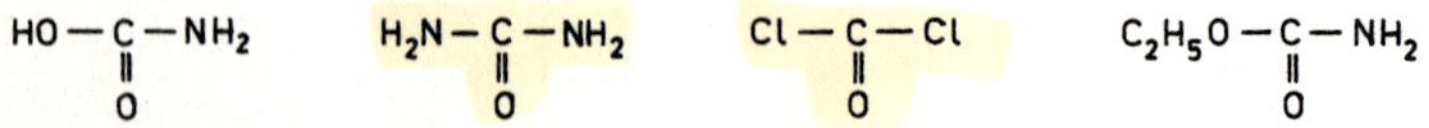

$$C_6H_5-COCl$$

Benzoyl-chlorid

$$o\text{-}(CH_3-CO-O)-C_6H_4-COOH$$

Acetyl-salicylsäure

$$CH_3-\underset{\|}{\overset{}{C}}(=O)-CH_2-C(=O)-OC_2H_5$$

Acetessigsäure-ethylester

Acetessigester

Benzoyl-Rest: $C_6H_5-C{=}O$

Acetyl-Rest: $CH_3-C{=}O$

(allgemein: Acyl-Rest)

3.5 *Spezielle Carbonsäure-Derivate*

(1) Aus Säurechloriden entstehen durch HCl-Abspaltung *Ketene*.

$$(C_6H_5)_2CH-C(=O)Cl \xrightarrow[-\ HCl]{(C_2H_5)_3N} (C_6H_5)_2C{=}C{=}O$$

Diphenylketen

Ketene werden leicht nucleophil angegriffen und dienen daher zum Einführen einer Acyl-Gruppe:

$$R_2C{=}C{=}O \xrightarrow{R'-OH} R_2CH-C(=O)-OR'$$

$$R_2C{=}C{=}O \xrightarrow{R'-NH_2} R_2CH-C(=O)-NHR'$$

$$R_2C{=}C{=}O \xrightarrow{R'-COOH} R_2CH-C(=O)-O-C(=O)-R'$$

3.8 (2) Durch Wasserabspaltung werden aus Säureamiden oder Aldoximen Nitrile (Cyanide, R-C≡N) hergestellt

$$CH_3-C(=O)NH_2 \xrightarrow[-\ H_2O]{(P_4O_{10})} CH_3-C\equiv N \quad \left(\xrightarrow{H^{\oplus}/H_2O} CH_3-C(=O)NH_2\right)$$

Acetamid Acetonitril

$$H-C(=O)-NH_2 \xrightarrow{P_4O_{10}} HCN + H_2O \quad ; \quad CH_3-CH=N-OH \xrightarrow[-H_2O]{(Ac_2O)} CH_3CN$$

Formamid — Cyanwasserstoff (Blausäure) — Ethanaloxim

③ *Phthalimid* bildet sich beim Erhitzen von Phthalsäureanhydrid mit Ammoniak:

$$\text{Phthalsäureanhydrid} \xrightarrow[-H_2O]{+NH_3} \text{Phthalimid} \quad ; \quad \text{allgemein } R(C=O)_2NH$$

Phthalsäureanhydrid — Phthalimid — Carbonsäureimid

Anwendung: Gabriel-Synthese (Kap. 16.1), Bromierung mit NBS (N-Brom-succinimid) in Kap. 3.4.

22.2 Reaktionen mit Carbonsäure-Derivaten

Die Umsetzung von Carbonsäure-Derivaten mit Nucleophilen verläuft nach folgendem Schema:

$$HB| + R-C(=O)-Y \rightleftharpoons H-\overset{\oplus}{B}-C(R)(Y)-\overline{\underline{O}}|^{\ominus} \underset{}{\overset{-H^{\oplus}}{\rightleftharpoons}} B-C(R)(Y)-\overline{\underline{O}}|^{\ominus} \overset{-Y^{\ominus}}{\rightleftharpoons} R-C(=O)-B|$$

I

Dabei greift HB| an der Carbonyl-Gruppe an und substituiert $Y|^{\ominus}$. (Beachte den Unterschied zur Reaktion von Aldehyden und Ketonen (Kap. 20.4).)

Acyl-Verbindungen lassen sich in der Regel leichter substituieren als Alkyl-Verbindungen. Dies liegt an der größeren Reaktivität der Carbonyl-Gruppe im Vergleich zu einer Alkyl-Gruppe. Betrachtet man außerdem den Übergangszustand für eine S_N2-Reaktion (s. Kap. 10.2), so enthält dieser ein quasi fünfbindiges C-Atom. Die Substitution am Acyl-C-Atom dagegen verläuft über ein stabiles tetraedrisches Zwischenprodukt I, bei dem das Acyl-O-Atom leicht die negative Ladung übernehmen kann.

Die Reaktionen mit Carbonsäure-Derivaten lassen sich durch Säuren katalytisch beschleunigen:

$$HB| + R-C(=O)-Y + H^{\oplus} \rightleftharpoons H-\overset{\oplus}{B}-C(R)(Y)-O-H \xrightleftharpoons{-H^{\oplus}} |B-C(R)(Y)-O-H \xrightleftharpoons{-H^{\oplus},\,-Y^{\ominus}} R-C(=O)-B|$$

Im Unterschied zu den Reaktionen mit Carbonsäuren ist hier auch eine Basen-Katalyse möglich. Sie beruht auf dem Gleichgewicht:

$HB + |OH^{\ominus} \rightleftharpoons H_2O + B|^{\ominus}$, wobei das viel reaktionsfähigere Anion $B|^{\ominus}$ gebildet wird, das nun als Nucleophil reagieren kann.
Die Carbonsäuren selbst werden dagegen durch Basen-Zusatz in das mesomeriestabilisierte Carboxylat-Anion überführt und zeigen keine Reaktivität mehr:

$$R-C(=O)-OH + OH^{\ominus} \longrightarrow R-C(\overline{O}|)(\overline{O}|)^{\ominus} + H_2O$$

3.5 Einige einfache Umsetzungen von Carbonsäure-Derivaten mit Nucleophilen

Einige sind typische Gleichgewichtsreaktionen.

① *Hydrolyse* von Carbonsäure-Derivaten zu Carbonsäuren (z.B. mit verd. Säuren oder Laugen):

$$R-C(=O)-NH_2 + H_2O \underset{\Delta}{\rightleftharpoons} R-C(=O)-OH + NH_3 \qquad \text{(vgl. ②)}$$

$$R-C(=O)-OR + H_2O \underset{H^{\oplus}}{\overset{H^{\oplus},\,OH^{\ominus}}{\rightleftharpoons}} R-C(=O)-OH + ROH$$

$$R-C(=O)-Cl + H_2O \longrightarrow R-C(=O)-OH + HCl$$

$$R-C(=O)-O-C(=O)-R + H_2O \longrightarrow 2\ R-COOH$$

② *Umsetzung von Carbonsäure-Derivaten mit H_2NR' bzw. NH_3.*

Bei der Amino- bzw. Ammonolyse entstehen (N-substituierte) Carbonsäureamide. Die wäßrigen Lösungen der Amide reagieren im Gegensatz zu den Aminen neutral. (Die Carbonsäuren selbst geben mit NH_3 Ammoniumsalze: $CH_3\text{-}CH_2\text{-}COOH + NH_3 \longrightarrow CH_3\text{-}CH_2\text{-}COO^{\ominus}NH_4^{\oplus}$.)

$$R-C(=O)-NH_2 + H_2NR' \rightleftharpoons R-C(=O)-NHR' + NH_3$$ ("Transaminierung")

$$R-C(=O)-OR + H_2NR' \rightleftharpoons R-C(=O)-NHR' + ROH$$

Für R'=OH erhält man Hydroxamsäuren, für $R'=NH_2$ erhält man Säurehydrazide (Hydrazinolyse).

$$R-C(=O)-Cl + H_2NR' \longrightarrow R-C(=O)-NHR' + HCl$$

$$R-C(=O)-O-C(=O)-R + H_2NR' \longrightarrow R-C(=O)-NHR' + R-COOH$$

$$R-C\equiv N + NH_3 \longrightarrow R-C(=NH)-NH_2$$ Amidin

③ *Umsetzungen mit ROH zu Carbonsäure-estern.* Die niederen Glieder der Carbonsäure-ester haben einen fruchtartigen Geruch und werden u.a. als künstliche Aromastoffe verwendet, z.B. Buttersäureethylester (Ananas):

$$R-C(=O)-NH_2 + HOR' \rightleftharpoons R-C(=O)-OR' + NH_3$$

$$R-C(=O)-OR' + HOR'' \rightleftharpoons R-C(=O)-OR'' + HOR'$$ ("Umesterung")

$$\begin{array}{l} R-C=O \\ \quad | \\ \quad O \\ \quad | \\ R-C=O \end{array} \quad + \quad HOR' \longrightarrow R-COOH \quad + \quad R-COOR'$$

④ *Die Acylierung* ist eine wichtige analytische Methode zur Charakterisierung von Alkoholen durch Derivatbildung. Dabei werden Säurechloride mit Alkoholen umgesetzt; zum Abfangen des gebildeten HCl dient oft Pyridin.

$$\begin{array}{l} R-C=O \\ \quad | \\ \quad Cl \end{array} \quad + \quad HOR' \longrightarrow \begin{array}{l} R-C=O \\ \quad | \\ \quad OR' \end{array} \quad + \quad HCl$$

22.3 Darstellung von Carbonsäure-Derivaten

3.5 Reaktionen mit Säurechloriden, -estern u. a. Carbonsäure-Derivaten verlaufen oft exotherm, relativ schnell und mit hohen Ausbeuten, so daß man von energiereichen Carbonsäure-Derivaten spricht.

Beispiel: Darstellung von Barbitursäure:

$$O{=}C\begin{array}{l} NH_2 \\ NH_2 \end{array} \; + \; \begin{array}{l} C_2H_5{-}O{-}C({=}O) \\ C_2H_5{-}O{-}C({=}O) \end{array}\!\!>CH_2 \longrightarrow O{=}C\begin{array}{l} {-}N(H){-}C({=}O) \\ {-}N(H){-}C({=}O) \end{array}\!\!>CH_2 \; + \; 2\; C_2H_5OH$$

Harnstoff — Malonsäurediethylester — Barbitursäure — Ethanol

Carbonsäureanhydride

.5 Die präparativ wichtigen Säureanhydride können aus Dicarbonsäuren durch Erhitzen (s. Kap. 22.4) oder aus aliphatischen Monocarbonsäuren durch Umsetzung der Säurechloride mit Carbonsäuren hergestellt werden. Eine Base, z.B. Pyridin, dient zum Abfangen des gebildeten HCl.

$$R^1{-}COOH \; + \; R^2{-}COCl \xrightarrow{(\text{ Base })} R^1{-}\underset{\|}{\overset{}{C}}{-}O{-}\underset{\|}{C}{-}R^2 \; + \; HCl$$
$$\qquad\qquad\qquad\qquad\qquad\qquad\qquad O \qquad O$$

Säureanhydride mit gleichen Resten R erhält man bei der Dehydratisierung von 2 Molekülen der Monocarbonsäure mit P_4O_{10}:

$$2\ R-COOH \xrightarrow{P_4O_{10}} R-\underset{\underset{O}{\|}}{C}-O-\underset{\underset{O}{\|}}{C}-R$$

Carbonsäurehalogenide

Säurechloride erhält man z.B. durch Umsetzung von Carbonsäuren mit $SOCl_2$ oder Phosphorhalogeniden:

$$R-COOH + PCl_5 \longrightarrow R-C\!\begin{smallmatrix}{\nearrow O}\\{\searrow Cl}\end{smallmatrix} + POCl_3 + HCl$$

Vermutlicher Reaktionsablauf der Reaktion mit $SOCl_2$:

R—C(=O)—Ō—H + Cl₂S=O → R—C(=O)—O⊕(H)—S(Cl)(Cl)—Ō⊖ —(−HCl)→ R—C(=O)—O—S(=O)—Cl —(−SO₂)→ R—C(=O)Cl

Carbonsäureamide

3.13.6 Carbonsäureamide werden durch Umsetzung von Estern oder Säurehalogeniden mit NH_3 (bzw. Aminen) hergestellt. Auch beim Erhitzen entspr. Ammoniumsalze entstehen Säureamide:

$$R-COO^{\ominus}NH_4^{\oplus} \xrightarrow{\Delta} R-C\!\begin{smallmatrix}{\nearrow O}\\{\searrow NH_2}\end{smallmatrix} + H_2O$$

Im Gegensatz zu den Aminen sind die Amide nur sehr schwache Basen. Dies läßt sich mit der Mesomerie der Amidgruppe und der daraus folgenden Verminderung der Elektronendichte am N-Atom begründen. Mit starken Säuren erfolgt Salzbildung:

$$R-C\!\begin{smallmatrix}{\nearrow \bar{O}}\\{\searrow \bar{N}H_2}\end{smallmatrix} \longleftrightarrow R-C\!\begin{smallmatrix}{\nearrow \bar{O}|^{\ominus}}\\{\searrow \overset{\oplus}{N}H_2}\end{smallmatrix} \; ; \; R-\underset{\underset{O}{\|}}{C}-NH_2 \xrightarrow{+H^{\oplus}} R-C\!\begin{smallmatrix}{\nearrow OH}\\{\searrow \overset{\oplus}{N}H_2}\end{smallmatrix} \longleftrightarrow R-C\!\begin{smallmatrix}{\nearrow \overset{\oplus}{O}H}\\{\searrow NH_2}\end{smallmatrix}$$

Amide sind auch schwache Säuren; mit starken Basen wie Na oder $NaNH_2$ entstehen Salze:

$$R-C(=O)-NH_2 \xrightarrow{+\ |\overline{N}H_2^{\ominus}} R-C(=\overline{O}|)-\overset{\ominus}{\underline{N}}H \longleftrightarrow R-C(-\overline{O}|^{\ominus})=\underline{N}H$$

Bei Amiden besteht außerdem die Möglichkeit der Tautomerie (vgl. Kap. 25). Von den Isoformen (Iminole) sind jedoch nur Derivate bekannt wie Amidine, Imidoester.

$$\underset{\text{Amid}}{R-C(=\overline{O})-\overline{N}H_2} \rightleftharpoons \underset{\text{Iminol}}{R-C(-\overline{O}H)=\overline{N}H} \quad ; \quad \underset{\text{Amidin}}{R-C(-NH_2)=NH} \qquad \underset{\text{Imidoester}}{R^1-C(-OR^2)=NH}$$

Technische Bedeutung hat die *Beckmann-Umlagerung* (Oxim-Amid-Umlagerung) zur Synthese von Amiden. Ketoxime lagern sich bei der Einwirkung konzentrierter Mineralsäuren in die isomeren Carbonsäureamide bzw. Anilide um:

$$\underset{\text{Benzophenonoxim}}{(C_6H_5)_2C=N-OH} \xrightarrow{(H_2SO_4)} \underset{\text{Benzanilid}}{C_6H_5-C(=O)-NH-C_6H_5}$$

$$\begin{matrix}R \\ R'\end{matrix}\!\!>C=N-OH \xrightarrow{+H^{\oplus}} \begin{matrix}R \\ R'\end{matrix}\!\!>C=N-\overset{\oplus}{O}H_2 \xrightarrow{-H_2O} \left[R'-\overset{\oplus}{C}=\underline{N}-R \longleftrightarrow R'-C\equiv\overset{\oplus}{N}-R\right]$$

$$\xrightarrow{+H_2O} R'-C(OH)=\overset{\oplus}{N}(H)-R \xrightarrow{-H^{\oplus}} R'-C(=O)-NH-R$$

Die Hydroxyl-Gruppe des Oxims wird zunächst protoniert. Anschließend wandert der Rest R, der in anti-Stellung zur $\overset{\oplus}{O}H_2$-Gruppe steht, zum Stickstoff-Atom, wobei Wasser abgespalten wird. Das entstandene Carbenium-Ion addiert Wasser und stabilisiert sich unter Abspaltung eines Protons zum Carbonsäureamid bzw. Anilid. *Angewandt wird diese Reaktion bei der Darstellung von Perlon (Polycaprolactam)*. Die Beckmann-Umlagerung von Cyclohexanonoxim führt zu ε-Caprolactam, das leicht zu dem Polyamid weiterreagiert:

$$\text{C}_6\text{H}_5\text{–OH} \longrightarrow \text{C}_6\text{H}_{10}(\text{H})(\text{OH}) \longrightarrow \text{C}_6\text{H}_{10}\text{=O} \longrightarrow \text{C}_6\text{H}_{10}\text{=NOH} \xrightarrow[\text{Umlagerung}]{\text{Beckmann-}}$$

Cyclohexanonoxim

$$\text{ε-Caprolactam} \xrightarrow{H_2O} H_2N{-}(CH_2)_5{-}CO_2H \xrightarrow{-H_2O} \left(-NH{-}(CH_2)_5{-}\underset{\underset{O}{\|}}{C}- \right)_n$$

ε-Caprolactam ein Polyamid

Carbonsäureester

3.13.7 ① aus Carbonsäuren und Alkoholen

Von den Umsetzungen der Carbonsäure-Derivate sei die Veresterung und ihre Umkehrung, die *Verseifung oder Esterhydrolyse*, eingehender besprochen:

$$CH_3COOH \;+\; C_2H_5OH \;\underset{(H^{\oplus},OH^{\ominus})}{\overset{(H^{\oplus})}{\rightleftharpoons}}\; CH_3COOC_2H_5 \;+\; H_2O$$

$$K = \frac{[CH_3COOC_2H_5]\cdot[H_2O]}{[CH_3COOH]\cdot[C_2H_5OH]} \approx 4$$

Veresterung

Die Einstellung des Gleichgewichts dieser Umsetzung läßt sich erwartungsgemäß durch Zusatz starker Säuren katalytisch beschleunigen. Im gleichen Sinne wirkt eine Erhöhung der Reaktionstemperatur. Da eine Gleichgewichtsreaktion vorliegt, wird auch die Rückreaktion, d.h. die Hydrolyse des gebildeten Esters, beschleunigt. Will man das Gleichgewicht auf die Seite des Esters verschieben, muß man die Konzentrationen der Reaktionspartner verändern:

a) Eine der Ausgangskomponenten (meist der billigere Alkohol) wird im 5- bis 10-fachen Überschuß eingesetzt.

- *Beispiel* zur Ausbeuteberechnung für einen Ansatz mit 1 mol Säure und 10 mol Alkohol. Aus der Reaktionsgleichung läßt sich entnehmen: Säure und Alkohol reagieren im Molverhältnis 1 : 1. Ihre Konzentrationen nehmen bis zum Gleichgewicht um den Wert x ab. Im Gleichgewicht beträgt $[C_2H_5OH] = 10 - x$ und $[CH_3COOH] = 1 - x$. Demgegenüber steigen die Konzentrationen von Ester und Wasser jeweils von Null auf x an. Somit ergibt sich für die Ester-Ausbeute, bezogen auf die eingesetzte Säure:

$$K = \frac{x \cdot x}{(1-x)(10-x)} = 4; \quad x = 0{,}97, \text{ d.h. } 97 \text{ Mol\% Ester}$$

b) Das entstehende Wasser wird aus dem Gleichgewicht entfernt, z.B. durch die Katalysatorsäure (H_2SO_4 u.a.).

Verseifung

Die Veresterung kann wegen der Reaktionsträgheit des Carboxylat-Anions nicht durch Basen katalysiert werden. Dieser Nachteil wirkt sich bei der Umkehrung der Esterbildung, der Verseifung, zum Vorteil aus.

Die alkalische Esterhydrolyse liefert das Carboxylat-Ion. Dieses ist gegenüber Nucleophilen fast völlig inert (man kann damit z.B. kein Carbonsäure-Derivat herstellen). Die alkalische Esterverseifung läuft also praktisch irreversibel ab: Das Hydroxid-Ion wird verbraucht unter Bildung eines Alkohols sowie eines Säure-Anions:

$$HO^{\ominus} + R-C(=O)-OR' \rightleftharpoons R-C(O^{\ominus})(OH)-OR' \longrightarrow R-CO_2^{\ominus} + R'-OH$$

Die säurekatalysierte Ester-Spaltung ist dagegen reversibel, das Proton wirkt als Katalysator. Die Esterspaltung verläuft im Prinzip unter Umkehr der Veresterungsmechanismen, so z.B.:

$$R-C(=O)-OR \underset{}{\overset{+H^{\oplus}}{\rightleftharpoons}} R-\overset{\oplus}{C}(OH)-OR \overset{+H_2O}{\rightleftharpoons} R-C(\overset{\oplus}{O}H_2)(OH)-OR \rightleftharpoons R-C(OH)(OH)-\overset{\oplus}{O}HR \overset{-H^{\oplus}}{\rightleftharpoons} R-C(=O)-OH + HOR$$

② aus Säurechloriden mit Alkoholen:

$$R-C(=O)Cl + R'-OH \xrightarrow[-HCl]{} R-COOR'$$

③ aus Nitrilen mit Alkoholen in Gegenwart einer starken Säure:

$$R-C\equiv N| \xrightarrow{H^{\oplus}} R-\overset{\oplus}{C}=NH \xrightarrow{R'OH} R-C(=NH)-\overset{\oplus}{O}(H)R' \longrightarrow R-C(OR')=\overset{\oplus}{N}H_2$$

Imino-ester

$$\text{Imino-ester} \xrightarrow[-2\,HOR']{+2\,R'OH,\ -H^{\oplus},\ -NH_3} R-C(OR')_3$$

$$\text{Imino-ester} \xrightarrow{+H_2O,\ -H^{\oplus},\ -NH_3} R-C(=O)-OR'$$

$$R-C(OR')_3 \xrightarrow[-2\,HOR']{+H_2O} R-C(=O)-OR'$$

Orthocarbonsäureester

④ durch Umsetzung von Ketenen mit Alkoholen (s. Kap. 20.7.):

$$R-CH=C=O + R'-OH \longrightarrow R-CH_2-COOR'$$

⑤ durch Umesterung: Ester können mit Alkoholen eine Alkoholyse eingehen. Diese Reaktion wird wie die Hydrolyse durch Säuren (z.B. H_2SO_4) oder Basen (z.B. entspr. Alkoholat-Ionen) katalysiert. Der Reaktionsmechanismus ist analog. Da eine Gleichgewichtsreaktion vorliegt, wird bei der praktischen Durchführung ein Produkt abdestilliert oder der Ausgangsalkohol im Überschuß eingesetzt. Die Umesterung ist vorteilhaft für die Darstellung von Estern hochsiedender Alkohole (z.B. aus einem Methyl- oder Ethylester). *Beispiel:*

$$C_6H_5-CH_2OH + CH_3-C(=O)-OC_2H_5 \longrightarrow C_6H_5-CH_2-O-C(=O)-CH_3 + C_2H_5OH$$

Benzylalkohol — Essigsäureethylester (Essigester) — Essigsäurebenzylester (Benzylacetat)

⑥ Eine elegante Methode speziell zur Darstellung von Methylestern ist die (säurefreie!) Alkylierung von Carbonsäuren mit Diazomethan (s. Kap. 17.7). *Beispiel:*

$$C_6H_5COOH + CH_2N_2 \longrightarrow C_6H_5COOCH_3 + N_2\uparrow$$

Benzoesäure Diazomethan Benzoesäure-methylester

Einige physikalische Eigenschaften der Ester sind günstiger als die der entsprechenden Säure. Da die gegenseitige Umwandlung, wie die vorstehenden Reaktionen zeigen, ohne Schwierigkeiten verlaufen, werden Säuren z.B. zum Zweck der Reinigung, Trennung oder Charakterisierung häufig verestert. Aus Tabelle 22 läßt sich entnehmen, daß die Methylester um ca. 60° C tiefer sieden. Ähnliches gilt für Ethylester mit ca. 40° C. Diese Ester sind im Unterschied zu der Säure nicht assoziiert und haben deshalb trotz höherer Molmasse niedrigere Siedepunkte. Sie sind außerdem beständiger gegen höhere Temperaturen, in organischen Lösemitteln leichter löslich und besser kristallisierbar. Ester fester Carbonsäuren haben niedrigere Schmelzpunkte als die entsprechende Säure. Flüchtige Ester sind Flüssigkeiten mit charakteristischem Fruchtgeschmack und bedingen in großem Umfang den typischen Geschmack von Früchten oder den Duft von Blumen.

Tabelle 22. Siedepunkte von Säuren und Estern, °C

	Säure	Methylester	Differenz	Ethylester	Differenz
Ameisensäure	100,5	32	68,5	54	46,5
Essigsäure	118	57	61	77,1	40,9
Propionsäure	141	79,7	61,3	99,1	41,9
n-Buttersäure	162,5	102,3	60,2	121	41,5
n-Valeriansäure	187	127,3	59,7	145,5	41,5

22.4 Knüpfung von C-C-Bindungen mit Estern über Carbanionen

In Kap. 20.8.3 wurde gezeigt, daß C–C-Bindungen recht einfach mittels Carbanionen hergestellt werden können. Die Carbanionen werden aus C–H-aciden Verbindungen erzeugt, die meist durch Carbonyl-Gruppen aktiviert worden sind. Bei den in Kap. 22 vorgestellten Carbonsäure-Derivaten handelt es sich nun um Verbindungen, die eine Carbonyl-Gruppe enthalten und folglich zur Bildung von Carbanionen befähigt sein sollten. Die Carbonyl-Derivate unterscheiden sich jedoch in ihrer Reaktivität beträchtlich. Daher sind nicht alle zur Erzeugung von Carbanionen geeignet.

Zur Erzeugung der nucleophilen Carbanionen verwendet man in der Regel starke Basen. Mit ihnen werden Carbonsäuren in das mesomerie-stabilisierte Carboxylat-Ion übergeführt und so desaktiviert. Carbonsäureamide weisen eine beträchtliche Resonanzstabilisierung der Amid-Bindung auf (s. Kap. 28.2) und sind deshalb zur Carbanion-Bildung wenig geeignet. Carbonsäurechloride bilden mit nucleophilen Basen und Lösungsmitteln (wie Alkoholen) Ester. Mit nicht-nucleophilen Basen (wie tert. Aminen) laufen andere Reaktionen ab (aus Acetylchlorid entsteht z.B. Keten).

Carbonsäureester unterliegen in Gegenwart katalytischer Mengen einer Base Solvolysereaktionen, z.B. mit dem als Lösungsmittel verwendeten nucleophilen Ethanol. Carbanionen werden aus einfachen C–H-aciden Estern nur in geringem Maß gebildet.

Carbanionen aus Estern

Die Solvolyse läßt sich jedoch zurückdrängen, wenn man die Acidität der Ester erhöht. Dadurch wird die Bildung stabiler Carbanionen erleichtert, die - im Vergleich zur Solvolyse - schnell weiterreagieren. Sowohl die Solvolyse als auch die Reaktionen mit Carbanionen sind Gleichgewichtsreaktionen, die von den Konzentrationen und der Nucleophilie der Reaktionspartner abhängen und entsprechend beeinflußt werden können. So wird es möglich, mit Estern Reaktionen z.B. vom Typ der Aldol-Reaktion durchzuführen. Häufig verwendet man hierzu 1,3-Ketoester oder 1,3-Diester, deren α-H-Atom durch zwei funktionelle Gruppen aktiviert ist. Bevorzugt werden Ethylester genommen und als Base Ethanolat-Ionen in stöchiometrischen Konzentrationen hinzugefügt.

Claisen-Reaktion zur Darstellung von 1,3-Ketoestern (= β-Ketoestern, β-Oxocarbonsäureestern, β-Oxoestern)

Die Claisen-Reaktion nur mit Estern, oder mit einem Ester und einem Keton, gibt *1,3-Dicarbonyl-Verbindungen*. Durch Mono- oder Dialkylierung können aus ihnen neue 1,3-Dicarbonyl-Verbindungen erhalten werden; Reduktion gibt 1,3-Diole.

Synthese von Acetessigester

Von präparativer Bedeutung ist der Ethylester der Acetessigsäure (Acetessigester), der durch Claisen-Kondensation aus Essigsäureethylester (Essigester) mit starken Basen (Na-Ethylat oder Natriumamid) dargestellt wird (Lösungsmittel: Ethanol):

$$CH_3-C(=O)OC_2H_5 + H-CH_2-C(=O)OC_2H_5 \xrightarrow{Na^{\oplus}\,{}^{\ominus}OEt} CH_3-C(=O)-CH_2-C(=O)OC_2H_5 + C_2H_5OH$$

Ester   Ester   β-Ketoester (β-Oxoester)

Hier wird unter dem Einfluß einer Base erst ein Proton abgespalten:

$$C_2H_5O-C(=O)-CH_3 \underset{C_2H_5OH}{\overset{Na^{\oplus}\,{}^{\ominus}OC_2H_5}{\rightleftharpoons}} \left[C_2H_5O-C(=O)-\overset{\ominus}{C}H_2 \longleftrightarrow C_2H_5O-C(-O^{\ominus})=CH_2\right] Na^{\oplus}$$

Die entstandene Methylen-Komponente addiert sich an die Carbonyl-Gruppe eines weiteren Ester-Moleküls (Ester-Komponente). Das instabile Zwischenprodukt wird durch Abspaltung eines Ethanolat-Ions stabilisiert:

$$CH_3-C(=O)OC_2H_5 + {}^{\ominus}CH_2-C(=O)OC_2H_5 \; Na^{\oplus} \rightleftharpoons CH_3-C(O^{\ominus})(OC_2H_5)-CH_2-C(=O)OC_2H_5 \; Na^{\oplus}$$

Ester-Komponente   Methylen-Komponente

$$\xrightarrow{-C_2H_5O^{\ominus}} CH_3-C(=O)-CH_2-C(=O)OC_2H_5$$

Acetessigester

Der Reaktionsablauf folgt dem allgemeinen Schema in Kap. 22.1. Der Additionsschritt läuft ähnlich wie bei der Aldol-Reaktion ab.

Der gebildete Ketoester ist stärker sauer als Ethanol, d.h. er gibt im nächsten Reaktionsschritt ein Proton an ein Ethanolat-Ion ab. Im Unterschied zur Aldol-Reaktion müssen hier also äquimolare Mengen Base eingesetzt werden, während dort katalytische Mengen ausreichen. Dadurch wird das Gleichgewicht auf die Seite des Na-Acetessigesters verschoben:

$$CH_3-\underset{\underset{O}{\|}}{C}-CH_2-\underset{\underset{O}{\|}}{C}-OC_2H_5 \; + \; C_2H_5\bar{\underline{O}}|^{\ominus} \rightleftharpoons C_2H_5OH \; + \; CH_3-\underset{\underset{O^{\ominus}}{\vdots}}{C}\!\!\overset{...}{=}\!CH-COOC_2H_5 \quad Na^{\oplus}$$

Die Reaktionsmischung enthält das mesomerie-stabilisierte Anion des Natrium-Acetessigesters, woraus der freie Ester durch Ansäuern erhalten werden kann.

Die Umkehrung der Esterkondensation heißt Esterspaltung (s. Kap. 22.3).

Acetessigester dient als Ausgangsverbindung für Synthesen, insbes. von Arzneimitteln.

Synthese von 1,3-Cyclohexandion

Intramolekulare Claisen-Reaktionen, die fünf- oder sechsgliedrige Ringe geben, treten leicht ein. Sie werden *Dieckmann-Reaktion* genannt (s. Kap. 22.4).

Beispiel: Intramolekulare Reaktion eines Esters mit einem Keton:

$$H_3C-\underset{\overset{\|}{O}}{C}-CH_2-CH_2-CH_2-\underset{\overset{\|}{O}}{C}-OEt \xrightarrow[2)\,H^{\oplus}]{1)\,Na^{\oplus}OEt^{\ominus}} \text{1,3-Cyclohexandion}$$

1,5-Ketoester (δ-Oxoester)
5-Oxo-hexansäureethylester

1,3-Cyclohexandion

Die Knoevenagel-Reaktion

Die Knoevenagel-Reaktion liefert üblicherweise *α, β-ungesättigte Ester und Säuren*. Meist läßt man einen 1,3-Diester mit einem Aldehyd reagieren. Aus Malonsäurediethylester und Benzaldehyd entsteht so die Zimtsäure (s. Kap. 20.8), aus Cyclohexanon und Cyanessigsäure-ethylester das entsprechende Kondensationsprodukt.

$$\text{C}_6\text{H}_{10}\text{=O} + \text{H}_2\text{C(CN)}-\text{COOC}_2\text{H}_5 \longrightarrow \text{C}_6\text{H}_{10}\text{=C(CN)}-\text{COOC}_2\text{H}_5$$

Reaktionen mit 1,3-Dicarbonyl-Verbindungen

1,3-Ketoester, wie Acetessigester, und 1,3-Diester, wie Malonsäurediester, bilden mesomerie-stabilisierte, ambidente Anionen, die unterschiedliche Folgereaktionen eingehen können; die erhaltenen Produkte lassen sich (z.B. in Abbaureaktionen) weiter umsetzen. Die ganze Reaktionsfolge bezeichnet man oft als Acetessigester- bzw. Malonester-Synthesen. Sie liefern u.a. Ketone, Ester und Carbonsäuren (Beispiel s. Kap. 22.3).

Reaktionen mit Carbanionen aus 1,3-Dicarbonyl-Verbindungen

Synthesen mit Carbanionen seien am Acetessigester erläutert. Das ambidente Anion des Acetessigesters enthält zwei reaktive nucleophile Stellen, die (z.B. mit Halogenverbindungen) umgesetzt werden können:

$$\left[CH_3-C(=O)-\overset{\ominus}{C}H-C(=O)OC_2H_5 \longleftrightarrow CH_3-C(O^{\ominus})=CH-C(=O)OC_2H_5 \right] Na^{\oplus}$$

① *O-Alkylierung*

Natriumacetessigester reagiert mit Acylhalogeniden und reaktiven Halogenverbindungen wie Allylchlorid in Pyridin zu O-Acyl-Derivaten:

$$H_3C-C(O^{\ominus}\,Na^{\oplus})=CH-COOC_2H_5 + H_3C-C(=O)-Cl \longrightarrow H_3C-C(O-CO-CH_3)=CH-COOC_2H_5 + Cl^{\ominus} + Na^{\oplus}$$

O-Acetyl-acetessigester

② *C-Alkylierung*

Natriumacetessigester gibt mit Alkyl- oder Acylhalogeniden C-Alkyl- bzw. Acyl-Derivate:

$$H_3C-\underset{\underset{O}{\|}}{C}-\overset{\ominus}{C}H-COOC_2H_5\ Na^{\oplus} + C_2H_5-CH_2-Br \longrightarrow H_3C-\underset{\underset{O}{\|}}{C}-\underset{\underset{C_3H_7}{|}}{CH}-COOC_2H_5 + Br^{\ominus} + Na^{\oplus}$$

C-Propyl-acetessigester

Der Reaktionsverlauf hängt von der Reaktivität der Halogenverbindung bzw. des Natriumacetessigesters und von der Polarität des Lösungsmittels ab. Die erhaltenen C-alkylierten Acetessigester können ein zweites Mal alkyliert werden. Dabei entstehen disubstituierte Acetessigester-Derivate:

$$H_3C-\underset{\underset{O}{\|}}{C}-\underset{\underset{C_3H_7}{|}}{\overset{\overset{H}{|}}{C}}-COOC_2H_5 + C_6H_5-CH_2-Br \xrightarrow[EtOH]{Na^{\oplus}\ ^{\ominus}OEt} H_3\overset{4}{C}-\overset{3}{\underset{\underset{O}{\|}}{C}}-\overset{2}{\underset{\underset{C_3H_7}{|}}{\overset{\overset{CH_2C_6H_5}{|}}{C}}}-\overset{1}{C}OOC_2H_5 + Br^{\ominus} + Na^{\oplus}$$

Ethyl-(2-benzyl-2-propyl)-
3-oxo-butanoat

Das Verhältnis O- zu C-Substitution hängt ab vom Lösungsmittel, den Strukturen der β-Dicarbonyl-Verbindung sowie vom Alkylierungs- bzw. Acylierungsmittel. Natriumsalze auf der einen sowie Iod-Verbindungen auf der anderen Seite liefern bevorzugt C-alkylierte Produkte in Lösungsmitteln wie Ethanol oder Aceton.

Abbaureaktionen von 1,3-Dicarbonyl-Verbindungen

① *Keton-Spaltung*

Unter Verseifung des Ketoesters mit verd. Laugen und nachfolgender Decarboxylierung der β-Ketosäure (s. Kap. 23.5) entstehen Ketone:

$$H_3C-\underset{\underset{O}{\|}}{C}-\underset{\underset{CH_2-C_6H_5}{|}}{\overset{\overset{C_3H_7}{|}}{C}}-C\!\begin{smallmatrix}\nearrow O\\ \searrow OC_2H_5\end{smallmatrix} \xrightarrow[-\ C_2H_5O^{\ominus}]{+\ \text{verd.}\ |\overline{O}H^{\ominus}} H_3C-\underset{\underset{O}{\|}}{C}-\underset{\underset{CH_2-C_6H_5}{|}}{\overset{\overset{C_3H_7}{|}}{C}}-COOH \xrightarrow[-CO_2]{\Delta} H_3\overset{1}{C}-\overset{2}{\underset{\underset{O}{\|}}{C}}-\overset{3}{C}H\begin{smallmatrix}\nearrow C_3H_7\\ \searrow CH_2-C_6H_5\end{smallmatrix}$$

3-Benzyl-2-hexanon

② *Säurespaltung*

Der Acyl-Rest wird mit konz. Laugen als Säure-Anion abgespalten und der verbleibende Ester verseift. Die Carboxyl-Gruppe bleibt demnach erhalten, und man erhält eine Monocarbonsäure:

$$H_3C-C(=O)-C(C_3H_7)(CH_2-C_6H_5)-COOC_2H_5 \xrightarrow{+\text{ konz. } OH^{\ominus}} H_3C-C(OH)(O^{\ominus})-C(C_3H_7)(CH_2-C_6H_5)-COOC_2H_5$$

$$\longrightarrow H-C(C_3H_7)(CH_2-C_6H_5)-COOC_2H_5 + H_3C-C(=O)O^{\ominus} \xrightarrow[-C_2H_5O^{\ominus}]{+OH^{\ominus}} H-C(C_3H_7)(CH_2-C_6H_5)-COOH$$

1-Benzyl-pentansäure

Analog erhält man aus β-Diketonen ein Säure-Anion und ein Keton.

Bei der Säurespaltung tritt in erheblichem Maß die Keton-Spaltung als Konkurrenzreaktion auf. Das läßt sich manchmal vermeiden, wenn man Alkoholat-Ionen als Basen verwendet (Esterspaltung).

③ *Ester-Spaltung*

Die Spaltung von β-Ketoestern mit Alkoholat-Ionen ist die Umkehrung der Claisen-Reaktion. Sie ist möglich, weil alle Teilreaktionen der Claisen-Reaktion Gleichgewichtsreaktionen sind. Aus einem β-Ketoester erhält man folglich zwei Moleküle Ester, aus einem β-Diketon je ein Molekül Ester und Keton:

$$H_3C-C(=O)-C(R^1)(R^2)-COOR \xrightarrow{+\,^{\ominus}OEt} H_3C-C(EtO)(O^{\ominus})-C(R^1)(R^2)-COOR \xrightarrow[-C_2H_5O^{\ominus}]{EtOH} H_3C-C(=O)OEt + H-C(R^1)(R^2)-COOR$$

Übersicht-Reaktionsschema am Beispiel des alkylierten Acetessigesters

$$\left[H_3C-\underset{HO}{\overset{|\overline{O}|^{\ominus}}{C}}-\underset{R}{CH}-COOEt \right] \xrightarrow[-\,CH_3COOH]{1.\ C\text{-}C\text{-}Spaltung \quad 2.\ H^{\oplus}/H_2O} R-CH_2-COOH$$

Säure
(alkylierte Essigsäure)

② NaOH (konz) / H_2O (↑)

$$H_3C-\overset{O}{\overset{\|}{C}}-\underset{R}{CH}-COOEt$$

① 1. NaOH / H_2O 2. $H^{\oplus}$ / H_2O (↓)

$$H_3C-\overset{O}{\overset{\|}{C}}-\underset{R}{CH}-COOH \xrightarrow[-\,CO_2]{\Delta} H_3C-\overset{O}{\overset{\|}{C}}-CH_2-R$$

Keton
(alkyliertes Aceton)

Synthesen mit Dicarbonsäure-Estern

Meist werden Malonsäurediester eingesetzt. Diese β-Diester bilden leicht ein mesomerie-stabilisiertes Carbanion, das u.a. bei Knoevenagel- und Michael-Reaktionen breite Anwendung findet (Kap. 20.8). Wichtig sind auch Alkylierungs- und Abbaureaktionen, wie sie bereits beim Acetessigester behandelt wurden (Kap. 22.3).

Reaktionen mit Malonsäure-Diethylester

Aus Diethylmalonat entsteht mit Ethanolat-Ionen das Carbanion des Malonsäure-diethylesters, das im Gleichgewicht in hoher Konzentration vorliegt (pK_s Ethanol ≈ 16, pK_s Malonat ≈ 13):

$$C_2H_5\overline{O}|^{\ominus} + CH_2(COOEt)_2 \rightleftharpoons |\overset{\ominus}{C}H(COOEt)_2 + C_2H_5OH$$

Es greift Halogenalkane nucleophil unter Bildung von Alkylmalonestern an:

$$(EtOOC)_2CH|^{\ominus} + R^1-X \longrightarrow (EtOOC)_2CH-R^1 + X^{\ominus}$$

und kann danach ein zweites Mal alkyliert werden:

$$(EtOOC)_2CH-R^1 \xrightarrow[-EtOH]{+NaOEt} (EtOOC)_2\overset{\ominus}{\underline{C}}-R^1 + Na^{\oplus} \xrightarrow[-NaX]{+R^2-X} (EtOOC)_2C(R^1)(R^2)$$

Meist überwiegt die hier formulierte C-Alkylierung, obwohl auch eine O-Alkylierung möglich wäre, wie man an den Grenzstrukturen erkennt (vgl. Acetessigester, Kap. 22.3):

$$\left[R-\overset{\ominus}{\underline{C}}(-C(=O)-OEt)_2 \longleftrightarrow R-C(=C(-|\overline{O}|^{\ominus})-OEt)-C(=O)-OEt \longleftrightarrow R-C(-C(=O)-OEt)=C(-|\overline{O}|^{\ominus})-OEt \right] Na^{\oplus}$$

Die alkylierten Malonester lassen sich leicht zu den entsprechenden Malonsäuren hydrolysieren. Aus ihnen entsteht durch Decarboxylierung schließlich eine Mono-Carbonsäure.

$$R^1-CH(COOEt)_2 \xrightarrow[-OEt^{\ominus}]{+OH^{\ominus}} R^1-CH(COOH)_2 \xrightarrow[-CO_2]{\Delta} R^1-CH_2-COOH$$

einfache Monocarbonsäure

$$R^1-CH(COOEt)_2 \xrightarrow{1)\ +Na^{\oplus}OEt^{\ominus},\ -EtOH;\quad 2)\ +R^2-X,\ -NaX} R^1R^2C(COOEt)_2$$

$$R^1R^2C(COOEt)_2 \xrightarrow[-OEt^{\ominus}]{+OH^{\ominus}} R^1R^2C(COOH)_2 \xrightarrow[-CO_2]{\Delta} R^1-CH(R^2)-COOH$$

alkylierte Monocarbonsäure

Diese Reaktionsfolge kann dazu dienen, Cycloalkan-Derivate herzustellen:

$$Br-(CH_2)_4-Br + H_2C(COOEt)_2 \longrightarrow \text{Cyclopentan-1,1-}C(COOEt)_2$$

Claisen-Reaktionen mit Dicarbonsäure-Estern

① Die intramolekulare Cyclisierung (Dieckmann-Reaktion) von Dicarbonsäure-estern liefert fünf- und sechsgliedrige Ringsysteme.

② 1,3-Ketoester entstehen bei der Claisen-Reaktion von Ketonen mit 1,2-Diestern (Oxalsäureestern), da die zuerst gebildeten β-Carbonylester leicht decarbonylieren:

Claisen-Reaktion:

$$EtO-CO-CO-OEt + H-CH_2-CO-CH_3 \xrightarrow{Base} EtO-CO-C(O^{\ominus})(OEt)-CH_2-CO-CH_3 \longrightarrow EtO-CO-CO-CH_2-CO-CH_3$$

Oxalester Aceton

2,4-Dioxopentansäureethylester

$$\xrightarrow{-CO} EtO-\underset{\|}{\overset{O}{C}}-CH_2-\underset{\|}{\overset{O}{C}}-CH_3$$

Acetessigester

Der Ester (hier Acetessigester) kann durch *Acylierung* in eine Tricarbonyl-Verbindung, einen α-Acyl-β-ketoester, überführt werden. Dieser zeigt die Strukturmerkmale eines β-Diketons und eines β-Ketoesters. Eine anschließende *Ester-Spaltung* bietet die Möglichkeit, höhere β-Ketoester zu erhalten:

Acylierung mit Benzoylchlorid | *Ester-Spaltung mit Methylat-Ionen*

$$EtO-CO-CH_2-CO-CH_3 + Cl-CO-C_6H_5 \xrightarrow{-HCl} EtO-CO-CH(CO-C_6H_5)-CO-CH_3 \xrightarrow{^{\ominus}OCH_3} H_3CO-CO-CH_3 + C_6H_5-CO-CH_2-COOEt$$

α-Benzoyl-acetessigsäure-ethylester

Benzoylessigester

Tabelle 23. Eigenschaften und Verwendung einiger Säurederivate

Verbindung	Formel	Fp. °C	Kp. °C	Verwendung
Chloride:				
Acetylchlorid	CH_3–COCl	-112	51	Acylierungsmittel
Benzoylchlorid	C_6H_5–COCl	-1	197	
Phosgen	$O{=}CCl_2$	-126	8	Farbstoffindustrie
Anhydride:				
Acetanhydrid	$(CH_3CO)_2O$	-73	139	Acylierungsmittel
Bernsteinsäure-anhydrid		120	261	
Maleinsäure-anhydrid		53	202	Dien-Synthesen
Phthalsäure-anhydrid		132	285	Farbstoffindustrie
Ester:				
Ameisensäure-ethylester (Ethylformiat)	$HCOOC_2H_5$	-81	54	Lösungsmittel, Aromastoff für Rum und Arrak
Essigsäure-ethylester (Ethylacetat)	CH_3–$COOC_2H_5$	-83	77	Lösungsmittel
Essigsäure-isobutylester (Isobutylacetat)	CH_3–$COOCH_2CH(CH_3)_2$	-99	118	Lösungsmittel, Aromastoffe
Benzoesäure-ethylester (Ethylbenzoat)	C_6H_5–$COOC_2H_5$	-34	213	
Phthalsäure-dibutylester, Dibutylphthalat	$C_6H_4(COOC_4H_9)_2$		340	Weichmacher (Nitrocellulose, Lacke, PVC)
Acetessigsäure-ethylester	CH_3–CO–CH_2–$COOC_2H_5$	-44	181	Synth. v. Pyrazolonfarbstoffen u. Pharmazeutika
Malonsäure-diethylester	$CH_2(COOC_2H_5)_2$	-50	199	Malonester-Synthesen, Barbiturate

Tabelle 23 (Fortsetzung)

Verbindung	Formel	Fp. °C	Kp. °C	Verwendung
Amide:				
Formamid	$HCONH_2$	2	105/ 11 Torr	Lösungsmittel
N,N-Dimethyl-formamid	$HCON(CH_3)_2$		155	Lösungsmittel
Acetamid	CH_3—$CONH_2$	82	221	
Benzamid	C_6H_5—$CONH_2$	130		
Cyanamid	H_2N—CN	43 - 44		Düngemittel
Harnstoff	$O{=}C(NH_2)_2$	133		Düngemittel, Harnstoff-Formaldehyd-Harze
Nitrile:				
Blausäure	HCN	-13	26	Cyanhydrin-Synthesen
Acetonitril (Methylcyanid)	CH_3—CN	-45	82	
Acrylnitril	$CH_2{=}CH$—CN	-82	78	Polyacrylnitril
Benzonitril	C_6H_5—CN	-13	191	

23 Hydroxy- und Keto-Carbonsäuren

23.1 Nomenklatur und Beispiele

4.1 Außer den bisher besprochenen Carbonsäuren mit einer oder mehreren Carboxyl-Gruppen gibt es auch solche, die daneben andere funktionelle Gruppen tragen. Diese haben z.T. in der Chemie der Naturstoffe große Bedeutung. Zu ihnen zählen u.a.

die Aminosäuren mit einer NH_2-Gruppe,

die Hydroxy-carbonsäuren mit einer oder mehreren OH-Gruppen und

die Keto-carbonsäuren, die Keto-Gruppen enthalten (zukünftig: Oxo-carbonsäuren).

Man kennt aliphatische und aromatische Hydroxy-carbonsäuren mit einer oder mehreren Carboxyl-Gruppen.

Beispiele:

Tabelle 24

	Formel	Fp. °C	Vorkommen
Hydroxysäuren			
Glykolsäure	Hydroxyethansäure $CH_2(OH)-COOH$	79 Kp. 100	in unreifen Weintrauben und Zuckerrohr Salze: Glykolate
Milchsäure	2-Hydroxypropansäure $CH_3-CH(OH)-COOH$	L-Form: 25 Racemat: 18 Kp. 122	L(+)-Milchsäure: Abbauprodukt der Kohlenhydrate im Muskel; Salze: Lactate
Glycerinsäure	2,3-Dihydroxypropansäure $CH_2(OH)-CH(OH)-COOH$	sirupös Kp: Zers.	wichtiges Zwischenprodukt im Kohlenhydratstoffwechsel; Salze: Glycerate

Tabelle 24 (Fortsetzung)

	Formel	Fp. °C	Vorkommen
Äpfelsäure	2-Hydroxybutandisäure $HOOC-CH_2-CH(OH)-COOH$	100 - 101	in unreifen Äpfeln u.a. Früchten, bes. in Vogelbeeren; Salze: Malate
Weinsäure	2,3-Dihydroxybutandisäure $HOOC-CH(OH)-CH(OH)-COOH$	170	in Früchten; Salze: Tartrate
Mandelsäure	2-Hydroxy-2-phenylethansäure $C_6H_5-CH(OH)-COOH$	133	Mandeln (Glykosid: Amygdalin) Salze: Mandelate
Citronensäure	$HOOC-{}^{\alpha}CH_2-{}^{\beta}C(OH)(COOH)-{}^{\alpha}CH_2-COOH$	153	in Citrusfrüchten u.a., Citrat-Cyclus; Salze: Citrate
Ketosäuren			
Brenztraubensäure	2-Oxopropansäure $CH_3-C(=O)-COOH$	Fp. 14 Kp.165	zentrales Zwischenprodukt des Stoffwechsels; Salze: Pyruvate
Acetessigsäure	3-Oxobutansäure $CH_3-C(=O)-CH_2-COOH$	unbeständig	als Ketonkörper im Harn von Diabetikern; Salze: Acetacetate
Oxalessigsäure	2-Oxobutandisäure $HOOC-C(=O)-CH_2-COOH$	unbeständig	wichtiges Zwischenprodukt des Stoffwechsels; Salze: Oxalacetate
E-9-Oxo-2-decensäure	$CH_3-C(=O)-(CH_2)_5-CH=CH-COOH$ (Skelettformel)		Pheromon der Honigbienenkönigin

Tabelle 24 (Fortsetzung)

Lactone			
L(+)-Ascorbinsäure (Vit. C) γ-Lacton von 2-Keto-L-gulonsäure	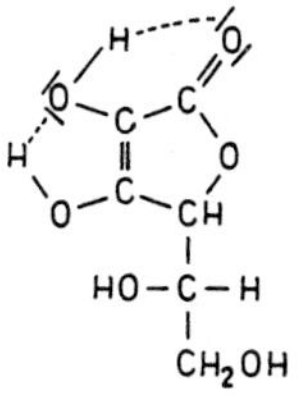	235	in frischen Früchten; bei Fehlen: → Scorbut; techn. Synthese aus Glucose
Cumarin δ-Lacton der Cumarinsäure	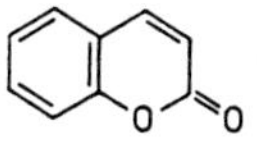	68	Waldmeister, Lavendel
Warfarin	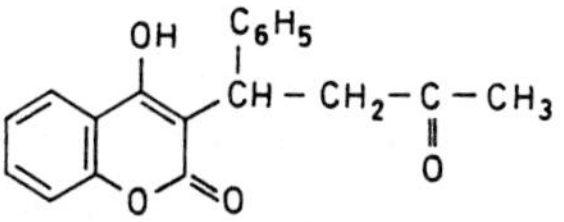		verhindert Blutgerinnung; Rattengift

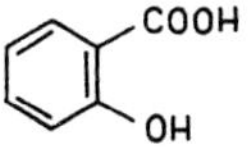

Salicylsäure
2-Hydroxybenzolcarbonsäure

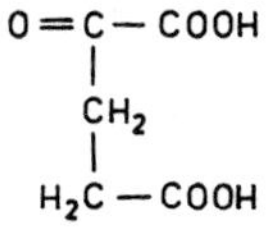

α-Ketoglutarsäure
(2-Oxo-pentansäure)

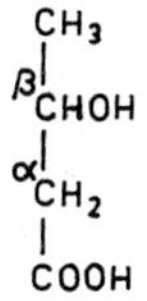

3-Hydroxy-buttersäure
(β-Hydroxy-buttersäure)

Die Oxalessigsäure weist Keto-Enol-Tautomerie und cis-trans-Isomerie auf. Folgende Verhältnisse liegen vor:

Enol-Form | Keto-Form | Enol-Form | Tautomerie

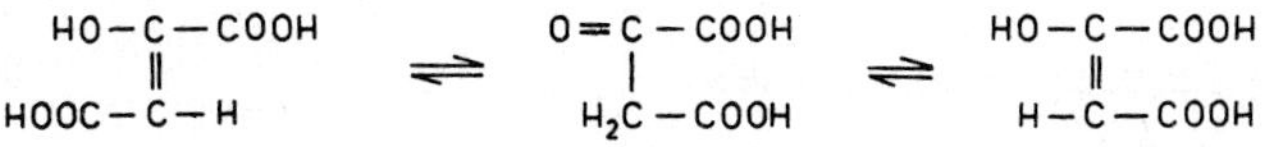

Hydroxyfumarsäure trans | Oxalessigsäure | Hydroxymaleinsäure cis | Isomerie

23.2 Hydroxy-Carbonsäuren

Darstellung von Hydroxy-carbonsäuren und -estern

3.14.3 Vor allem zwei Methoden sind von Bedeutung:

(1) Hydrolyse von Cyanhydrinen (s. Kap. 20.4) zu α-Hydroxy-carbonsäuren:

$$R-CHO + HCN \longrightarrow R-\underset{\displaystyle OH}{\underset{|}{C}}H-CN \xrightarrow[-NH_3]{+2\,H_2O} R-\underset{\displaystyle OH}{\underset{|}{C}}H-COOH$$

(2) *Reformatzky-Reaktion* mit α-Halogen-carbonsäureestern über Zinkorganyle. Organozink-Verbindungen reagieren nicht mit Estern, wohl aber mit Aldehyden und Ketonen. Die gebildeten β-Hydroxy-carbonsäureester spalten oft Wasser ab unter Bildung einer α,β-ungesättigten Carbonsäure:

$$Br-CH_2-COOC_2H_5 \xrightarrow{+Zn} Br-Zn-\overset{\delta\oplus\ \delta\ominus}{CH_2}-COOC_2H_5 + |\underline{O}=C\begin{matrix} R \\ R' \end{matrix} \longrightarrow$$

$$R-\overset{\displaystyle OZnBr}{\overset{|}{\underset{\displaystyle R'}{\underset{|}{C}}}}-CH_2COOC_2H_5 \xrightarrow{H^\oplus} R-\overset{\displaystyle OH}{\overset{|}{\underset{\displaystyle R'}{\underset{|}{C}}}}-CH_2COOC_2H_5$$

β-Hydroxy-carbonsäureester

Weitere Darstellungsmöglichkeiten

(3) Reduktion von Ketocarbonsäuren (vgl. Kap. 23.3)

(4) Hydrolyse von δ-Halogencarbonsäuren

$$H_3C-\underset{\displaystyle Br}{\underset{|}{C}}H-COO^\ominus Na^\oplus \xrightarrow[-Br^\ominus]{+OH^\ominus} H_3C-\underset{\displaystyle OH}{\underset{|}{C}}H-COO^\ominus Na^\oplus$$

Eigenschaften

3.14.2 Schmelz- und Siedepunkte substituierter Carbonsäuren liegen generell höher als die der unsubstituierten Carbonsäuren. Grund hierfür ist die Verstärkung der intermolekularen Wechselwirkungen wegen erhöhter Polarität nach Einführung eines Heteroatoms.

Mit Ausnahme der Glykolsäure sind die Hydroxysäuren in Wasser leichter, in Ether hingegen schwerer löslich als die zugehörigen Carbonsäuren.

Die α-ständige Hydroxylgruppe erhöht durch ihren -I-Effekt die Acidität, da hierdurch im Carboxylat-Anion eine bessere Verteilung der negativen Ladung möglich ist.

Beispiele: Paare von unsubstituierten und substituierten Carbonsäuren

Essigsäure ($pK_S = 1{,}7 \cdot 10^{-5}$) und Glycolsäure ($pK_S = 15{,}0 \cdot 10^{-5}$);

Propionsäure (pK_S $1{,}3 \cdot 10^{-5}$) und Milchsäure ($pK_S = 14{,}0 \cdot 10^{-5}$).

Reaktionen von Hydroxy-Carbonsäuren

.4 Das chemische Verhalten der Hydroxy-carbonsäuren wird durch beide funktionelle Gruppen bestimmt:

a) Mit Säurechloriden können Hydroxysäuren acyliert werden:

$$H_3C\text{-}\underset{\substack{|\\ OH}}{CH}\text{-}COO^{\ominus}Na^{\oplus} + C_6H_5\text{-}C\begin{matrix}\nearrow O\\ \searrow Cl\end{matrix} \xrightarrow{NaOH} H_3C\text{-}\underset{\substack{|\\ O\text{-}\underset{\substack{\|\\ O}}{C}\text{-}C_6H_5}}{CH}\text{-}COO^{\ominus}Na^{\oplus}$$

Lactat — Benzoylchlorid — O-Benzoyllactat

b) Mit Alkoholen erfolgt bei Säurekatalyse die bekannte *intra*molekulare Esterbildung:

$$R\text{-}\underset{\substack{|\\ OH}}{CH}\text{-}COOH + R^1\text{-}OH \xrightarrow[-H_2O]{(H^{\oplus})} R\text{-}\underset{\substack{|\\ OH}}{CH}\text{-}COOR'$$

Beim Erhitzen spalten Hydroxycarbonsäuren Wasser ab, wobei verschiedene Verbindungen erhalten werden.

(1) Aus α-Hydroxysäuren entstehen durch *inter*molekulare Wasser-Abspaltung die *Lactide:*

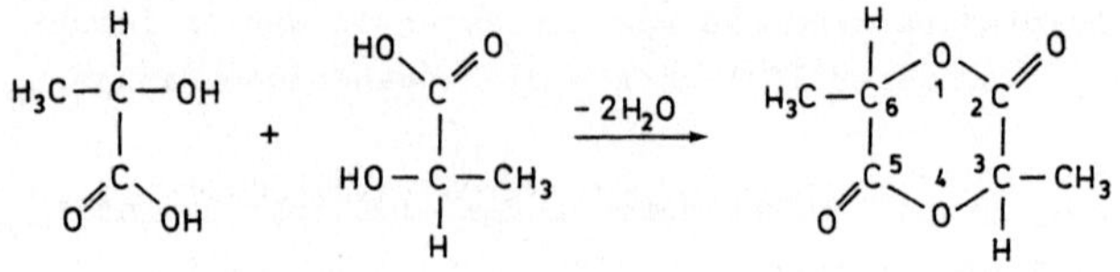

$$H_3C-CH(OH)-COOH + HOOC-CH(OH)-CH_3 \xrightarrow{-2H_2O} \text{Lactid}$$

Milchsäure

3,6-Dimethyl-1,4-dioxan-2,5-dion (Lactid)

(2) Bei β-Hydroxysäuren erfolgt *intra*molekulare Wasser-Abspaltung unter Bildung α,β-ungesättigter Carbonsäuren:

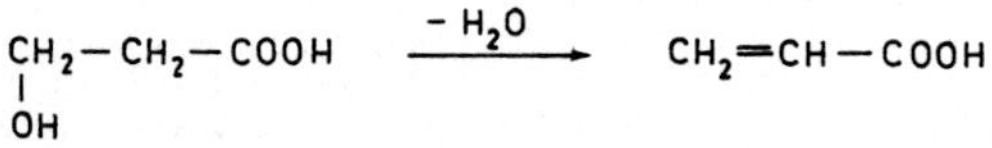

$$CH_2(OH)-CH_2-COOH \xrightarrow{-H_2O} CH_2{=}CH-COOH$$

β-Hydroxy-propionsäure — Acrylsäure

3.14.5 (3) Im Falle der γ- und δ-Hydroxy-carbonsäuren, bei denen beide Gruppen genügend weit voneinander entfernt sind, bilden sich durch Ansäuern leicht intramolekulare Ester, die Lactone. Im Falle der γ-Hydroxysäuren erhält man Fünfringe (γ-Lactone), bei den δ-Hydroxysäuren Sechsringe (δ-Lactone).

Beispiel:

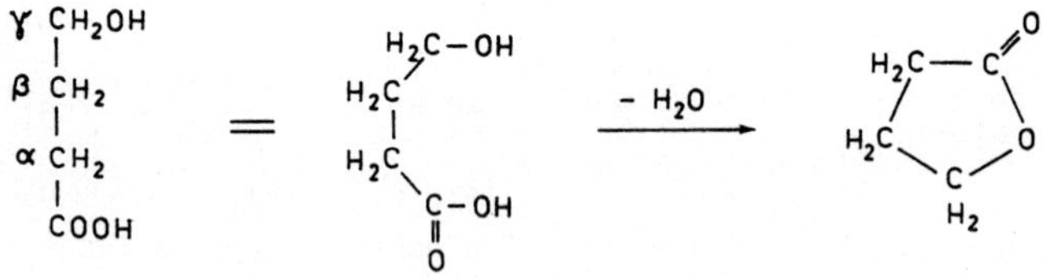

$$\gamma\,CH_2OH-\beta\,CH_2-\alpha\,CH_2-COOH \xrightarrow{-H_2O} \gamma\text{-Butyrolacton}$$

γ-Hydroxybuttersäure — γ-Butyrolacton

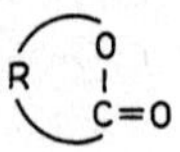

R(O)C=O bedeutet: Allgemeine Darstellung eines Lacton-Ringes. Man beachte, daß die Sauerstoff-Brücke direkt mit der Carbonyl-Gruppe verbunden ist.

Während α-Lactone nur als instabile Zwischenprodukte existieren, können die sehr reaktionsfähigen *β-Lactone* auf Umwegen synthetisiert werden:

$$HCHO + H_2C{=}C{=}O \xrightarrow{\text{Kat.}} \beta\text{-Propiolacton}$$

Formaldehyd + Keten → β-Propiolacton (H$_2$C—CH$_2$ / O—C=O) ; einfachstes denkbares α-Lacton (H$_2$C—O—C=O)

Höhergliedrige Lactone müssen nach speziellen Verfahren hergestellt werden, und zwar unter Beachtung des Ruggli-Zieglerschen Verdünnungsprinzips: Bei sehr niedriger Konzentration ist die Cyclisierung begünstigt, da die Geschwindigkeit dieser intramolekularen Reaktion der Konzentration des Substrats proportional ist, während die konkurrierende intermolekulare Reaktion dem Quadrat der Substratkonzentration proportional ist. Dies läßt sich damit plausibel machen, daß bei hoher Verdünnung ein Molekül überwiegend von Lösemittelmolekülen umgeben ist, d.h. von anderen gleichartigen Molekülen weiter entfernt ist und somit die Möglichkeit einer intermolekularen Reaktion vermindert wird, während die Cyclisierung etwas begünstigt ist.

Reaktion von Lactonen

Am Beispiel des (krebserzeugenden) β-Propiolactons und des γ-Butyrolactons sollen einige typische Reaktionsmöglichkeiten von Lactonen gezeigt werden:

β-Propiolacton

NaCl, HCl, H_2O	$CH_2(Cl)CH_2CO_2H$	β-Chlorpropionsäure
NaSH	$CH_2(SH)CH_2CO_2H$	β-Mercaptopropionsäure
NH_3 in CH_3CN	$CH_2(NH_2)CH_2CO_2H$	β-Alanin
CH_3OH, NaOH, 0°	$CH_2(OH)CH_2CO_2CH_3$	Hydracrylsäuremethylester
CH_3OH	$CH_2(OCH_3)CH_2CO_2H$	β-Methoxypropionsäure

$$\text{γ-Butyrolacton} \xrightarrow{+\,NaOH,\ \Delta} HO-(CH_2)_3-COONa$$

$$\xrightarrow{+\,2\,H\ [Na/Hg]} CH_3-(CH_2)_2-COOH$$

$$\xrightarrow{+\,4\,H\ [LiAlH_4]} HO-(CH_2)_4-OH$$

$$\xrightarrow[CH_3OH]{+\,HCl} Cl-(CH_2)_3-COOCH_3$$

$$\xrightarrow{+\,KCN} NC-(CH_2)_3-COOK$$

$$\xrightarrow{+\,NH_3} H_2C(OH)-(CH_2)_2-CONH_2 \xrightarrow{-\,H_2O} \text{Pyrrolidon}$$

Pyrrolidon
(γ-Butyrolactam)

$$\xrightarrow[-\,H_2O]{+\,CH_3NH_2} \text{N-Methylpyrrolidon}$$

N-Methylpyrrolidon

23.3 Ketocarbonsäuren

Darstellung von α-Ketocarbonsäuren (1,2-Ketosäuren)

.7 ① Hydrolyse von Acylcyaniden (aus Säurechloriden und Cyaniden erhältlich) zu α-Ketosäuren:

$$R-C(=O)Cl \xrightarrow[-\,CuCl_2]{+\,CuCN} R-C(=O)CN \xrightarrow[-\,NH_3]{+\,2\,H_2O} R-C(=O)-C(=O)OH$$

② Dehydrieren (Oxidation) von Hydroxysäuren

Glyoxylsäure entsteht durch Oxidation mit Bleitetraacetat aus Weinsäure, Brenztraubensäure aus Milchsäure.

$$HO-CH(COOH)-CH(COOH)-OH \xrightarrow{-\,H_2} 2\;O{=}CH-COOH$$

Weinsäure Glyoxylsäure

$$CH_3-CHOH-COOH \xrightarrow{-H_2} CH_3-C(=O)-COOH$$

Milchsäure Brenztraubensäure

$$\overset{+3}{C}(=O)OH-\overset{0}{C}H(OH)-\overset{-3}{C}H_3 \longrightarrow \overset{+3}{C}(=O)OH-\overset{+2}{C}(=O)-\overset{-3}{C}H_3 + 2\,e^{\ominus} + 2\,H^{\oplus}$$

Redoxgleichung (mit Angabe der Oxidationszahlen)

③ Die einfachste α-Ketosäure, die Brenztraubensäure, kann durch Erhitzen von Traubensäure (Racemat der Weinsäure) mit $KHSO_4$ dargestellt werden. Diese als *"Brenzreaktion"* bekannte Reaktion ist eine Pyrolyse (Hitzespaltung):

$$HO_2C-CH(OH)-CH(OH)-CO_2H \xrightarrow[-H_2O,-CO_2]{KHSO_4} H_2C{=}C(OH)-CO_2H \rightleftharpoons CH_3-C(=O)-CO_2H$$

D,L-Weinsäure Traubensäure — Enolform / Ketoform: Brenztraubensäure

Brenztraubensäure und vor allem ihre Salze, die *Pyruvate*, sind wichtige biochemische Zwischenprodukte beim Abbau der Kohlenhydrate und Fette. Unter anaeroben Bedingungen wird Pyruvat im Säugetierorganismus zu Milchsäure (Lactat) reduziert (z.B. im Muskel bei intensiver Beanspruchung). Bei der alkoholischen Gärung bilden sich unter Einwirkung des Enzyms Pyruvat-Decarboxylase durch Decarboxylierung Acetaldehyd und CO_2. Diese Reaktion läßt sich in vitro auch durch Erhitzen mit verd. H_2SO_4 durchführen. Erwärmt man dagegen mit konz. H_2SO_4, so entstehen Essigsäure und CO (*Decarbonylierung*, das ist eine typische Reaktion für α-Ketocarbonsäuren).

(4) Acetessigsäureethylester wird durch Claisen-Kondensation von Essigsäureethylester erhalten (Kap. 22.3) oder durch Addition von Ethanol an Diketen:

Di-
keten

Reaktionen an der Carbonyl-Gruppe

Glyoxylsäure bildet ein stabiles, kristallines Hydrat und geht im übrigen die typischen Reaktionen für Aldehyde/Ketone ein. Brenztraubensäure bildet ein Oxim und ein Hydrazon; sie reagiert positiv mit Tollens-Reagenz. Acetessigester bildet mit Phenylhydrazin ein Phenylhydrazon, das unter Cyclokondensation zum Pyrazolon weiterreagieren kann.

subst. 5-Pyrazolon
(5-Oxo-4-5-dihydroxyparazol)

β-Keto-Carbonsäuren (1,3-Ketosäuren)

Im Gegensatz zu den α-Ketosäuren sind β-Ketosäuren unbeständig. So zerfällt Acetessigsäure leicht in Aceton und CO_2 *(Decarboxylierung)*. Im Organismus werden β-Ketosäuren ebenfalls durch Decarboxylierungsreaktionen abgebaut (z.B. im Citrat-Cyclus, Bildung von Keto-Verbindungen bei Diabetikern).

Beispiele:

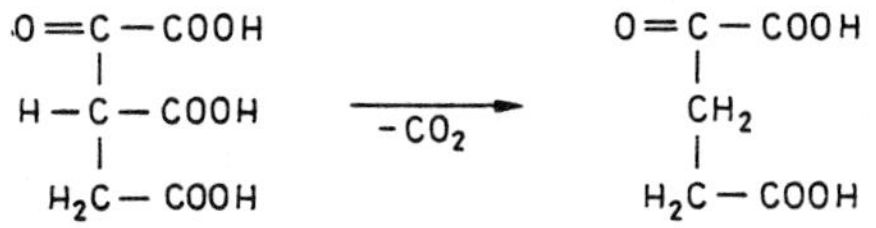

$$\begin{matrix} O=C-COOH \\ | \\ H-C-COOH \\ | \\ H_2C-COOH \end{matrix} \xrightarrow{-CO_2} \begin{matrix} O=C-COOH \\ | \\ CH_2 \\ | \\ H_2C-COOH \end{matrix}$$

Oxalbernsteinsäure α-Ketoglutarsäure

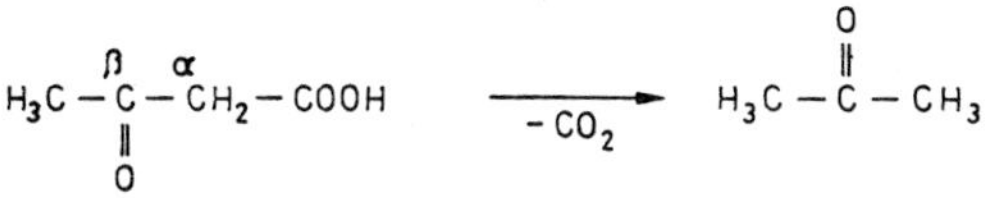

$$H_3C-\overset{\beta}{\underset{\underset{O}{\|}}{C}}-\overset{\alpha}{C}H_2-COOH \xrightarrow{-CO_2} H_3C-\overset{\overset{O}{\|}}{C}-CH_3$$

Acetessigsäure Aceton

Mechanismus (vgl. Kap. 11.5):

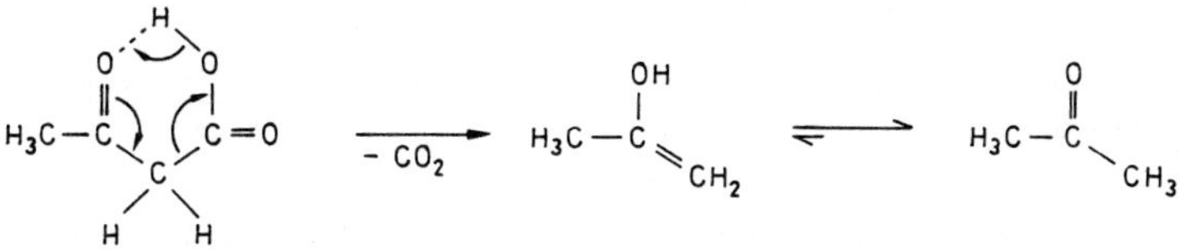

$$H_3C-C(=O\cdots H)-CH_2-C(=O)-O \xrightarrow{-CO_2} H_3C-\overset{\overset{OH}{|}}{C}=CH_2 \rightleftharpoons H_3C-\overset{\overset{O}{\|}}{C}-CH_3$$

Keto-Enol-Tautomerie

.6 Wie bei Ketonen gibt es auch bei Ketosäuren Keto-Enol-Tautomerie (die natürlich bei Dialkylierung entfällt (s. Kap. 22.3).

Die Keto-Enol-Tautomerie wurde am *Acetessigsäure-ethylester* untersucht:

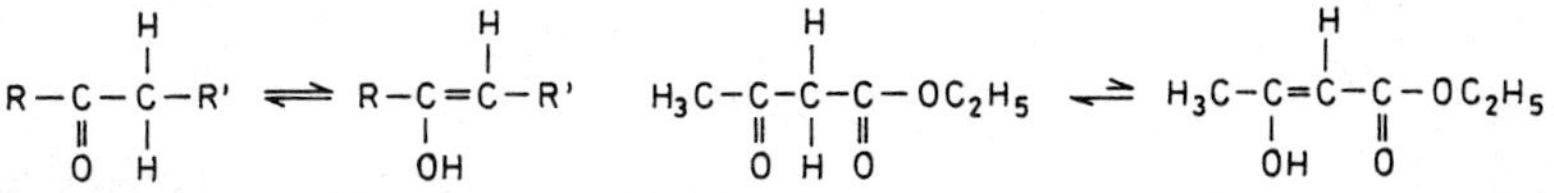

$$R-\underset{\underset{O}{\|}}{C}-\overset{\overset{H}{|}}{\underset{\underset{H}{|}}{C}}-R' \rightleftharpoons R-\underset{\underset{OH}{|}}{C}=\overset{\overset{H}{|}}{C}-R'$$

Keto-Form Enol-Form (allgemein)

$$H_3C-\underset{\underset{O}{\|}}{C}-\overset{\overset{H}{|}}{\underset{\underset{H}{|}}{C}}-\underset{\underset{O}{\|}}{C}-OC_2H_5 \rightleftharpoons H_3C-\underset{\underset{OH}{|}}{C}=\overset{\overset{H}{|}}{C}-\underset{\underset{O}{\|}}{C}-OC_2H_5$$

92,5 % Acetessigester 7,5 %

An der Tautomerie ist die CH_2-Gruppe beteiligt, denn beim Übergang zur Enol-Form entsteht eine C=C-Doppelbindung, die zur O=C-Doppelbindung in Konjugation treten kann. Der enolische Anteil beträgt bei reinem Acetessigester 7,5 %, in wäßriger Lösung 0,4 % und in alkoholischer 12 % und ist also vom Lösungsmittel abhängig.

Der qualitative Nachweis erfolgt mit $FeCl_3$-Lösung, das mit dem Enol einen Komplex bildet: Mit $FeCl_3$ entsteht eine tiefrote Lösung.

Zum quantitativen Nachweis wird bei 0° C mit Brom umgesetzt. Dabei reagiert nur die Enolform rasch. Überschüssiges Brom wird durch 2-Naphthol abgefangen. Das gebildete α-Bromketon wird mit Iodwasserstoff reduziert und das so entstandene Iod titriert.

$$CH_3-\underset{\displaystyle OH}{\underset{|}{C}} = CH-CO_2C_2H_5 \xrightarrow[-HBr]{+Br_2} CH_3-\underset{\displaystyle O}{\underset{\|}{C}}-CHBr-CO_2C_2H_5$$

$$\downarrow + HI$$

$$CH_3-\underset{\displaystyle O}{\underset{\|}{C}}-CH_2-CO_2C_2H_5 + HBr + 1/2\ I_2$$

Die Lage des Gleichgewichts schwankt je nach Lösemittel und Konzentration. Der Enolgehalt ist höher in verdünnter Lösung und wenig polarem Lösemittel (wie Hexan). Strukturelle Einflüsse sind beträchtlich (Tabelle 25): Aceton ist ein typisches Keton. 1,2 Diketone haben i.a. nur geringe Enolisierungstendenz. Dies gilt nicht für cyclische Ketone und Diketone, die stark zur Enolisierung neigen. 1,3-Diketone haben z.B. beträchtliche Enolgehalte, was auf die starke Aktivierung durch zwei Carbonylgruppen zurückgeführt wird. Die Enolformen der 1,3-Diketone, die durch Ausbildung eines konjugierten Systems und intramolekulare H-Brückenbindungen stabilisiert sind, liegen hinsichtlich ihrer Säurestärke in der Größenordnung der Carbonsäuren. Cyclische Diketone sind indes, wie aus ihren Säurekonstanten hervorgeht, hinsichtlich der Enolstabilität schwächere Säuren als Phenol.

Tabelle 25. Enolgehalt von Ketoverbindungen
(a = flüssig, b = wäßrige Lösung)

Ketoverbindung	Formel	% Enol
Diethylmalonat[a]	$C_2H_5O_2CCH_2CO_2C_2H_5$	0,0
Aceton	CH_3COCH_3	0,00025
Ethyl-C-methylacetoacetat[a]	$CH_3COCH(CH_3)CO_2C_2H_5$	4
Ethylacetoacetat[a]	$CH_3COCH_2CO_2C_2H_5$	7,5
Acetylaceton[a]	$CH_3COCH_2COCH_3$	80
Benzoylaceton[a]	$C_6H_5COCH_2COCH_3$	99
Cyclopentanon[a]	$\underbrace{CH_2CH_2CH_2CH_2CO}$	0,0048
Cyclohexanon[a]	$\underbrace{CH_2CH_2CH_2CH_2CH_2CO}$	0,020
Diacetyl[a]	$CH_3COCOCH_3$	0,0056
Cyclopentan-1.2-dion[b]	$\underbrace{CH_2CH_2CH_2COCO}$	100
Cyclohexan-1.2-dion[b]	$\underbrace{CH_2CH_2CH_2CH_2COCO}$	40

24 Kohlensäure und ihre Derivate

24.1 Einführung

3.13.1 Die Chemie der Kohlensäure und ihrer Derivate ist von großer Bedeutung. Viele Verbindungen lassen sich strukturell auf die Kohlensäure zurückführen.

Die Kohlensäure kann sowohl als einfachste Hydroxysäure wie auch als Hydrat des Kohlendioxids aufgefaßt werden. Sie ist instabil und zerfällt leicht in CO_2 und H_2O. In wäßriger Lösung existiert sie auch bei hohem CO_2-Druck nur in relativ geringer Konzentration im Gleichgewicht neben physikalisch gelöstem CO_2:

$$HO-\underset{\underset{O}{\|}}{C}-OH \rightleftharpoons H_2O + CO_2$$

Die Kohlensäure ist bifunktionell, deshalb besitzen auch ihre Derivate zwei funktionelle Gruppen, die gleich oder verschieden sein können.

Beispiele:

$Cl-\underset{\underset{O}{\|}}{C}-Cl$	$H_2N-\underset{\underset{O}{\|}}{C}-NH_2$	$C_2H_5O-\underset{\underset{O}{\|}}{C}-OC_2H_5$	$C_2H_5O-\underset{\underset{O}{\|}}{C}-Cl$
Phosgen Carbonylchlorid (Kohlensäure-dichlorid)	Harnstoff (Kohlensäure-diamid)	Kohlensäure-diethylester (Diethylcarbonat)	Chlorameisensäureethylester, Chlorkohlensäureethylester

$H_2N-\underset{\underset{O}{\|}}{C}-OC_2H_5$	$H_2N-\underset{\underset{NH}{\|}}{C}-NH_2$	$H_2N-\underset{\underset{S}{\|}}{C}-NH_2$	$C_6H_{11}-N=C=N-C_6H_{11}$
Urethan (Carbamidsäure-ethylester)	Guanidin	Thioharnstoff (Derivat der Thiokohlensäure)	Dicyclohexyl-carbodiimid (DCC) (Derivat von Kohlendioxid)

Kohlensäure-Derivate, die eine OH-Gruppe enthalten, sind instabil und zersetzen sich:

$$Cl-C(=O)-OH \longrightarrow CO_2 + HCl$$

Chlorameisensäure

$$H_2N-C(=O)-OH \longrightarrow CO_2 + NH_3$$

Carbamidsäure
(Carbaminsäure)

$$RO-C(=O)-OH \longrightarrow CO_2 + ROH$$

Kohlensäure-alkylester

24.2 Darstellung einiger Kohlensäure-Derivate

Die meisten *Kohlensäure-Derivate lassen sich direkt oder indirekt aus dem äußerst giftigen Säurechlorid* *Phosgen* *herstellen*, das aus Kohlenmonoxid und Chlor leicht zugänglich ist:

$$CO + Cl_2 \xrightarrow[200\,°C]{\text{Aktivkohle}} Cl-C(=O)-Cl$$

Phosgen

Phosgen reagiert als Säurechlorid mit Carbonsäuren, Wasser, Ammoniak und Alkoholen:

Phosgen $Cl-C(=O)-Cl$:

$$\xrightarrow{RCOOH} R-C(=O)-Cl + CO_2 + HCl$$

$$\xrightarrow{H_2O} Cl-C(=O)-OH \longrightarrow CO_2 + HCl.$$

$$\xrightarrow{NH_3} H_2N-C(=O)-NH_2 + 2\,HCl$$

Harnstoff

$$\xrightarrow{ROH} Cl-C(=O)-OR \xrightarrow{ROH} RO-C(=O)-OR$$

Chlorkohlensäure-alkylester → Kohlensäure-dialkylester

$$Cl-C(=O)-OR \xrightarrow{NH_3} H_2N-C(=O)-OR$$

Carbamidsäure-alkylester
Urethan

Auf diese Weise können die präparativ wichtigen Kohlensäureester und Harnstoff leicht dargestellt werden. Für Peptid-Synthesen von besonderer Bedeutung ist z.B. Benzoyl-oxycarbonylchlorid (s. Kap. 29.2).

Urethane werden u.a. durch Addition von Alkohol an Isocyanate erhalten. Sie entstehen auch, wenn man beim Hofmann-Abbau der Säureamide statt in wäßriger Lösung in alkoholischer Lösung arbeitet.

Beispiel:

$$H_3C{-}N{=}C{=}O \; + \; HO{-}C_2H_5 \longrightarrow H_3C{-}NH{-}C(=O){-}OC_2H_5$$

Methylisocyanat N-Methyl-carbamidsäure-ethylester

Eine bedeutende Gruppe von Insektiziden und Herbiziden sind Urethan-Derivate, z.B. das Carbaryl (1-Naphthyl-N-methylcarbamat):

$$\alpha\text{-Naphthol (OH)} \xrightarrow{COCl_2} \text{Naphthyl-}O{-}COCl \xrightarrow{H_3C{-}NH_2} \text{Naphthyl-}O{-}C(=O){-}NH{-}CH_3$$

α-Naphthol Carbaryl

24.3 Harnstoff

Synthese von Harnstoff

Eine preiswerte *technische Synthesemöglichkeit für Harnstoff* besteht in der thermischen Umwandlung von Ammoniumcarbamat, das aus NH_3 und CO_2 erhältlich ist.

$$2\,NH_3 + CO_2 \longrightarrow H_2N{-}CO_2^{\ominus}\;\overset{\oplus}{N}H_4 \xrightarrow[-H_2O]{150\,°C} O{=}C(NH_2)_2$$

Ammonium-carbamat Harnstoff

Von historischem Interesse ist die Synthese von Harnstoff aus Ammoniumcyanat durch F. Wöhler (1828).

Harnstoff kann auch durch Hydrolyse von Cyanamid, $H_2N{-}C{\equiv}N$, hergestellt werden:

$$CaN-C\equiv N \xrightarrow[-Ca(OH)_2]{+2H_2O} H_2N-C\equiv N \xrightarrow{+H_2O} H_2N-CO-NH_2$$

Calcium-cyanamid — Cyanamid — Harnstoff

Eigenschaften und Nachweis

Harnstoff ist das Endprodukt des Eiweißstoffwechsels und findet sich in den Ausscheidungsprodukten von Mensch und Säugetier. Als Amid reagiert Harnstoff in wäßriger Lösung neutral, mit starken Säuren entstehen jedoch beständige Salze. Die im Vergleich zu anderen Amiden höhere Basizität beruht auf einer Mesomeriestabilisierung des Kations:

$$H_2N-C(=O)-NH_2 + H^{\oplus} \rightleftharpoons \left[H_2N-C(=\overset{\oplus}{O}H)-NH_2 \longleftrightarrow H_2\overset{\oplus}{N}=C(OH)-NH_2 \longleftrightarrow H_2N-C(OH)=\overset{\oplus}{N}H_2 \right]$$

Beim Erwärmen mit Säuren oder Laugen oder in Gegenwart des in einigen Leguminose-Arten enthaltenen Enzyms Urease hydrolysiert Harnstoff zu Ammoniak:

$$H_2N-C(=O)-NH_2 \xrightarrow{H_2O} \begin{cases} \xrightarrow{\Delta, H^{\oplus}} NH_4^{\oplus} + CO_2 \\ \xrightarrow{\Delta, OH^{\ominus}} NH_3 + CO_3^{2\ominus} \\ \xrightarrow{Urease} NH_3 + CO_2 \end{cases}$$

Harnstoff

Erhitzt man Harnstoff über den Schmelzpunkt hinaus, so wird NH_3 abgespalten, und die entstandene *Isocyansäure reagiert mit einem weiteren Molekül Harnstoff zu Biuret:*

$$O=C(NH_2)_2 \xrightarrow[-NH_3]{} O=C=NH$$

Isocyansäure

$$O=C=NH + H_2N-C(=O)-NH_2 \longrightarrow H_2N-C(=O)-NH-C(=O)-NH_2$$

Biuret

In alkalischer Lösung gibt Biuret mit $Cu^{2\oplus}$-Ionen eine blauviolette Färbung (Biuret-Reaktion). Es entsteht ein Kupferkomplexsalz:

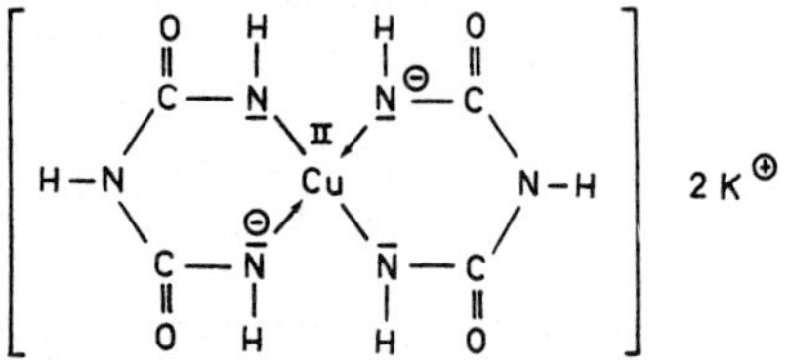

Diese Reaktion ist charakteristisch für —CO—NH-Gruppierungen und wird allgemein zum qualitativen Nachweis von Harnstoff und Eiweißstoffen angewandt. Zur quantitativen Bestimmung von Harnstoff kann die Reaktion mit salpetriger Säure herangezogen werden: Harnstoff wird zu CO_2, Wasser und Stickstoff oxidiert, letzterer wird volumetrisch bestimmt.

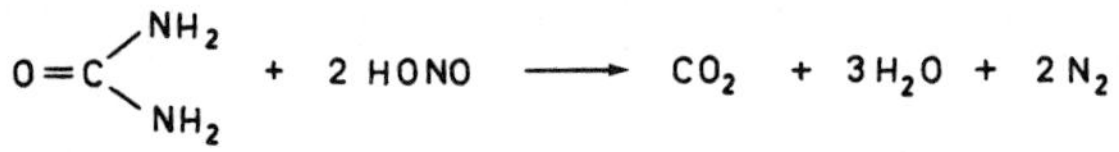

$$O{=}C(NH_2)_2 + 2\,HONO \longrightarrow CO_2 + 3\,H_2O + 2\,N_2$$

Verwendung von Harnstoff

Eine analytische Anwendung von Harnstoff beruht auf seiner Eigenschaft, mit unverzweigten Kohlenwasserstoffen kristalline Additions-Verbindungen zu bilden. Bei der Kristallisation ordnen sich die Harnstoff-Moleküle im Gitter - je nach Reaktionsbedingung - in einer Links- oder Rechtsschraube (Helix) an, in deren Achse ein zylindrischer Hohlraum bleibt; in ihn können langgestreckte Moleküle eingelagert werden: *Einschlußverbindungen (Clathrate)*. Diese Möglichkeit dient zur Trennung von Paraffingemischen, z.B. von n- und iso-Kohlenwasserstoffen, da stark verzweigte Ketten nicht eingelagert werden können. Einschlußverbindungen werden auch von anderen Substanzen, z.B. Thioharnstoff und p-Benzochinon, gebildet.

Neben der Verwendung des Harnstoffs als Düngemittel und in der Analytik kommt ihm vor allem als Ausgangssubstanz für pharmazeutische Präparate große Bedeutung zu.

Synthesen mit Harnstoff

N-Acyl-harnstoffe (Ureide) sind Reaktionsprodukte von Harnstoff mit organischen Carbonsäure-chloriden oder -estern.

Beispiel:

$$O{=}C(NH_2)_2 + CH_2(COOC_2H_5)_2 \xrightarrow[\text{in Ethanol, } 110\ ^\circ C]{Na^{\oplus}\ {}^{\ominus}\overline{\underline{O}}C_2H_5} \text{Barbitursäure} + 2\ C_2H_5OH$$

Barbitursäure (cyclisches Ureid)

Am C-1-Atom substituierte cyclische Ureide sind wichtige Schlafmittel und Narkotica, z.B. die Phenylethyl- und Diethyl-barbitursäure. Die *Barbitursäure* kann auch als Derivat des Pyrimidins angesehen werden. Als cyclisches Diamid besitzt sie die —NH—CO-Gruppierung, auch *Lactam-Gruppe* genannt, die tautomere Formen bilden kann (Lactam-Lactim-Tautomerie, s. Kap. 29.4).

Ersetzt man formal in der Enol-Form der Barbitursäure das H-Atom der CH-Gruppe durch eine OH-Gruppe, so erhält man Isodialursäure, die sich mit Harnstoff zur *Harnsäure* kondensieren läßt:

$$\text{Isodialursäure} + \text{Harnstoff} \xrightarrow{-2\ H_2O} \text{Harnsäure}$$

Isodialursäure   Harnstoff   Harnsäure

Harnsäure ist wie Harnstoff ein Stoffwechselprodukt und wird im Harn ausgeschieden. Sie kann auch als Trihydroxy-Derivat des Purins aufgefaßt werden, dem Grundkörper einer wichtigen Stoffklasse, deren Derivate in der Natur weit verbreitet sind.

Derivate von Harnstoff

Zu den Harnstoff-Derivaten zählen u.a. Guanidin und Semicarbazid.

$$HN{=}C(NH_2)_2 \qquad O{=}C(NH_2)(NH{-}NH_2)$$

Guanidin   Semicarbazid

Guanidin ist eine starke Base, $pK_b = 0{,}5$, die nur schwer isolierbar ist. Stabil sind ihre Salze, z.B. Guanidin-hydrochlorid, das bei der Synthese des Guanidins aus Cyanamid und Ammoniumchlorid erhalten wird:

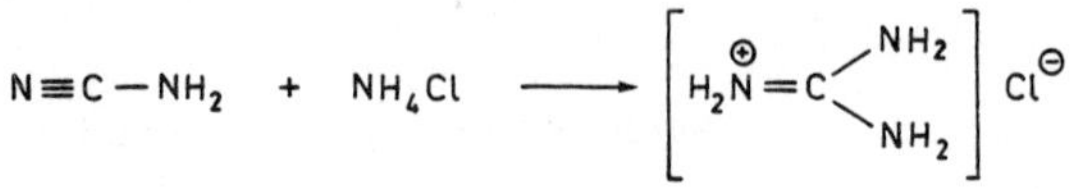

$$N{\equiv}C{-}NH_2 \;+\; NH_4Cl \longrightarrow \left[H_2\overset{\oplus}{N}{=}C(NH_2)_2 \right] Cl^{\ominus}$$

Die drei Stickstoff-Atome im Molekül des Guanidins sind chemisch äquivalent. Das Guanidinium-Kation ist mesomerie-stabilisiert:

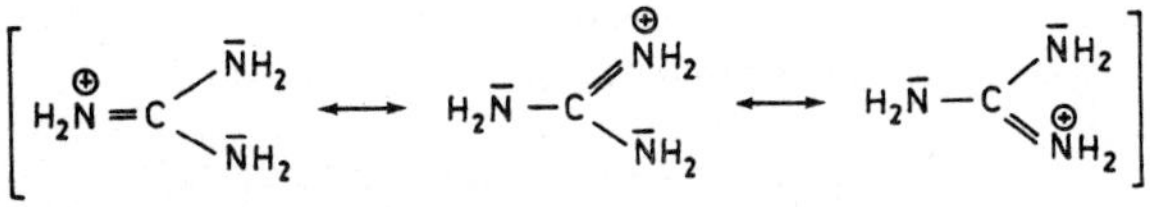

$$\left[H_2\overset{\oplus}{N}{=}C(\bar{N}H_2)_2 \longleftrightarrow H_2\bar{N}{-}C(\bar{N}H_2){=}\overset{\oplus}{N}H_2 \longleftrightarrow H_2\bar{N}{-}C(\bar{N}H_2){=}\overset{\oplus}{N}H_2 \right]$$

Derivate von Guanidin wie L-Arginin, Kreatin und Kreatinin haben biologische Bedeutung.

Semicarbazid ist das Hydrazid der nicht existenzfähigen Carbamidsäure. Es reagiert mit Carbonyl-Gruppen zu den gut kristallisierenden *Semicarbazonen* (Kap. 20.4).

24.4 Cyansäure und ihre Derivate

Die *Cyansäure*, formal das Nitril der Kohlensäure, steht im Gleichgewicht mit der isomeren *Isocyansäure*, wobei letztere überwiegt:

$$HO{-}C{\equiv}N| \rightleftharpoons O{=}C{=}NH$$

Cyansäure Isocyansäure

Freie Cyansäure und Isocyansäure trimerisieren leicht zu der entsprechenden *Cyanur- und Isocyanursäure*, die im Gleichgewicht miteinander stehen (Tautomerie):

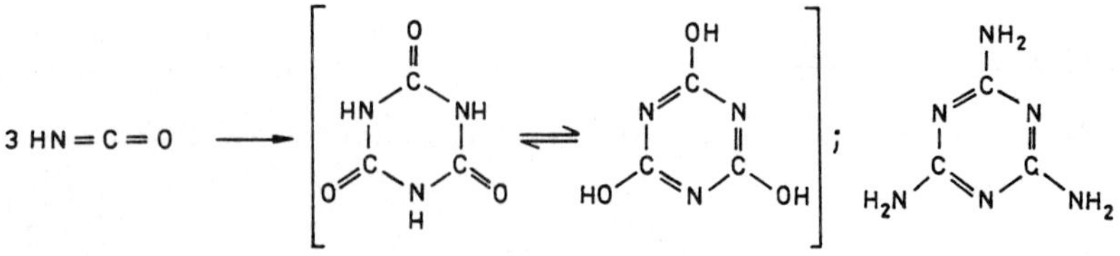

$$3\,HN{=}C{=}O \longrightarrow \left[(HNCO)_3 \rightleftharpoons (NC{-}OH)_3 \right] ; \quad (NC{-}NH_2)_3$$

Isocyansäure	Isocyanursäure	Cyanursäure	Melamin
		2,4,6-Trihydroxy-1,3,5-triazin	Cyanursäureamid

Ersetzt man die OH-Gruppe der Cyansäure durch ein Halogen-Atom, z.B. durch Chlor, entsteht das äußerst reaktive Chlorcyan, das als Derivat der Blausäure aufgefaßt werden kann. Durch Umsetzung mit Ammoniak entsteht Cyanamid:

$$Cl{-}C{\equiv}N| + NH_3 \xrightarrow[-HCl]{} NH_2{-}C{\equiv}N|$$

Chlorcyan Cyanamid

Cyanamid ist einerseits das Amid der Cyansäure, andererseits das Nitril der Carbamidsäure. Es besteht das Gleichgewicht:

$$NH_2{-}C{\equiv}N| \rightleftharpoons HN{=}C{=}NH$$

Carbodiimid

Das Calciumsalz des Cyanamids ist ein wertvolles Düngemittel (Kalkstickstoff) und eine wichtige Ausgangsverbindung für zahlreiche technische Synthesen (z.B. Harnstoff). Substituierte Carbodiimide sind wirksame Dehydratisierungsmittel (z.B. bei Peptid-Synthesen, s. Kap. 29.2).

Cyansäureester (Cyanate) sind auf üblichem Wege nicht zugänglich, da der intermediär gebildete Ester sofort mit dem vorhandenen Alkohol zu einem Imidokohlensäure-diester weiterreagiert:

$$R{-}ONa + Br{-}CN \xrightarrow[-NaBr]{} RO{-}C{\equiv}N \xrightarrow{+ROH} RO{-}\overset{\overset{\displaystyle NH}{\|}}{C}{-}OR$$

Alkoholat Bromcyan Cyansäureester Imidokohlensäurediester

Eine Möglichkeit ist:

$$C_6H_5O{-}\underset{\underset{\displaystyle S}{\|}}{C}{-}Cl \xrightarrow[-NaCl]{+NaN_3} C_6H_5{-}O{-}C\text{(1-thia-2,3,4-triazol-Ring: }C{=}N{-}N{=}N{-}S\text{)} \xrightarrow[-N_2,-S]{\text{Raumtemp.}} C_6H_5O{-}C{\equiv}N$$

Thionkohlensäure-O-phenylesterchlorid 5-Phenoxy-1-thia-2,3,4-triazol Phenylcyanat

Isocyansäureester (Isocyanate) sind aufgrund ihrer kumulierten Doppelbindungen äußerst reaktiv (Heterokumulene). Sie sind präparativ leicht zugänglich aus Aminen mit Phosgen:

$$C_6H_5{-}NH_2 \xrightarrow[-HCl]{+COCl_2} C_6H_5{-}NH{-}C(=O){-}Cl \xrightarrow[-HCl]{(\text{Wärme})} C_6H_5{-}N{=}C{=}O$$

Anilin Phenylcarbamoylchlorid Phenylisocyanat

Isocyanate addieren Alkohole, Ammoniak sowie primäre und sekundäre Amine. Es entstehen gut kristallisierende Verbindungen, weshalb man diese Reaktionen zur Charakterisierung bzw. Reinigung von flüssigen Alkoholen und Aminen verwenden kann:

$$O{=}C(NHR)(OC_2H_5) \xleftarrow{+\ H-OC_2H_5} O{=}C{=}N{-}R \xrightarrow{+\ NH_3} O{=}C(NHR)(NH_2)$$

N-Alkyl-urethan | Alkylisocyanat | N-Alkyl-harnstoff

Durch Hydrolyse der Isocyansäure-ester erhält man primäre Amine und CO_2: $R{-}N{=}C{=}O + H_2O \longrightarrow R{-}NH_2 + CO_2$

24.5 Schwefel-analoge Verbindungen der Kohlensäure

Die O-Atome der Kohlensäure können durch S-Atome ersetzt werden, und man erhält:

$$O{=}C(SH)(OH) \rightleftharpoons S{=}C(OH)(OH)\ ;\quad S{=}C(SH)(OH) \rightleftharpoons O{=}C(SH)(SH)\ ;\quad S{=}C(SH)(SH)$$

Thiolkohlensäure | Thionkohlensäure | Thiolthionkohlensäure (Xanthogensäure) | Dithiolkohlensäure | Trithiokohlensäure

Von diesen Säuren ist nur die Trithiokohlensäure in freiem Zustand existent. Beständige Derivate bilden dagegen alle Thiosäuren. *Beispiele:*

Schwefelkohlenstoff, CS_2, ist die S-analoge Verbindung des Kohlendioxids und somit Anhydrid der Dithiolkohlensäure. Schwefelkohlenstoff ist ein gutes Lösungsmittel für viele organische Stoffe, für Schwefel und weißen Phosphor.

Die wichtige Stoffklasse der *Xanthogenate* ist durch Umsetzung von Alkoholaten mit CS_2 leicht zugänglich, z.B.:

$$S{=}C{=}S + Na^{\oplus}\ {}^{\ominus}|\underline{O}{-}C_2H_5 \longrightarrow S{=}C(S^{\ominus}Na^{\oplus})(OC_2H_5)$$ Natriumethyl-xanthogenat

Analog hierzu entsteht aus Cellulose, CS_2 und NaOH-Lösung eine zähe Xanthogenat-Lösung, die "Viscose". Beim Verspinnen der Viscose in einem Säurebad erhält man Viscosefasern, beim Pressen durch einen Spalt Cellophan (s. Kap. 26.4).

Thioharnstoff, die S-analoge Verbindung des Harnstoffs, ist auch in ihren chemischen Reaktionen mit diesem verwandt. Sie zeigt wie Harnstoff Neigung zur Bildung von Einschlußverbindungen. Von präparativer Bedeutung ist die Bildung von Thiuroniumsalzen durch Umsetzung mit Halogenalkanen. Die Reaktion dient der Charakterisierung von Halogenalkanen und zur Darstellung von Thiolen:

$$S{=}C(NH_2)_2 + C_2H_5{-}Br \longrightarrow \left[C_2H_5{-}S{-}C(=\overset{\oplus}{N}H_2)NH_2\right]Cl^{\ominus} \xrightarrow[2)\,HCl]{1)\,NaOH} C_2H_5{-}SH$$

Thioharnstoff S-Ethyl-thiuroniumchlorid Ethanthiol

Thiocyansäure- und Isothiocyansäure-ester sind die S-analogen Verbindungen der Cyansäure- bzw. Isocyansäure-ester. Die zugrunde liegenden Säuren stehen miteinander in einem tautomeren Gleichgewicht:

$$H{-}\underline{\overline{S}}{-}C{\equiv}N| \rightleftharpoons \underline{\overline{S}}{=}C{=}N{-}H$$

Thiocyansäure Isothiocyansäure

Die Salze der Thiocyansäure heißen auch Rhodanide.

Durch Umsetzung von Rhodaniden mit Halogenalkanen erhält man Thiocyansäure-ester (Alkylthiocyanate, Alkylrhodanide):

$$KSCN + R{-}X \xrightarrow[-\,KX]{} R{-}S{-}C{\equiv}N|$$

Thiocyanat

Isothiocyansäure-ester (Alkyl-isothiocyanate) heißen auch wegen ihres charakteristischen Geruchs *Senföle*. Sie finden sich meist glykosidisch gebunden in Pflanzen. Durch enzymatische Zerlegung werden sie freigesetzt und durch Destillation gewonnen. *Beispiele:*

- Allyl-senföl, $CH_2{=}CH{-}CH_2{-}N{=}C{=}S$ (aus *Sinapis nigra*), wird durch Hydrolyse von Sinigrin, einem Thiohydroxamsäure-Derivat aus Senf (*Brassica nigra*), gewonnen.
- 4-Hydroxy-benzylsenföl, $HO{-}C_6H_4{-}CH_2{-}NCS$ (aus *Sinapis alba*).

Die Senföl-Synthese geht von primären Aminen aus, die mit Schwefelkohlenstoff zu einer N-Alkyl-dithiocarbamidsäure umgesetzt werden. Durch Reaktion mit Chlorameisensäure-ester werden daraus die Senföle erhalten:

$$RNH_2 + S{=}C{=}S \xrightarrow[-\,H_2O]{+\,NaOH} \left[S{=}C(NHR){-}\underline{\overline{S}}|^{\ominus}\right]^{\ominus} Na^{\oplus} \xrightarrow[-\,NaCl]{+\,Cl{-}COOC_2H_5} \left[S{=}C(NHR){-}S{-}COOC_2H_5\right]$$

(unbeständig)

$$\longrightarrow COS + C_2H_5OH + S{=}C{=}N{-}R$$ (Senföl, Isothiocyanat)

25 Heterocyclen

Heterocyclische Verbindungen enthalten außer C-Atomen ein oder mehrere Heteroatome als Ringglieder, z.B. Stickstoff, Sauerstoff oder Schwefel. *Man unterscheidet heteroaliphatische und heteroaromatische Verbindungen.* Ringe aus fünf und sechs Atomen sind am beständigsten.

25.1 Nomenklatur

3.15.1 Abgesehen von der Verwendung von Trivialnamen als Stammbezeichnung gibt es zwei Nomenklatursysteme, deren Verwendung leider nicht einheitlich ist (s. auch Kap. 36).

① Bei der "a"-Nomenklatur werden die Namen der Heteroelemente als a-Terme dem zugrunde liegenden Stamm-Kohlenwasserstoff vorangestellt. (Ungewöhnliche Bindungszahlen der Heteroatome werden als λ^n angegeben.)

Beispiele:

—O—: oxa ; —S—: thia ; —N<: aza ; —P<: phospha ; —Si—: sila ;

② Das Hantzsch-Widman-Patterson-System (HWP) bringt Ringgröße und Sättigungsgrad durch spezifische Endungen zum Ausdruck (Tabelle 26). Hinzu tritt das Hetero-Symbol aus der "a"-Nomenklatur. Δ^n gibt in Zweifelsfällen die Lage einer Doppelbindung an.

Beispiel:

H
N 1
H_2Si 4 2 P—H
3 N
H

Bezeichnung als:

① 1,3-Diaza-2-phospha-4-sila-cyclobutan, mit dem Stamm-Kohlenwasserstoff Cyclobutan und vorangestellten Heteroatomen, oder

(2) 1,3,2,4-Diaza-phospha-siletidin, mit der Endung für einen gesättigten Vierring -etidin und vorangestellten Heteroatomen.

Weitere Beispiele s. Tabellen 27 und 28.

Tabelle 26. Suffixe bei systematischen Namen von Heterocyclen

Ringgröße	Stickstoff-haltige Ringe		Stickstoff-freie Ringe	
	maximal ungesättigt	gesättigt	maximal ungesättigt	gesättigt
3	-irin	-iridin/iran+)	-iren	-iran
4	-et	-etidin/etan+)	-et	-etan
5	-ol	-olidin	-ol	-olan
6	-in/-ixin+)	-ixan+)	-in	-an
7	-epin	-epan+)	-epin	-epan
8	-ocin	-	-ocin	-ocan

+) neue, zukünftige Bezeichnung

25.2 Heteroaliphaten

Heterocyclische Verbindungen mit fünf und mehr Ringatomen, die gesättigt sind oder isolierte Doppelbindungen enthalten, verhalten sich chemisch wie die analogen acyclischen Verbindungen. Dazu gehören cyclische Ether, Thioether, Acetale u.a. Kleinere Ringsysteme sind wegen der hohen Ringspannung reaktiver als größere.

Die den Heteroaromaten Pyrrol, Furan und Thiophen entsprechenden gesättigten Heteroaliphaten sind Pyrrolidin, Tetrahydrofuran und Tetrahydrothiophen. Sie können durch katalytische Hydrierung der Heteroaromaten gewonnen werden.

Anwendungsbeispiel für Heteroaliphaten

Zum Schutz von Alkohol-Gruppen z.B. bei Oxidationsreaktionen werden diese häufig verethert. Addiert man den Alkohol ROH an die Doppelbindung im 2,3-Dihydropyran, erhält man als Heteroaliphaten den sog. Tetrahydropyranyl-ether. Dieser läßt sich, da eigentlich ein Acetal, leicht wieder spalten (weitere Beispiele s. Tabelle 27):

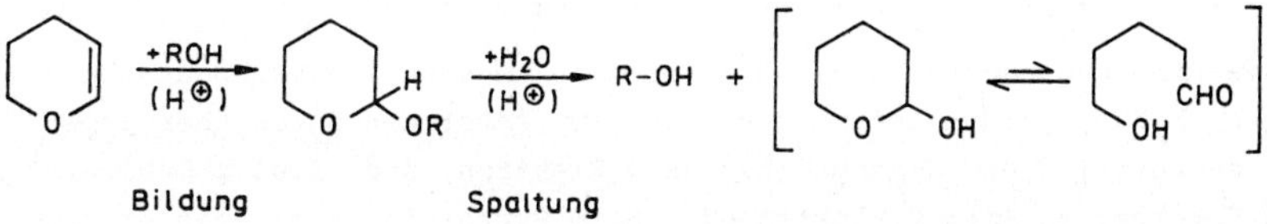

25.3 Heteroaromaten

3.15.2 Viele ungesättigte Heterocyclen können ein delokalisiertes π-Elektronensystem ausbilden. Falls für sie die Hückel-Regel gilt, werden sie als "Heteroaromaten" bezeichnet. Im Vergleich zum Benzol und verwandten Verbindungen sind ihre aromatischen Eigenschaften jedoch weniger stark ausgeprägt.

Fünfgliedrige Ringe

Struktur

Die elektronische Struktur der fünfgliedrigen Heteroaromaten unterscheidet sich in bezug auf die Elektronenkonfiguration der Heteroatome erheblich von der sechsgliedriger Heterocyclen.

Valenz-Strukturen von Pyrrol (analog Furan, Thiophen):

Pyrrol

analog ... Furan   analog ... Thiophen

MO-Modelle:

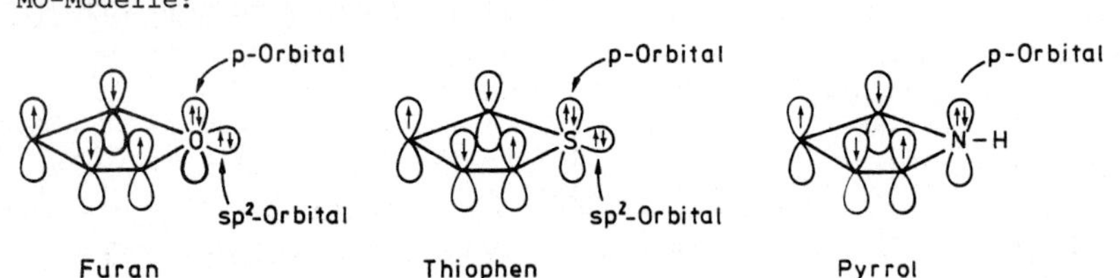

Abb. 31. Resonanzenergien: Furan 67 kJ• mol^{-1}, Pyrrol 88 kJ • mol^{-1}, Thiophen 122 kJ • mol^{-1}

Bindungsbeschreibung für Furan, Pyrrol und Thiophen

Jedes Ringatom benutzt drei sp^2-Orbitale, um ein planares pentagonales σ-Bindungsgerüst aufzubauen. Die π-MO entstehen durch Überlappen von p-Orbitalen der C-Atome (mit je 1 Elektron) und eines p-Orbitals des Heteroatoms (mit 2 Elektronen). Beim Pyrrol ist somit das einzige freie Elektronenpaar in das π-System einbezogen, beim Thiophen und Furan jeweils nur eines der beiden freien Elektronenpaare; das andere besetzt ein sp^2-Orbital, welches in der Ringebene liegt. Mit jeweils 6 π-Elektronen befolgen diese Ringsysteme somit die Hückel-Regel.

Die unterschiedliche Elektronegativität der Ringatome hat eine unsymmetrische Ladungsdichteverteilung zur Folge: π-Elektronenüberschuß im Ring, Unterschuß am Heteroatom ("π-reiches System").

Reaktivität

Die typische Reaktion der genannten drei Heterocyclen ist die elektrophile Substitution. In dieser Hinsicht sind sie allerdings erheblich reaktiver als Benzol, wobei sich etwa folgende Reihe angeben läßt:

Pyrrol > Furan > Thiophen >> Benzol.

Sie unterscheiden sich auch untereinander in ihren chemischen Eigenschaften und Reaktionen: Nur Furan bildet z.B. mit Maleinsäureanhydrid leicht ein Diels-Alder-Addukt.

Basizität

Thiophen hat praktisch keine basischen Eigenschaften und ist gegen Säuren stabil.

Pyrrol (pK_b ≈ 15) polymerisiert ebenso wie Furan in Gegenwart starker Säuren. Dabei wird zunächst ein Ring-C-Atom protoniert. Das so entstandene Kation hat keine aromatischen Eigenschaften mehr, es greift einen anderen Heterocyclus an und leitet damit die Polymerisation ein.

Pyrrol ist eine sehr schwache Base, weil es bei einer Protonierung sein π-Elektronensextett und damit seine Aromatizität verlieren würde. Fünfgliedrige Heterocyclen mit zwei Heteroatomen wie die 1,2-Azole und die 1,3-Azole sind demgegenüber stärkere Basen, da sie ein weiteres Ring-Stickstoffatom enthalten, dessen n-Elektronenpaar sich kaum an der Mesomerie beteiligt.

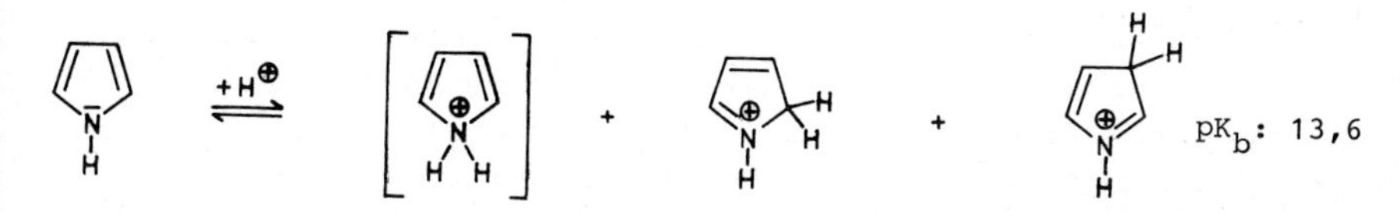

Pyrrol

hauptsächlich C-Protonierung und Polymerisation

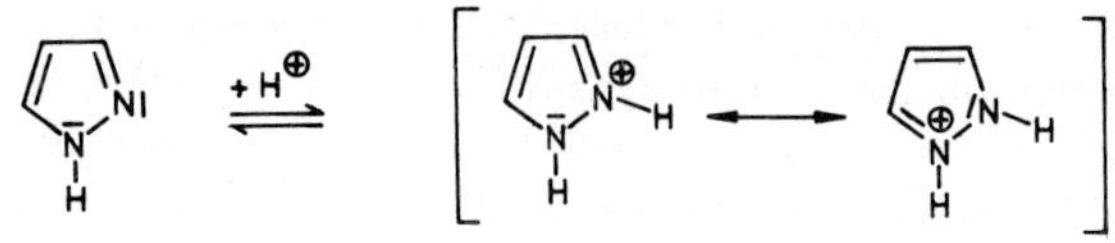

N-Protonierung, stabil

pK_b: 11,5

Pyrazol (1,2-Diazol)

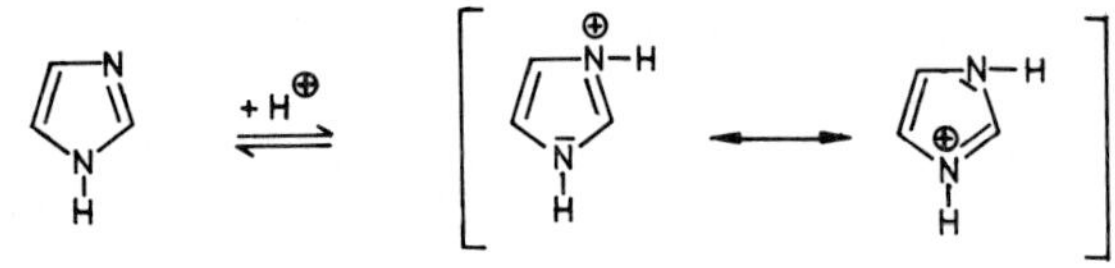

N-Protonierung, stabil
pK_b: 7,0, hoch, vermutlich wegen cyclischer Amidinstruktur mit optimaler Delokalisierung

Imidazol (1,3-Diazol)

Pyrrol, Pyrazol und Imidazol sind schwache Säuren entsprechend der Reaktion:

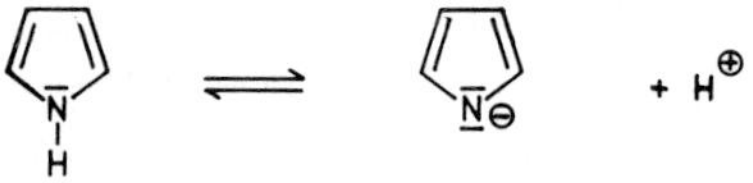

$+ H^{\oplus}$

Die Acidität des Pyrrol entspricht etwa der des Methanols. Ebenso wie dort kann das H-Atom - z.B. durch Reaktion mit Alkalimetallen - abgespalten werden, wobei z.B. K- oder Li-Salze erhalten werden:

Formelschema:

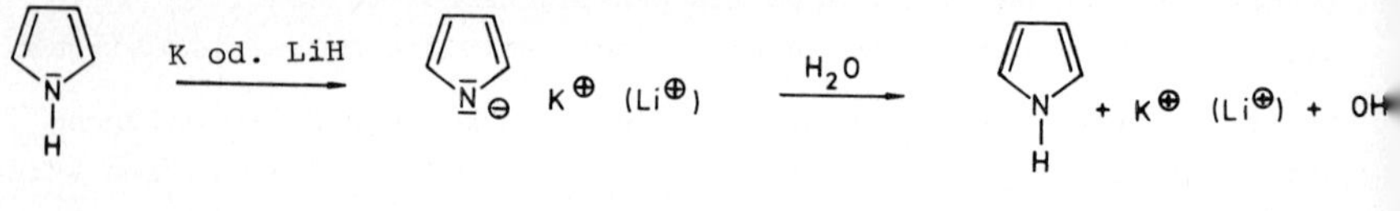

K od. LiH $\longrightarrow$ $K^{\oplus}$ $(Li^{\oplus})$ $\xrightarrow{H_2O}$ $+ K^{\oplus}$ $(Li^{\oplus})$ $+ OH^{\ominus}$

Elektrophile Substitution

Viele für aromatische Systeme charakteristische Reaktionen verlaufen bei diesen Heteroaromaten analog (Nitrierung, Sulfonierung, Halogenierung u.a.). Wegen der erhöhten Reaktivität und der Säureempfindlichkeit von Pyrrol und Furan sind schonende Methoden erforderlich. Die Substitution erfolgt normalerweise leichter in 2- (bzw. 5-)Stellung. Der Übergangszustand ist hierbei stärker stabilisiert als bei einer Reaktion in 3-Stellung, für die sich nur zwei Resonanzstrukturformeln schreiben lassen:

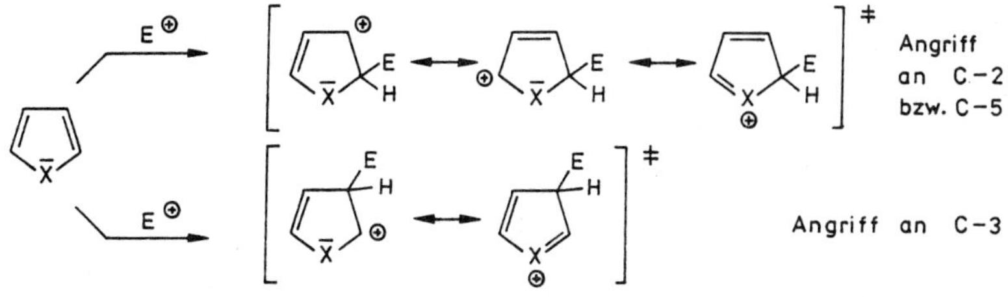

Abb. 31. Elektrophile Substitution bei Furan, Thiophen, Pyrrol

Beispiele:

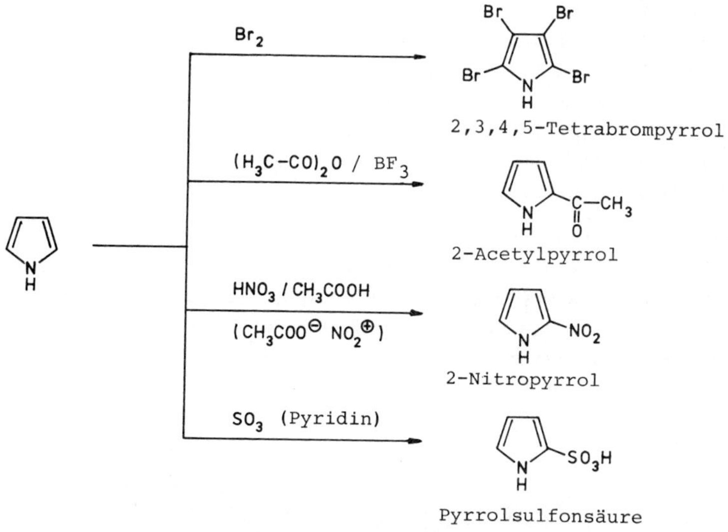

Sechsgliedrige Ringe

Struktur von Pyridin

Pyridin, Beispiel für einen sechsgliedrigen Heterocyclus, läßt sich durch folgende Resonanz-Strukturformeln beschreiben:

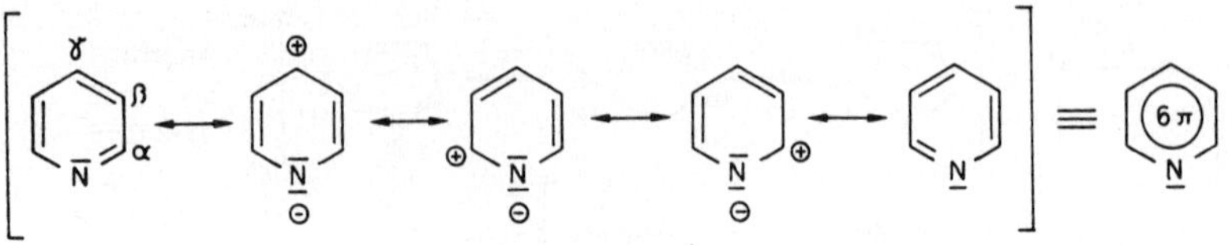

MO-Modell:

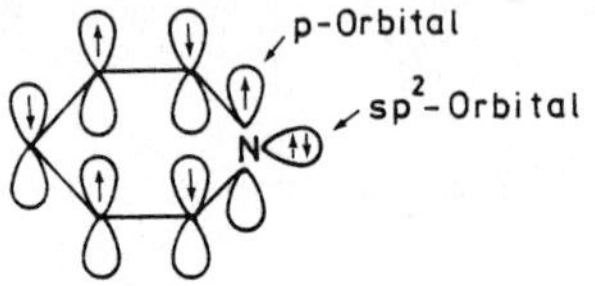

C–C: 139 pm
C–N: 137 pm
Resonanzenergie:
97 kJ · mol^{-1}

Jedes Ringatom benutzt drei sp^2-Orbitale, um ein planares, hexagonales σ-Gerüst zu bilden. Die π-MO entstehen durch Überlappen von p-Orbitalen. Das einsame Elektronenpaar am N-Atom befindet sich in einem sp^2-Orbital, das in der Ringebene liegt. Mit seinen 6 π-Elektronen entspricht das monocyclische System somit der Hückel-Regel. Im Gegensatz zum Pyrrol ist das einsame Elektronenpaar hier nicht am aromatischen Elektronensextett beteiligt. Pyridin ist daher eine Base (pK_b = 8,7) und bildet mit Säuren Pyridinium-Salze. Da es auch ein gutes Lösungsmittel ist, wird es oft als Hilfsbase verwendet (z.B. zum Abfangen von HCl).

Reaktivität von Pyridin

Infolge der größeren Elektronegativität von N gegenüber C ist der "π-arme" Pyridin-Ring gegenüber Elektrophilen desaktiviert, was durch eine Protonierung am N-Atom verstärkt werden kann. Elektrophile Substitutionen finden daher nur unter drastischen Bedingungen statt, und zwar in der am wenigsten desaktivierten 3-Stellung:

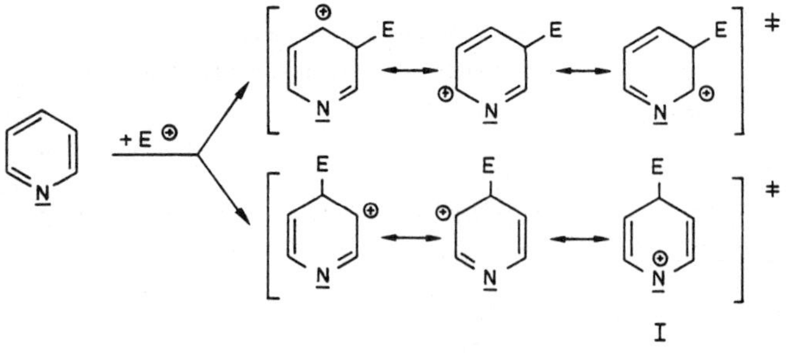

Angriff in 3-Stellung

Angriff in 4-Stellung

(analog 2-Stellung)

Bei Reaktionen in 2- bzw. 4-Stellung kann eine Grenzstruktur wie I formuliert werden, bei der das N-Atom ein Elektronensextett hat. Diese Struktur ist aber energetisch besonders ungünstig.

Relativ leicht möglich sind beim Pyridin *nucleophile Substitutionsreaktionen* in 2- und 4-Stellung.

Beispiel: Darstellung von 2-Aminopyridin nach *Tschitschibabin*

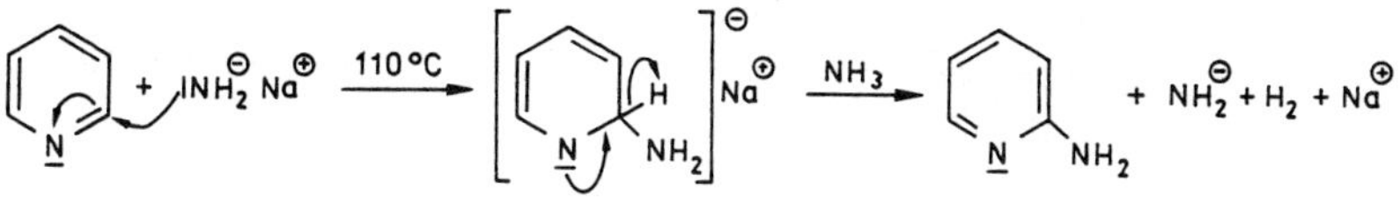

$+ \ |NH_2^{\ominus} Na^{\oplus} \xrightarrow{110\,°C} [\ldots]^{\ominus} Na^{\oplus} \xrightarrow{NH_3} \ldots + NH_2^{\ominus} + H_2 + Na^{\oplus}$

Resonanzstrukturen für diese nucleophile Substitution:

$+ \ |NH_2^{\ominus}$

besonders stabil

Angriff an C-2 (analog an C-4)

Angriff an C-3

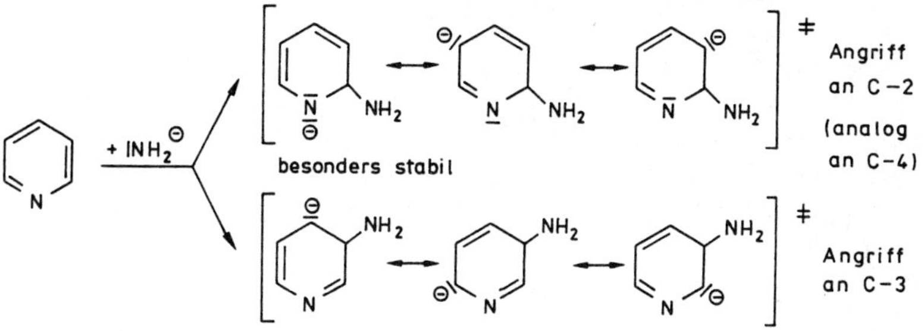

Im allgemeinen ist die 2-Position bevorzugt wegen der Nähe zum elektronenziehenden N-Atom.

Beispiele für Heteroaromaten s. Tabelle 28.

Tautomerie der Heteroaromaten

Mittels spektroskopischer Methoden sind bei Heteroaromaten häufig Tautomerie-Gleichgewichte nachweisbar.

Beispiel:

In 2-Oxo-4,5-dihydropyrazolen (5-Pyrazolonen) sind folgende Gleichgewichte möglich. Oft hängt vom Lösemittel ab, welche Form überwiegt.

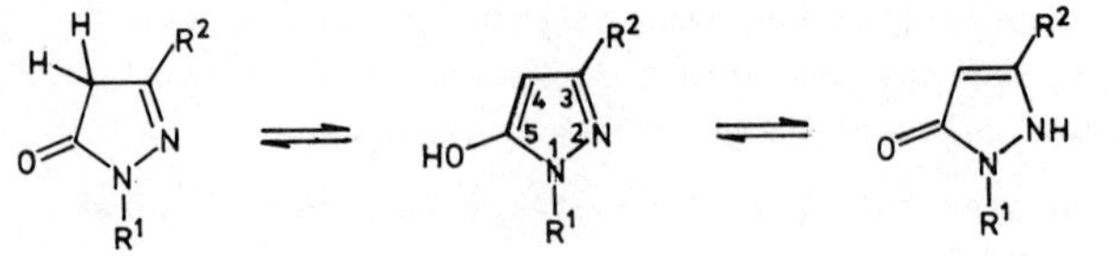

CH-Form
Oxo

OH-Form
Enol

NH-Form
Enon-Form

Entsprechend den Tautomerie-Gleichgewichten läßt sich ableiten, welche Derivate möglich sind.

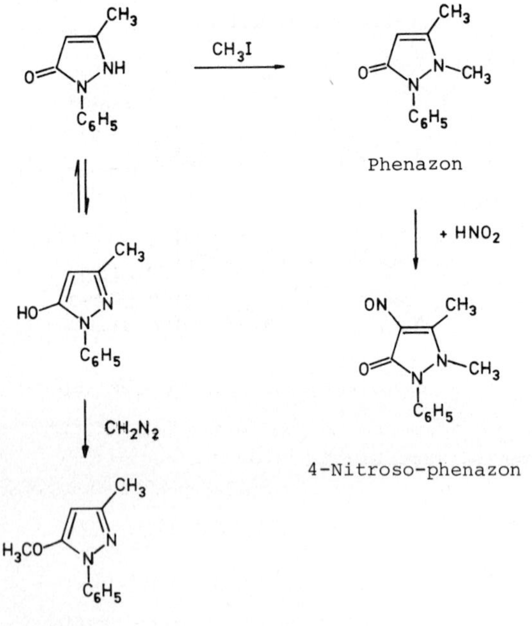

CH_3I

nucleophile Substitution (N-Methylierung mit Methyliodid)

Phenazon

$+ HNO_2$

CH_2N_2

elektrophile Substitution an der besonders aktivierten C-4-Stellung

4-Nitroso-phenazon

O-Methylierung mit Diazomethan

Auch die Barbitursäure kann tautomere Formen bilden. Die Acidität der Barbitursäure sinkt ab, wenn die Wasserstoffatome der Methylengruppe durch Alkylreste substituiert werden, da dadurch der die Acidität bestimmende Enolcharakter unterdrückt wird.

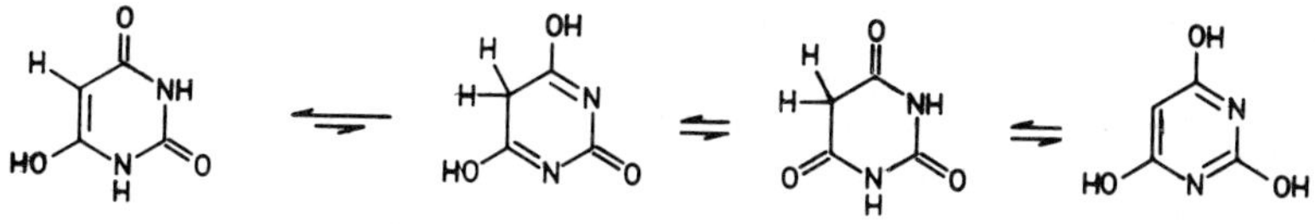

2,4-Dioxo-6-hydroxy-1,2,3,4-tetra-hydro-pyrimidin

2,4,6-Trihydroxy-pyrimidin

Mit $POCl_3$ erhält man 2,4,6-Trichlorpyrimidin, durch Nitrosierung die 5-Nitrosoverbindung (Violursäure), die zum 5-Amino-2,4,6-trihydroxypyrimidin (Uramil) reduziert werden kann. Diese Verbindungen sind tautomer. Hydroxypyrimidine liegen bevorzugt in der Lactam-Form vor, Aminopyrimidine in der Enaminform.

Darstellung von Heterocyclen als Beispiel für eine chemische Syntheseplanung

5.3 *Bei der Planung einer Synthese* geht man oft zuerst einmal von der Formel des gewünschten Produktes aus und zerlegt sie unter Zuhilfenahme bekannter Reaktionen rückschreitend in kleinere Einheiten. Erster Schritt ist dabei das Erkennen charakteristischer Strukturmerkmale im Produkt.

Betrachtet man z.B. die Kekulé-Formeln von Stickstoff-Heterocyclen, so findet man, daß sie die Strukturelemente von Iminen bzw. Enaminen enthalten. Für die Synthese bedeutet das: Einfache N-Heterocyclen können oft dadurch dargestellt werden, daß man eine Carbonyl-Verbindung mit einem Amin unter Wasserabspaltung reagieren läßt.

Beispiel: Pyrimidin

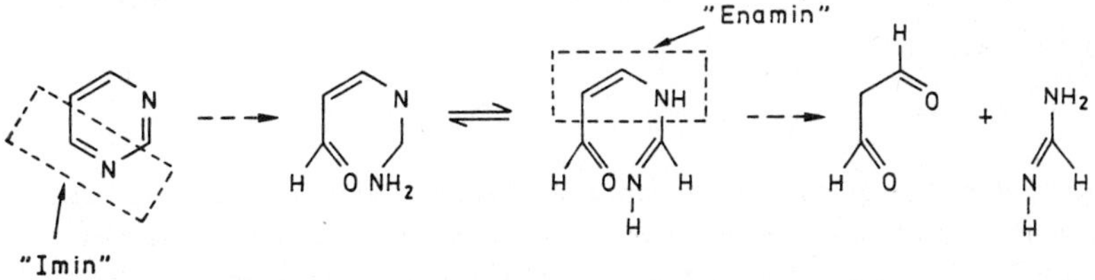

"Enamin"

"Imin"

Pyrimidin

Eine allgemeine Synthese für Pyrimidine ist demnach die Kombination eines Amidins mit einer 1,3-Dicarbonyl-Verbindung. Amidine erhält man durch eine Substitutionsreaktion von Aminen mit Imidoestern und diese aus Nitrilen und Alkoholen:

$$R{-}C{\equiv}N + R'OH \xrightarrow{+\,HCl} \left[R{-}C{\overset{OR'}{\underset{\oplus NH_2}{\diagup\!\!\diagdown}}}\right] Cl^{\ominus} \xrightarrow[-\,HCl]{Base} R{-}C{\overset{OR'}{\underset{NH}{\diagup\!\!\diagdown}}} \xrightarrow{+\,NH_2R^2} R{-}C{\overset{NHR^2}{\underset{NH}{\diagup\!\!\diagdown}}}$$

Imidoester Amidin

Aus diesen Betrachtungen lassen sich zwei Regeln ableiten:

① Die Struktureinheit $>C{=}\bar{N}{-}$ im Produkt wird ersetzt durch $>C{=}O + H_2\bar{N}{-}$.

② Die Struktureinheit im Produkt: wird ersetzt durch:

$$R(R^1)C{=}C(R^2){-}\bar{N}< \longrightarrow R(R^1)CH{-}C(R^2){=}O + H{-}\bar{N}<$$

Es werden also, ohne Rücksicht auf die praktische Durchführbarkeit, die Bildungsreaktionen von Iminen und Enaminen umgekehrt.

Bei der Anwendung dieses Prinzips ist es manchmal erforderlich, die so erhaltenen Edukte auf ihre Brauchbarkeit für die angestrebte Synthese zu prüfen.

Beispiel: Imidazol

"Enamin" "Imin"

$$\text{Imidazol} \dashrightarrow H_2C(CHO){-}N{=}C(R){-}NH_2 \dashrightarrow H{-}CO{-}CH_2{-}NH_2 + R{-}CO{-}NH_2$$

Imidazol

Obgleich die angegebene Zerlegung des Moleküls durchaus sinnvoll ist, sollte berücksichtigt werden, daß die Reaktion eines α-Aminoketons mit einem Amid schlechte Ausbeuten liefern kann. Zum einen sind Amide wenig reaktiv, zum anderen dimerisieren α-Aminocarbonyl-Verbindungen leicht unter Wasserabspaltung zu 2,5-Dihydro-1,4-diazinen.

Alternative Zerlegung:

Imin

Tautomerie

Imin

$$\text{Imidazol} \rightleftharpoons \text{Tautomer} \dashrightarrow \text{R-CO-CO-R} + (H_2N)_2CHR' \dashrightarrow \text{R-CO-CO-R} + 2\,NH_3 + R'CHO$$

Ein besserer Weg zu substituierten Imidazolen ist daher die Umsetzung von Ammoniak, einem α-Diketon und einem Aldehyd (vgl. die Pyridin-Synthese, Kap. 25.7).

Synthesen von Heterocyclen über Dicarbonyl-Verbindungen

Die vorstehenden Beispiele haben gezeigt, daß Dicarbonyl-Verbindungen reaktive und vielseitig anwendbare Ausgangssubstanzen für Heterocyclen sind.

① *1,2-Dicarbonyl-Verbindungen* dienen z.B. zur Darstellung von Imidazolen (s.o.) und Chinoxalinen:

$$\text{R-C(=O)-C(=O)-R} + \text{o-}C_6H_4(NH_2)_2 \longrightarrow \text{Chinoxalin}$$

Chinoxaline

② *1,3-Dicarbonyl-Verbindungen* können zur Herstellung von Pyrazolen (über Hydrazone), Isoxazolen (über Oxime), Pyrimidinen (s.o.), Pyrimidonen u.a. verwendet werden:

$$\text{Isoxazol} \xleftarrow[\text{HCl},\,\Delta]{H_2NOH} \text{R-CO-}CH_2\text{-CO-R} \xrightarrow[(NaOH)]{R'NH-NH_2} \text{Pyrazol}$$

$$\text{R-CO-}CH_2\text{-CO-R} + H_2N-C(=O)-NH_2 \longrightarrow \text{Pyrimidon}$$

Isoxazole

Pyrazole

Pyrimidone

Pyridin entsteht z.B. aus NH_3 und 2-Pentendial (Glutacondialdehyd):

$-H_2O$; $+NH_3$, $-H_2O$

H O N H_2 ; H O HN ; H O O H ; H O HO H

Imin

Imin

③ *1,4-Dicarbonyl-Verbindungen* verwendet man bei der Synthese nach Paal-Knorr zur Darstellung fünfgliedriger Heterocyclen:

H_2C-CH_2, R–C(=O) … C(=O)–R

P_4S_{10}, Δ → Thiophen (R, S, R)

P_4O_{10}, Δ oder H_2SO_4 → Furan (R, O, R)

NH_3, Δ → Pyrrol (R, N–H, R)

Thiophen

Furan

Pyrrol

④ *1,5-Dicarbonyl-Verbindungen* und Hydroxylamin liefern unter Wasserabspaltung Pyridine:

R–C(=O) … C(=O)–R $\xrightarrow{NH_2OH}$ HO, R, NH–OH, C(=O)–R → HO, R, N–OH, OH, R $\xrightarrow{-3H_2O}$ R, N, R

Weitere Synthesen für heterocyclische Fünfringe

Neben Dicarbonyl-Verbindungen werden auch Verbindungen wie Lactone oder Aldehyde/Ketone verwendet.

① Das als Extraktionsmittel wichtige N-Methylpyrrolidon entsteht beim Erhitzen von γ-Butyrolacton mit Methylamin:

O, =O $\xrightarrow[-H_2O]{CH_3-NH_2,\ \Delta}$ N–CH_3, =O

N-Methylpyrrolidon

② Thiazole nach Hantzsch

Beim Entwurf eines Syntheseplans verfährt man zunächst wie bei den N-Heterocyclen:

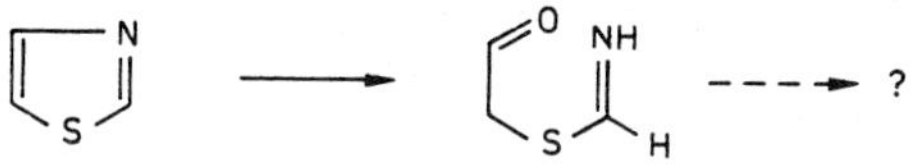

In einem der nächsten Schritte wird es dann notwendig sein, eine C—S-Bindung zu knüpfen. Hierzu verwendet man am besten die aus Kap. 9.4.2 bekannte S_N2-Substitution von Schwefel-Nucleophilen an Halogen-Verbindungen. Berücksichtigt man noch, daß Halogen-Atome in α-Stellung zu einer Carbonyl-Gruppe besonders reaktiv sind (vgl. Kap. 20.8), so ergibt sich folgender Syntheseweg für Thiazole aus Brom-Acetaldehyd und Thioformamid:

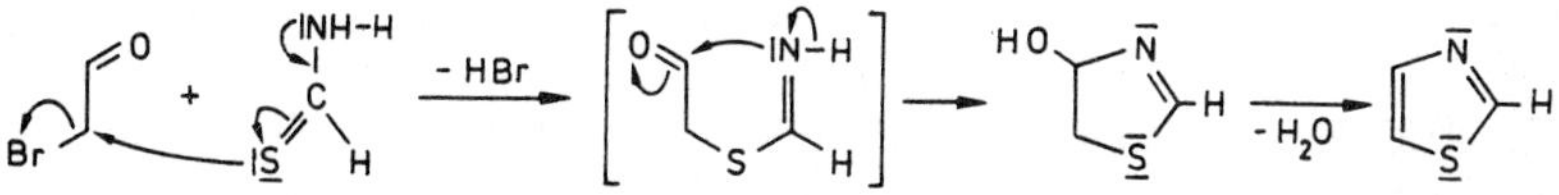

③ Isoxazole und andere pentagonale Heterocyclen können auch in einer *1,3-Dipolaren Cycloaddition* hergestellt werden. Es handelt sich um eine zur Diels-Alder-Reaktion analoge Reaktion eines 1,3-Dipols vom Typ $^{\oplus}$A—B—Y|$^{\ominus}$ an ein Alkin.

Beispiel:

① Nitriloxid (R—$\overset{\oplus}{C}$=N̄—Ō|$^{\ominus}$ ⟷ R—C≡$\overset{\oplus}{N}$—Ō|$^{\ominus}$) + Alkin ⟶ Isoxazol

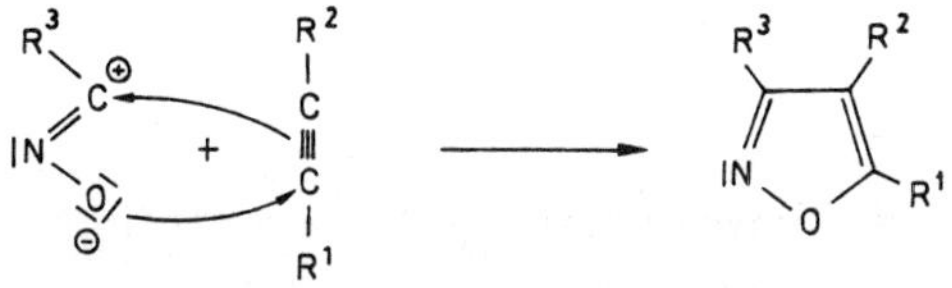

② Diazoalkan (R_3-$\overset{\ominus}{\bar{C}}$H-N̄=N|$^{\oplus}$) + Alkin ⟶ Pyrazol

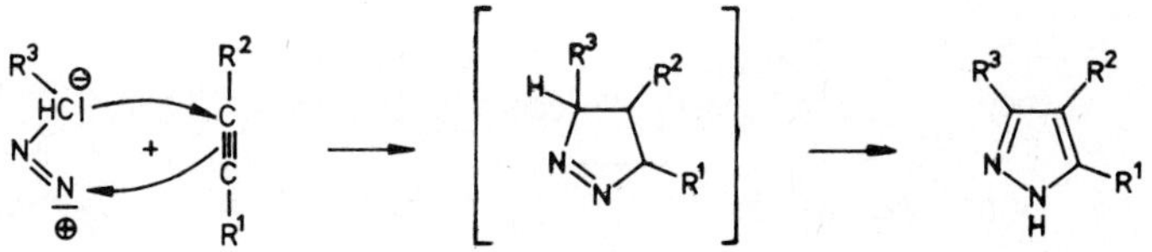

(3) Azid ($R_3-\overset{\ominus}{\underline{N}}-N=N|^{\oplus}$) + Alkin ⟶ 1,2,3-Triazol

(4) Azid ($R_2-\overset{\ominus}{\underline{N}}-N=N|^{\oplus}$) + Nitril ($R_1-C\equiv N$) ⟶ Tetrazol

1,3-Dipolare Cycloadditionen sind stereoselektive syn-Additionen. Als Dipole verwendet man u.a. Azide, Diazoalkane, Nitriloxide, als Dipolarophile Alkene, Alkine, Carbonyl-Verbindungen u.a.

Synthesen von sechsgliedrigen Heterocyclen

Hierfür seien drei Beispiele ausgewählt: Pyridine, Chinoline und Indole.

(1) Pyridine nach Hantzsch (vgl. Imidazol-Synthese, Kap. 25.4).

Die Verbindungen werden aus Aldehyden, β-Ketoestern und Ammoniak erhalten. Die ersten Schritte bei der Synthese sind:

- eine Knoevenagel-Kondensation des Aldehyds mit dem β-Ketoester:

$$CH_3CHO + H_3C-C(=O)-CH_2-COOCH_3 \xrightarrow{-H_2O} (H_3C)(H)C=C(COOCH_3)(C(=O)-CH_3) \quad \text{I}$$

Acetaldehyd — Acetessigester

- Bildung eines Enamins aus NH_3 und dem β-Ketoester:

$$NH_3 + H_3C-C(=O)-CH_2-COOCH_3 \xrightarrow{-H_2O} H_3C-C(NH_2)=CHCOOCH_3 \quad \text{II}$$

Enamin II setzt sich dann in einer Michael-Reaktion mit dem Kondensationsprodukt I zu III um:

$$\text{II} + \text{I} \longrightarrow \text{III}$$

H₃COOC, CH₃, COOCH₃, H₃C, NH₂, O, CH₃ (II + I) ⟶ Zwischenprodukt ⇌ III

Der Ringschluß erfolgt durch Reaktion der Amino-Gruppe mit der Carbonyl-Gruppe. Der entstandene Dihydro-pyridindiester wird durch Oxidation aromatisiert; die Ester-Gruppen werden nach der Hydrolyse decarboxyliert (vgl. die NADH/NAD-Umwandlung, Kap. 34).

H_3COOC ... $COOCH_3$ $\xrightarrow{-H_2O}$ H_3COOC ... $COOCH_3$ $\xrightarrow{HNO_3}$ H_3COOC ... $COOCH_3$

Dihydropyridinester

1) KOH 2) CaO, Δ

2,4,6-Trimethylpyridin
(sym.-Collidin)

② Chinoline

Die Synthese nach *Friedländer* verwendet o-Amino-benzaldehyde und Aldehyde bzw. Ketone. Im ersten Schritt bildet sich wahrscheinlich ein Enamin, aus dem durch basen-katalysierte Aldol-Kondensation das gewünschte Chinolin erhalten wird.

CHO, NH_2 + $H_3C-\overset{O}{\overset{\|}{C}}-CH_3$ ⇌ ... $\xrightarrow{-H_2O}$ ... N CH_3

2-Methyl-chinolin
(Chinaldin)

Bei der Synthese nach *Skraup* reagiert ein (substituiertes) Anilin mit Glycerin unter Zugabe von konz. Schwefelsäure zu einem Dihydrochinolin, das mit As_2O_5 zum Chinolin oxidiert wird. Im ersten Schritt bildet sich aus Glycerin Acrolein (säure-katalysierte Dehydratisierung), das dann in einer Michael-Reaktion mit Anilin reagiert. Der Ringschluß folgt durch elektrophile Substitution am Aromaten mittels der protonierten Aldehyd-Gruppe. Nach erfolgter Dehydratisierung wird zum Chinolin oxidiert.

Anilin Acrolein

1,2-Dihydrochinolin

Ox. Chinolin

③ Indole

Bei der vielseitig anwendbaren Indol-Synthese nach Fischer wird aus Phenylhydrazin und einem 2-Alkanon zunächst ein Phenylhydrazon hergestellt. Diese tautomere Form lagert sich in einer sigmatropen Reaktion (Diaza-Cope-Umlagerung) unter Wasserstoff-Verschiebung um in ein Dienonimin(β-o-Diaminostyrol). Unter intramolekularer NH_3-Abspaltung wird der Indol-Ring geschlossen.

Phenyl-hydrazin 2-Alkanon Phenylhydrazon mit tautomerer Form

Umlagerungs-produkt Rearomati-sierung

Tabelle 27. Beispiele für Heteroaliphaten

Systemat. Name	andere Bezeichnung	Formel	Vorkommen, Verwendung
Oxiran	Ethylenoxid	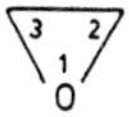	techn. Zwischenprodukt
Thiiran	Ethylensulfid		→ Arzneimittel, Biozide
Aziridin	Ethylenimin		→ Arzneimittel
Oxolan	Tetrahydrofuran		Lösungsmittel
Thiolan	Tetrahydrothiophen		im Biotin; Odorierungsmittel für Erdgas
Azolidin	Pyrrolidin	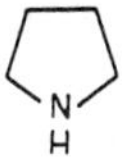	starke Base, $pK_b \approx 3$
Thiazolidin		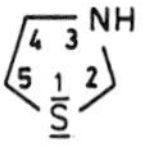	in Penicillinen
1,3-Diazolidin	Imidazolidin	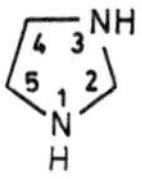	im Biotin
Hexahydropyridin	Piperidin	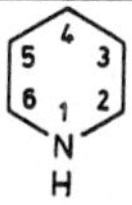	in Alkaloiden $K_b = 2 \cdot 10^{-3}$
1,4-Dioxan		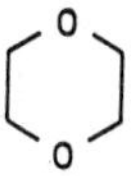	Lösungsmittel
Hexahydropyrazin	Piperazin	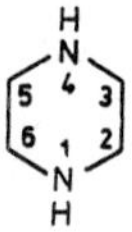	→ Arzneimittel
Tetrahydro-1,4-oxazin	Morpholin		Lösungsmittel; N-Formyl-morpholin als Extraktionsmittel

Tabelle 28. Beispiele für Heteroaromaten

Die Heterocyclen in Tabelle 28 werden aus didaktischen Gründen mit Valenzstrichformeln geschrieben. Tautomere Formen werden nicht berücksichtigt. Angegeben ist meist der Trivialname.

Name	Formel	Vorkommen, Derivate, Verwendung
Furfural	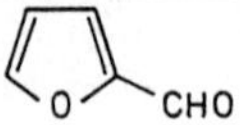	Lösungsmittel, → Farbstoffe, → Polymere
Pyrrol	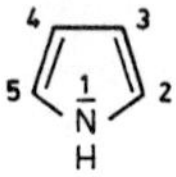	Porphin-Gerüst (Hämoglobin, Chlorophyll), Cytochrome, Bilirubinoide
Indol	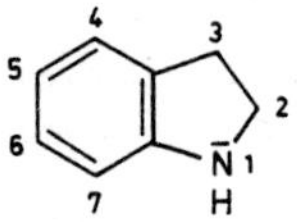	Indoxyl (3-Hydroxyindol) → Indigo, Tryptophan (Indolyl-Alanin), Serotonin, Skatol (3-Methylindol), in Alkaloiden
Pyrazol	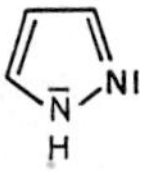	Arzneimittel
Imidazol	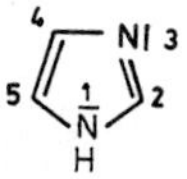	im Histidin (Imidazol-4-yl-alanin), als Dimethyl-benzimidazol im Vit. B_{12}, im Histamin
Thiazol	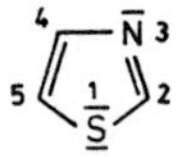	in Aneurin (Vit. B_1), eine Cocarboxylase
Nicotinsäure	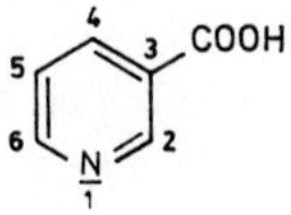	Vitamin-B-Gruppe, NAD, NADP, Pyridoxin (Vit. B_6), Nicotin
Chinolin	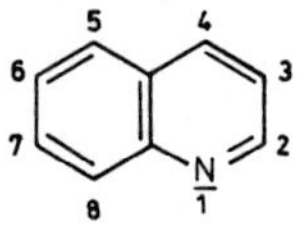	Alkaloide wie Chinin aus dem Chinabaum
Isochinolin	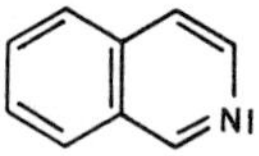	Opium-Alkaloide wie Morphin, Codein
4H-Chromen	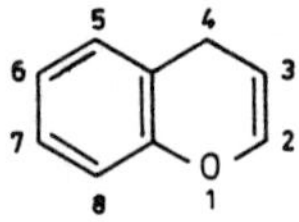	Stammverbindung der Anthocyane (4H bedeutet: C-4-Atom ist gesättigt)
Pyrimidin	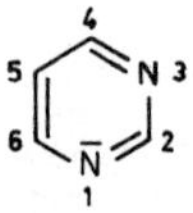	Aneurin (Vit. B_1), Barbitursäure, Uracil, Thymin, Cytosin (RNA bzw. DNA)

Tabelle 28 (Fortsetzung)

Name	Formel	Vorkommen, Derivate, Verwendung
Purin	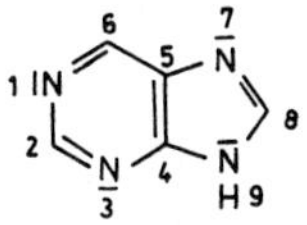 [Strukturformel Purin, Positionen 1–9]	Harnsäure, Adenin, Guanin, Xanthin (2,6-Dihydroxy-purin), Coffein (1,3,7-Trimethyl-xanthin), Theobromin (3,7-Dimethyl-xanthin), Theophyllin (1,3-Dimethyl-xanthin)
Pteridin	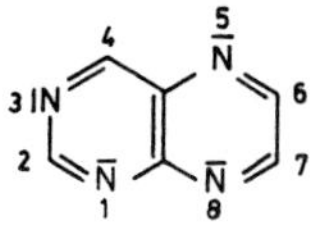 [Strukturformel Pteridin, Positionen 1–8]	Flügelpigmente von Schmetterlingen, Folsäure (Vit.-B-Gruppe), Lactoflavin (Riboflavin, Vit. B_2)
1,3,5-Triazin	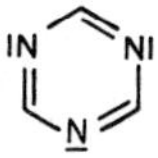 [Strukturformel 1,3,5-Triazin]	Cyanurchlorid, Cyanursäure, Melamin

26 Kunststoffe – Grundzüge der Polymerchemie

Kunststoffe sind voll- oder halbsynthetisch hergestellte Makromoleküle. In den organischen Kunststoffen sind die C-Atome untereinander und mit anderen Atomen wie H, O, N und Cl verknüpft. Besteht das Rückgrat der Kette aus gleichen Atomen, spricht man von einer Isokette (z.B. –C–C–C–C–C–), sind auch andere Atome vorhanden, von einer Heterokette (z. B. –C–O–C–O–C–).

26.1 Darstellung

3.18.2 Bei der Synthese der Makromoleküle geht man von niedermolekularen Verbindungen aus. *Die Monomeren werden in Polyreaktionen zu Makromolekülen, den Polymeren, verknüpft.* Diese sind somit aus vielen Grundbausteinen (Monomer-Einheiten) aufgebaut. Die kleinste sich ständig wiederholende Einheit nennt man Strukturelement. Makromoleküle aus dem gleichen Grundbaustein heißen Homopolymere (Unipolymere), solche aus verschiedenen Arten von Grundbausteinen Copolymere.

Beispiel: Polyethylen ist ein Homopolymer mit einer Isokette, Monomer: $CH_2{=}CH_2$, Grundbaustein: $-CH_2-CH_2-$, Strukturelement: $-CH_2-$, Polymer: $\left(CH_2\right)_n$.

Reaktionstypen

Polyreaktionen können bei Berücksichtigung der Kinetik in zwei Reaktionstypen eingeteilt werden: ① Kettenreaktionen und ② schrittweise verlaufende Reaktionen.

① Bei Kettenreaktionen werden Monomere an eine wachsende, aktivierte Kette $M_n^{\ddagger}$ angelagert:

$$M_n^{\ddagger} + M \longrightarrow M_{n+1}^{\ddagger}$$

Zu diesen Kettenwachstumsreaktionen gehören die Polymerisationen.

(2) Beim zweiten Reaktionstyp erfolgt der Aufbau des Polymeren stufenweise: Erst bildet sich ein Dimeres, dann ein Trimeres usw. Hier führt also jeder Schritt zu einem stabilen Produkt, was nicht ausschließt, daß gebildete kurzkettige Polymere ebenfalls schrittweise miteinander reagieren. Zu diesen Stufenwachstumsreaktionen gehören Poly-additionen und -kondensationen.

Bei den nachfolgend angegebenen Reaktionen beachte man, daß die meisten Polymere noch reaktive Endgruppen enthalten, die hier nicht angegeben sind. Die Produktformeln enthalten also nur die Strukturelemente.

Polymerisation

Durch Verknüpfen von gleich- oder verschiedenartigen Monomeren entstehen polymere Verbindungen ohne Austritt irgendwelcher Moleküle. Die Auslösung von Polymerisationen kann radikalisch, elektrophil, nucleophil oder durch Polyinsertion erfolgen.

Übersichtsschema:

$$R\cdot + \overbrace{>C{=}C<}^{1} \longrightarrow R-\overbrace{C-C}^{1}\cdot \xrightarrow{\overbrace{>C{=}C<}^{2}} R-\overbrace{C-C}^{1}-\overbrace{C-C}^{2}\cdot \xrightarrow{>C{=}C<} \ldots$$

a) Radikalische Polymerisation

$$Z^{\oplus} + >C{=}C< \longrightarrow Z-C-C^{\oplus} \xrightarrow{>C{=}C<} Z-C-C-C-C^{\oplus} \xrightarrow{>C{=}C<} \ldots$$

b) Kationische Polymerisation

$$A|^{\ominus} + >C{=}C< \longrightarrow A-C-C|^{\ominus} \xrightarrow{>C{=}C<} A-C-C-C-C|^{\ominus} \xrightarrow{>C{=}C<} \ldots$$

c) Anionische Polymerisation

$$(M) + \overbrace{>C{=}C<}^{1} \longrightarrow -\overbrace{C-C}^{1}- \;(\text{an } (M)) \xrightarrow{\overbrace{>C{=}C<}^{2}} -\overbrace{C-C}^{2}-\overbrace{C-C}^{1}- \;(\text{an } (M)) \xrightarrow{>C{=}C<} \ldots$$

d) Polymerisation mit Ziegler-Katalysator (M) (Polyinsertion)

Radikalische Polymerisation

$$R'\cdot + CH_2{=}\underset{R}{\underset{|}{CH}} \longrightarrow R'-CH_2-\underset{R}{\underset{|}{\dot{C}H}} \qquad \text{Start}$$

$$R'-CH_2-\underset{R}{\underset{|}{\dot{C}H}} + n\,CH_2{=}\underset{R}{\underset{|}{CH}} \longrightarrow R'-CH_2-\underset{R}{\underset{|}{CH}}\left[CH_2-\underset{R}{\underset{|}{CH}}\right]_{n-1}CH_2-\underset{R}{\underset{|}{\dot{C}H}} \qquad \text{Kettenwachstum}$$

Dieser Reaktionstyp ist der häufigste. Die Reaktion wird durch Initiatoren ($h \cdot \nu$, Wärme, Starter) eingeleitet.

Beispiele: halogenierte Vinyl-Verbindungen, Vinylester, Ethen, Acrylnitril, Styrol (techn.)

$$n \cdot CH_2{=}CH{-}Cl \longrightarrow \left[CH_2-\underset{Cl}{\underset{|}{CH}}-CH_2-\underset{Cl}{\underset{|}{CH}}\right]_n \qquad \text{Polyvinylchlorid (PVC)}$$

Vinylchlorid

Elektrophile (kationische) Polymerisation

$$H_2C{=}\underset{R'}{\underset{|}{CH}} \xrightarrow{+H^{\oplus}[BF_3OH]^{\ominus}} \left[H-CH_2-\underset{R'}{\underset{|}{\overset{\oplus}{C}H}}\right] \left[F_3BOH\right]^{\ominus} \qquad \text{Ionenbildung}$$

$$H_3C-\underset{R'}{\underset{|}{\overset{\oplus}{C}H}} + n\,H_2C{=}\underset{R'}{\underset{|}{CH}} \longrightarrow H_3C-\underset{R'}{\underset{|}{CH}}\left[CH_2-\underset{R'}{\underset{|}{CH}}\right]_{n-1}CH_2-\underset{R'}{\underset{|}{\overset{\oplus}{C}H}} \qquad \text{Kettenwachstum}$$

Als Initiatoren dienen Lewis-Säuren in Gegenwart von Wasser oder Alkoholen. Der Kettenabbruch kann durch Abspaltung von $H^{\oplus}$ oder Kombination mit einem Gegen-Ion erfolgen.

Beispiele: Isobuten, Alkyl-vinyl-ether.

Nucleophile (anionische) Polymerisation

$$H_2C{=}\underset{R'}{\underset{|}{CH}} \xrightarrow{+Na^{\oplus}NH_2^{\ominus}} \left[H_2N-CH_2-\underset{R'}{\underset{|}{\overset{\ominus}{\overline{C}}H}}\right] Na^{\oplus} \qquad \text{Ionenbildung}$$

$$H_2N-CH_2-\underset{R'}{\underset{|}{\overset{\ominus}{\overline{C}}H}} + n\,H_2C{=}\underset{R'}{\underset{|}{CH}} \longrightarrow H_2N-CH_2-\underset{R'}{\underset{|}{CH}}\left[CH_2-\underset{R'}{\underset{|}{CH}}\right]_{n-1}CH_2-\underset{R'}{\underset{|}{\overset{\ominus}{\overline{C}}H}} \qquad \text{Kettenwachstum}$$

Als Initiator fungieren Alkoholate, Alkalimetalle, Grignard-Verbindungen usw. Metallische Starter können auch Radikal-Anionen bilden, z.B. aus Styrol $[C_6H_5-\dot{C}H-\overline{C}H_2^{\ominus} \longleftrightarrow C_6H_5-{}^{\ominus}\overline{C}H-\dot{C}H_2]$, die zu Di-Anionen wie $C_6H_5-\overline{C}H^{\ominus}-CH_2-CH_2-\overline{C}H^{\ominus}-C_6H_5$ dimerisieren können. Einige Anionen überdauern bei tiefer Temperatur längere Zeit ("lebende Polymere"). Ihre Verwendung erlaubt eine gute Steuerung der Molekülmassen-Verteilung und eine Copolymer-Struktur des Produkts. Der Kettenabbruch kann z.B. auch durch die Aufnahme von $H^{\oplus}$ erfolgen.

Beispiele: Butadien, Acrylnitril-Derivate.

Polyinsertion (Koordinative Polymerisation)

Die Bildung von Polymeren in einer stereospezifischen Reaktion wird durch die Verwendung sog. Koordinationskatalysatoren ermöglicht. Dabei handelt es sich um metallorganische Mischkatalysatoren (Ziegler-Natta-Katalysatoren). Sie bestehen aus einer Übergangsmetall-Verbindung der IV. bis VIII. Nebengruppe, kombiniert mit einem Metallalkyl der I. bis III. Hauptgruppe. Bekanntestes Beispiel ist $TiCl_4/Al(C_2H_5)_3$.

Beispiele: Polyethylen, Polypropylen, Polyisopren und Polybutadien.

Vermutlicher Mechanismus:

$$\text{R-Ti} \xrightarrow{+H_2C=CH_2} \text{R-Ti} \leftarrow \begin{matrix} CH_2 \\ \| \\ CH_2 \end{matrix} \longrightarrow \left[\begin{matrix} R \cdots CH_2 \\ \vdots \quad \vdots \\ Ti \cdots CH_2 \end{matrix} \right] \longrightarrow -Ti-CH_2-CH_2-R \xrightarrow{+H_2C=CH_2} \text{usw.}$$

Der Katalysator bildet zunächst einen Komplex mit einem Alkyl-Rest R unter Ausbildung einer C–Ti–σ-Bindung. Dann wird z.B. ein Ethen-Molekül koordinativ gebunden und in die Ti–R-Bindung eingeschoben (Insertion). Die entstehende freie Koordinationsstelle kann erneut besetzt werden usw. Der Kettenabbruch geschieht thermisch oder mit H_2:

$$-Ti-CH_2-CH_2-R' \begin{cases} \xrightarrow{\Delta} -Ti-H + H_2C=CH-R' \\ \xrightarrow{+H_2} -Ti-H + H_3C-CH_2-R' \end{cases} \quad \text{Kettenabbruch}$$

Polykondensation

Polymere Verbindungen bilden sich auch durch Vereinigung von niedermolekularen Stoffen unter Austritt von Spaltstücken (oft Wasser).

Beispiel:

$$n\ H_2N{-}(CH_2)_6{-}NH_2 + n\ HOOC{-}(CH_2)_4{-}COOH \xrightarrow{-2n\ H_2O} {+}NH{-}CO{-}(CH_2)_4{-}CO{-}NH{-}(CH_2)_6{-}NH{-}CO{+}_n$$

Hexamethylen-diamin + Adipinsäure ⟶ Polyamid-6,6[Nylon]

$$n\ H_3CO{-}\underset{\underset{O}{\|}}{C}{-}C_6H_4{-}\underset{\underset{O}{\|}}{C}{-}OCH_3 + n\ HOCH_2CH_2OH \xrightarrow{-2n\ CH_3OH} \left[{-}\underset{\underset{O}{\|}}{C}{-}C_6H_4{-}\underset{\underset{O}{\|}}{C}{-}OCH_2CH_2{-}O{-}\right]_n$$

Terephthalsäure-dimethylester + Ethylenglykol ⟶ Polyester [Diolen]

Einige Polykondensationen können reversibel sein, z.B. die Polyamid- oder Polyester-Bildung, da Kondensationsprodukte (z.B. Wasser) die gebildete Kette wieder abbauen können.

Eine irreversible Polykondensation ist z.B. die Herstellung von Phenol-Formaldehyd-Harzen.

Polyaddition

Höhermolekulare Stoffe entstehen auch durch die Verknüpfung verschiedenartiger niedermolekularer Stoffe durch Additionsreaktionen.

Beispiel:

$$n\ HO{-}R{-}OH + n\ O{=}C{=}N{-}R'{-}N{=}C{=}O \longrightarrow {+}O{-}R{-}O{-}CO{-}NH{-}R'{-}NH{-}CO{+}_n$$

Alkohol Isocyanat Polyurethan [Moltopren]

Bei den Polyaddukten sind vor allem die reaktiven Endgruppen (z.B. die Isocyanat-Gruppen) von Bedeutung, die Folgereaktionen zugänglich sind.

Metathese-Reaktion

Hierbei handelt es sich um einen bimolekularen Prozeß, der sich als Bindungstausch zwischen chemisch ähnlichen, miteinander reagierenden Molekülen beschreiben läßt. Die Bindungsverhältnisse in den Reaktanden und Produkten sind identisch oder einander sehr ähnlich.

Schema:

$$\begin{matrix} RCH{=}CHR \\ + \\ R'CH{=}CHR' \end{matrix} \xrightarrow{\text{Kat.}} \begin{matrix} RCH \\ \| \\ R'CH \end{matrix} + \begin{matrix} RCH \\ \| \\ R'CH \end{matrix}$$

Geht man von kleinen, ringförmigen Molekülen wie Cycloocten aus, so erhält man durch Reaktion an einem Wolfram-Katalysator große ungesättigte Makrocycle, die sog. Polyalken-amere. Bei Zusatz von offenkettigen Alkenen entstehen offene Polyalken-Ketten, die Ausgangsprodukte für Elastomere sind.

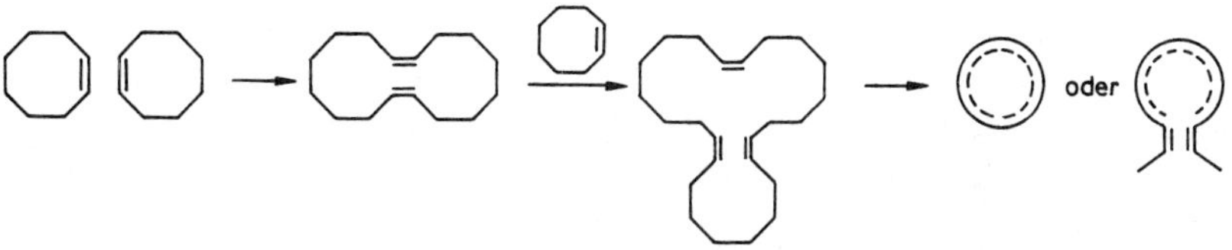

oder

2 × Cycloocten Cyclohexadecadien Cyclotetracosatrien Polyalkenamer

26.2 Polymer-Technologie

Durchführung von Polymerisationen

Das größte Problem bei Polymerisationen ist die Abführung der auftretenden Polymerisationswärme (bis 120 $kJ \cdot mol^{-1}$), um so unerwünschte Abbau- und Vernetzungsreaktionen zu verhindern.

Einige ausgewählte Verfahren:

Gasphasen-Polymerisation: Gasförmige Monomere wie Ethen und Propen werden unter Druck als Gase polymerisiert.

Emulsions-Polymerisation: Das wasserunlösliche Monomer (z.B. Styrol) wird mittels Emulgatoren in Wasser emulgiert und durch wasserlösliche Initiatoren polymerisiert. Das entstandene feste Polymerisat wird aus seiner wäßrigen Dispersion ("Latex") z.B. durch Ausfällen oder Trocknen gewonnen.

Fällungs-Polymerisation: Hierbei verwendet man Lösungsmittel, in denen das Monomere, nicht aber das Polymerisat löslich ist. Dieses fällt daher in fester Form aus.

Suspensions-Polymerisation: Monomer und Initiator sind beide wasserunlöslich und werden unter Zusatz von Suspensionsmitteln in Wasser suspendiert. Bei der Polymerisation werden Polymer-Perlen erhalten (ø 10^{-3} - 10 mm), die durch Filtrieren oder Zentrifugieren abgetrennt werden.

Verarbeitung von Kunststoffen

Es können die aus der Metallverarbeitung bekannten Verfahren verwendet werden. Für thermoplastische Polymere eignet sich auch die Verarbeitung durch Warmverformen wie:

Hohlkörperblasen: Das erhaltene Hohlprofil (z.B. ein dünnes Rohr) wird kontinuierlich aufgeblasen (z.B. zu einem Schlauch).
Extrudieren: Das aufgeschmolzene Material wird kontinuierlich durch eine Düse gedrückt. Man erhält z.B. endlose Rohre oder Folienbahnen. Fasern werden z.T. in ähnlicher Weise hergestellt.

Spritzgießen: Das aufgeschmolzene Material wird durch eine Düse in die Spritzform gespritzt. Das geformte Stück wird nach dem Erstarren ausgestoßen; die Maschine arbeitet taktweise.

26.3 Charakterisierung von Makromolekülen

3.18.3 In der Polymerchemie werden die hochmolekularen Stoffe durch andere Eigenschaften charakterisiert, als sie bei niedermolekularen Verbindungen üblich sind. Dazu gehören: Bestimmung der mittleren Molekülmasse, der Molekülmassen-Verteilung und des mittleren Polymerisationsgrades. Der Grund hierfür ist, daß man bei Polyreaktionen meist keine molekular-einheitlichen Substanzen erhält, so daß nur statistische Aussagen möglich sind.

Meist unterscheiden sich diese Makromoleküle nur durch den Polymerisationsgrad, d.h. sie bilden eine polymerhomologe Reihe. Experimentell kann allerdings nur ein durchschnittlicher Polymerisationsgrad X_n bestimmt werden, der wie folgt definiert ist:

$$\overline{X}_n = \frac{\overline{M}_n - M_E}{M_u}$$

M_u = Molmasse des monomeren Grundbausteins

M_E = Molmasse der Endgruppen

$\bar{M}_n$ = mittlere relative Molmasse des Makromoleküls

$\bar{X}_n$ = mittlerer Polymerisationsgrad

Bei Kenntnis des Polymerisationsgrades und der Molekülstruktur läßt sich z.B. die mittlere relative Molmasse berechnen.

Beispiel: Ein Nylon-6,6 habe n = X_n = 200. Die Molekülstruktur ist: $H_2N-(CH_2)_6-NH(OC-(CH_2)_4-CO-NH-(CH_2)_6-NH)_{n-1}\ OC-(CH_2)_4-COOH$. Es sind zwei Endgruppen (H und OH) mit der Molmasse 1 und 17 vorhanden.

Die mittlere relative Molmasse ist:

$$\bar{M}_n = M_V \cdot \bar{X}_n + M_E = 226 \cdot 200 + 1 + 17 = 45218$$

Da synthetische Polymere in der Regel molekular uneinheitlich sind, ergeben die Molmassenbestimmungen an Hochpolymeren nur einen Durchschnittswert, d.h. eine mittlere, relative Molmasse $\bar{M}$:

$$\bar{M} = \frac{m_1 + m_2 + \ldots\ldots}{n_1 + n_2 + \ldots\ldots} = \frac{n_1 \cdot M_1 + n_2 \cdot M_2 + \ldots\ldots}{n_1 + n_2 + \ldots\ldots}$$

$m_1, m_2 \ldots\ldots$ = Massen der Polymere ; $M_1, M_2 \ldots\ldots$ = Molmassen der Polymere

$n_1, n_2 \ldots\ldots$ = Molzahlen

Häufig benutzt wird die viskosimetrische Methode, welche den Viskositätsdurchschnitt $\bar{M}_V$ der Molmasse ergibt. Den Gewichtsdurchschnitt $\bar{M}_W$ erhält man durch Bestimmung des Sedimentationsgleichgewichts mit der Ultrazentrifuge. Den Zahlendurchschnitt $\bar{M}_n$ liefern alle Bestimmungsmethoden, die auf die Zahl der Moleküle ansprechen, d.h. die Endgruppenverfahren sowie die kolligativen Methoden (Osmose, Ebullioskopie, Kryoskopie, Dampfdruck). Kolligative Eigenschaften sind solche, die in einer ideal verdünnten Lösung nur von der Zahl der gelösten Teilchen, d.h. ihrer Konzentration, abhängen, während ihre chemische Natur keine Rolle spielt.

Zusammenstellung der vorgenannten Größen (m_i = Masse der Polymeren mit der Molmasse M_i und n_i = ihre Molzahl):

$$\overline{M}_n = \frac{\sum n_i M_i}{\sum n_i} = \frac{\sum m_i}{\sum m_i / M_i}$$

$$\overline{M}_w = \frac{\sum m_i \cdot M_i}{m_i}$$

$$\overline{M}_v = \left[\frac{\sum c_i \; M_{i\alpha}}{\sum c_i} \right]^{1/\alpha}$$

α = Exponent der Viscositäts-Molmassegleichung

Bei polymolekularen Stoffen ist $\overline{M}_w > \overline{M}_n$. Als molekulare <u>Uneinheitlichkeit</u> U ist definiert

$$U = \frac{\overline{M}_w}{\overline{M}_n} - 1$$

Die genaue Form der Verteilungsfunktion der Molmasse wird oft durch Ermittlung der Sedimentationsgeschwindigkeit in der Ultrazentrifuge bestimmt. Die Sedimentationsgeschwindigkeit hängt von der Größe bzw. Masse der Teilchen ab. Je größer die Fliehkraft, d.h. je höher die Umdrehungszahl der Zentrifuge, desto schneller ist die Sedimentation. Verschieden schwere Teilchen setzen sich mit unterschiedlicher Geschwindigkeit ab, d.h. innerhalb unterschiedlicher, genau meßbarer Zeiten. Das Konzentrationsgefälle kann z.B. mit optischen Methoden verfolgt und ausgewertet werden. Abb. 32 zeigt eine typische Verteilungskurve.

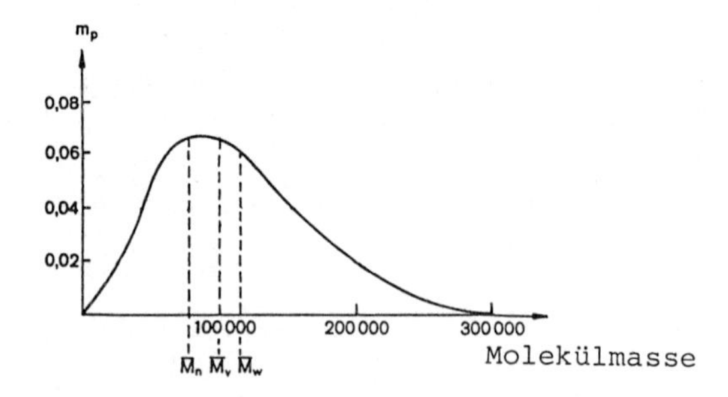

Abb. 32. Typische Molekülmassenverteilungskurve eines Makromoleküls (m_p = Massenprozente)

Die kolligativen Methoden zur Molmassenbestimmung beruhen auf derselben theoretischen Basis und werden in HT 247, S. 131 ff besprochen. Die Molmasse läßt sich z.B. über den osmotischen Druck π wie folgt ermitteln:

$\pi \cdot V = n \cdot R \cdot T$ (Ausgangsgleichung)

$n = \frac{m}{M}$; n = Molzahl, M = Molmasse, m = Masse der Teilchen

$\pi \cdot V = \frac{m \cdot R \cdot T}{M}$ oder, da die Konzentration $c = \frac{m}{V}$ ist,

$$M = \frac{m \cdot R \cdot T}{V \cdot \pi} = \frac{c \cdot R \cdot T}{\pi}$$

Da die Konzentration c der eingesetzten Menge m des Polymerengemischs bekannt ist, ist lediglich der osmotische Druck π zu ermitteln. Meist wird an einer Kapillare die Steighöhe h abgelesen und damit der hydrostatische Druck ermittelt. Dieser ist im Gleichgewichtszustand gleich dem osmotischen Druck.

Im Unterschied zur Osmose sind die anderen Verfahren zur Bestimmung von $\overline{M}_n$ wie Endgruppenmethode, Gefrierpunktserniedrigung, Siedepunktserhöhung, Dampfdruckerniedrigung auf Molmassen unter etwa 10 000 beschränkt, da die Meßfehler sonst zu groß werden. Endgruppenbestimmungen setzen außerdem voraus, daß die genaue Struktur der Moleküle bekannt sind.

Beispiele:

① Bestimmung der endständigen C=C-Doppelbindung in Ethylenpolymerisaten durch Bromtitration:

$$CH_3\text{-}CH_2\text{-}(CH_2\text{-}CH_2)_n\text{-}CH = CH_2 + Br_2 \longrightarrow CH_3\text{-}CH_2\text{-}(CH_2\text{-}CH_2)_n\text{-}CHBr\text{-}CH_2Br$$

② Verethern endständiger Hydroxylgruppen und Bestimmung der sich bildenden Alkoxylgruppe:

$$R - OH + CH_3I \xrightarrow[-HI]{} R\text{-}O\text{-}CH_3$$

③ Veresterung von endständigen Hydroxylgruppen und Bestimmung der Molmasse über die Verseifungszahl:

Bei der Hydrolyse eines Fettes, das nur eine einzige Art einer gesättigten Monocarbonsäure (Fettsäure) enthalten soll, wurde als Verseifungszahl 197 gefunden, d.h. 197 mg KOH wurden für 1 g Substanz benötigt.

n_{eq} Säure = n_{eq} Base (Ausgangsgleichung, s. HT 247)

$$z_s \cdot \frac{m_s}{M_s} = z_B \cdot \frac{m_B}{M_B};$$

da $z_s = z_B = 1$ folgt: $M_s = \frac{m_s}{m_B} M_B$;

mit $M_B = 56{,}11$ (Molmasse KOH), $m_B = 0{,}197$ g und $m_s = 1$ folgt:

$$M_s = \frac{1 \cdot 56{,}11}{0{,}197} = 284{,}8 \text{ g}$$

Bei der gesättigten Monocarbonsäure handelt es sich vermutlich um Stearinsäure, $C_{17}H_{35}COOH$, Molmasse = 284 g.

Wäre eine niedermolekulare Fettsäure wie Laurinsäure, $C_{11}H_{23}COOH$ ausschließlich im Fett enthalten, würde die Verseifungszahl wegen der niedrigeren Molmasse bei 280 liegen. Somit kann aus der Verseifungszahl auch unter bestimmten Voraussetzungen auf die Zusammensetzung der Fette geschlossen werden.

26.4 Strukturen von Makromolekülen

Die mechanischen Eigenschaften werden vor allem durch den räumlichen Bau der Makromoleküle bestimmt.

<u>Polymere aus gleichen Monomeren</u>

① *Lineare Polymere:* kettenförmig verbundene Grundbausteine:

$$-CH_2-\underset{\text{(R)}}{CH}-CH_2-\underset{\text{(R)}}{CH}-CH_2-$$

② *Verzweigte Polymere:* Zwei oder mehrere Ketten sind unregelmäßig vereinigt:

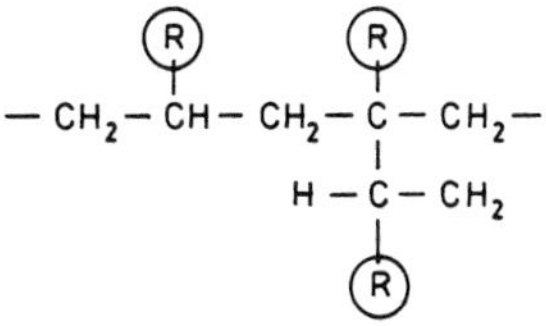

$$-CH_2-\underset{|}{\overset{(R)}{CH}}-CH_2-\overset{(R)}{\underset{|}{C}}-CH_2-$$
$$H-\underset{(R)}{C}-CH_2$$

③ *Vernetzte Polymere:* Verschiedene Ketten sind über mehrere Verknüpfungsstellen miteinander verbunden:

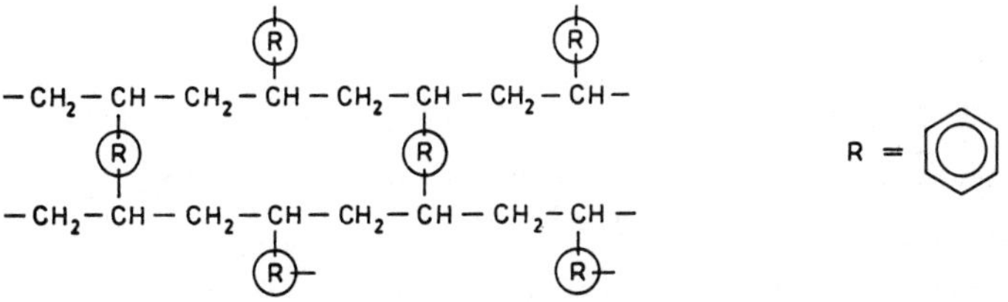

$$-CH_2-CH-CH_2-\overset{(R)}{CH}-CH_2-CH-CH_2-\overset{(R)}{CH}-$$
$$-CH_2-\overset{(R)}{CH}-CH_2-\underset{(R)}{CH}-CH_2-\overset{(R)}{CH}-CH_2-\underset{(R)}{CH}-$$

R = (Benzolring)

Neben der Verknüpfung spielt die Orientierung bei der Verbindungsbildung unsymmetrischer Moleküle eine wichtige Rolle.

Beispiel: Vinyl-Verbindungen

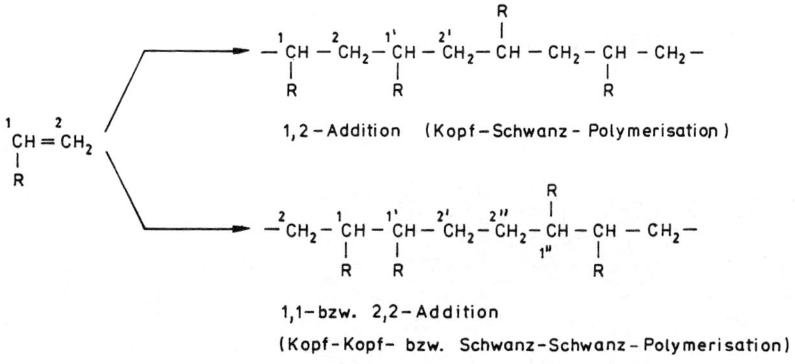

$$\underset{R}{\overset{1}{C}H}=\overset{2}{C}H_2 \rightarrow -\underset{R}{\overset{1}{C}H}-\overset{2}{C}H_2-\underset{R}{\overset{1'}{C}H}-\overset{2'}{C}H_2-\overset{R}{CH}-CH_2-\underset{R}{CH}-CH_2-$$

1,2-Addition (Kopf-Schwanz-Polymerisation)

$$\underset{R}{\overset{1}{C}H}=\overset{2}{C}H_2 \rightarrow -\overset{2}{C}H_2-\underset{R}{\overset{1}{C}H}-\underset{R}{\overset{1'}{C}H}-\overset{2'}{C}H_2-\overset{2''}{C}H_2-\overset{R}{\underset{1''}{C}H}-\underset{R}{CH}-CH_2-$$

1,1-bzw. 2,2-Addition
(Kopf-Kopf- bzw. Schwanz-Schwanz-Polymerisation)

Polymere mit verschiedenen Monomeren

Auch bei *Copolymeren* mit mehreren Arten von Grundbausteinen sind verschiedene Molekülstrukturen möglich. A und B seien zwei Grundbausteine:

① (lineare) *Block-Copolymere*: A–A–A–B–B–B–A–A–A–B–B–B,
in alternierender Folge: A–B–A–B–A–B–A–B–A–B–A–B,
in unregelmäßiger, statistischer Folge: A–A–B–B–B–A–B–A–B–B–A–A–B.

② (verzweigte) *Pfropf-Copolymere*: Der Aufbau ist ebenfalls in verschiedenen Folgen möglich. Ein Beispiel:

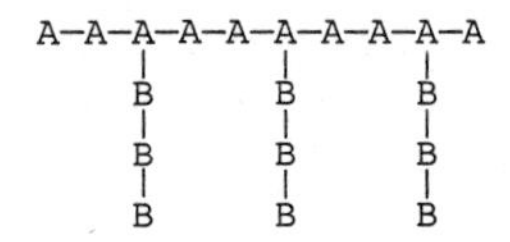

Polymere mit Chiralitätszentren

Diastereomere Makromoleküle mit Chiralitätszentren können sich außer in der Konfiguration jedes Chiralitätszentrums auch durch deren *Reihenfolge in der Polymerkette (Taktizität)* unterscheiden. In monotaktischen Polymeren wie in Abb. 33 liegen it-Ketten vor, wenn alle Chiralitätszentren die gleiche Konfiguration haben, st-Ketten, wenn

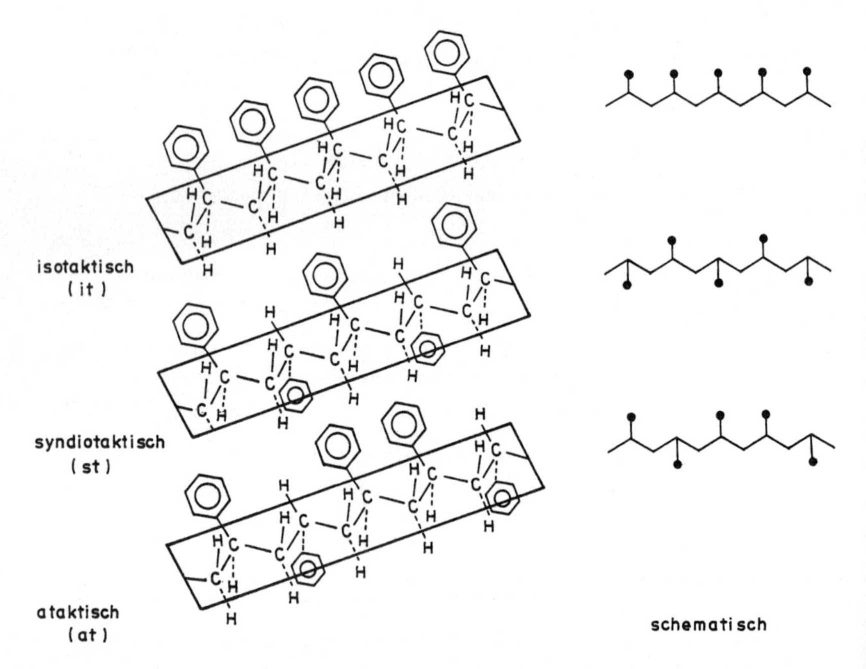

Abb. 33. Planare Darstellung der Möglichkeiten der sterischen Anordnung entlang den Ketten von polymeren Stereoisomeren

R- und S-Konfiguration abwechseln, und at-Ketten, falls die Verteilung statistisch ist. it- und st-Polymere können kristallisieren, während at-Polymere amorph sind.

Lineare Polymere wie 1,4-Polybutadien, die in der Kette noch C=C-Bindungen enthalten, können auch als geometrische Isomere auftreten. Neben der statistisch verteilten Anordnung unterscheidet man cis-taktisch (ct), wenn alle Doppelbindungen Z-Konfiguration haben, und trans-taktisch (tt), wenn sie E-Konfiguration aufweisen (vgl. die Polyisoprene Kautschuk (cis) und Guttapercha (trans).

26.5 Gebrauchseigenschaften von Polymeren

Im Gegensatz zu den niedermolekularen Verbindungen liegen nur wenige Polymere als echte Kristalle vor. Auch bei tiefen Temperaturen lagern sich die ungeordnet miteinander verschlungenen Makromoleküle nur in begrenzten Bereichen wie in einem Kristall zusammen. Außerhalb dieser kristallinen Bereiche (Kristallite, Micellen) sind die Molekülketten glas-artig erstarrt (amorph). Die Eigenschaften der Kunststoffe in Abhängigkeit von der Temperatur zeigt Abb. 34.

① *Thermoplaste* (z.B. Polyethylen, Polyamide, PVC, Styrol-Polymerisate) sind oberhalb der Erweichungstemperatur verformbar und

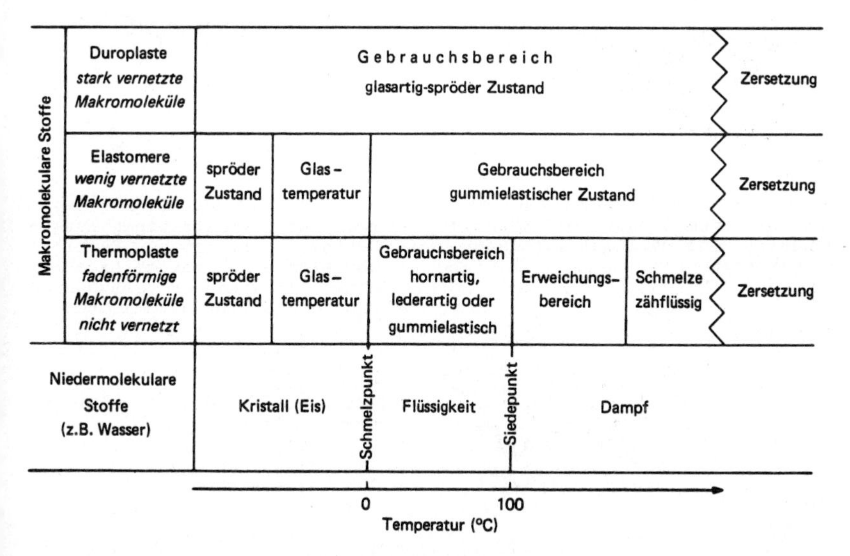

Abb. 34. Temperaturabhängigkeit der Eigenschaften nieder- und makromolekularer Stoffe (aus: B. Schrader, 1979)

behalten die neue Form auch nach dem Abkühlen bei. Die Eigenschaften der Thermoplaste im Gebrauchsbereich zwischen Glastemperatur und Erweichungsbereich hängen vom Kristallisationsgrad ab (Abb. 100). Der Anteil an Kristalliten kann durch Zusatz von Weichmachern verändert werden: Schwerflüchtige Lösungsmittel wie Phthalsäureester setzen beim PVC die Glastemperatur von +80 °C auf -50 °C herab (Hart-PVC ⟶ Weich-PVC). Ähnlich wirkt eine mechanische oder thermische Behandlung wie das Abschrecken der Schmelze oder das Strecken von Fasern.

(2) *Elastomere* (z.B. Kautschuk [cis 1,4-Polyisopren], weichgemachte Kunststoffe) sind reversibel verformbar ("elastisch") mit Dehnbarkeiten von über 1000 %. Im Kautschuk, der durch Schwefel-Brücken vernetzt ist, liegt ein weitmaschiges Netz aus Molekülketten vor, das entsprechend der Maschenweite des Netzwerkes gedehnt werden kann (Abb. 37).

(3) *Duroplaste* (z.B. Phenol-Formaldehyd-Harze) sind Stoffe mit engmaschig vernetzten Makromolekülen (Abb. 36). Die Formgebung muß vor der Vernetzung erfolgen, da die dreidimensional vernetzten Stoffe im Gebrauchsbereich starr bleiben. Die Sprödigkeit kann durch Zusatz von Füllstoffen (Holzspäne, Fasern) etwas vermindert werden (⟶ "Resopal", "Bakelit").

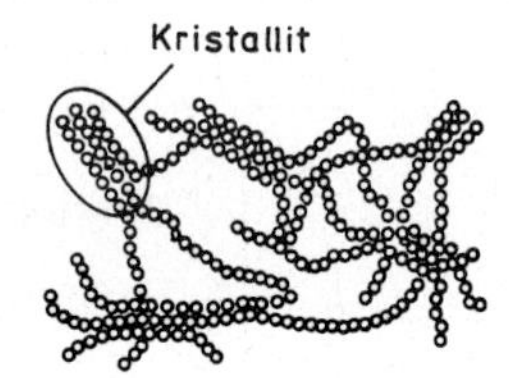

Abb. 35. Teilkristalliner Thermoplast aus einem dichten Molekülfilz verknäulter und parallel liegender Molekülketten

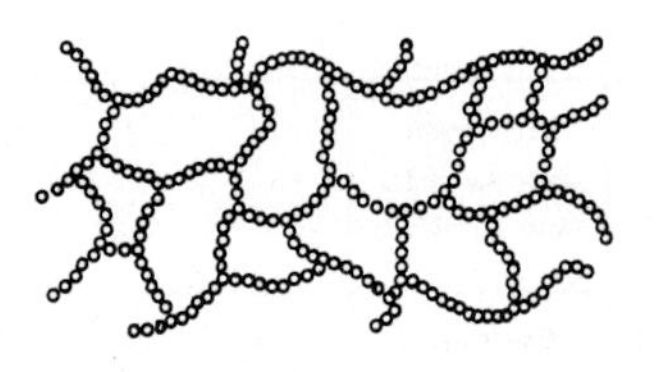

Abb. 36. Ausschnitt aus dem amorphen Raumnetz eines ausgehärteten Duroplasten. Es bildet sich eine riesige Anzahl enger, miteinander verbundener und verknäulter Netzmaschen

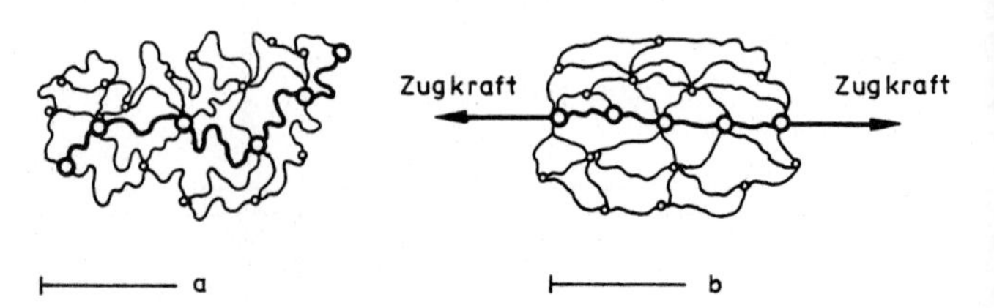

Abb. 37 a und b. Lage der Kautschuk-Moleküle in ungedehntem (a) und gedehntem Zustand (b) des Gummis

26.6 Reaktion an Polymeren

Polymere können wie andere chemische Verbindungen Folgereaktionen eingehen. Die drei wichtigsten Reaktionstypen sollen kurz dargestellt werden:

① Abbaureaktionen

Durch Abbaureaktionen wird der Polymerisationsgrad verringert, ohne daß die Grundbausteine verändert werden. Bei der *Depolymerisation* werden Monomere abgespalten bis hin zur vollständigen Umkehrung der Polymerisation. Bei der *Kettenspaltung* bilden sich kleinere oder größere Bruchstücke an beliebigen Stellen der Kette.

② Aufbaureaktionen

Die Bildung von Block- oder Propfpolymeren (s. Kap. 26.4) ist eine Aufbaureaktion, da hierdurch der Polymerisationsgrad erhöht wird. Durch Vernetzungsreaktionen bei der Vulkanisation oder der Herstellung der Formaldehydharze werden lineare oder verzweigte Polymere in vernetzte Polymere umgewandelt.

③ Polymeranaloge Reaktionen

Reaktionen unter Erhalt der Polymerkette, aber Veränderung von Konstitution oder Konfiguration der Grundbausteine, werden als *polymeranaloge Reaktionen* bezeichnet.

8.1 *Beispiel:*

Polyvinylalkohol kann nicht durch Polyreaktion von Vinylalkohol erhalten werden, da dieser nur in Form des Acetaldehyd-Tautomeren existiert. Daher wird zunächst Vinylacetat polymerisiert und dann das Polymere zu Polyvinylalkohol hydrolysiert:

$$\left[CH_2-\underset{\underset{OCOCH_3}{|}}{CH} \right]_n + KOH \longrightarrow \left[CH_2-\underset{\underset{OH}{|}}{CH} \right]_n + CH_3COO^{\ominus}K^{\oplus}$$

Weitere Beispiele sind die Verwendung funktioneller Polymerer bei Festphasensynthesen, z.B. für Peptide (Merrifield-Synthese).

Durch polymeranaloge Reaktionen werden auch zahlreiche Ionenaustauscher hergestellt, so z.B. durch elektrophile Substitutionen an Polystyrol-Divinylbenzol-Copolymerisaten folgende Austauschharze:

a) Ⓡ $-SO_3^{\ominus}H^{\oplus}$ als Kationenaustauscher durch Sulfonierung mit H_2SO_4/SO_3

b) Ⓡ $-CH_2Cl$ als Anionenaustauscher-Vorprodukt durch Chlormethylierung mit $ClCH_2$-O-$CH_3/SnCl_4$

c) Ⓡ $-CH_2-N^{\oplus}R_3OH^{\ominus}$ als Anionenaustauscher (Endprodukt) aus b)

Ionenaustauscher sind Polyelektrolyte, die in der analytischen Chemie vielfach Verwendung finden (vgl. HT Band 198). Polyelektrolyte sind Säuren, Basen oder Salze, von denen eine Ionenart polymer ist, so z.B. die Nucleinsäuren, Proteine, Polyacrylsäure. Polyelektrolyte haben in der Regel starke Wechselwirkungen mit Wasser durch Säure- oder Basengruppen, ohne sich jedoch wie niedermolekulare Stoffe darin zu lösen. Sie unterscheiden sich dabei von anderen Elektrolyten dadurch, daß die interionischen Kräfte nicht unbegrenzt herabzusetzen sind, weil bei Betrachtung des Polymeren als Ganzes entweder eine positive oder eine negative Ladung relativ hoch konzentriert vorliegt.

26.7 Beispiele zu den einzelnen Kunststoffarten

3.18.5 Bekannte Polymerisate

Tabelle 29

Polymer/Monomer	Polymereinheit	Polymerisationsverfahren	Verwendung
Polyacrylnitril (PAN) $CH_2=CH-CN$	$-CH_2-CH(C\equiv N)-$	radikalisch	Fasern
Polybutadien $CH_2=CH-CH=CH_2$	Buna S mit Styrol Buna N mit Acrylnitril (Luran)	Ziegler-Natta-Katal. ⟶ cis-1,4-verknüpft	Synthesekautschuk; Neopren ist Polychlorbutadien
Polyethylen (PE) $CH_2=CH_2$	$-CH_2-CH_2-$	Hochdruck-PE: radikalisch Niederdruck-PE: Ziegler-Natta-Katalysatoren	Folien, Filme, Rohre, Geräte, Maschinenteile
Polymethyl-methacrylat (PMMA) $CH_2=C(COOCH_3)-CH_3$	$-CH_2-C(CH_3)(COOCH_3)-$	radikalisch	organisches Glas
Polypropylen (PP) $CH_3-CH=CH_2$	$-CH_2-CH(CH_3)-$	Ziegler-Natta-Katal. ⟶ isotaktisch	Fasern, Filme, Copolymerisat mit Ethen ⟶ Elastomere
Polystyrol (PS) $C_6H_5-CH=CH_2$	$-CH_2-CH(C_6H_5)-$	meist radikalisch ⟶ ataktisch	Isoliermaterial, Lacke, Gebrauchsartikel
Polytetrafluorethylen (PTFE) $CF_2=CF_2$	$-CF_2-CF_2-$	radikalisch	chemisch sehr beständig, Rohre, Apparaturen, Lager, Beschichtungsmaterial

Tabelle 29 (Fortsetzung)

Polyvinylacetat (PVAC) $CH_2{=}CH{-}O{-}C({=}O){-}CH_3$	$-CH_2-CH(O{-}CO{-}CH_3)-$	radikalisch	wäßrige (!) Anstrich-dispersionen, Klebstoff ("Uhu")
Polyvinylchlorid (PVC) $CH_2{=}CH{-}Cl$	$-CH_2-CH(Cl)-$	radikalisch	Hart-PVC: Rohre, Platten Weich-PVC: Folien, Kunstleder, Isoliermaterial

Bekannte Polykondensate

Phenol + Formaldehyd $C_6H_5{-}OH + HCHO$ statt Phenol auch Kresole od. Resorcin	$-C_6H_4-CH_2-O-CH_2-$	in saurer Lösung: Novolacke in alkal. Lösung: Resole	Preßmassen für Elektro- und Möbelindustrie
Harnstoff + Formaldehyd $H_2N{-}C({=}O){-}NH_2 + HCHO$ statt Harnstoff auch Melamin od. Anilin	$-CH_2-NH-C({=}O)-NH-$		Preßmassen, naßfeste Papiere, Textilausrüstung (no-iron)
$HO{-}C_6H_4{-}NH_2 + HCHO$	Anionenaustauscher		
$HO{-}C_6H_4{-}SO_3H$ oder $HO{-}C_6H_4{-}COOH + HCHO$	Kationenaustauscher		

Polyester

Polyester aus Terephthalsäure und Ethylenglykol werden zu Kunstfasern verarbeitet (Trevira, Vestan, Diolen, Dacron; Formelschema Kap. 26.1). Aus Dicarbonsäuren (Phthalsäure, Maleinsäure) und Dialkoholen entstehen Gießharze, die u.a. mit Glasfasern verstärkt werden können. Aus Bisphenolen und Phosgen werden *Polycarbonate* hergestellt ("Makrolon"):

$$\frac{1}{2}n\ \text{HO–R–OH} + n\ \text{Cl–C(=O)–Cl} + \frac{1}{2}n\ \text{HO–R–OH} \xrightarrow[-2n\ \text{HCl}]{} \text{HO}\!\left[\text{R–O–C(=O)–O–R}\right]_n\text{OH}$$

Polyamide

Aus 1,6-Diaminohexan und Adipinsäure entsteht *Nylon* (Polyamid 6,6; das Strukturelement enthält 2 · 6 C-Atome; Formelschema s. Kap. 26.1).

Aus ε-Caprolactam erhält man *Perlon* (Ringöffnungs-Polymerisation):

$$\text{ε-Caprolactam} \xrightarrow{+H_2O} H_2N\text{–}(CH_2)_5\text{–}COOH \xrightarrow{+\text{ε-Caprolactam}} \cdots \longrightarrow H\!\left[NH\text{–}(CH_2)_5\text{–}C(=O)\right]_n OH$$

ε-Caprolactam — ε-Amino-capronsäure, 6-Amino-hexansäure — Perlon, Polyamid-6

Polysiloxane (Silicone)

$$\left[\text{Si}(R)_2\text{–O}\right]_n$$

Silicone werden durch Hydrolyse von Alkyl- oder Aryl-chlorsilanen und anschließende Kondensation der Silanole unter H_2O-Abspaltung hergestellt. Sie sind hydrophob und werden als Imprägniermittel, Schmiermittel oder Schaumdämpfer verwendet oder je nach Konsistenz (Siliconöl, -gummi, -harz) entsprechend ihren Eigenschaften eingesetzt. Sie zeigen hohe Temperaturbeständigkeit, temperaturkonstante Viskosität, sind wasserabweisend, klebstoffabweisend, farb- und geruchlos.

Bekannte Polyaddukte

Vor allem zwei Produktgruppen sind von Bedeutung: *Polyurethane und Epoxidharze*. Polyurethane (PUR) entstehen aus Diisocyanaten und mehrwertigen Alkoholen:

$$n\ HO-(CH_2)_4-OH\ +\ n\ O{=}C{=}N-(CH_2)_6-N{=}C{=}O$$

$$\longrightarrow\ HO-(CH_2)_4-O\!\left[\underset{\underset{O}{\|}}{C}-NH-(CH_2)_6-NH-\underset{\underset{O}{\|}}{C}-O-(CH_2)_4-O\right]_n\!-\underset{\underset{O}{\|}}{C}-NH-(CH_2)_6-NCO$$

Polyurethan

Der Aufbau aus zwei Komponenten erlaubt vielfältige Abwandlungen und Einsatzgebiete. Die Produkte können wegen der noch vorhandenen funktionellen Gruppen zusätzlich weiter vernetzt werden.

Bei Anwesenheit von Wasser entstehen Polyurethan-Schaumstoffe ("Moltopren"), denn ein Teil der Isocyanat-Gruppen wird in die instabilen Carbaminsäuren überführt, die CO_2 abspalten. Das Schäumen wird zusätzlich durch Einblasen von Treibgasen unterstützt.

Epoxidharze entstehen aus Epichlorhydrin (2-Chlor-methyloxiran) und Bisphenolen (z.B. Bisphenol A):

$$n\ HO-C_6H_4-C(CH_3)_2-C_6H_4-OH\ +\ 2n\ H_2C\underset{O}{-}CH-CH_2Cl\ \longrightarrow$$

Bis-2,2-(4-hydroxyphenyl)-propan (Bisphenol A) — Epichlorhydrin

$$n\ ClCH_2-\underset{OH}{CH}-CH_2-O-C_6H_4-C(CH_3)_2-C_6H_4-O-CH_2-\underset{OH}{CH}-CH_2Cl\ \xrightarrow{+\ NaOH}$$

Zwischenprodukt (wird nicht isoliert)

$$H_2C\underset{O}{-}CH-CH_2\left[O-C_6H_4-C(CH_3)_2-C_6H_4-O-CH_2-\underset{OH}{CH}-CH_2\right]_n O-CH_2-CH\underset{O}{-}CH_2$$

Die Oxiran-Endgruppen können weiter zusätzlich vernetzt werden (Härtung). Epoxidharze dienen u.a. als Klebstoffe und Lackrohstoffe.

Halbsynthetische Kunststoffe

Diese werden aus natürlichen Polymeren als Rohstoff hergestellt. Von großer Bedeutung ist die *Cellulose* für Textilien und Papier. Sie wird größtenteils aus Holzzellstoff (aus Holz und Natronlauge) gewonnen. Lediglich die Baumwollfaser, die aus nahezu reiner Cellulose besteht, kann nach Vorreinigung direkt verarbeitet werden. *Anwendungsbeispiele:* Cellophan, Zellwolle, Kupferkunstseide und Viskoseseide (Reyon), Celluloseacetat (für Photofilme), Celluloseether (Tapetenkleister, Verdickungsmittel).

Kautschuk (Formeln s. Kap. Alkene) wird durch Ausfällen mit Essig- oder Ameisensäure direkt aus Latex (natürliche Kautschuk-Emulsion von *Hevea brasiliensis*) erhalten. Danach wird mit Schwefel oder S_2Cl_2 vulkanisiert: Unter Addition an die C=C-Doppelbindungen bilden sich Schwefel-Brücken zwischen den Makromolekülen aus, und man erhält Gummi. Zur Qualitätsverbesserung werden Füllstoffe wie Ruß, Silicate und Kieselsäure zugesetzt, aber auch Antioxidantien, Verstärkerharze usw.

Linoleum besteht aus Leinöl, das mit Luft zu Linoxyn oxidiert wird, woraus sich beim Erhitzen mit Kolophonium oder Kopal-Harzen eine gel-artige Masse bildet. Diese wird mit Holzmehl und Farbpigmenten vermischt und auf Jute aufgewalzt. Nach dem Aushärten bei 60°C wird die Oberfläche mit einer Wachs- oder Lackschicht veredelt.

Chemie von Naturstoffen und Biochemie

Naturstoffe können sowohl aus der Sicht der Stoffchemie, d.h. als isolierte chemische Substanzen, als auch als Stoffwechselprodukte im Rahmen von Stoffwechselkreisläufen betrachtet werden. So wird z.B. Brenztraubensäure, eine Ketocarbonsäure, im Hinblick auf ihre chemischen Eigenschaften im Kap. Hydroxy- und Ketocarbonsäuren als Sonderfall einer Carbonsäure abgehandelt, ohne daß dort besonders auf ihre herausragende Bedeutung als biochemisches Zwischenprodukt in der lebenden Zelle eingegangen wird. In den nachfolgenden Kapiteln 27 - 34 wird versucht, beiden genannten Gesichtspunkten gerecht zu werden unter besonderer Berücksichtigung biochemischer Gegebenheiten.

27 Kohlenhydrate

6.1 Zu diesen Naturstoffen zählen Verbindungen, die oft der Summenformel $C_n(H_2O)_n$ entsprechen, z.B. *die Zucker, Stärke und Cellulose*. Diese Verbindungen sind Polyalkohole und enthalten außer den Hydroxyl-Gruppen, die das lipophobe (hydrophile) Verhalten verursachen, häufig weitere funktionelle Gruppen. Man unterteilt die Kohlenhydrate in

Monosaccharide (einfache Zucker wie Glucose),

Oligosaccharide (2 - 6 Monosaccharide miteinander verknüpft, z.B. Rohrzucker) und

Polysaccharide (z.B. Cellulose, s. Kap. 29.1).

Die (unverzweigten) Monosaccharide werden weiter eingeteilt nach der Anzahl der enthaltenen C-Atome in Triosen (3 C), Tetrosen (4 C), Pentosen (5 C), Hexosen (6 C) usw. Zucker, die eine Aldehyd-Gruppe im Molekül enthalten, nennt man *Aldosen*, diejenigen mit einer Ketogruppe *Ketosen*.

27.1 Monosaccharide: Struktur und Stereochemie

6.2 Zur formelmäßigen Darstellung der Zucker wird oft die *Fischer-Projektion* verwendet. Die Asymmetrie-Zentren (Chiralitäts-Zentren) sind mit * markiert. Außer der D- bzw. L-Konfiguration (in der Formel durch Einrahmung gekennzeichnet) ist die Drehrichtung für polarisiertes Licht mit (+) bzw. (-) angegeben.

Wegen der bei mehreren Chiralitätszentren auftretenden Stereoisomere beachte die Hinweise im Kap. 8.3 (erythro- und threo-Form u.a.).

(+)-D-Glycerinaldehyd (Aldotriose)	Dihydroxyaceton (Ketotriose)	(+)-L-Threose (Aldotetrose)	(-)-D-Erythrose	(+)-L-Erythrose	
H-C=O	CH_2OH	H-C=O	H-C=O	H-C=O	(1)
H-C*-OH	C=O	H-C*-OH	H-C*-OH	HO-C*-H	(2)
CH_2OH	CH_2OH	HO-C*-H	H-C*-OH	HO-C*-H	(3)
		CH_2OH	CH_2OH	CH_2OH	(4)

(+)-D-Glycerinaldehyd — Aldotriose; Dihydroxyaceton — Ketotriose; (+)-L-Threose — Aldotetrose; (-)-D-Erythrose und (+)-L-Erythrose — Enantiomerenpaar

(+)-D-Ribose (Aldopentose)	(+)-L-Fructose (Ketohexose)	(+)-D-Galactose	(-)-L-Mannose	
CHO	1 CH_2OH	H-C=O	H-C=O	(1)
H-C*-OH	2 C=O	H-C*-OH	H-C*-OH	(2)
H-C*-OH	3 H-C*-OH	HO-C*-H	H-C*-OH	(3)
H-C*-OH	4 HO-C*-H	HO-C*-H	HO-C*-H	(4)
CH_2OH	5 HO-C*-H	H-C*-OH	HO-C*-H	(5)
	6 CH_2OH	CH_2OH	CH_2OH	(6)

(+)-L-Fructose ≡ (Kurzschreibweise): CH_2OH oben, =O an C-2, unten CH_2OH

Galactose ist ein wichtiger Bestandteil der Lactose, während Sedoheptulose-Phosphat ein bedeutendes Zwischenprodukt bei der Photosynthese darstellt.

Das für die Zuordnung zur D- oder L-Reihe maßgebende C-Atom (s. Kap. 8.3) ist bei den einfachen Zuckern das asymmetrische C-Atom mit der höchsten Nummer. Bezugssubstanz ist Glycerinaldehyd; zeigt die OH-Gruppe nach rechts, gehört der Zucker zur D-Reihe, weist sie nach links, zur L-Reihe. D- und L-Form desselben Zuckers verhalten sich an allen Asymmetriezentren wie Bild und Spiegelbild.

In der vorstehend dargestellten offenen Form liegen Zucker nur zu einem geringen Teil vor. Überwiegend existieren sie in Form eines Fünf- bzw. Sechsringes mit einem Sauerstoffatom als Ringglied (Tetrahydrofuran- bzw. Tetrahydropyranring,

Der Ringschluß verläuft unter Ausbildung eines Halbacetals (s. Kap. 20.1). Dabei addiert sich z.B. bei der Glucose die OH-Gruppe am C-5-Atom intramolekular an die Carbonylgruppe am C-1-Atom. Bei dieser Cyclisierung erhalten wir am C-1-Atom ein weiteres Asymmetriezentrum.

Die beiden möglichen Diastereomeren werden als α- und β-Form unterschieden, die man an der Stellung der OH-Gruppe am C-1-Atom erkennt (markiert durch Einrahmung). *D-Reihe:* OH-Gruppe zeigt nach rechts: α, OH-Gruppe weist nach links: β. L-Reihe umgekehrt. Die beiden Diastereomerenpaare werden oft als α- bzw. β-Anomere bezeichnet. Stereochemisch betrachtet handelt es sich um Epimere, d.h. Diastereomere, die sich nur in der Konfiguration an einem Chiralitätszentrum unterscheiden.

Die gegenseitige Umwandlung der α- in die β-Form in Lösung nennt man Mutarotation. Dabei ändert sich der Drehwert nach einiger Zeit, sofern man von einem optisch reinen Anomeren ausgegangen ist: Zwischen α- und β-Form stellt sich ein Gleichgewicht ein.

Formelschreibweisen am Beispiel der Glucose

① Fischer-Projektion der D-Glucose

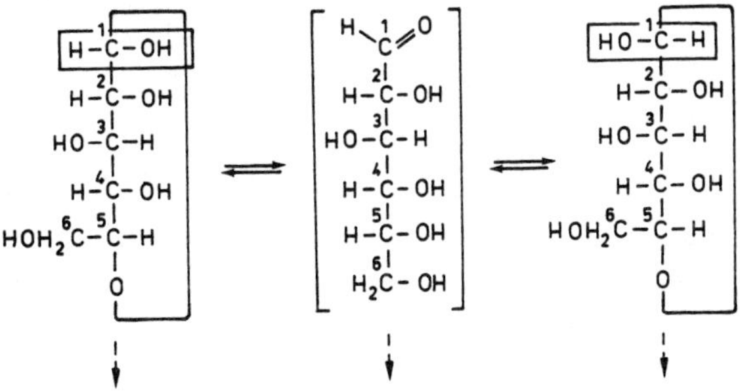

α: OH-Gruppe → rechts

β: OH-Gruppe → links

② Haworth-Schreibweise, Ringformeln

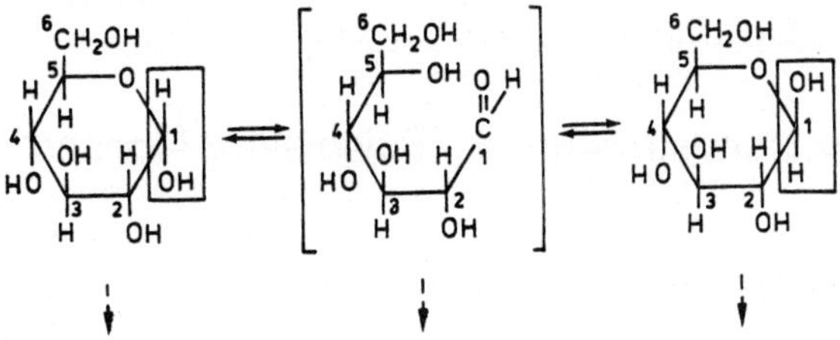

α: OH-Gruppe → unten

β: OH-Gruppe → oben

Fortsetzung ③ nächste Seite oben

③ Sesselform (analog Cyclohexan), Konformationsformeln

OH H CH2 HO O H HO H H H HO H OH ⇌ OH H CH2 HO OH H H HO H H HO O C H ⇌ OH H CH2 HO O H HO H H HO OH H

α: OH → unten
β: OH → oben

pyranoide Halbacetal-Form mit α-ständiger OH-Gruppe an C-1
α-D-(+)-Glucose, Fp. 146 °C
α-D-Glucopyranose 38 %

offene Aldehyd-Form
(+)-D-Glucose
0,26 %

pyranoide Halbacetal-Form mit β-ständiger OH-Gruppe
β-D-(+)-Glucose, Fp. 150 °C
β-D-Glucopyranose 62 %

Der Übergang von der Fischer-Projektion in die Sesselform läßt sich gut verstehen, wenn man bedenkt, daß ein Glucose-Molekül nicht als gerade Kette vorliegt, sondern wegen der Tetraederwinkel an den C-Atomen ringförmig vorliegen kann.

1 CHO
H – 2C – OH
HO – 3C – H
H – 4C – OH
H – 5C – OH
6 CH_2OH

≡ H OH H C2 OH C1 3C H O 4C H HOH_2C 6 5C OH HO H ≡ H OH H C C OH O 1 2 3C H HO 5 4C H C OH H CH_2OH 6 → H H 1 2 O 6 OH HO OH 3 CH_2OH H H 5 4 H OH

α-Form (vgl. ②)
(β-Form analog)

Durch Drehung um die Bindungsachse C-4—C-5 bringt man die OH-Gruppe am C-5-Atom in die passende Lage. Nun ist ein Ringschluß mit der Carbonyl-Gruppe möglich. Man sieht:

Die in der Fischer-Projektion nach rechts weisenden Gruppen zeigen am Haworth-Ring nach unten, $-CH_2OH$ zeigt nach oben.

27.2 Reaktionen der Monosaccharide – Beispiel für Aldosen: Glucose

3.16.3 Die Glucose kann wie folgt beschrieben werden: Sie ist ein Monosaccharid, d. h. sie ist nicht mit einem anderen Zucker verknüpft. Glucose enthält sechs C-Atome (Hexose) und eine Aldehydgruppe (Aldose). Diese Aldohexose liegt in wäßriger Lösung überwiegend als Sechsring vor, dessen Grundgerüst dem Tetrahydropyran entspricht (Pyranose). Wegen der zahlreichen Hydroxylgruppen ist sie wasserlöslich (hydrophil). Sie reduziert wie alle α-Hydroxy-aldehyde und α-Hydroxy-Ketone eine Fehlingsche Lösung.

Durch andere Oxidations-Reaktionen kann sich aus Glucose die Gluconsäure bilden, wobei die Aldehyd-Gruppe zur Carboxy-Gruppe oxidiert wird.

Die *-onsäuren*, die bei milder Oxidation der Aldosen entstehen, können unter Wasserabspaltung leicht in γ- oder δ-Lactone übergehen (vgl. Kap. 23.1.

Durch Reduktion der Carbonyl-Gruppe entstehen *-it-Alkohole*, z.B. aus Glucose D-Glucit (Sorbit).

Formel-Schemata:

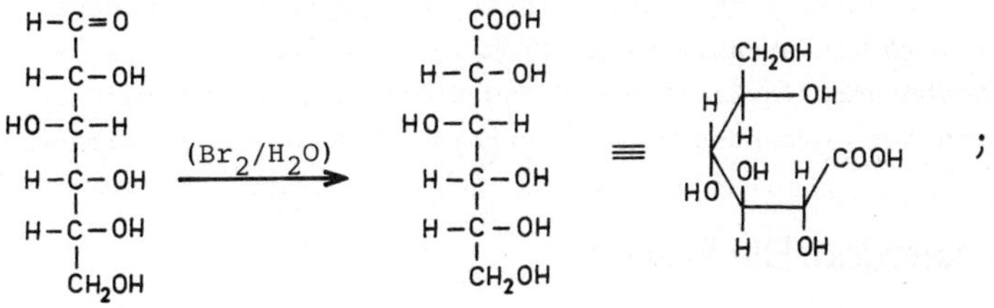

D-Glucose (Br_2/H_2O) D-Gluconsäure

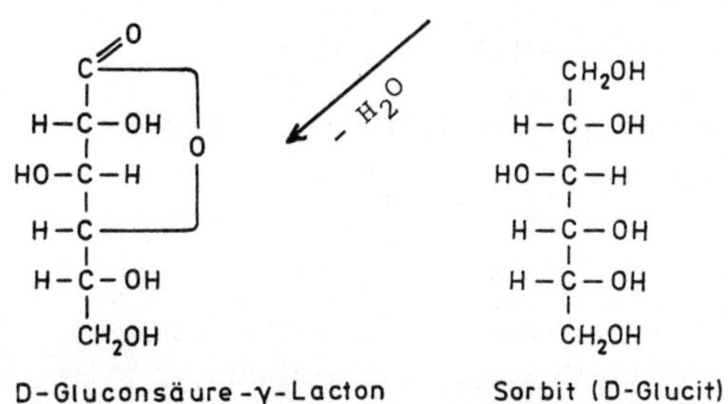

D-Gluconsäure-γ-Lacton

Sorbit (D-Glucit)

Bei stärkerer Oxidation wird auch die primäre Alkohol-Gruppe oxidiert. Es entstehen Polyhydroxy-dicarbonsäuren, die *-arsäuren*, wie z.B. aus D-Glucose die D-Glucarsäure (Zuckersäure) durch Oxidation mit HNO_3.

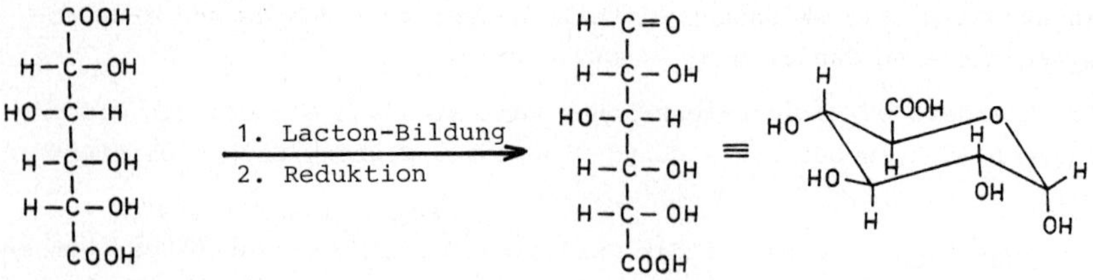

COOH–(H–C–OH)–(HO–C–H)–(H–C–OH)–(H–C–OH)–COOH

D-Glucarsäure

1. Lacton-Bildung
2. Reduktion

H–C=O–(H–C–OH)–(HO–C–H)–(H–C–OH)–(H–C–OH)–COOH ≡ (Pyranose-Ring: HO, H, COOH, O, H, HO, H, OH, H, H, OH)

D-Glucuronsäure (α-Form)

Im Gegensatz zu den -onsäuren und -arsäuren liegen die -uronsäuren als cyclische Verbindungen vor. Bei ihnen ist die Aldehydgruppe erhalten und stattdessen die primäre Alkoholgruppe oxidiert worden. Die D-Glucuronsäure ist nicht durch direkte Oxidation der D-Glucose, sondern über die D-Glucarsäure zugänglich. Uronsäuren sind physiologisch von Bedeutung: Zahlreiche giftige Stoffe werden glykosidisch an die Glucuronsäure gebunden als Glucuronide im Harn ausgeschieden.

Beispiel für Ketosen: Die Fructose

Die Fructose kann zusammen mit der Glucose durch Hydrolyse von Rohrzucker erhalten werden. Fructose ist eine Ketohexose und bildet einen Fünfring (Furanose) oder Sechsring (Pyranose).

Die nachstehende Reaktionsfolge zeigt, weshalb Fructose ebenso wie Glucose Fehlingsche Lösung reduziert. Aus der Ketose und der Aldose bildet sich mit $OH^{\ominus}$-Ionen ein Endiol, das in Lösung als Endiolat vorliegt. Durch Ansäuern erhält man die Zucker zurück.

Ketosen lassen sich wie die Aldosen reduzieren. Aus D-Fructose entsteht ein Diastereomerenpaar, nämlich D-Sorbit und D-Mannit (C-2 ist jetzt ein Chiralitäts-Zentrum!).

Bei Oxidationen werden zunächst die primären Alkohol-Gruppen oxidiert; energische Oxidationen spalten die C-Kette.

Formelmäßige Darstellung der β-D-Fructose, die bisher als einziges Isomeres in Substanz isoliert werden konnte:

β-D-Fructofuranose

β-D-Fructopyranose

D-Mannose

"Endiol"

D-Glucose

27.3 Acetal- und Derivatbildung bei Zuckern

Man bezeichnet allgemein die Vollacetale der Zucker als Glykoside (speziell: Glucoside, Fructoside usw.). Je nach Stellung der OH-Gruppe können die α- oder β-verknüpft sein. Diese Verknüpfung wird als *glykosidische Bindung* bezeichnet.

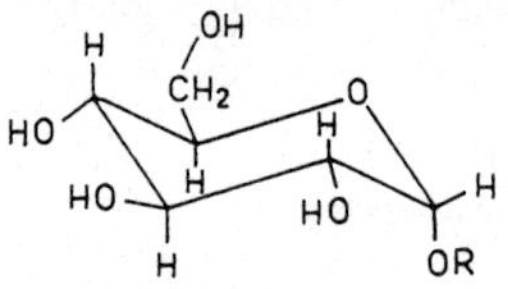

α-Glucosid 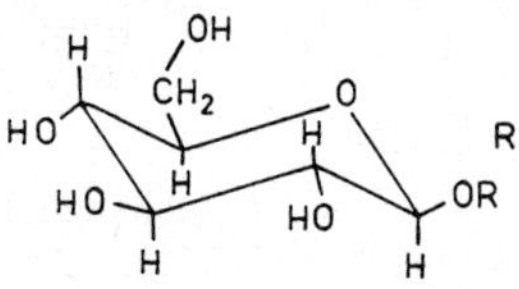 β-Glucosid 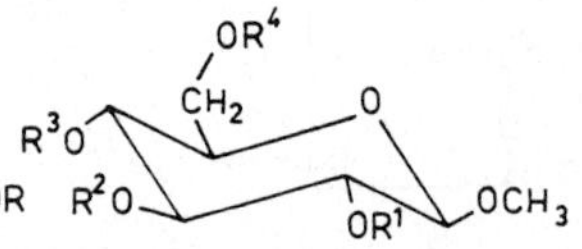 substituiertes Methyl-β-D-glucosid

Ein Übergang in die Aldehydform ist damit nicht mehr möglich: Die reduzierende Wirkung entfällt, eine gegenseitige Umwandlung von α- in die β-Form (Mutarotation) findet nicht mehr statt. Eine Glykosidbildung (unter H_2O-Abspaltung) kann erfolgen mit OH-Gruppen (z. B. in Alkoholen, Phenolen, Carbonsäuren, Zuckern) und NH_2-Gruppen (z. B. Nucleoside, Polynucleotide).

Glykoside sind wie alle Acetale gegen Alkalien beständig, werden jedoch durch Säuren hydrolysiert. Poly- und Disaccharide werden in die einzelnen Zucker aufgespalten, andere Glykoside in den Zucker und den Rest R, der oft als Aglykon bezeichnet wird.

Dabei wird von verdünnter Säure allerdings nur der acetalische Rest abgespalten, bei dem vorstehenden substituierten Methylglucosid also die OCH_3-Gruppe. Die anderen vier Reste R^1 - R^4 enthalten gewöhnliche Etherbindungen und können nur durch drastischere Bedingungen entfernt werden. Umgekehrt werden bei der Umsetzung von Glucose mit Methanol und Chlorwasserstoff nur das α- und β-Methylglucosid gebildet. Die anderen OH-Gruppen bleiben unverändert erhalten.

Will man diese Hydroxyl-Gruppen ebenfalls methylieren, so ist dies mit CH_3I/Ag_2O möglich. Dabei entstehen Pentamethylate.

Eine weitere Methode zur Derivatbildung von Zuckern ist die Acetylierung mit Acetylchlorid. Glucose bildet zwei Pentaacetate, nämlich Penta-O-acetyl-β-D-glucopyranose und Penta-O-acetyl-α-D-glucopyranose. Die Acetyl-Gruppen lassen sich durch Hydrolyse leicht wieder entfernen.

Eine Identifizierung der oft schlecht kristallisierenden Zucker ist durch Reaktion der Aldosen und Ketosen mit Phenylhydrazin möglich. Die dabei gebildeten Osazone kristallisieren gut und liefern auch Hinweise auf die Konfiguration der Zucker. Da bei dieser Reaktion das Asymmetriezentrum am C-2-Atom verschwindet, geben die beiden Diastereomere D-Glucose und D-Mannose das gleiche Osazon. Sie werden deshalb auch als *Epimere* bezeichnet, weil sie sich nur in der Konfiguration *eines* Asymmetriezentrums (C-2) unterscheiden. Der Mechanismus ist noch nicht genau bekannt.

Allgemeine Reaktionsgleichung:

$$\begin{array}{l} CHO \\ | \\ CHOH \\ | \\ R \end{array} + \underset{\text{Phenylhydrazin}}{3\,C_6H_5NHNH_2} \longrightarrow \underset{\text{Osazon}}{\begin{array}{l} CH{=}N{-}NH{-}C_6H_5 \\ | \\ C{=}N{-}NH{-}C_6H_5 \\ | \\ R \end{array}} + C_6H_5NH_2 + NH_3 + 2\,H_2O$$

28 Aminosäuren

Die Eiweiße oder Proteine (Polypeptide) sind hochmolekulare Naturstoffe (Molekülmasse > 10 000) *aus einer größeren Anzahl verschiedener Amino-carbonsäuren.* Die meisten natürlichen Aminosäuren haben L-Konfiguration und tragen die Amino-Gruppe in α-Stellung, d.h. an dem zur Carboxyl-Gruppe benachbarten Kohlenstoff-Atom. Damit ergibt sich eine allgemeine Strukturformel, die zum besseren Verständnis nachfolgend zusammen mit dem Glycerinaldehyd wiedergegeben ist:

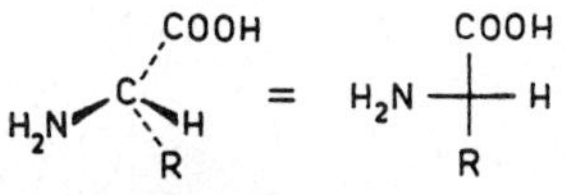

COOH, H_2N, C, H, R = COOH, H_2N, H, R

CHO, HO, C, H, CH_2OH = CHO, HO, H, CH_2OH

L-α-Aminosäure

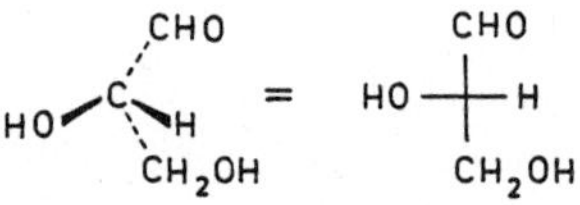

(-)-L-Glycerinaldehyd

Alle 20 in Proteinen natürlich vorkommenden α-Aminosäuren (ausgenommen Glycin) sind chiral, weil das α-C-Atom ein Asymmetriezentrum ist (s. Stereoisomerie Kap. 8). Sie besitzen sämtlich die S-Konfiguration.

3.17.1 Die natürlich vorkommenden Aminosäuren werden eingeteilt in: neutrale Aminosäuren (eine Amino- und eine Carboxylgruppe), saure Aminosäuren (eine Amino- und zwei Carboxylgruppen) und basische Aminosäuren (zwei Amino- und eine Carboxylgruppe).

28.1 Nomenklatur wichtiger Aminosäuren

1. *Neutrale Aminosäuren* (Abkürzungen in Klammern)

Glycin (Gly; G)

β-Alanin

L-Alanin (Ala; A)

L-Valin (Val; V)

L-Leucin (Leu; L)

L-Isoleucin (Ile; I)

L-Glutamin ($Glu-NH_2$; Gln; Q)

L-Asparagin ($Asp-NH_2$; Asn; N)

L-Threonin (Thr; T)

L-Methionin (Met; M)

L-Prolin (Pro; P)

Alanin-Derivate

L-Serin (Ser; S)

L-Cystein (Cys; C)

L-Cystin (Cys-Cys)

L-Phenylalanin (Phe; F)

L-Tyrosin (Tyr; Y)

L-Tryptophan (Trp; W)

(2.) *Basische Aminosäuren*

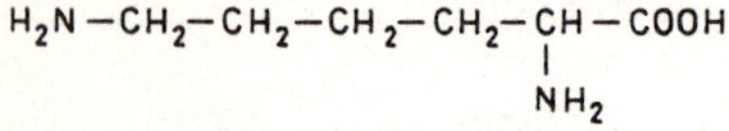

$H_2N-CH_2-CH_2-CH_2-CH_2-CH(NH_2)-COOH$

Lysin (Lys; K)

$HC=C(-CH_2-CH(NH_2)-COOH)-N=CH-NH$ (Imidazolring)

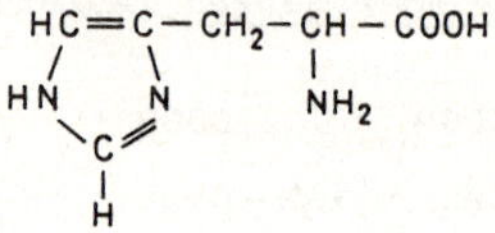

Histidin (Imidazolylalanin) (His; H)

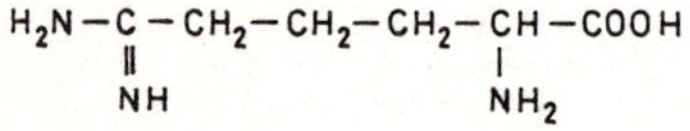

$H_2N-C(=NH)-CH_2-CH_2-CH_2-CH(NH_2)-COOH$

Arginin (Arg; R)

(3.) *Saure Aminosäuren*

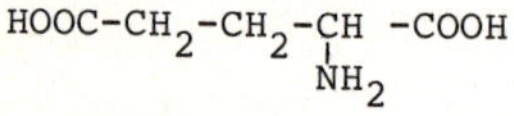

$HOOC-CH_2-CH_2-CH(NH_2)-COOH$ Glutaminsäure (Glu)

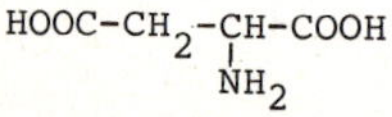

$HOOC-CH_2-CH(NH_2)-COOH$ Asparaginsäure (Asp)

28.2 Physikalische Eigenschaften der Aminosäuren

3.17.2 Aufgrund ihrer Struktur besitzen Aminosäuren sowohl basische als auch saure Eigenschaften (Ampholyte, vgl. HT, Bd. 247). Es ist daher eine intramolekulare Neutralisation möglich, die zu einem sog. *Zwitterion (Betain)* führt:

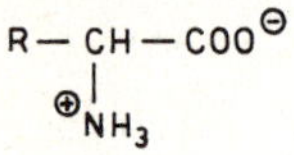

$R-CH(^{\oplus}NH_3)-COO^{\ominus}$ Dipolare Struktur der freien Aminosäuren

Im Unterschied zu gewöhnlichen organischen Säuren sind sie nicht mit Laugen quantitativ titrierbar. Deshalb führt man die Aminogruppe mit Formaldehyd in die N-Methylenaminosäure über (Imin-Bildung, vgl. Kap. 20.4), die anschließend titriert wird (Sörensen-Titration):

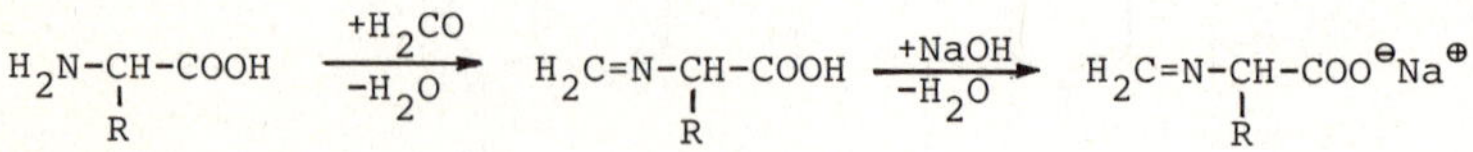

$$H_2N-CH(R)-COOH \xrightarrow[-H_2O]{+H_2CO} H_2C=N-CH(R)-COOH \xrightarrow[-H_2O]{+NaOH} H_2C=N-CH(R)-COO^{\ominus}Na^{\oplus}$$

Aminosäuren liegen meist kristallin vor, ihre Schmelzpunkte sind sehr hoch und liegen über den Zersetzungspunkten (z.B. Alanin 295° C).

In wäßriger Lösung ist die $-NH_3^{\oplus}$-Gruppe die Säuregruppe einer Aminosäure. Der pK_s-Wert ist ein Maß für die Säurestärke dieser Gruppe. Der pK_b-Wert einer Aminosäure bezieht sich auf die basische Wirkung der $-COO^{\ominus}$-Gruppe.

Für eine bestimmte Verbindung sind die Säure- und Basenstärken nicht genau gleich, da diese von der Struktur abhängen. Es gibt jedoch in Abhängigkeit vom pH-Wert einen Punkt, bei dem die intramolekulare Neutralisation vollständig ist. Dieser wird als <u>isoelektrischer Punkt</u> I.P. bezeichnet. Er ist dadurch gekennzeichnet, daß im elektrischen Feld bei der Elektrolyse keine Ionenwanderung mehr stattfindet und die Löslichkeit der Aminosäuren ein Minimum erreicht. Daher ist es wichtig, bei gegebenen pK_s-Werten den isoelektrischen Punkt I.P. berechnen zu können. Die Formel hierfür lautet:

$$\text{I.P.} = 1/2(pK_{s1} + pK_{s2})$$

pK_{s1} = pK_s-Wert der Carboxylgruppe, pK_{s2} = pK_s-Wert der Aminogruppe. Manchmal findet man anstatt K_s auch K_a (von acid).

<u>Beispiel</u>: Glycin H_2N-CH_2-COOH

(A) $K_a = 1{,}6 \cdot 10^{-10}$ ($pK_a = 9{,}8$)
$K_b = 2{,}5 \cdot 10^{-12}$ ($pK_b = 11{,}6$)

oder (B) $K_{s2} = 1{,}6 \cdot 10^{-10}$ ($pK_{s2} = 9{,}8$)
$K_{s1} = 4 \cdot 10^{-3}$ ($pK_{s1} = 2{,}4$)

Beide Angaben (A) und (B) sind in der Literatur üblich.
Die I.P. berechnet sich daraus zu:

I.P. = 1/2(2,4 + 9,8) = 6,1.

Der I.P. ist also etwas zur sauren Seite hin verschoben. Dies ist verständlich, da Glycin stärker sauer als basisch ist ($K_a > K_b$), und für den Vorgang $H_2N-CH_2-COO^{\ominus} + H^{\oplus} \longrightarrow H_3\overset{\oplus}{N}-CH_2-COO^{\ominus}$ Protonen benötigt werden. Die entsprechende Titrationskurve zeigt Abb. 38.

Wir sehen daraus, daß der gemessene K_a-Wert die Säurestärke der $NH_3^{\oplus}$-Gruppe wiedergibt, hingegen K_b sich auf die Basizität der $COO^{\ominus}$-Gruppe bezieht. Mit der Beziehung $pK_a + pK_b = 14$ (s. Teil 1) können wir im obigen Beispiel (Angabe A) leicht den pK_s-Wert der konjugierten Säure -COOH berechnen: Aus $K_b = 2{,}5 \cdot 10^{-12}$ folgt $pK_b = 11{,}6$ und damit $pK_{s1} = 2{,}4$. Der pK_a-Wert (Angabe A) braucht nicht umgerechnet zu werden, denn er ist bereits der pK_{s2}-Wert der Aminogruppe.

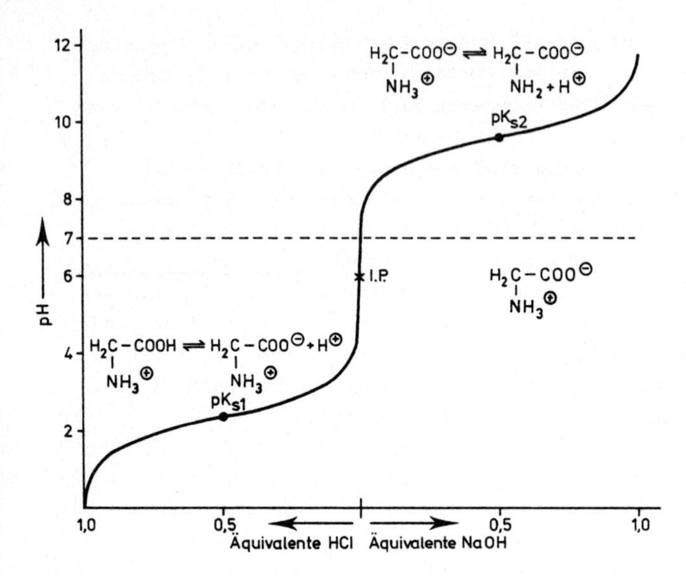

Abb. 38. Titrationskurve von Glycin

Verändert man den pH-Wert einer Lösung, so wandert die Aminosäure je nach Ladung an die Kathode oder Anode, wenn man eine Gleichspannung an zwei in ihre Lösung eintauchende Elektroden anlegt (Elektrophorese). Dies läßt sich an Hand folgender Gleichungen leicht einsehen:

$$H_2N-\underset{R}{\underset{|}{C}}H-COO^{\ominus} \xleftarrow[-\,H_2O]{+\,OH^{\ominus}} H_3\overset{\oplus}{N}-\underset{R}{\underset{|}{C}}H-COO^{\ominus} \xrightarrow{+\,H^{\oplus}} H_3\overset{\oplus}{N}-\underset{R}{\underset{|}{C}}H-COOH$$

(basisch)	I.P.	(sauer)
Anion (wandert zur Anode)	keine Wanderung	Kation (wandert zur Kathode)

Damit wird auch die jeweils vorliegende Struktur der Aminosäuren vom pH-Wert bestimmt.

Beispiel: Lysin hat einen I.P. von 9,74. Bei einem pH von 10 liegt Lysin als Anion vor (basischer!), bei pH = 9,5 als Kation. Die jeweils vorliegende Struktur ergibt sich aus den obigen Gleichungen.

Will man Lysin an einen Anionenaustauscher adsorbieren, muß man daher den pH-Wert der wäßrigen Lösung größer als den I.P. wählen (z. B. pH = 10). In einer derartigen Lösung wird Lysin bei Anlegen einer elektrischen Gleichspannung zur Anode wandern.

28.3 Chemische Eigenschaften

17.4 Die Aminosäuren können entsprechend der vorhandenen funktionellen Gruppen wie Amine oder Carbonsäuren reagieren. So kann z. B. die Aminogruppe mit Acetanhydrid acetyliert werden und beide Gruppen können analog zu den Hydroxysäuren beim Erwärmen miteinander reagieren:

Aus α-Aminosäuren entsteht ein cyclisches Diamid:

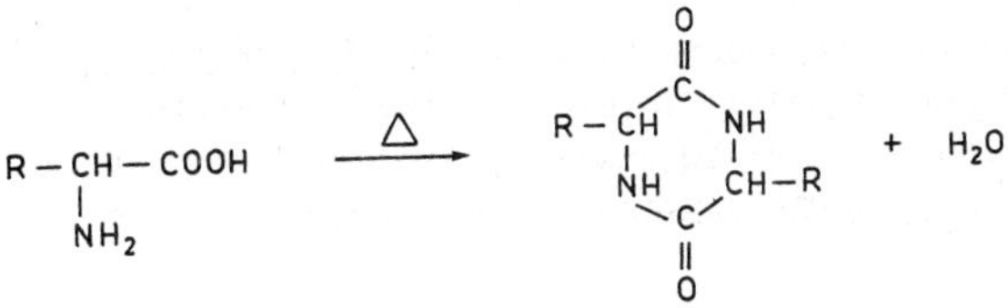

$$R-CH(NH_2)-COOH \xrightarrow{\Delta} \text{Diketopiperazin} + H_2O$$

Diketopiperazin

β-Aminosäuren führen zu α,β-ungesättigten Säuren (a), während aus γ- und δ-Aminosäuren cyclische Amide, die γ- und δ-Lactame, entstehen (b):

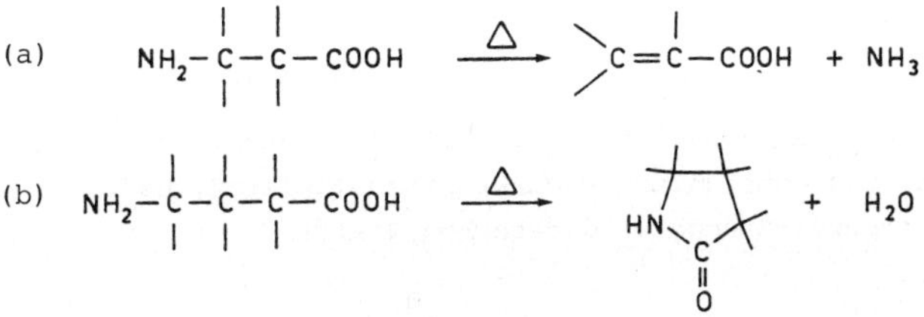

(a) $$NH_2-C-C-COOH \xrightarrow{\Delta} {>}C=C-COOH + NH_3$$

(b) $$NH_2-C-C-C-COOH \xrightarrow{\Delta} \gamma\text{-Lactam} + H_2O$$

γ-Lactam

Beim Erhitzen der α-Aminosäuren mit Kupfer(II)-oxid bilden sich in wäßriger Lösung blaue Kupfersalze, die als Chelatkomplexe vorliegen, z.B. mit Glycin:

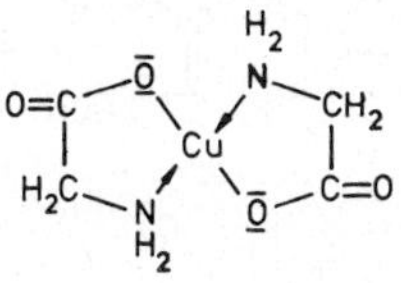

$$\text{Cu}(O-C(=O)-CH_2-NH_2)_2$$

28.4 Synthesen von Aminosäuren

3.17.3 Zur Darstellung von Aminosäuren sind viele Methoden entwickelt worden. Bei der Synthese erhält man grundsätzlich racemische Gemische.

① Die gebräuchlichste Darstellungsmethode ist die *Aminierung von α-Halogen-carbonsäuren*.

Beispiel:

$$CH_3CH_2COOH \xrightarrow{Br_2,P} CH_3CH(Br)COOH \xrightarrow{NH_3(\text{Überschuß})} CH_3CH(NH_3^{\oplus})COO^{\ominus}$$

Propionsäure — α-Brom-propionsäure — Alanin, 70 % Ausbeute

② Eine weitere wichtige Darstellungsmethode ist die *Strecker-Synthese*. Aldehyde reagieren mit Ammoniak in einer Additionsreaktion zu einem Azomethin (s. Kap. 20.4), das als "carbonyl-analoge" Verbindung HCN addiert. Die Hydrolyse des gebildeten Aminonitrils ergibt die gewünschte Aminosäure.

$$R{-}CHO \xrightarrow{+NH_3} R{-}CH(OH){-}NH_2 \xrightarrow[-H_2O]{+H^{\oplus}} \left[R{-}\overset{\oplus}{C}H{-}NH_2 \longleftrightarrow R{-}CH{=}\overset{\oplus}{N}H_2\right]$$

Carbenium-Immonium-Ion

$$\xrightarrow{+CN^{\ominus}} R{-}CH(NH_2){-}CN \xrightarrow[-NH_3]{+2\,H_2O} R{-}CH(\overset{\oplus}{N}H_3){-}COO^{\ominus}$$

α-Aminonitril

③ Die *Gabriel-Synthese* verwendet Kaliumphthalimid, das mit Brommalonester reagiert. Das entstandene Produkt wird alkyliert, hydrolysiert, und eine Carboxyl-Gruppe wird decarboxyliert:

$$C_6H_4(CO)_2N^{\ominus}K^{\oplus} + Br{-}CH(COOR){-}COOR \longrightarrow C_6H_4(CO)_2N{-}CH(COOR){-}COOR$$

$$\xrightarrow{+R'{-}Cl} C_6H_4(CO)_2N{-}C(R')(COOR){-}COOR \xrightarrow[2)\ \Delta]{1)\ H_3O^{\oplus}} C_6H_4(COOH)_2 + H_3\overset{\oplus}{N}{-}CH(R'){-}COO^{\ominus} + CO_2 + 2\,ROH$$

Während die vorgenannten Synthesereaktionen zu α-Aminosäuren führen, werden β-Aminosäuren z.B. durch Addition von Ammoniak an α-, β-ungesättigten Carbonsäuren hergestellt (Umkehrung der Pyrolysereaktion s. o.!)

$$CH_2{=}CH{-}COOH \xrightarrow{+\ NH_3} H_2N{-}CH_2{-}CH_2{-}COOH$$

Acrylsäure → β-Aminopropionsäure (β-Alanin)

Die Trennung der Aminosäure-Racemate in die optischen Antipoden erfolgt nach speziellen Methoden. Im wesentlichen sind drei Verfahren entwickelt worden:

1. Trennung durch fraktionierte Kristallisation (physikalisches Verfahren).
2. Abbau einer der beiden optisch aktiven Formen durch Bakterien, wobei die andere unversehrt zurückbleibt (biologisches Verfahren).
3. Kombination einer racemischen Säure mit einer optisch aktiven Base. Es entstehen Salze, z.B. D-Aminosäure-L-Base und L-Aminosäure-L-Base, die aufgrund ihrer unterschiedlichen Löslichkeit getrennt werden können (chemisch-physikalisches Verfahren).

29 Biopolymere

Biopolymere sind natürliche Makromoleküle, die ebenso wie synthetische Makromoleküle (Kunststoffe, s. Kap. 26) aus kleineren Bausteinen (Monomeren) aufgebaut sind. Die Polymere unterscheiden sich u.a. in der Art des Monomeren bzw. der Monomeren, aus denen sie aufgebaut sind, der Art der Bindung zwischen den Bausteinen und der Möglichkeit verschiedener Verzweigungsarten bei mehreren funktionellen Gruppen.

Eine Übersicht über hier besprochene Verbindungen gibt Tabelle 30.

Tabelle 30. Kunststoffe und Biopolymere

Art der Bindungen zwischen den Monomeren		Beispiele für synthetische Polymere	Beispiele für natürliche Polymere
Kohlenstoff-Bindung	$-\overset{\vert}{\underset{\vert}{C}}-\overset{\vert}{\underset{\vert}{C}}-$	Polyethylen	Kautschuk
Ester-Bindung	$-\underset{\Vert}{\underset{O}{C}}-O-\overset{\vert}{\underset{\vert}{C}}-$	Polyester (Diolen)	Nucleinsäuren (DNA, RNA)
Amid-Bindung	$-\overset{O}{\overset{\Vert}{C}}-\underset{H}{\underset{\vert}{\bar{N}}}-\overset{\vert}{\underset{\vert}{C}}-$	Polyamid (Nylon, Perlon)	Polypeptide (Eiweiß, Wolle, Seide)
Ether-Bindung bzw. Acetal-Bindung	$-\overset{\vert}{\underset{\vert}{C}}-O-\overset{\vert}{\underset{\vert}{C}}-$	Polyformaldehyd (Delrin)	Polysaccharide (Cellulose, Stärke, Glykogen)

29.1 Polysaccharide (Glykane)

Die Bedeutung der makromolekularen Struktur wird am Beispiel der Polysaccharide *Cellulose, Stärke und Glykogen* besonders deutlich. Alle drei sind aus dem gleichen Monomeren, der D-Glucose, aufgebaut, unterscheiden sich jedoch in ihrem verschieden verzweigten Aufbau

(Tabelle 31). Ein weiteres Polysaccharid, das *Dextran*, besteht ebenfalls aus D-Glucose und findet in der Gelchromatographie Verwendung. Wegen der gleichen Grundbausteine nennt man diese Polysaccharide auch Homoglykane.

Tabelle 31. Eigenschaften von Polysacchariden

	Cellulose	Stärke	Glykogen
Monomer	D-Glucose	D-Glucose	D-Glucose
glykosidische Verknüpfung	β(1,4)	α(1,4) u. α(1,6)	α(1,4) u. α(1,6)
Aufbau	linear	verzweigt	stark verzweigt
Gestalt	linear	längl. gestreckt	kugelig
Löslichkeit (in Wasser)	keine	nach Kochen	gut
Faserbildung	sehr gut	keine	keine
Kristallisation	gut	schwach	keine
biol. Bedeutg.	Gerüstsubstanz (pflanzl. Zellwand)	Depotsubstanz (Pflanzen)	Depotsubstanz (Vertebraten)

Cellulose

Cellulose besteht aus D-Glucose-Molekülen, die an den C-Atomen 1 und 4 β-glykosidisch verknüpft sind. Das Ergebnis ist ein gerader, einfacher Molekül-Faden ohne Verzweigungen (linear):

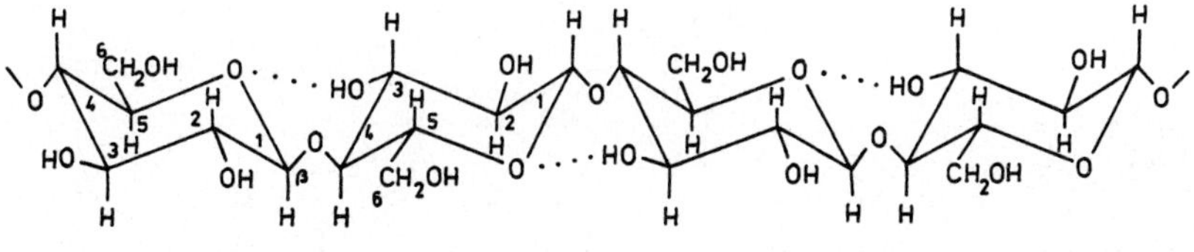

Cellulose (Ausschnitt aus einer Kette)

In der Strukturformel erkennt man, daß die einzelnen Pyranose-Einheiten H-Brückenbindungen von den Hydroxyl-Gruppen am C-3-Atom zum Ring-Sauerstoffatom ausbilden können. Auch zwischen den Molekülsträngen sind H-Brückenbindungen wirksam, so daß man die Struktur einer Faser erhält. Diese eignet sich als Gerüstsubstanz, weil sie unter normalen Bedingungen unlöslich ist.

Die beiden anderen aus Glucose gebauten Polysaccharide Stärke und Glykogen haben einen anderen Bau. Ihre Verwendung als Reserve-Kohlenhydrate verlangt eine möglichst schnelle und direkte Verwertbarkeit im Organismus. Sie müssen daher wasserlöslich und stark verzweigt sein, um den Enzymen ungehinderten Zutritt zu den Verknüpfungspunkten zu ermöglichen.

Stärke

Stärke besteht zu 10 - 30 % aus Amylose und zu 70 - 90 % aus Amylopectin. Beide sind aus D-Glucose-Einheiten zusammengesetzt, die α-glykosidisch verknüpft sind.

In der Amylose sind sie α(1,4)-verknüpft, wobei die Glucose-Ketten kaum verzweigt sind. Sie ist der Stärke-Bestandteil, der mit Iod die blaue Iod-Stärke-Einschlußverbindung gibt. Die Röntgenstrukturanalyse zeigt, daß die Ketten in Form einer *Helix* spiralförmig gewunden sind und die Iod-Atome in den Hohlräumen liegen.

Der Hauptbestandteil der Stärke, das Amylopectin, ist im Gegensatz zur Amylose stark verzweigt: α(1,4)-glykosidisch gebaute Amylose-Ketten sind α(1,6)-glykosidisch miteinander verbunden.

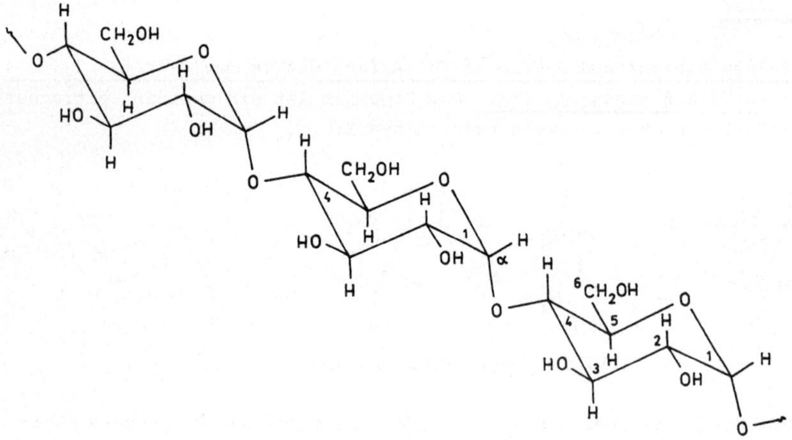

Amylose (Sessel-Konformationen angenommen)

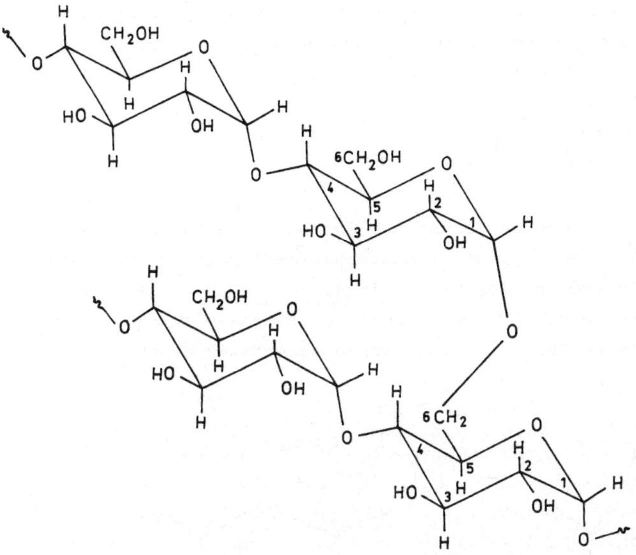

Amylopectin (Sessel-Konformationen angenommen)

Glykogen

Glykogen, ein ebenfalls aus Glucose aufgebautes Reserve-Polysaccharid, ist ähnlich wie Amylopectin α(1,4)- und α(1,6)-verknüpft. Die Ver-

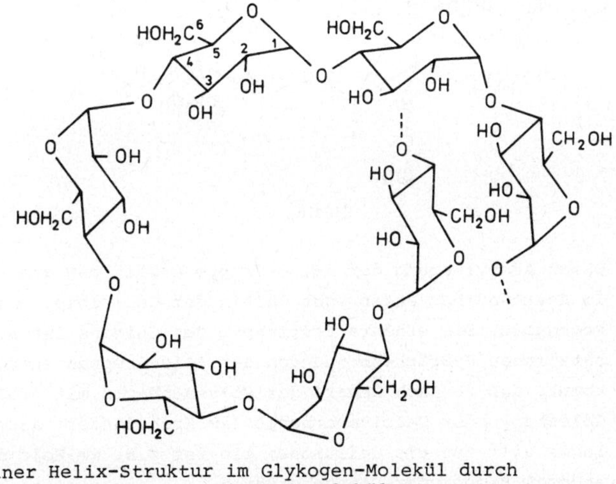

Abb. 39. Bildung einer Helix-Struktur im Glykogen-Molekül durch α(1,4)-glykosidische Verknüpfung von Glucose-Molekülen

zweigung ist jedoch noch beträchtlich größer. Analog zur Amylose entsteht mit Iod eine braunfarbene Einschlußverbindung, die auf eine helicale Struktur hindeutet.

Chitin

Chitin, eine zweite wichtige Gerüstsubstanz neben Cellulose, ist der Gerüststoff der Arthropoden. Die Monosaccharid-Einheit ist in diesem Fall ein sog. Aminozucker, das N-Acetyl-glucosamin. Glucosamin entspricht strukturmäßig der Glucose, wobei die Hydroxy-Gruppe am C-2-Atom durch eine Amino-Gruppe ersetzt wurde: 2-Amino-2-desoxy-glucose.

2-Amino-2-desoxy-D-glucose
Glucosamin

N-Acetyl-2-amino-2-desoxy-D-glucose
Acetylglucosamin (β-Anomer)

Chitin

Durch Acetylierung der Amino-Gruppe erhält man das Acetyl-glucosamin. Im Kettenaufbau entspricht Chitin der Cellulose: beide sind β(1,4)-verknüpft. Die erhöhte Festigkeit des Chitins ist u.a. auf die zusätzlichen H-Brückenbindungen der Amid-Gruppen zurückzuführen. Hinzu kommt, daß je nach Bedarf das Polysaccharid mit Proteinen (in den Gelenken) oder Calciumcarbonat (im Krebspanzer) assoziiert ist. Analoges gilt für die Cellulose; sie ist z.B. im Holz in Lignin, ein anderes Biopolymer, eingebettet.

Bekannte Polysaccharide mit anderen Zuckern

Inulin (in Dahlienknollen, Artischocken als Depotsubstanz), ist fast gänzlich aus β(1,2)-verbundenen D-Fructofuranose-Molekülen aufgebaut. Es dient in der Physiologie zur Bestimmung des extrazellulären Raumes, weil es leicht in die Interstitialflüssigkeit, nicht aber in die Zellen eintritt.

Agar-Agar (aus Meeresalgen) besteht aus D- und L-Galactose, die meist β(1,3)-verknüpft und teilweise mit H_2SO_4 verestert sind.

Die Pektine (vor allem in Früchten) bilden Gele und haben ein hohes Wasserbindungsvermögen. Sie enthalten D-Galacturonsäure (α(1,4)-verknüpft), deren COOH-Gruppen z.T. als Methylester ($-COOCH_3$) vorliegen. Sie dienen zur Herstellung von Gelees, Marmeladen etc.

Tabelle 32. Polysaccharide, Struktur und Vorkommen

Polysaccharid	Monosaccharid-Bausteine	Verknüpfung	Vorkommen
Agar	D-Galactose, L-Galactose-6-sulfat	β(1,3), β(1,4)	rote Meeresalgen
Alginsäure	D-Mannuronsäure	β(1,4)	Braunalgen
Amylopectin	D-Glucose	α(1,4), α(1,6)	Pflanzen
Amylose	D-Glucose	α(1,4)	Pflanzen
Cellulose	D-Glucose	β(1,4)	Pflanzen
Chitin	N-Acetyl-D-Glucosamin	β(1,4)	niedere Tiere, Pilze
Chondroitinsulfat	D-Glucuronsäure, N-Acetyl-D-galactosamin-4- und -6-sulfat	β(1,3), β(1,4)	tierisches Bindegewebe
Dextran	D-Glucose	α(1,4), α(1,6)	Bakterien
Glykogen	D-Glucose	α(1,4), α(1,6)	Säugetiere
Heparin	D-Glucuronsäure-2-sulfat, D-Galactosamin-N,C-6-disulfat	α(1,4)	Säugetiere
Hyaluronsäure	D-Glucuronsäure, N-Acetyl-D-glucosamin	β(1,3), β(1,4)	Bakterien, Tiere
Inulin	D-Fructose	β(2,1)	Compositae, Liliaceae
Mannan	D-Mannose	überw. β(1,4)	Pflanzen
Murein	N-Acetyl-D-glucosamin, N-Acetyl-D-muraminsäure	β(1,4)	Bakterien
Pektinsäure	D-Galacturonsäure	α(1,4)	höhere Pflanzen
Xylan	D-Xylose	β(1,4)	Pflanzen

29.2 Peptid-Bildung

3.17.4 Zwei, drei oder mehr Aminosäuren können, zumindest formal, unter Wasser-Abspaltung zu einem größeren Molekül kondensieren. Die Verknüpfung erfolgt jeweils über die Peptid-Bindung –CO–NH– (Säureamid-Bindung). *Je nach der Anzahl der Aminosäuren nennt man die entstandenen Verbindungen Di-, Tri- oder Polypeptide.*

Beispiel:

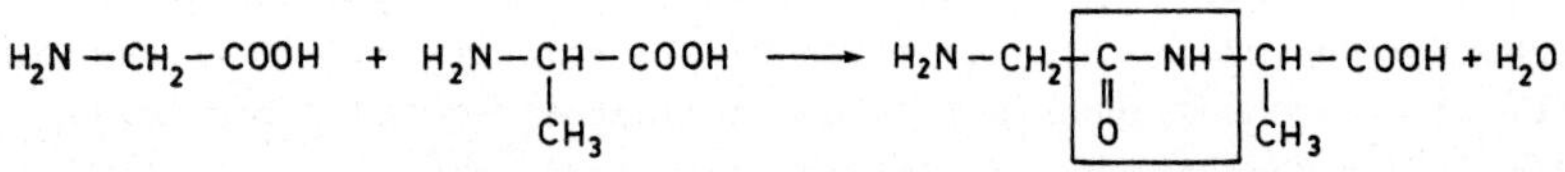

$$H_2N-CH_2-COOH + H_2N-CH(CH_3)-COOH \longrightarrow H_2N-CH_2-\boxed{C(=O)-NH}-CH(CH_3)-COOH + H_2O$$

Glycin Alanin Dipeptid: Gly-Ala (Glycyl-Alanin)

Allgemeine Strukturformel:

$$-N(H)-C(=O)-CH(R)-N(H)-C(=O)-CH(R)-N(H)-C(=O)-$$

Mesomerie der Peptid-Bindung:

$$-\overline{N}(H)-C(=\overline{O})-CH(R) \longleftrightarrow -\overset{\oplus}{N}(H)=C(-\overline{\underline{O}}|^{\ominus})-CH(R)$$

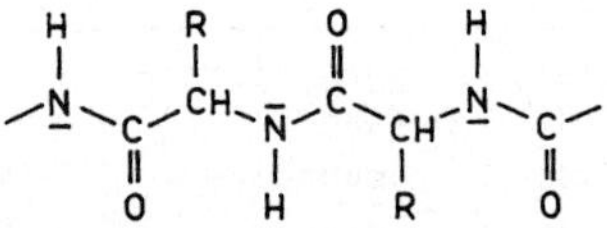

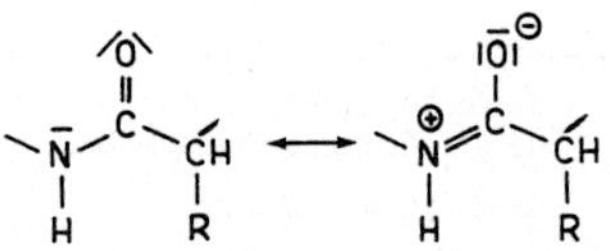

Kristallstrukturbestimmungen von einfachen Peptiden führen zu den in Abb. 40 enthaltenen Angaben über die räumliche Anordnung der Atome: Da alle Proteine aus L-Aminosäuren gebaut sind, ist die sterische Anordnung am α-C-Atom festgelegt. Die Röntgenstrukturanalyse ergibt zusätzlich, daß die Amid-Gruppe eben angeordnet ist, d.h. *die Atome der Peptid-Bindung liegen in einer Ebene*. Dadurch ist die gezeigte Mesomerie der Peptid-Bindung möglich, die eine verringerte Basizität am Amid-N-Atom zur Folge hat. Der partielle Doppelbindungscharakter wird durch den gemessenen C–N-Abstand von 132 pm im Vergleich zu einer normalen C–N-Bindung von 147 pm bestätigt. Die Atomfolge

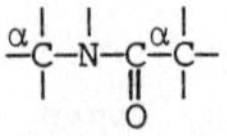

$\overset{\alpha}{C}-N-C(=O)-\overset{\alpha}{C}$ bezeichnet man auch als das *Rückgrat* der Peptid-Kette.

Natürlich vorkommende Aminosäuren werden oft mit ihren ersten drei Buchstaben abgekürzt geschrieben. *Die Reihenfolge der Aminosäuren in einem Peptid wird als die Sequenz (Primärstruktur) bezeichnet.* Bei der Verwendung der Abkürzungen wird die Aminosäure mit der freien Amino-Gruppe (N-terminale AS) am linken Ende, diejenige mit der freien Carboxyl-Gruppe (C-terminale AS) am rechten Ende hingeschrieben: Gly-Ala (oft auch H-Gly-Ala-OH) im obigen Beispiel ist also nicht dasselbe wie Ala-Gly (= H-Ala-Gly-OH). Drei verschiedene Aminosäuren können daher sechs verschiedene Tripeptide geben.

Beispiel: Ala-Gly-Val, Ala-Val-Gly, Gly-Ala-Val, Gly-Val-Ala, Val-Ala-Gly, Val-Gly-Ala.

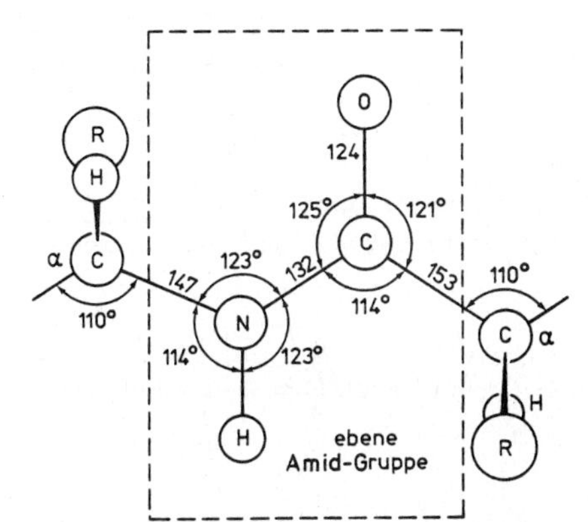

Abb. 40. Die wichtigsten Abmessungen (Längen und Winkel) in einer Polypeptid-Kette. Längenangaben in pm

Hydrolyse von Peptiden

Die Säureamid-Bindung der Peptide läßt sich durch Hydrolyse mit Säuren oder Basen spalten, und man erhält die einzelnen Aminosäuren zurück (R—CO—NHR' bedeutet im folgenden ein Peptid):

$$R-\underset{\underset{O}{\|}}{C}-NHR' + H_2O \underset{(H^{\oplus})}{\overset{(H^{\oplus}, OH^{\ominus})}{\rightleftharpoons}} RCOOH + H_2NR'$$

Im Organismus wird der Eiweißabbau durch proteolytische Enzyme (Trypsin, Chymotrypsin, Papain) eingeleitet, die eine gewisse Spezifität zeigen und bei bestimmten pH-Werten ihr Wirkungsoptimum haben. Bei der Hydrolyse im Labor wird zur Beschleunigung der Reaktion meist in saurer Lösung gearbeitet, da der Einsatz von Basen zu einem racemischen Gemisch der entstandenen Aminosäuren führt.

Die *saure* Hydrolyse verläuft wie im Kap. 22.1 beschrieben: Nach der Anlagerung eines Protons folgt der nucleophile Angriff eines H_2O-Moleküls:

$$R-\underset{\underset{O}{\|}}{C}-NHR' \overset{+H^{\oplus}}{\rightleftharpoons} R-\underset{\underset{OH}{|}}{\overset{\oplus}{C}}-NHR' \overset{+H_2O}{\rightleftharpoons} R-\underset{\underset{OH}{|}}{\overset{\overset{H\overset{\oplus}{O}H}{|}}{C}}-NHR' \rightleftharpoons$$

$$R-\underset{\underset{OH}{|}}{\overset{\overset{HO}{|}}{C}}-\underset{\oplus}{\overset{\overset{H}{|}}{N}}HR' \overset{-H^{\oplus}}{\rightleftharpoons} RCOOH + H_2NR' \text{ bzw. } (H_3NR'^{\oplus}X^{\ominus})$$

Im Gegensatz dazu ist die *alkalische* Hydrolyse bekanntlich irreversibel und beginnt mit dem nucleophilen Angriff des $OH^{\ominus}$-Ions:

$$R-\underset{\underset{O}{\|}}{C}-\bar{N}HR' + OH^{\ominus} \rightleftharpoons R-\underset{\underset{|\underline{O}|^{\ominus}}{|}}{\overset{\overset{OH}{|}}{C}}-\bar{N}HR' \rightleftharpoons R-COOH + |\overset{\ominus}{\underline{N}}HR' \longrightarrow RCOO^{\ominus} + H_2NR'$$

Beispiel:

$$\underset{\text{Ala-Gly-Phe}}{CH_3-\underset{\underset{H_2N}{|}}{CH}-\underset{\underset{O}{\|}}{C}-NH-CH_2-\underset{\underset{O}{\|}}{C}-NH-\underset{\underset{CH_2-C_6H_5}{|}}{CH}-COOH} \xrightarrow{+2H_2O} \underset{\text{Alanin}}{CH_3-\underset{\underset{\oplus NH_3}{|}}{CH}-COO^{\ominus}} + \underset{\text{Glycin}}{H_3\overset{\oplus}{N}-CH_2-COO^{\ominus}}$$

$$+ \underset{\text{Phenylalanin}}{H_3\overset{\oplus}{N}-\underset{\underset{CH_2-C_6H_5}{|}}{CH}-COO^{\ominus}}$$

Mit geeigneten Abbaureaktionen läßt sich auch die Sequenz der Peptidkette (Primärstruktur) ermitteln. Dies ist besonders wichtig für die Analyse der natürlich vorkommenden Polypeptide, der Proteine.

Die N-terminale Endgruppe wird mit Dinitrofluorbenzol *nach Sanger* bestimmt (s. Kap. 9.4.1). *Die chemische Sequenzanalyse (nach Edman)* verwendet Phenyl-isothiocyanat. Dieses addiert sich an die N-terminale Aminosäure zu einem Phenyl-thioharnstoff-Derivat, aus dem z.B. durch Salzsäure ein Phenyl-thiohydantoin abgespalten wird. Die Reaktion kann fortlaufend mit dem Restpeptid wiederholt werden.

$$S{=}C{=}N{-}C_6H_5 + H_2N{-}CH(R){-}CO{-}NH\sim \longrightarrow S{=}C(NH{-}C_6H_5){-}HN{-}CH(R){-}CO{-}NH\sim \longrightarrow H_2N\sim + \text{Phenyl-thiohydantoin}$$

Phenyl-thiocarbamylpeptid

Phenyl-thiohydantoin

Peptid-Synthesen

Die Synthese von Peptiden erfordert die Aktivierung der —COOH- oder $-NH_2$-Gruppe. Häufig verwendet werden Säure-chloride, -azide, -anhydride oder spezielle Ester. Dabei muß die Amino-Gruppe der Aminosäure blockiert werden, meist durch N-Acylierung mit Chlorameisensäurebenzylester, $Cl{-}C({=}O){-}O{-}CH_2{-}C_6H_5$ (Cbo), oder durch tert. Butoxycarbonylazid, $N_3{-}C({=}O){-}O{-}C(CH_3)_3$ (Boc).

Das so hergestellte, aktivierte und geschützte N-Acyl-aminosäure-Derivat reagiert dann mit einer zweiten Aminosäure, deren —COOH-Gruppe durch Veresterung geschützt ist, zu einem Dipeptid:

$$\underbrace{C_6H_5{-}CH_2{-}O{-}C({=}O)}_{\text{Cbo}}{-}NH{-}CH(R){-}C({=}O){-}N_3 + H_2N{-}CH(R'){-}C({=}O){-}OEt \xrightarrow{-\,NH_3} Cbo{-}NH{-}CH(R){-}C({=}O){-}NH{-}CH(R'){-}COOEt$$

N-Acylaminosäureazid

Aminosäureester

Dipeptid

Die *Schutzgruppen* vermindern Nebenreaktionen, und es werden eindeutige Verknüpfungen möglich. Im Dipeptid kann die Ester-Gruppe z.B. wieder in ein Azid umgewandelt und erneut in einer Kondensationsreaktion eingesetzt werden. Die Cbo-Gruppe wird nach Bildung des gewünschten Peptids durch Hydrierung abgespalten und die endständige Ester-Gruppe durch Hydrolyse entfernt.

Beispiele für Peptide:

Zahlreiche wichtige Hormone sind Oligo- oder Polypeptide. Dazu gehören Ocytocin (Oxytocin, 9 Aminosäuren) und Vasopressin (9 Aminosäuren), beide aus dem Hypophysenhinterlappen, Corticotropin (39 Aminosäuren, Hypophysenvorderlappen) und Insulin (51 Aminosäuren, Bauchspeicheldrüse).

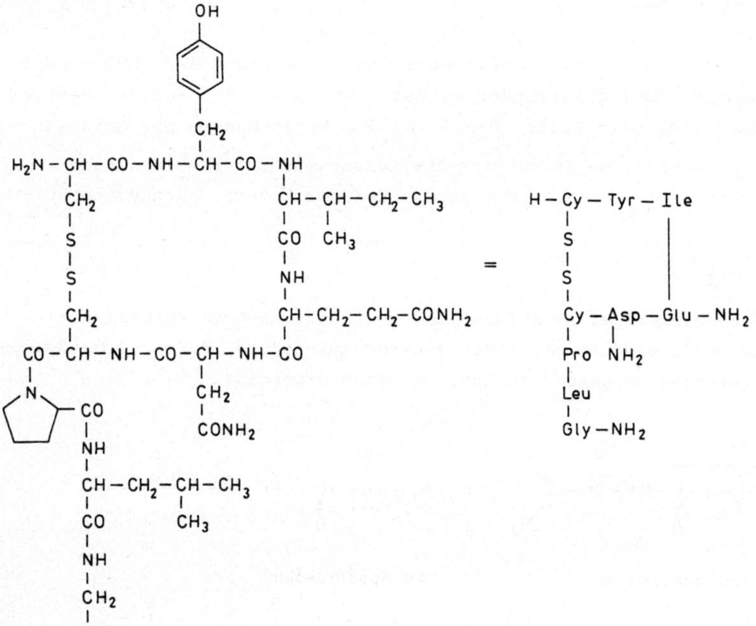

```
                OH
                |
             (C6H4)
                |
               CH2
                |
H2N-CH-CO-NH-CH-CO-NH
    |              |
    CH2            CH-CH-CH2-CH3             H-Cy-Tyr-Ile
    |              |  |                        |        |
    S              CO CH3                      S        |
    |              |                  =        |        |
    S              NH                          S        |
    |              |                           |        |
    CH2            CH-CH2-CH2-CONH2            Cy-Asp-Glu-NH2
    |              |                           |   |
CO-CH-NH-CO-CH-NH-CO                           Pro NH2
|           |                                  |
N           CH2                                Leu
(Pyrrolidin)-CO   |                            |
    |       CONH2                              Gly-NH2
    NH
    |
    CH-CH2-CH-CH3
    |      |
    CO     CH3
    |
    NH
    |
    CH2
    |
    CONH2
```

Ocytocin

Zu den Peptiden gehören auch so bekannte Gifte wie Phalloidin und Amanitin (beide aus dem Knollenblätterpilz) und Antibiotica wie Gramicidin (aus Bacillus brevis). Letzteres ist ein cyclisches Dekapeptid, das nicht über S–S-Brücken verknüpft ist und zwei D-Aminosäuren enthält.

```
Pro - Val - Orn - Leu - D-Phe
 |                        |          Gramicidin S
D-Phe - Leu - Orn - Val - Pro
```

29.3 Proteine

Proteine sind Verbindungen, die am Zellaufbau beteiligt sind und aus einer oder mehreren Polypeptid-Ketten bestehen können. Sie bestehen aus Aminosäuren und werden oft eingeteilt in Oligopeptide (bis ~ 10 Aminosäuren), Polypeptide (bis ~ 100 Aminosäuren) und die noch größeren Makropeptide.

Die Primärstruktur, d.h. die Sequenz (Reihenfolge) der Aminosäuren in einer Kette wurde in Kap. 29.2 besprochen.

<u>Struktur der Proteine</u>

Die sog. *Sekundärstruktur* beruht auf den Bindungskräften zwischen den verschiedenen funktionellen Gruppen der Peptide. Am wichtigsten sind die in folgendem Schema dargestellten intramolekularen Bindungen, die schon an anderer Stelle besprochen wurden. Die hydrophobe Wechselwirkung wird durch Abb. 41 verdeutlicht.

Peptidkette

N–H···O=C   S–S $NH_3^{\oplus}$ ··· $^{\ominus}O$–C=O $CH(CH_3)_2$ ··· $(CH_3)_2CH$–CH_2

Peptidkette

H-Brückenbindung | kovalente Disulfidbindung | Ionenbeziehung | hydrophobe Wechselwirkung

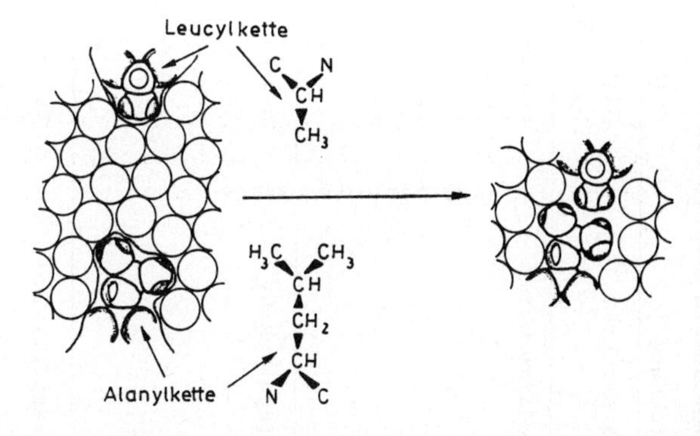

Abb. 41. Schema der Bildung einer hydrophoben Wechselwirkung zwischen einer Alanyl- und einer Leucyl-Seitenkette an einem Protein. Die Seitenketten nähern sich, bis sie einander berühren, wobei die Zahl der unmittelbar benachbarten Wasser-Moleküle (schematisch durch Kreise angedeutet) abnimmt. (Nach G. Némethy u. H. A. Scheraga: J. physic. Chem. *66*, 1773 (1962)

Schema: Aufbau von Proteinen

Bezeichnung		Erläuterung	Schema
Primärstruktur		Sequenz = Reihenfolge der Aminosäuren von links nach rechts	
Sekundärstruktur	Kettenkonformation	periodische Faltung, begünstigt durch gewinkelte Peptidkette und Einschränkung der Rotation durch Mesomerie (Kap. 29.2); Fixierung durch H-Brücken	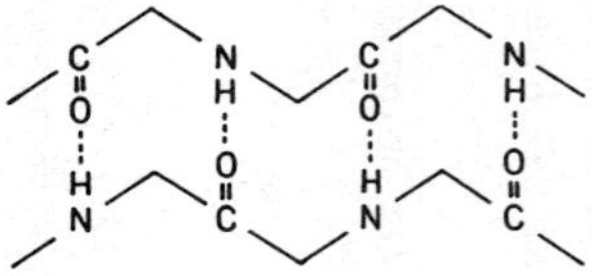 Faltblattstruktur; 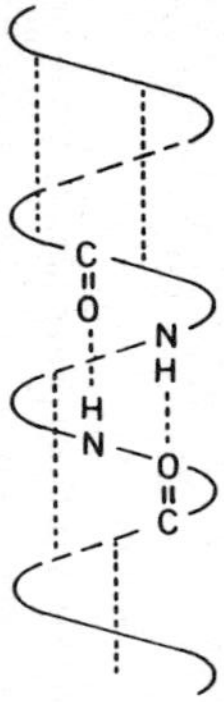 Helix
Tertiärstruktur		nichtperiodische, knäuelartige Faltung durch Fixierung infolge H-Brücken, S-Brücken, hydrophobe Wechselwirkung, Ionenbez.	
Quartärstruktur		Verknüpfung von Untereinheiten (Peptidketten) durch H-Brücken und hydrophobe Wechselwirkung zu großen Proteinstrukturen	 Quartärstruktur (tetramere Form)

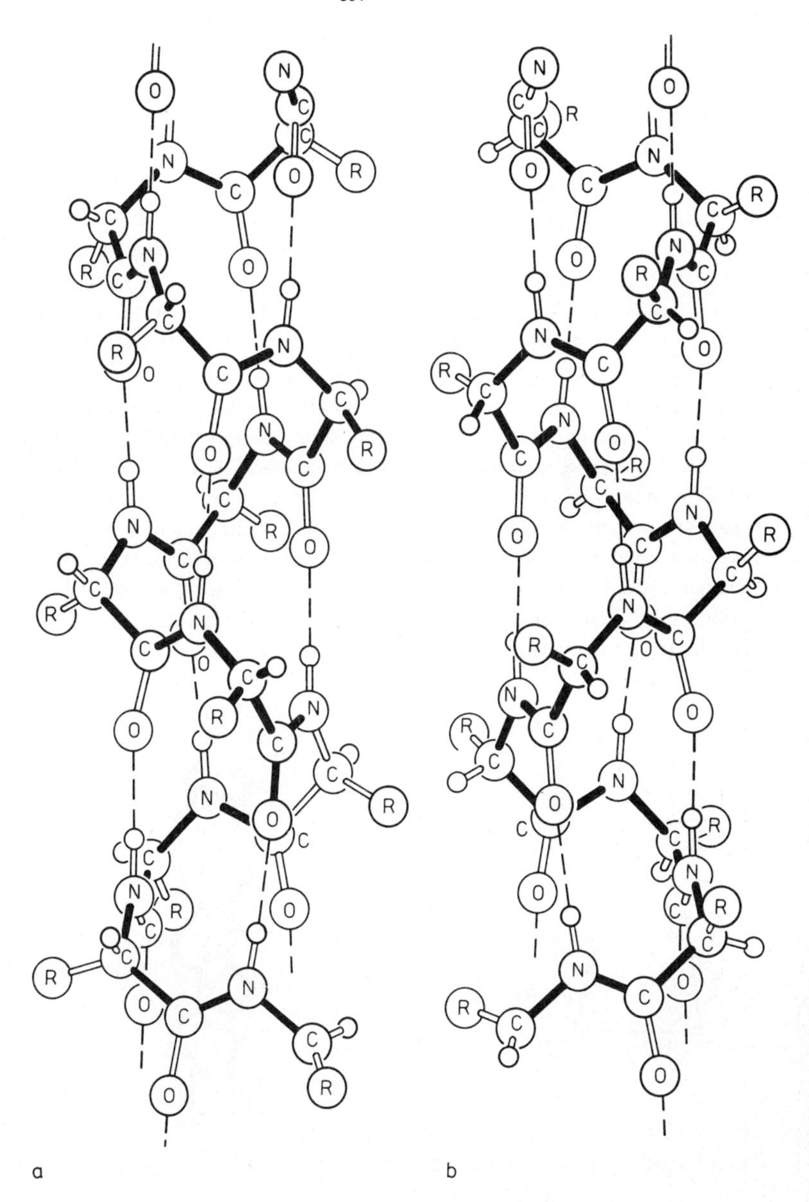

Abb. 42. Schematische Darstellung der beiden möglichen Formen der α-Helix: Linksgängige (a) und rechtsgängige (b) Schraube, dargestellt in beiden Fällen mit L-Aminosäure-Resten. Das Rückgrat der Polypeptid-Kette ist schwarz gezeichnet, die Wasserstoff-Atome sind durch die kleinen Kreise wiedergegeben. Die Wasserstoff-Brückenbindungen (intramolekular) sind durch gestrichelte Linien dargestellt

Die Wasserstoff-Brückenbindungen zwischen NH- und CO-Gruppen üben einen stabilisierenden Einfluß auf den Zusammenhalt der Sekundärstruktur aus und führen zur Ausbildung zweier verschiedener Polypeptid-Strukturen, der α-Helix- und der Faltblatt-Struktur.

In der α-*Helix* liegen hauptsächlich intramolekulare H-Brückenbindungen vor. Hierbei ist die Peptidkette spiralförmig in Form einer Wendeltreppe verdreht mit etwa 3,6 Aminosäuren pro Umgang. Es bilden sich H-Brückenbindungen zwischen aufeinanderfolgenden Windungen derselben Kette aus, und zwar zwischen den N—H-Protonen einer Peptid-Bindung und dem Carbonyl-Sauerstoff der dritten Aminosäure oberhalb dieser Bindung. Jede Peptid-Bindung nimmt an einer H-Brückenbindung teil. Alle Aminosäuren müssen dabei die gleiche Konfiguration besitzen, um in die Helix zu passen. Man kann dieses Modell als rechts- oder linksgängige Schraube konstruieren (Abb. 42); beide sind zueinander diastereomer. Die rechtsgängige Helix ist energetisch stabiler. Spiegelbildliche Helices erhält man dann, wenn man die eine Helix aus L-Aminosäuren und die andere aus D-Aminosäuren aufbaut. Die ebene Anordnung der Peptid-Bindung führt dazu, daß der Querschnitt der Helix nicht rund ist. Die Seitenketten R der Aminosäuren stehen von der Spirale nach außen weg. Abb. 43 gibt eine Aufsicht auf die α-Helix wieder.

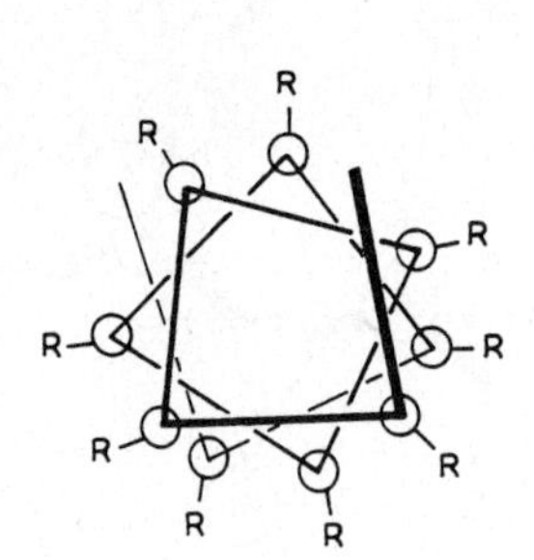

Abb. 43. Aufsicht auf die α-Helix.
R—R bedeutet die Folge R>CH—CO—NH—CH<R

Abb. 44. Kollagen-Superhelix

Eine besonders eindrucksvolle Struktur besitzen das Kollagen und das α-Keratin der Haare. Abb. 44 zeigt die Kollagen-Superhelix. Drei lange Polypeptid-Ketten aus linksgängigen Helices sind zu einer dreifachen, **rechtsgängigen** *Superhelix* verdrillt, wobei sich zwei helicale Strukturen überlagert haben.

Beim Dehnen der Haare geht die α-Keratin-Struktur in die β-Keratin-Struktur über. *Dabei handelt es sich um eine Faltblatt-Struktur*, bei der zwei oder mehr Polypeptid-Ketten durch *inter*molekulare H-Brückenbindungen verbunden sind. Auf diese Weise entsteht ein "Peptid-Rost", der leicht aufgefaltet ist, weil die Reste R als Seitenketten einen gewissen Platzbedarf haben (Abb. 44).

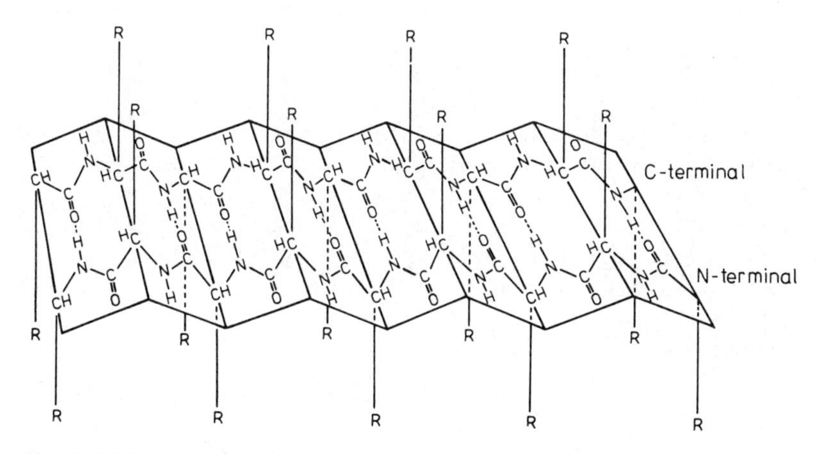

Abb. 45. Faltblattstruktur von β-Keratin mit antiparallelen Peptid-Ketten ("Peptid-Rost")

Die nachstehend beschriebene Sekundärstruktur bestimmt auch teilweise die Ausbildung geordneter Bereiche innerhalb einer Kette, d.h. die helix-förmige (oder anders gestaltete) Peptid-Kette faltet sich noch einmal zusammen. Dies führt zu einer räumlichen Orientierung des Moleküls, die man als *Tertiärstruktur* bezeichnet.

Verschiedene Proteine können sich auch zu einer größeren Einheit zusammenlagern, deren Anordnung *Quartärstruktur* genannt wird. **Bekanntes** Beispiel: Hämoglobin (vier Peptid-Ketten).

Faltblatt-Strukturen können mit antiparalleler und paralleler Anordnung der Peptid-Kette vorliegen (Abb. 46).

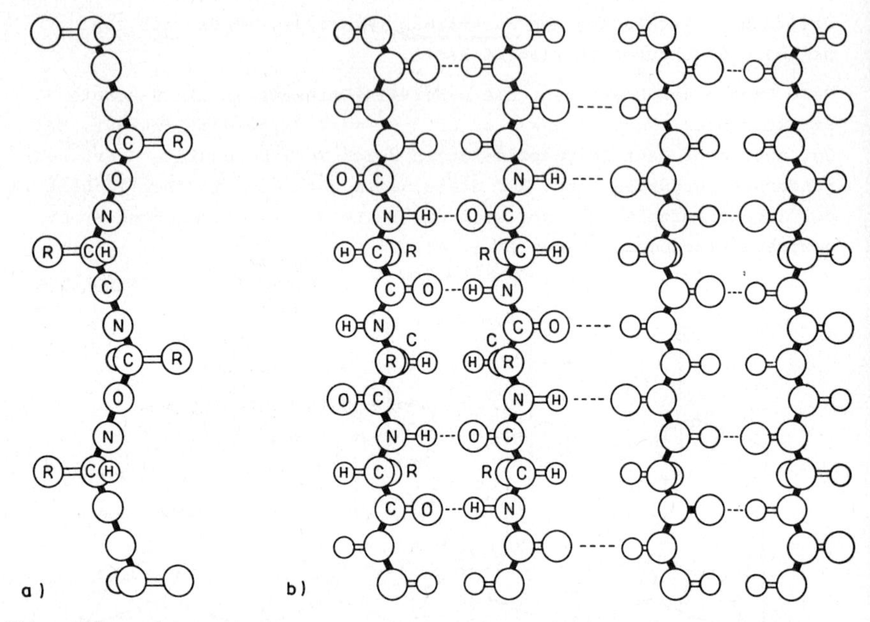

Abb. 46 a und b. Faltblattstruktur mit antiparallelen Peptid-Ketten, aufgebaut aus L-Aminosäuren. a) Seitenansicht; b) Aufsicht. Das Rückgrat der Polypeptid-Kette ist schwarz eingezeichnet. Die intermolekularen H-Brückenbindungen sind durch gestrichelte Linien dargestellt

Proteide

Während Proteine nur aus Aminosäuren bestehen, setzen sich Proteide aus einem Protein und anderen Komponenten zusammen. Beispiele zeigt Tabelle 33. Es sei darauf hingewiesen, daß die Unterscheidung nicht immer eindeutig ist. So können die Metalle bei den "Metalloproteiden" auch nur adsorbiert sein.

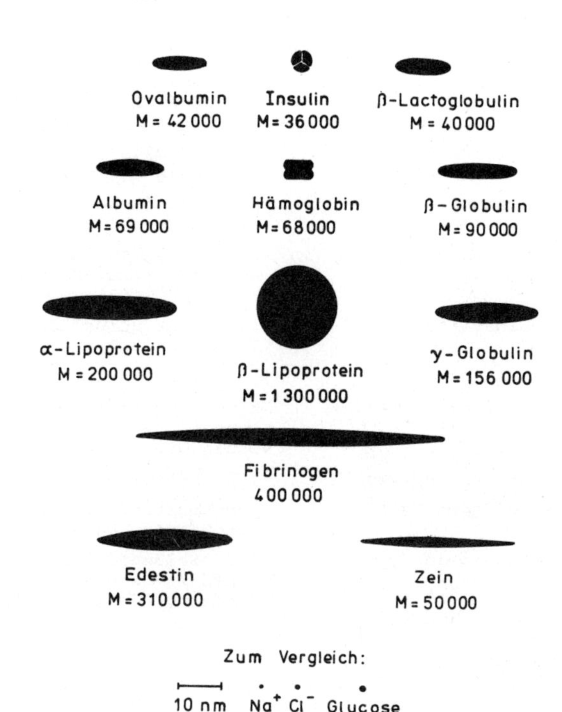

Abb. 47. Vergleich der Form und Größe einiger globulärer Eiweißkörper (in Anlehnung an J.T. Edsall)

Beispiele und Einteilung der Eiweißstoffe

Da nur in wenigen Fällen die genauen Strukturen bekannt sind, werden zur Unterscheidung Löslichkeit, Form und evtl. die chemische Zusammensetzung herangezogen. Proteine werden i.a. unterteilt in:

① globuläre Proteine (Sphäroproteine) von kompakter Form, die im Organismus verschiedene Funktionen (z.B. Transport) ausüben, und

② faserförmig strukturierte Skleroproteine (fibrilläre Proteine), die vor allem Gerüst- und Stützfunktionen haben.

Vergleichende Größenangaben zeigt Abb. 47.

Tabelle 33. Proteine und Proteide

Gruppe	Eigenschaften, Vorkommen und Bedeutung
Globuläre Proteine	kugelförmige oder ellipsoide Eiweißmoleküle mit wenig differenzierter Struktur
- Histone	stark basische an Nucleinsäuren gebundene Eiweißstoffe (Zellkern)
- Albumine	wasserlösliche Eiweißstoffe, die durch konz. Ammoniumsulfat-Lösung gefällt werden (Blut, Milch, Eiweiß)
- Globuline	in Wasser unlösliche, in verd. Neutralsalzlösungen lösliche Eiweißstoffe (Blut, Antikörper)
Fibrilläre Proteine	Eiweißstoffe mit faserartiger Struktur, wesentlich als Gerüstsubstanzen des tierischen Organismus
- α-Keratin-Typ	z.B. Proteine der Haare sowie Fibrin
- Kollagen-Typ	Hauptbestandteil der Stütz- und Bindegewebe von Sehnen, Bändern usw.
- β-Keratin-Typ	z.B. Seidenfibroin (Fasersubstanz der Seidenfäden) sowie Proteine der Horngewebe (Federn, Nägel, Hufe, Hörner)
Proteide	
- Phosphoproteide	z.B. Casein, das als Calciumsalz in der Milch vorliegt, Vitellin
- Chromoproteide	z.B. Atmungspigmente, Cytochrome u.ä. Enzyme sowie Chlorophyll, Hämoglobin
- Nucleoproteide	wesentliche Bestandteile der Kerne und des Plasmas aller Zellen, die Nucleinsäuren sind an stark basische Proteide gebunden
- Glykoproteide (Mucoproteide)	bilden die sog. Schleimstoffe, z.B. im Glaskörper des Auges, enthalten Aminozucker
- Lipoproteide	wenig untersuchte Stoffgruppe, die z.B. im Blutplasma vorkommt, hoher Lipid-Anteil (Fette, Phosphatide)
- Metalloproteide	Transport von Cu, Fe, Zn als Proteinkomplex

29.4 Nucleinsäuren: DNA, RNA

Nucleinsäuren wie DNA und RNA sind Polynucleotide mit Molmassen von einigen Tausend bis zu mehreren Millionen. Sie sind Bestandteil aller lebenden Zellen, in denen sie als Nucleoproteide vorkommen (Tabelle 33). *Nucleotide* sind Phosphorsäure-Ester der Nucleoside, die wiederum aus einem Zucker und einer Base zusammengesetzt sind. Polynucleotide wie DNA und RNA werden durch Phosphorsäure-ester-Bindungen am C-3- und C-5-Atom zusammengehalten.

An Zuckern sind Ribose (in RNA) und Desoxyribose (in DNA) beteiligt. An Basen liegen Adenin (A), Guanin (G), Cytosin (C) und Thymin (T) in der DNA (Desoxyribonucleinsäure) bzw. A, G, C und Uracil (U) in der RNA (Ribonucleinsäure) vor. Abb. 48 zeigt einen Ausschnitt aus einem DNA-Molekül und das entsprechende Aufbauschema. Aufgrund von Röntgenstrukturanalysen wird für die Sekundärstruktur eine Doppelhelix vorgeschlagen (Abb. 49), wobei die Verbindung der beiden rechtsgängigen Polynucleotid-Stränge durch H-Brückenbindungen der Basenpaare A-T bzw. A-U und C-G erfolgt (Abb. 50). Hieraus folgt, daß die an sich aperiodische Basensequenz einer Kette die Sequenz der anderen Kette festlegt. Die Basenpaare liegen im Inneren des Doppelstranges, die Zucker-Phosphat-Ketten bilden die äußeren Spiralen. Daher verlaufen die Phosphorsäure-diester-Bindungen einmal in Richtung 5' → 3' und bei der zweiten Kette in Richtung 3' → 5' (Abb. 51).

Purin-Basen

NH_2 N N N N H O HN N H_2N N N H O C HN N N N H

Adenin Guanin Hypoxanthin

Pyrimidin-Basen

NH_2 N_3 4 5 2 6 1 O N H O HN O N H O CH_3 HN O N H

Cytosin Uracil Thymin

Bei diesen Substanzen sind tautomere Formen möglich, wie das Beispiel Uracil zeigt:

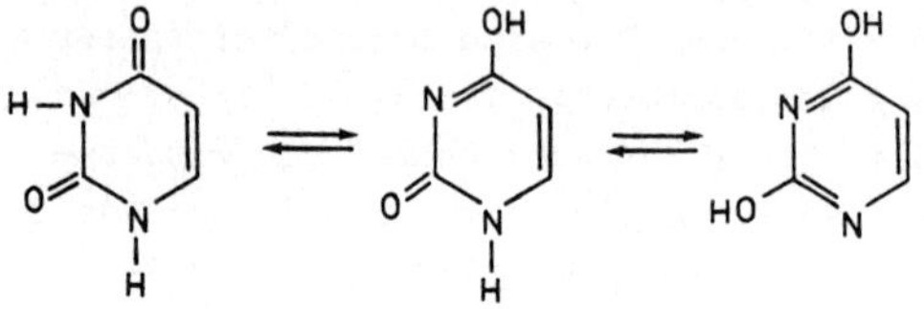

Lactam-Form   Lactim-Formen

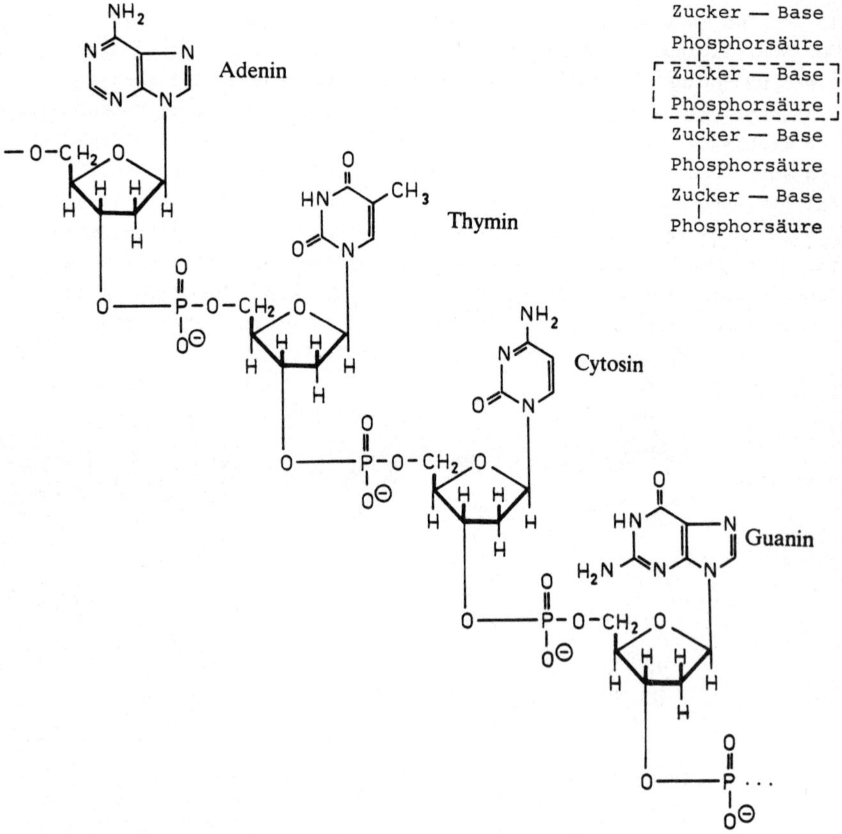

Adenin

Thymin

Cytosin

Guanin

Zucker — Base
Phosphorsäure
Zucker — Base
Phosphorsäure
Zucker — Base
Phosphorsäure
Zucker — Base
Phosphorsäure

Abb. 48. Formelausschnitt einer Polynucleotid-Kette, Kurzschreibweise: ApTpCpGp

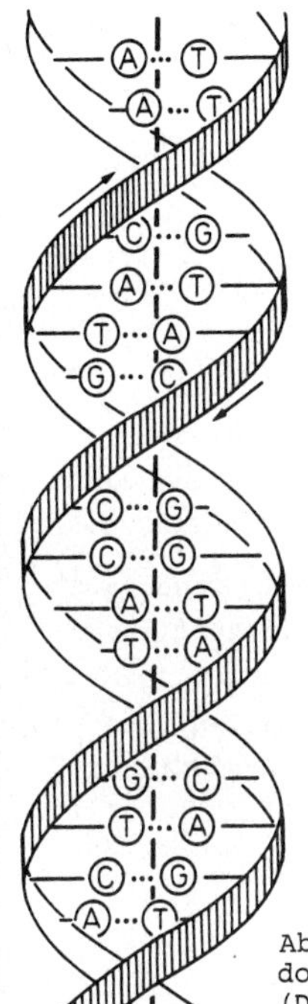

Abb. 49. Helix-Struktur doppelsträngiger DNA (Doppelhelix)

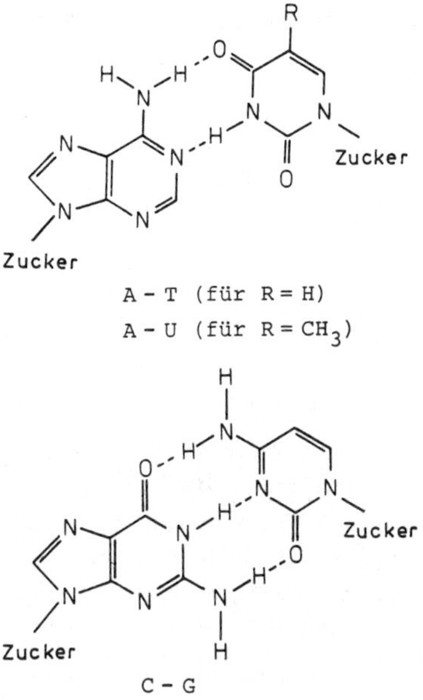

A - T (für R = H)

A - U (für $R = CH_3$)

C - G

Abb. 50. Basenpaare

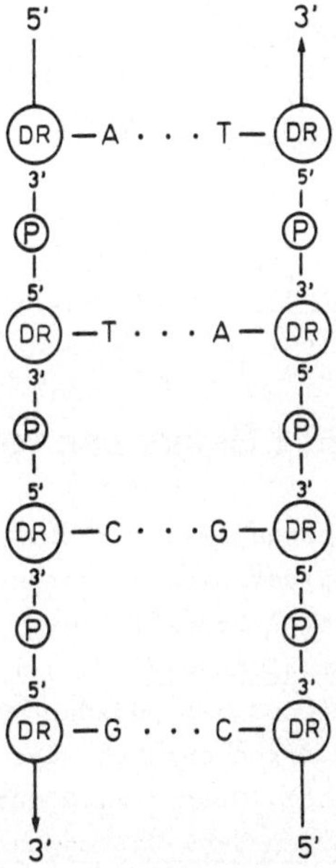

Abb. 51. Anordnung komplementärer DNA-Stränge in Gegenrichtung. DR = Desoxyribose

30 Terpene und Carotinoide

Terpene kommen vor allem in Harzen und ätherischen Ölen vor. Sie werden in der Riechstoffindustrie zur Herstellung von Parfümen und zur Parfümierung von Waschmitteln und Kosmetika verwendet.

Ätherische Öle sind wasserlösliche, ölige Produkte, die im Gegensatz zu den fetten Ölen (= flüssige Fette) ohne Fettfleck vollständig verdunsten. Ihre Gewinnung erfolgt durch Wasserdampfdestillation, Extraktion (mit Petrolether) oder Auspressen von Pflanzenteilen. Chemisch handelt es sich meist um Verbindungen, die aus Isopren-Einheiten aufgebaut sind.

Allgemeine Summenformel: $(C_5H_8)_n$.

Aufbauprinzip (Kopf-Schwanz-Verknüpfung):

Schwanz

CH_3

+ → CH_3 CH_3 CH_3

Kopf

Isopren (C_5H_8) Ocimen ($C_{10}H_{16}$)

Einteilung der Terpene: Monoterpene (C_{10} ≙ 2 x C_5-Isopreneinheiten), Sesquiterpene (C_{15}), Diterpene (C_{20}), Triterpene (C_{30}).

30.1 Biogenese von Terpenen

Ausgangsmaterial ist das Acetyl-Coenzym A. Aus drei Acetat-Einheiten bildet sich β-Hydroxy-β-methyl-glutarsäure-CoA. Die CoA-Gruppe wird unter Reduktion der Carboxyl-Gruppe abgespalten, und wir erhalten die Mevalonsäure (3,5-Dihydroxy-3-methylpentansäure). Diese wird zum Diphosphat phosphoryliert, danach dehydratisiert und decarboxyliert. Dadurch entsteht das sog. "aktive Isopren", das Isopentenyl-diphosphat. Dieses wird durch eine Isomerase isomerisiert zum 3-Methylbuten-2-yl-diphosphat (Dimethyl-allyldiphosphat). Dimerisierung ergibt als erstes Produkt Geranyl-diphosphat, Ausgangsmaterial für verschiedene Monoterpene (Kopf-Schwanz-Verknüpfung).

aktivierte, energiereiche Bindung

$3\,H_3C{-}C({=}O){\sim}S{-}CoA \longrightarrow HOOC{-}CH_2{-}C(CH_3)(OH){-}CH_2{-}C({=}O){\sim}S{-}CoA \longrightarrow HOOC{-}CH_2{-}C(CH_3)(OH){-}CH_2{-}CH_2OH$

Acetyl-Coenzym A   Mevalonsäure

$\longrightarrow HOOC{-}CH_2{-}C(CH_3)(OH){-}CH_2{-}CH_2{-}O{-}P({=}O)(OH){-}O{-}P({=}O)(OH){-}OH \longrightarrow H_2C{=}C(CH_3){-}CH_2{-}CH_2{-}(P){-}(P) \rightleftharpoons$

Isopentenyl-diphosphat

$H_3C{-}C(CH_3){=}CH{-}CH_2{-}(P){-}(P)$

Dimethylallyl-diphosphat

Dimerisierung:

$H_3C{-}C(CH_3){=}CH{-}CH_2^{\delta\oplus}{-}O^{\delta\ominus}{-}P({=}O)(HO){-}(P) + H_2C{=}C(CH_3){-}CH(H){-}CH_2{-}(P){-}(P) \xrightarrow{-\;HO{-}P({=}O)(HO){-}(P)}$

$H_3C{-}C(CH_3){=}CH{-}CH_2{-}CH_2{-}C(CH_3){=}CH{-}CH_2{-}(P){-}(P)$

Geranyldiphosphat

Durch Fortführung der Reaktion erhält man Sesquiterpene, Diterpene und schließlich Polyisopren (Kautschuk).

Die Dimerisierung kann auch durch Kopf-Kopf-Addition zweier C_{15}-Einheiten fortgesetzt werden. Bedenkt man, daß die langkettigen Moleküle meist als gefaltete Kette vorliegen (infolge von cis/trans-Isomerien und der tetraedrischen Konfiguration an C-Atomen, s. (6)), wird verständlich, daß durch intramolekulare Cyclisierungen bicyclische Terpene entstehen können.

Beispiele: * = Chiralitätszentrum, -- trennt die Isopreneinheiten

① offenkettige Monoterpene

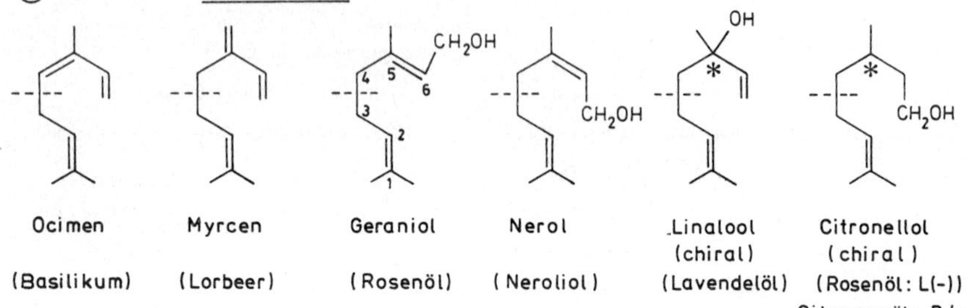

Ocimen	Myrcen	Geraniol	Nerol	Linalool (chiral)	Citronellol (chiral)
(Basilikum)	(Lorbeer)	(Rosenöl)	(Neroliol)	(Lavendelöl)	(Rosenöl: L(-)) Citronenöl: D(+)

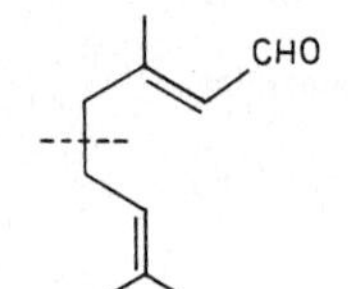

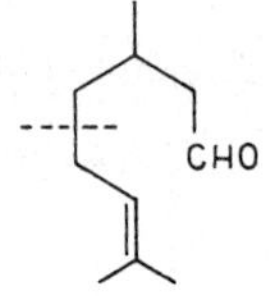

CHO

Geranial (Citral a) (Citronenöl)

Citronellal (Citronenöl)

Neral (Citral b) Lemongrasöl)

② monocyclische Monoterpene

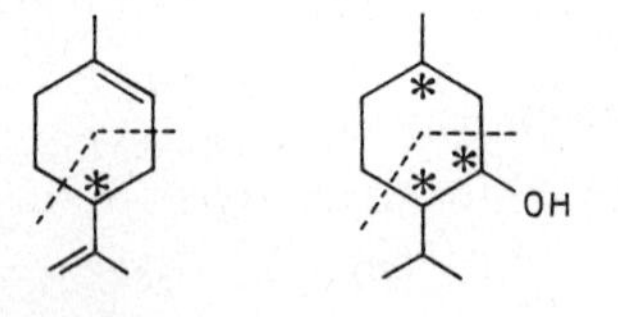

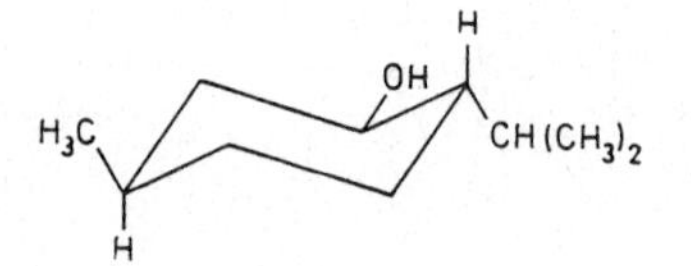

1 3 4 O

Limonen (Fichtennadelöl (–) Kümmelöl (+))

Menthol ; (–) Menthol (Pfefferminzöl)

Menthon (Pfefferminzöl (–) Geraniumöl (+))

③ bicyclische Monoterpene

; ≡ ; ≡ O O

α-Pinen β-Pinen (Terpentinöl)

Campher (Campherbaum)
Weichmacher für Cellulosenitrat ("Celluloid")
großtechn. Herstellung aus α-Pinen

④ Sesquiterpene

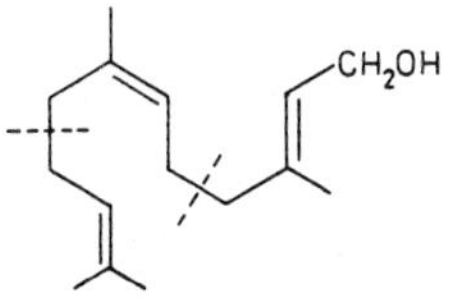

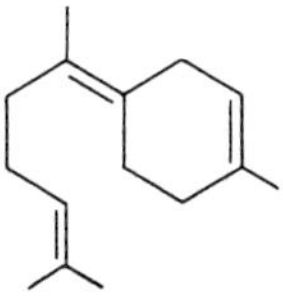

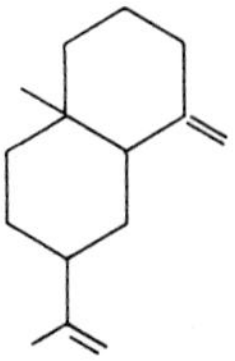

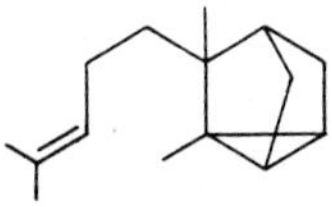

Farnesol (Kamillenblüten) acyclisch

Bisabolen (Citronenöl) monocyclisch

β-Selinen (Sellerieöl) bicyclisch

α-Santalen (Sandelholzöl) tricyclisch

⑤ Diterpene

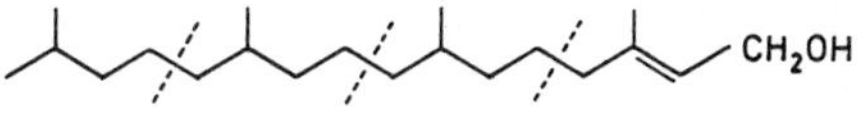

CH_2OH Phytol (Baustein im Chlorophyll, Vit. E, Vit. K_1)

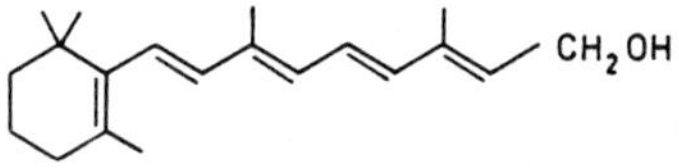

CH_2OH Vitamin A (Retinol) (Lebertran, Eigelb, Milch)

monocycl. Diterpen

Grundkörper: β-Jonon (synthet. Veilchenduft)

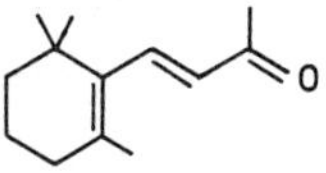

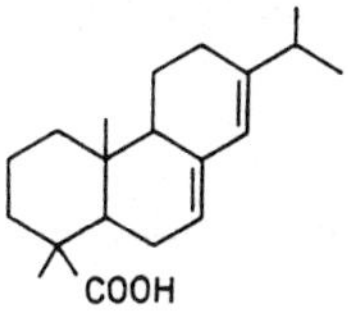

COOH Abietinsäure (Colophonium) tricyclisches Diterpen

⑥ Triterpene

Squalen (aus Haifischleber) ist ein Zwischenstoff bei der Biosynthese der Steroide:

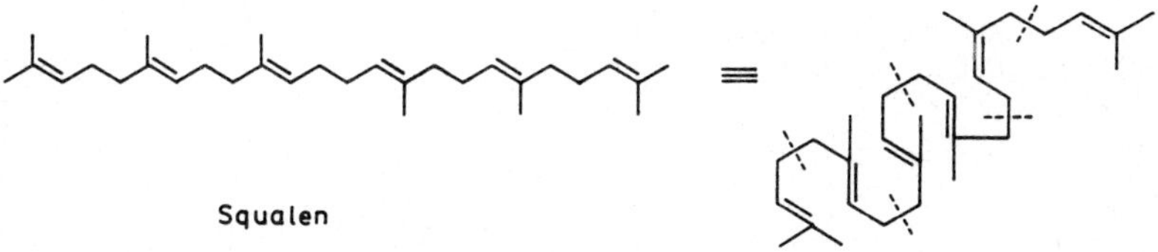

Squalen

Die Sapogenine, die oft als Glykoside (Saponine) in Pflanzen auftreten, sind pentacyclische Triterpene.

⑦ Tetraterpene

Die wichtigsten Tetraterpene sind die Carotinoide, die als lipophile Farbstoffe in der Natur weit verbreitet sind und lange Alken-Ketten mit konjugierten C=C-Bindungen enthalten. Sie finden sich in Karotten und Pflanzenblättern. β-Carotin wird vom Organismus enzymatisch in zwei Moleküle Vitamin A_1 gespalten (Provitamin A_1). Aus α- und γ-Carotin entsteht jeweils nur ein Molekül Vitamin A_1 (s. Markierung).

Xanthophylle sind die Farbstoffe des Herbstlaubes und kommen auch in Eidotter und Mais vor. Dazu gehören Lutein (3,3'-Dihydroxy-α-carotin) und Zeaxanthin (3,3'-Dihydroxy-β-carotin).

Lycopin (rot, in Tomaten, Hagebutten)

γ-Carotin

β-Ionon-ring

β-Carotin
(Farbstoff für Lebensmittel)

β-Ionon-ring

α-Ionon-ring

R-(+)-α-Carotin

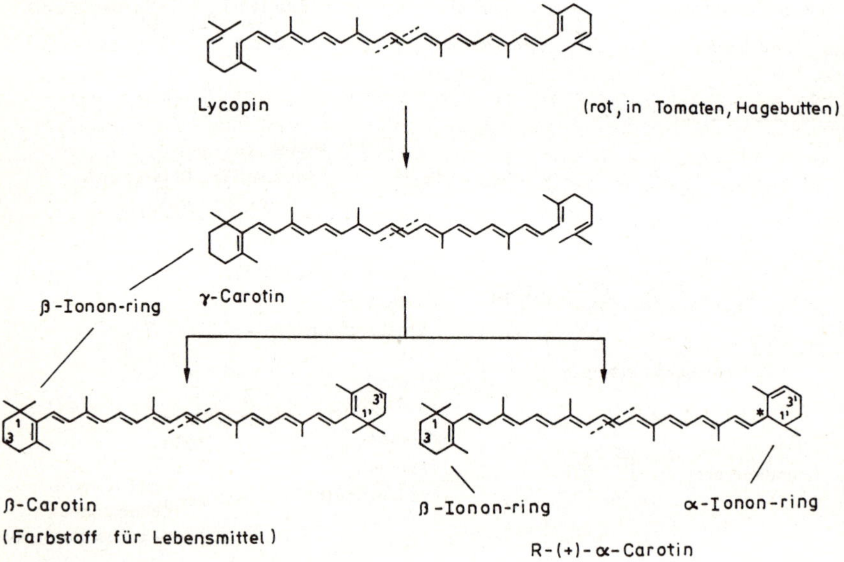

31 Steroide

Steroide sind Verbindungen mit dem Grundgerüst des Sterans (Gonan, s. Kap. 2.2).

Sie sind genetisch mit den Terpenen verknüpft, wie man anhand der gewinkelten Schreibweise von Squalen erkennen kann. Über eine Reihe von enzymatischen Reaktionen wird daraus schließlich Cholesterin erhalten. Der erste Schritt beginnt mit der Bildung eines Epoxids am Squalen, woraus durch Cyclisierung Lanosterin entsteht. Vermutlicher Ablauf:

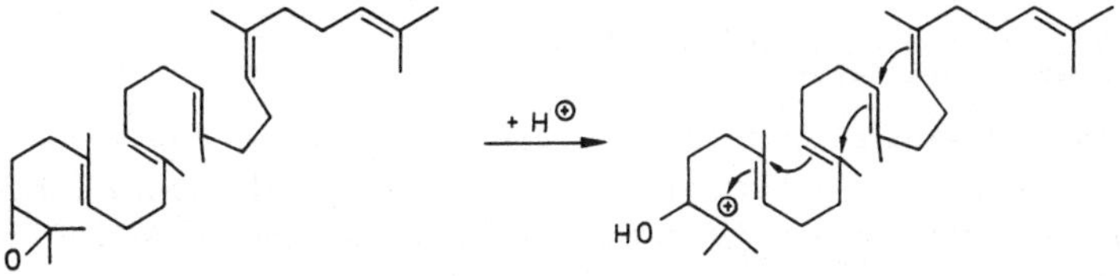

2,3 – Oxido – Squalen

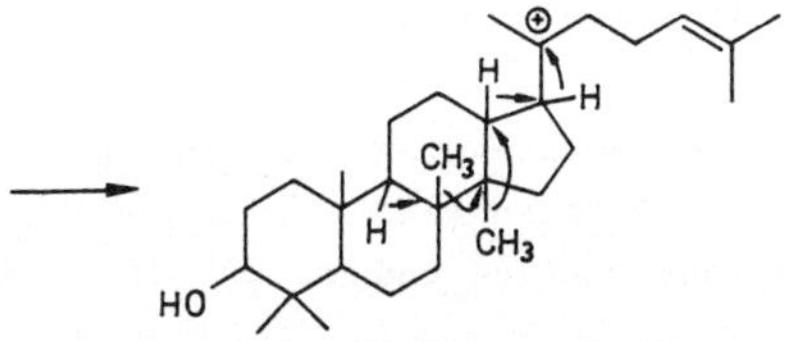

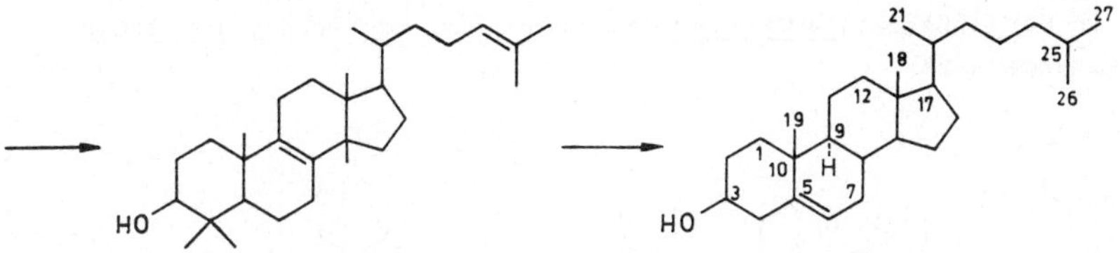

Lanosterin

Cholesterin

<u>*Sterine*</u>

Sterine tragen eine OH-Gruppe am C-3-Atom und leiten sich vom Cholesterin ab. Letzteres kommt im tierischen Organismus vor (Zoosterin).

Andere Sterine, wie Stigmasterin, stammen aus Pflanzen (Phytosterine) und dienen als Ausgangsstoff für die Synthese von Steroid-Hormonen. Zu den Mycosterinen zählt das Ergosterin (z.B. in Hefepilzen), das bei Bestrahlung mit UV-Licht zum Vitamin D_2 photoisomerisiert und daher auch als Provitamin D_2 bezeichnet wird. Es wird der B-Ring zwischen C-9 und C-10 gespalten und dabei zwischen C-10 und C-19 eine Doppelbindung gebildet.

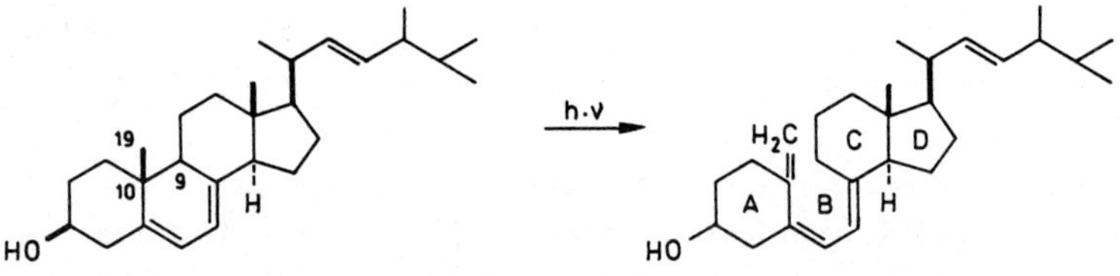

19 10 9 H HO h·v H_2C C D A B H HO

Ergosterin Vitamin D_2

Von den Sterinen leiten sich die Saponine und Steroid-Alkaloide ab.

Saponine und Steroid-Alkaloide

Sie enthalten Seitenketten am C-17-Atom, die oft zu Lacton-, Ether- oder Piperidin-Ringen cyclisiert sind. Viele kommen als Glykoside vor und sind wegen ihrer pharmakologischen Wirkung von Bedeutung. Wichtige Vertreter sind:

Saponine (aus Digitalis-Arten und Dioscoreaceen): Diosgenin (→ zur Partialsynthese von Steroid-Hormonen), Digitonin (→ zur Cholesterin-Bestimmung). Die Ringe C und D sind wie üblich trans-verknüpft.

Herzaktive Steroide: Strophantin (aus Strophantus-Arten), Bufotalin (Krötengift aus *Bufo vulgaris*), Digitoxin, Digoxin (aus Digitalis-Arten). Man beachte die cis-Verknüpfung der Ringe C und D.

Steroid-Alkaloide: Es handelt sich um Glykoside wie Solanin (s. Kap. 31; in Kartoffeln), Samandarin (im *Salamandra maculosa*), Tomatidin (Tomatenpflanze).

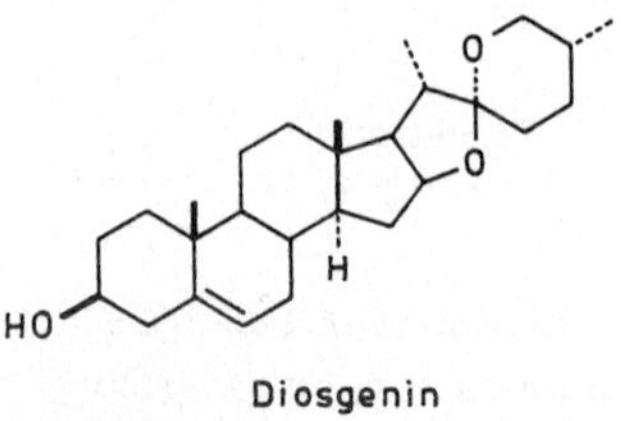

O O O H HO O O H C D 16 O–C–CH_3 O A B OH HO

Diosgenin 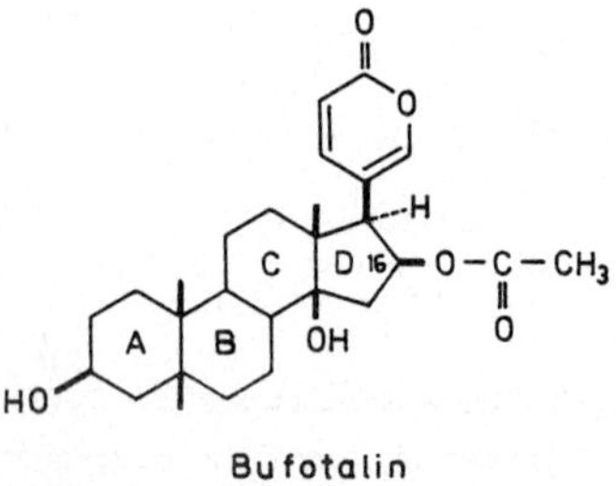 Bufotalin

Gallensäuren

Die Gallensäuren gehören zu den Endprodukten des Cholesterin-Stoffwechsels. Es sind Hydroxy-Derivate der Cholansäure, wobei die Ringe A und B cis-verknüpft sind.

Wichtige Gallensäuren:

Cholsäure: 3α,7α,12α-Trihydroxy-5β-cholansäure, mit R^1 = OH, R^2 = OH

Desoxycholsäure: R^1 = OH, R^2 = H

Lithocholsäure: R^1 = H, R^2 = H

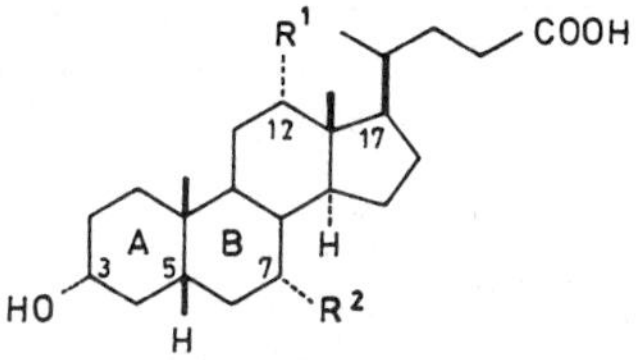

Säureamid-Derivate der Cholsäure (R—COOH):

mit Glycin ("Glykokoll"):

Glykocholsäure: $R-C(=O)-NH-CH_2-COOH$

und Taurin:

Taurocholsäure: $R-C(=O)-NH-CH_2-CH_2-SO_3H$

Die Alkalisalze der Glykocholsäure und der Taurocholsäure sind oberflächenaktiv. Sie dienen als Emulgatoren für Nahrungsfette und aktivieren die Lipasen.

Steroid-Hormone

Hierbei handelt es sich um biochemische Wirkstoffe, die im Organismus gebildet werden und wegen ihrer großen Wirksamkeit bereits in kleinsten Mengen Stoffwechselvorgänge beeinflussen sowie das Zusammenspiel der Zellen und Organe regulieren. Es werden unterschieden nach Funktion und Zahl der C-Atome:

Corticoide (Nebennierenrinden-Hormone); C_{21}; Biosynthese aus Cholesterin über Progesteron

Androgene (männl. Sexual-Hormone); C_{19}; Biosynthese aus Cholesterin über Progesteron

Östrogene (Follikel-Hormone); C_{18}; Biosynthese aus Testosteron; der A-Ring ist aromatisch!

Gestagene (Gelbkörper-Hormone); C_{21}; Progesteron: Biosynthese aus Cholesterin

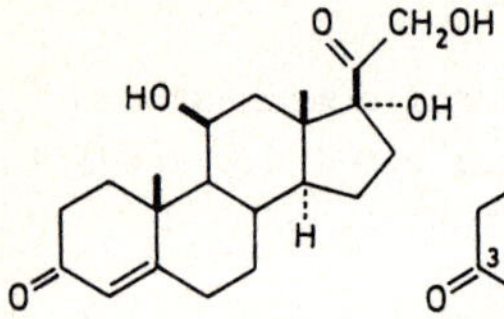

Cortisol (Nebennierenrinde)

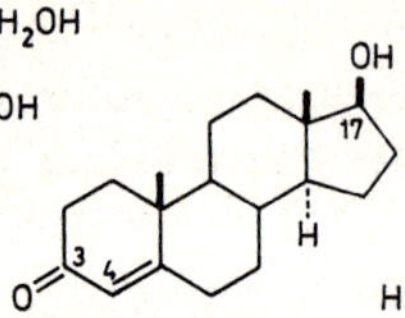

Testosteron (Δ^4-Androsten-17 β-ol-3-on, Hoden)

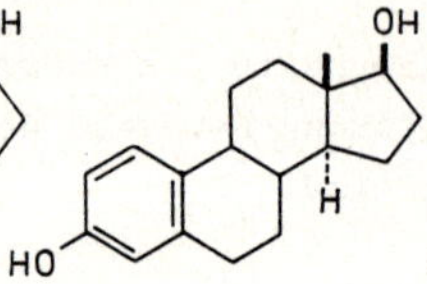

Östradiol (Ovarien)

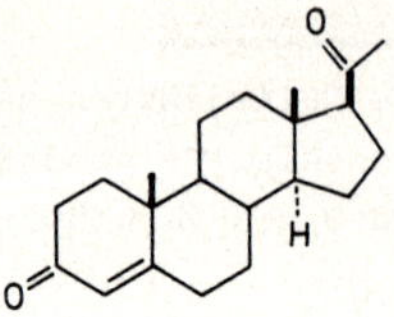

Progesteron (Corpus Luteum)

32 Alkaloide

Alkaloide sind eine Gruppe von N-haltigen organischen Verbindungen, die von der Biosynthese her als Produkte des Aminosäure-Stoffwechsels angesehen werden können. Bei der Extraktion aus pflanzlichem Material nutzt man die basischen Eigenschaften vieler Alkaloide zur Trennung aus. Alkaloide finden als Arzneimittel Verwendung; einige sind bekannte Rauschmittel und Halluzinogene. Nikotin und Anabasin aus Tabak werden als natürliche Insektizide verwendet. Tabelle 34 gibt einen Überblick.

Tabelle 34. Wichtige Alkaloide, nach dem Heterocyclen-Gerüst geordnet

Alkaloid-Gruppe	Hauptalkaloid Name	Hauptalkaloid Strukturformel	bedeutende Nebenalkaloide	Alkaloide ähnl. Bauart
1. Alkaloide, die einfachen Naturstoffen nahestehen				
Phenylalanin- (Phenylethyl-amin-Gruppe)	Ephedrin	$C_6H_5-CH(OH)-CH(NH-CH_3)-CH_3$	Pseudo-ephedrin	Mescalin u.a.
Pyrrolidin-Alkaloide	Hygrin	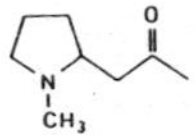	Cuskhygrin	Stachydrin-Gruppe
Piperidin-Alkaloide	Coniin	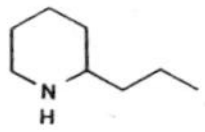	Conhydrin	Pfefferalkaloide Piperin Granatapfelbaum-alkaloide Lobelia-Alkaloide Lobelin
Pyridin-Alkaloide	Nicotin	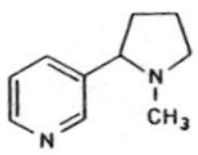	Nicotyrin Nicotein	Anabasin-Gruppe Betelnußalkaloide Ricinin
2. einfache bi- und polycyclische Alkaloide				
Purin-Alkaloide	Coffein $R^1 = R^2 = R^3 = CH_3$	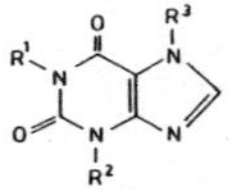	Theobromin $R^1 = CH_3$, $R^2 = CH_3$, $R^3 = H$ Theophyllin $R^1 = H$, $R^2 = CH_3$, $R^3 = CH_3$	

Tabelle 34 (Fortsetzung)

Alkaloid-Gruppe	Hauptalkaloid Name	Strukturformel	bedeutende Nebenalkaloide	Alkaloide ähnl. Bauart
Tropan-Alkaloide	Atropin	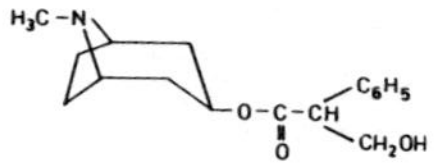 H_3C-N … $O-C(=O)-CH(C_6H_5)(CH_2OH)$	Hyoscyamin Convolamin Scopolamin	Coca-Alkaloide Cocain Pseudopelletierin
Chinolin-Alkaloide	Chinin	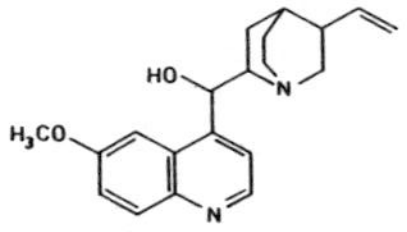 HO, H_3CO, N	Cinchonin Chinidin Cinchonidin Cinchonamin u.a.	-
einfache Isochinolin-Alkaloide	Anhalamin	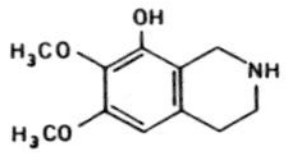 OH, H_3CO, H_3CO, NH	Pellotin u.a.	-
Benzyl-isochinolin-Alkaloide	Papaverin	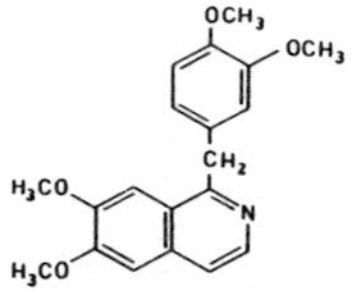 OCH_3, OCH_3, CH_2, H_3CO, H_3CO, N	Laudanosin u.a.	Narcotin-Alkaloide Curare-Alkaloide Berberin
3. polycyclische Alkaloide mit kompliziertem Molekülaufbau				
Morphin-Alkaloide Isochinolin/Phenanthren-Typ	Morphin	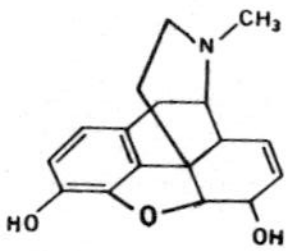 CH_3, N, HO, O, OH	Codein Thebain	-

Tabelle 34 (Fortsetzung)

Alkaloid-Gruppe	Hauptalkaloid Name	Hauptalkaloid Strukturformel	bedeutende Nebenalkaloide	Alkaloide ähnl. Bauart	
3. polycyclische Alkaloide mit kompliziertem Molekülaufbau					
Carbolin-Alkaloide	Harmalin	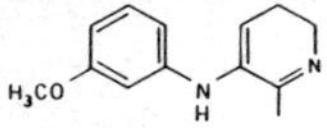	Harmin Harmalol	Yohimbin-Gruppe Rauwolfia-Alkaloide Rutaecarpin Reserpin	
Strychnos-Alkaloide	Strychnin	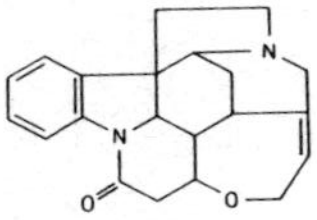	Brucin	-	Indol-Typ
Mutterkorn-Alkaloide	Lysergsäure bzw. Isolysergsäure*	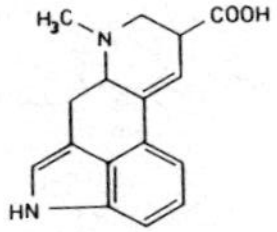	Ergobasin- Ergotamin- Ergotoxin- Gruppe	Tryptamin Psilocin Yohimbin Bufotenin Strychnin	
Tropolon-Alkaloide	Colchicin	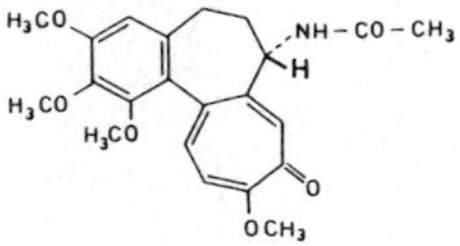	-	-	
Steroid-Alkaloide	Solanidin	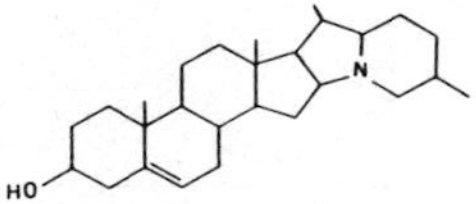	-	Salsodamin Veratrum-Alkaloide Tomatidin Samandarin	

*basische Grundverbindung

33 Natürliche und synthetische Farbmittel

Farbgebende Stoffe natürlicher oder synthetischer Herkunft nennt man *Farbmittel*. Die in Lösungs- oder Bindemitteln unlöslichen Farbmittel heißen *Pigmente*. Lösliche organische Farbmittel bezeichnet man als *Farbstoffe*.

33.1 Theorie der Farbe und Konstitution der Farbmittel

Die Farbwirkung der Farbstoffe kommt dadurch zustande, daß sie aus dem weißen Licht (= Tageslicht) einen bestimmten Spektralbereich absorbieren. Die dann sichtbare Farbe ist die Komplementärfarbe (Tabelle 35). Der Rest des Spektrums wird durchgelassen oder reflektiert.

Eine Substanz erscheint farblos, wenn das Licht vollständig durchgelassen wird, weiß, wenn alles reflektiert, und schwarz, wenn es absorbiert wird.

Beispiel: Eine Verbindung, die weißes Licht absorbiert und nur den Bereich 595 - 605 nm reflektiert, erscheint dem Auge orange. Eine Verbindung, die den Bereich 595 - 605 nm aus dem Spektrum absorbiert, erscheint dem Auge grünlich-blau (Komplementärfarbe).

Bei der Absorption von Licht durch Materie werden die elektronischen Grundzustände von Molekülen angeregt. Dies führt zu einem Übergang von Elektronen in energiereiche (antibindende) angeregte Zustände. Die Energiedifferenz ΔE zwischen Grundzustand und den angeregten Zuständen bestimmt die Lage der Absorptionsmaxima λ_{max}. Aus $E = h \cdot \nu$ können wir folgern: Je niedriger die Anregungsenergie E, desto langwelliger die Absorption. E ist um so geringer, je ausgedehnter das Mehrfachbindungssystem eines Moleküls ist (delokalisiertes π-Elektronensystem). Die daraus resultierende Verschiebung der Absoprtionsmaxima zu längeren Wellenlängen nennt man einen *bathochromen Effekt oder Farbvertiefung*. Eine besonders starke Farbvertiefung zeigen lineare, konjugierte Doppelbindungen. So verhindert β-Carotin mit λ_{max} = 494, 463, 364 und 278 nm, daß langwelliges UV-Licht die inneren Zellen der Tomaten erreicht und dort Schäden verursacht.

Tabelle 35. Farben des Sonnenlichtes und Komplementärfarben

Wellenlängenbereich (nm)	Absorbierte Spektralfarbe	Komplementärfarbe
unterhalb 400	ultraviolett	(unsichtbar)
400 - 435	violett	gelbgrün
435 - 480	blau (indigo)	gelb
480 - 490	blau oder türkis	orange
490 - 500	blaugrün	rot
500 - 560	grün	purpur
560 - 580	gelbgrün	violett
580 - 595	gelb	blau
595 - 605	orange	blau oder türkis
605 - 750	rot	blaugrün
oberhalb 750	ultrarot	(unsichtbar)

Farbvertiefung ↓

Gruppen wie $>C=C<$ (λ_{max} = 175 nm) und $>C=O$ (λ_{max} = 280, 190 nm) werden *Chromophore* genannt, weil ein konjugiertes System mit zwei oder mehr Chromophoren entscheidend für die Farbigkeit organischer Verbindungen ist. Chromophore sind dadurch ausgezeichnet, daß ihre Elektronen leicht zum Übergang in höhere Energieniveaus angeregt werden können. Dies sind meist π-Elektronen ($\pi \rightarrow \pi^*$-Übergang) oder freie Elektronenpaare ($n \rightarrow \sigma^*$- und $n \rightarrow \pi^*$-Übergänge). Bekannte Chromophore sind: $-N=N-$ (Azo), $-N=O$ (Nitroso), $-NO_2$ (Nitro), $>C=O$ (Carbonyl), $>C=NH$ (Carbimino) oder $>C=C<$-Gruppen. Führt man diese als Substituenten in ein aromatisches System ein, hat dies einen bathochromen Effekt zur Folge, da sich ein großes, delokalisiertes π-Elektronensystem bilden kann.

Auch Substituenten wie $-NH_2$, $-OH$, $-NR_2$, die selbst keine Chromophore sind, können eine bathochrome Verschiebung bewirken; man nennt sie oft *Auxochrome*. Durch Salzbildung einer NH_2-Gruppe ($-NH_2 \longrightarrow -NH_3^{\oplus}R^{\ominus}$) kann dieser Effekt aufgehoben werden und *ein farbaufhellender, hypsochromer Effekt* eintreten: λ_{max} wird jetzt zu kürzeren Wellenlängen verschoben. Praktische Anwendung findet dies bei vielen Indikatorfarbstoffen für Titrationen.

Die Weißtöner (optische Aufheller) in Waschmitteln sind keine Farbmittel, sondern UV-absorbierende Verbindungen, welche die aufgenommene Energie als blau-weiße Fluoreszenzstrahlung wieder abgeben. Hierdurch entsteht der Eindruck von "weißer als weiß".

Tagesleuchtfarben dagegen sind Farbmittel, die zusätzliche Fluoreszenzstrahlung aussenden.

33.2 Einteilung synthetischer Farbstoffe nach dem Färbeverfahren

Farbstoffe werden eingeteilt nach dem Färbeverfahren oder den Chromophoren.

Färbeverfahren und Fasern

Nicht jede farbige Verbindung ist auch ein Farbstoff. Dieser muß nämlich waschecht, lichtecht, temperaturbeständig, schweißecht etc. sein. Hauptproblem bei der Färberei ist neben der Auswahl und Herstellung eines geeigneten Farbstoffes seine feste Verankerung auf der Faser (tierische, pflanzliche oder Chemie-Faser). Man unterscheidet:

① *Direktfarbstoffe (substantive F.):* Sie ziehen direkt auf pflanzliche Fasern ohne Vorbehandlung aus einer wäßrigen Lösung (= Flotte) auf. Die Bindung im Inneren der Fasern erfolgt durch zwischenmolekulare van der Waals-Kräfte und Wasserstoff-Brückenbindungen. Zu dieser Gruppe gehören viele Azofarbstoffe. Sie werden in das Innere der Faser als Farbstoffagglomerate eingelagert.

② *Dispersionsfarbstoffe:* Die meisten synthetischen Fasern lassen sich nicht mit Direktfarbstoffen färben, da diese aufgrund des unpolaren Charakters der Fasern nicht adsorbiert werden können. Die unlöslichen Dispersionsfarbstoffe werden in Wasser fein verteilt. Bei 120 - 130 °C oder bei Zugabe von Quellmitteln ("carrier") diffundieren die Farbstoffmoleküle aus der Dispersion in die aufgequollene Faser. Beim Thermosol-Verfahren wird in einer Heißluftkammer (200 °C) die Faser erweicht, damit der Farbstoff hineindiffundieren kann.

③ *Säurefarbstoffe:* Diese enthalten hydrophile Gruppen wie –COOH, $-SO_3H$ und –OH, sind in Form ihrer Salze wasserlöslich und ziehen in Anwesenheit von Säuren direkt auf die Faser auf. Die Farbstoffmoleküle liegen in Lösung als Anionen vor und werden von dem kationischen Fasermolekül durch Ionenbindung festgehalten (Salzbildung). Es können daher alle Fasern mit Amino-Gruppen wie Wolle, Seide und Polyamide so gefärbt werden:

$$^{\ominus}OOC-\boxed{\text{Wolle}}-NH_3^{\oplus} + H-X \longrightarrow HOOC-\boxed{\text{Wolle}}-NH_3^{\oplus} + X^{\ominus}$$

$$HOOC-\boxed{\text{Wolle}}-NH_3^{\oplus} + (F)-SO_3^{\ominus} \longrightarrow HOOC-\boxed{\text{Wolle}}-NH_3^{\oplus}\cdots{}^{\ominus}O_3S-(F)$$

Die Farbstoff-Anionen Ⓕ $-SO_3^{\ominus}$ verdrängen die Säure-Anionen $X^{\ominus}$ aus der Faser, weil sie eine festere Bindung mit dem Woll-Kation HOOC-[Wolle]-$-NH_3^{\oplus}$ eingehen können.

④ *Basische Farbstoffe* können z.B. NH_2- oder NR_2-Gruppen enthalten und werden hauptsächlich für Polyacrylnitril-Fasern verwendet. Diese enthalten bei Polymerisation mit $K_2S_2O_8$ als Radikalstarter noch $-SO_3^{\ominus}$-Gruppen. Daher können analog wie bei der Säurefärberei Ionen-Bindungen gebildet werden.

⑤ *Entwicklungsfarbstoffe* werden auf der Baumwollfaser hergestellt. Diese wird mit der alkalischen Lösung einer Kupplungskomponente (meist Naphthole) getränkt und danach in die eiskalte Lösung eines Diazoniumsalzes gegeben ("Eisfarben"). Der Azofarbstoff wird durch Kupplungsreaktion auf der Faser erzeugt und haftet durch Adsorption. Da Säureamid-Bindungen teilweise hydrolysiert werden (alkalisch!), können Wolle und Seide auf diese Weise nicht gefärbt werden.

⑥ Auch bei den *Küpenfarbstoffen* wird der Farbstoff auf der Faser hergestellt. Küpenfarbstoffe sind in Wasser unlöslich. Sie werden z.B. mit $Na_2S_2O_4$ (Na-dithionit) zu der wasserlöslichen Leuko-Verbindung reduziert ("verküpt"). Die Fasern werden in die wäßrigen Lösungen der Salze ("Küpe") eingetaucht, wobei die Leuko-Verbindung auf die Faser aufzieht. Bei der nachfolgenden Oxidation (z.B. mit Luft) bildet sich der unlösliche Farbstoff zurück, der jetzt sehr fest auf der Faser haftet ("Indanthren-Farbstoffe", inzwischen allgemeine Bezeichnung für besonders licht- und waschechte Farbstoffe).

⑦ *Reaktivfarbstoffe* bilden eine kovalente Bindung mit reaktionsfähigen Gruppen der Fasern aus, z.B. mit den OH-Gruppen der Cellulose. Die Farbstoffe enthalten eine reaktive Gruppe, etwa einen Monochlortriazin-Ring oder eine Vinylsulfonsäure-Gruppe. Die Reaktionen finden in alkalischer Lösung statt, und zwar (a) als Additions-Eliminierungs-Reaktion oder (b) ß-Eliminierung mit anschließender Michael-Addition. Bemerkenswert ist, daß die reaktive Gruppe selektiv (70 - 80 %) mit dem Cellulose-Anion (Cell-$O^{\ominus}$) und nur in geringem Maße mit den im Überschuß vorhandenen $OH^{\ominus}$-Ionen reagiert.

a)

Ⓕ- = Farbstoff-Molekül   B| = Base

b)

(8) *Beizenfarbstoffe* werden verwendet, wenn die Affinität zwischen Faser und Farbstoff zu gering ist, um ausreichende Echtheitseigenschaften zu erreichen (z.B. bei Baumwolle). Als Mittlersubstanz dienen sog. Beizen, meist Metallsalze, die auf der Faser mit dem Farbstoff zusammen fest haftende Farblacke (Komplexverbindungen) bilden. Farbstoffmoleküle und OH- bzw. NH_2-Gruppen der Faseroberfläche sind die Liganden. Man kann z.B. die Faser mit einer Cr(III)-Salzlösung tränken und daraus mit Wasserdampf die Metalloxidhydrate herstellen, die sich somit in und auf der Faser fein verteilt befinden. Bei Zugabe der Farbstofflösungen bilden sich dann die farbigen, unlöslichen Metallkomplexe. Ebenso ist es auch möglich, mit fertigen Metall-Farbstoff-Komplexen zu färben (Metallkomplexfarbstoffe).

33.3 Einteilung synthetischer Farbstoffe nach den Chromophoren

(1) Etwa die Hälfte der verwendeten Farbstoffe sind *Azo-Farbstoffe*, die durch Azo-Kupplung hergestellt werden. Die Kupplungskomponenten, meist Phenole und Amine, kuppeln i.a. in p-Stellung zur OH- bzw. NH_2-Gruppe (oder falls diese besetzt ist, in o-Stellung).

$N_2^{\oplus}$ + NH_2 NH_2 ⟶ N=N NH_2 NH_2

diazotiertes Anilin | m-Phenylendiamin | Chrysoidin (orange) 2,4-Diaminoazobenzol

(2) Von Bedeutung hinsichtlich des Produktionsumfangs sind außerdem die *Anthrachinon-Farbstoffe* für höchste Echtheitsansprüche sowie die relativ preiswerten *Schwefel-Farbstoffe*. Ein Beispiel von historischer Bedeutung ist Alizarin (1,2-Dihydroxy-anthrachinon) mit einem chinoiden Chromophor. Hier handelt es sich um einen Beizenfarbstoff.

O O ⟶ ($+ H_2SO_4$, $-H_2O$) O O SO_3H ⟶ ($(NaOH, O_2)$, (H_2SO_4)) O O OH OH

Anthrachinon | Anthrachinon-Sulfonsäure | Alizarin (rot)

Die besten Anthrachinon-Farbstoffe sind Küpenfarbstoffe wie *Indanthren* (Indanthrenblau), hergestellt durch Alkalischmelze von 2-Amino-anthrachinon.

$$2\ \text{2-Aminoanthrachinon} \xrightarrow[-4\,H]{200°C\ (KOH, NaNO_3)} \text{Indanthren}$$

Indanthren (blau)

Ein billiger Küpenfarbstoff für Baumwolle ist *Schwefelschwarz*:

$$2n\ \text{2,4-Dinitrophenol} \xrightarrow{\Delta, (Na_2S_n)} [\ \ldots\ ]_n$$

2,4-Dinitrophenol

③ *Indigo*, der wohl bekannteste blaue Farbstoff, ist ebenfalls ein Küpenfarbstoff: Indigoide Farbmittel dienen zum Färben von Cellulose-Fasern und als Pigmente für Industrielacke.

Großtechnische Herstellung von Indigo (2. Heumannsche Synthese der BASF):

$$\text{Anthranilsäure} \xrightarrow[-HCl]{+ClCH_2COOH} \text{Phenylglycin-o-carbonsäure} \xrightarrow[-H_2O]{\Delta, (NaOH)} \text{Indoxyl-2-carbonsäure}$$

Anthranilsäure; Phenylglycin-o-carbonsäure; Indoxyl-2-carbonsäure

$$\text{Indoxyl-2-carbonsäure} \xrightarrow[-CO_2]{\Delta} \text{Indoxyl} \xrightarrow[-2\,H_2O]{+\text{Indoxyl}, +O_2} \text{Indigo}$$

Indigoweiß lösl. Leukoform der Küpe ; Indigo (Indigotin) unlöslich, E-Konfig. (Chromophor) ; Indoxyl

(4) *Triarylmethan-Farbstoffe* sind wegen geringer Licht- und Waschechtheit nur noch als Farbstoffe für Papier interessant. Dazu gehören u.a. Fluorescein (aus Resorcin und Phthalsäure-anhydrid), Eosin (Tetrabromfluorescein) und *Phenolphthalein* (aus Phenol und Phthalsäureanhydrid) mit einem chinoiden Chromophor.

+ 2 [Resorcin] → $-H_2O$ → $-H_2O$ →

+ 2 NaOH, $-2\,H_2O$ → $COO^{\ominus}$ $2\,Na^{\oplus}$

Fluorescein (R = H, rot) —NaOH→ gelbgrüne Fluoreszenz in verd. Lösung
Eosin (R = Br, rot) —NaOH→ gut wasserlöslich, rote Lösung

Phenolphthalein dient als Indikator: In saurer oder neutraler Lösung ist es farblos, in verdünnten Laugen rot. In konzentrierten Laugen liegt es als farbloses Tri-Anion vor, das kein chinoides Ringsystem mehr enthält.

+ 2 [Phenol] —(konz. H_2SO_4), $-H_2O$→ Phenolphthalein (farblose lactoide Form) ⇌ (+ 2 NaOH / + 2 HCl)

rote, chinoide Form

(5) Zu den Farbstoffen mit einem chinoiden Chromophor gehören auch die *Phenoxazin-, Phenothiazin- und Phenazin-Farbstoffe*. Ein bekanntes Beispiel ist Methylenblau, ein Phenothiazin-Farbstoff, der in der Biochemie häufig als Redox-Indikator und Wasserstoff-Acceptor verwendet wird.

$+ 2\,H$

farblose Leukoverbindung

Methylenblau
(mesomere Grenzformel)

33.4 Natürliche Farbmittel

In den vorangegangenen Kapiteln wurden bereits mehrere natürlich vorkommende Farbstoffe erwähnt, so z.B. β-Carotin (Butter) und die Xantophylle (Gelbfärbung von Laub). Viele Farbstoffe enthalten heterocyclische Grundgerüste. Dazu gehören u.a.:

① die Flügelpigmente einiger Insekten mit *Pteridin* als Heterocyclus (es ist jeweils nur eine tautomere Form angegeben):

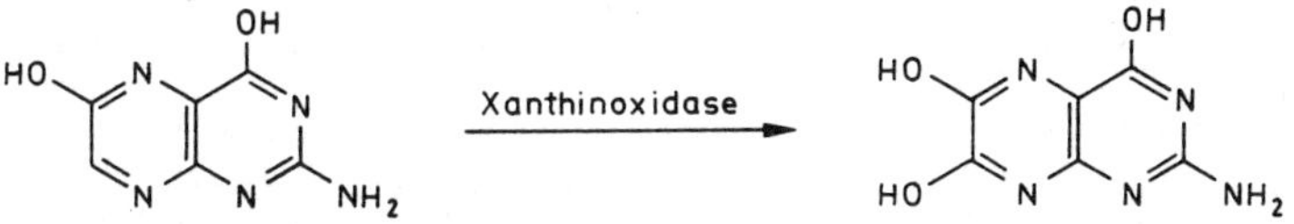

Xanthinoxidase

Xanthopterin (gelb)
(Zitronenfalter)

Leukopterin
(Kohlweißling)

② *Chlorophyll und Häm mit dem Porphin-System:*

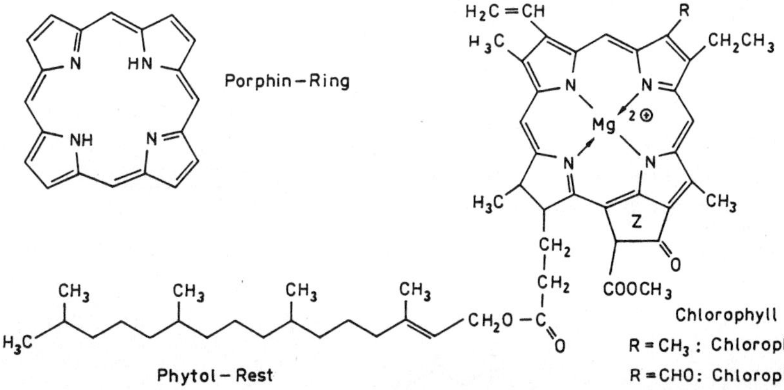

Porphin-Ring

Phytol-Rest

Chlorophyll
$R = CH_3$: Chlorophyll a
$R = CHO$: Chlorophyll b

Der Blattfarbstoff Chlorophyll enthält als Grundgerüst das Porphin, d.h. vier über Methin-Brücken (—CH=) verbundene Pyrrol-Ringe. Angegliedert ist ein Cyclopentenon-Ring (Z) mit einer Methylester-Gruppierung. Zusätzlich ist eine weitere Carboxyl-Gruppe vorhanden, die mit Phytol, einem ungesättigten Alkohol, verestert ist. Der Porphin-Ring trägt noch folgende Gruppen: drei Methyl-Gruppen, eine Ethyl-Gruppe, eine Vinyl-Gruppe (CH_2=CH—) und eine Aldehyd-Gruppe (—CHO) bzw. eine weitere Methyl-Gruppe für R. Chlorophyll enthält komplex gebundenes Magnesium als Zentralatom.

Im strukturell verwandten *Häm* ist Eisen das Zentralatom. Im Zentrum des Porphin-Ringsystems, dem Protoporphyrin, bestehend aus vier miteinander verknüpften Pyrrol-Ringen, befindet sich das $Fe^{2\oplus}$-Ion, das mit den Stickstoff-Atomen der Pyrrol-Ringe vier Bindungen eingeht, von denen zwei "koordinative" Bindungen sind. *Häm ist die farbgebende Komponente des Hämoglobins*, des Farbstoffs der roten Blutkörperchen (Erythrocyten).

Im Hämoglobin wird eine fünfte Koordinationsstelle am Eisen durch das Histidin des Globins beansprucht. Der durch die Lunge eingeatmete Sauerstoff kann reversibel eine sechste Koordinationsstelle besetzen (= Oxyhämoglobin).

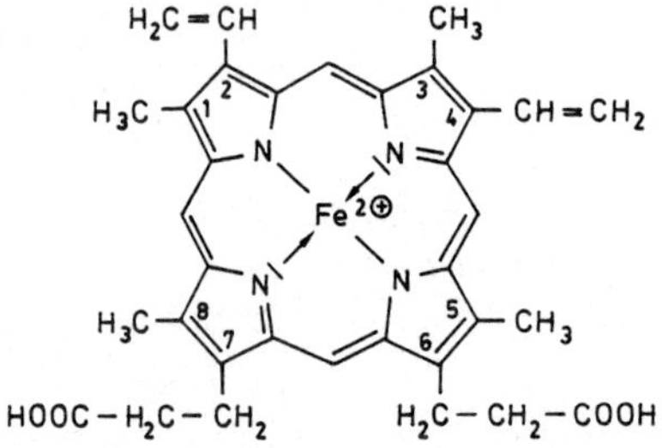

$H_2C=CH$ CH_3 H_3C $CH=CH_2$ N N $Fe^{2\oplus}$ N N H_3C CH_3 $HOOC-H_2C-CH_2$ H_2C-CH_2-COOH

Häm

Auch die als Pigmentfarbstoffe technisch wichtigen Phthalocyanine enthalten ein Porphin-Ringsystem, oft mit $Cu^{2\oplus}$ als Zentralatom.

③ *Anthocyane mit dem Heterocyclus Chromen*, der folgenden Derivaten zugrunde liegt:

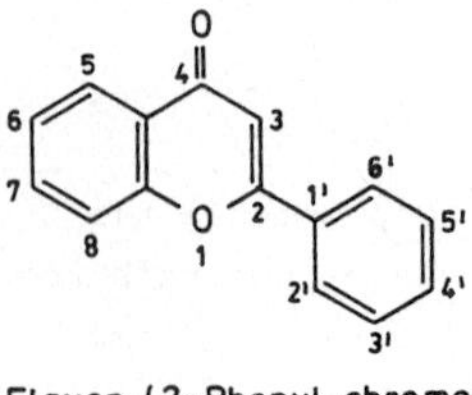

Flavon (2-Phenyl-chromon)

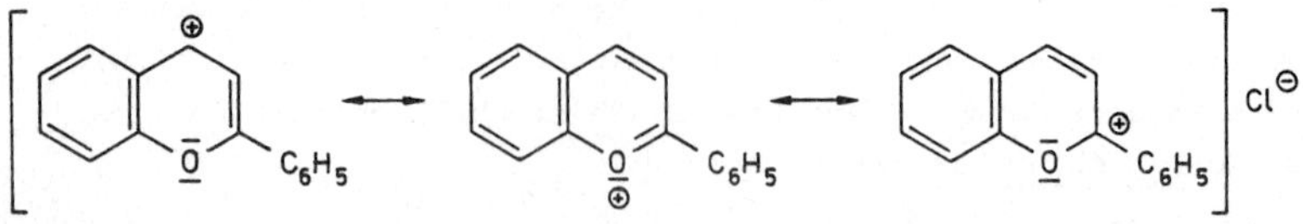

$Cl^{\ominus}$ C_6H_5

Flavyliumchlorid (mesomeriestabilisiert, 2-Phenyl-chromyliumchlorid)

Viele rote und blaue Blütenfarbstoffe sind substituierte *Flavyliumsalze*, die wie üblich meist als Glykoside (Anthocyanine) vorkommen. Bei der sauren Hydrolyse erhält man die mesomeriestabilisierten Flavyliumsalze (Anthocyanidine). Die wichtigsten Vertreter sind: Cyanidinchlorid (3,5,7,3',4'- Pentahydroxy-flavyliumchlorid), Pelargonidinchlorid (3,5,7,4'-Tetrahydroxy-flavyliumchlorid), Delphinidinchlorid (3,5,7,3',4',5'-Hexahydroxy-flavyliumchlorid).

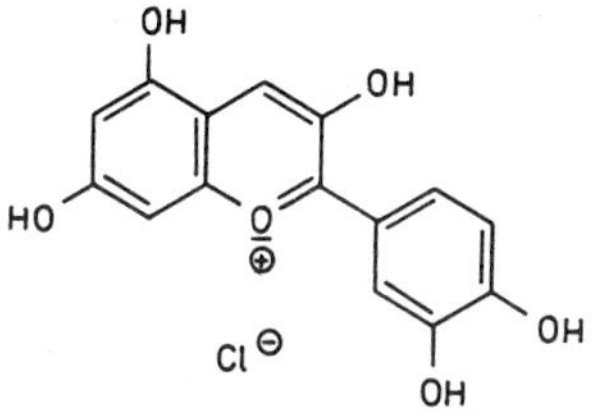

Cyanidinchlorid
(rote Rose, Kornblume, Mohn, Kirsche)

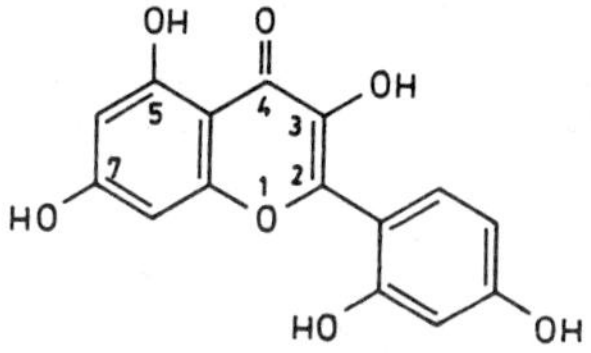

Morin
(Gelbholz)

Die Farbe der Anthocyane hängt ab vom pH-Wert und verschiedenen Metall-Ionen, mit denen Chelat-Komplexe gebildet werden.

(4) In genetischem Zusammenhang mit den Anthocyanidinen stehen *die Flavonole (3-Hydroxy-flavone)*, meist gelbe Farbstoffe, die frei oder glykosidisch gebunden in Blüten und Rinden vorkommen. Dazu gehört z.B. Morin (5,7,2',4'-Tetrahydroxy-flavonol), ein empfindliches Nachweisreagens für $Al^{3\oplus}$, oder Quercitin (5,7,3',4'-Tetrahydroxy-flavonol) in Stiefmütterchen, Löwenmaul, Rosen etc.

(5) Chemisch verwandt mit diesen beiden Farbstoffgruppen sind *die Catechine, natürliche Gerbstoffe*, die ebenfalls meist glykosidisch gebunden sind, z.B. Catechin und Vitamin E (Tocopherol).

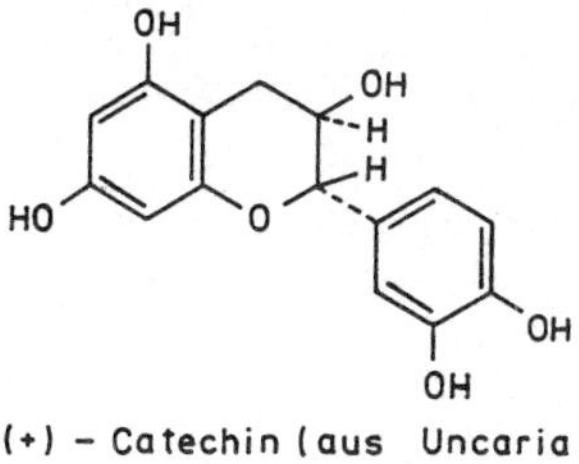

(+) - Catechin (aus Uncaria gambir)

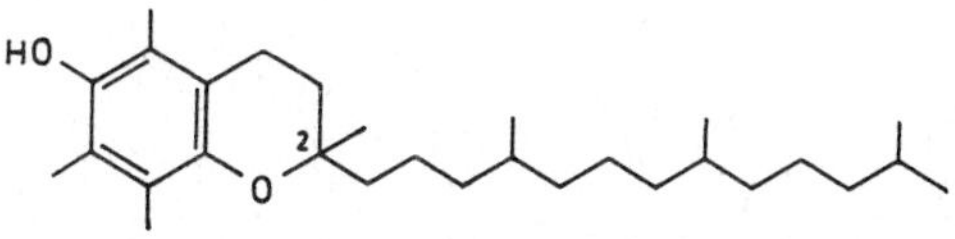

α -Tocopherol

Tabelle 36. Einige bekannte natürliche Farbstoffe

Name	Herkunft	Farbe	Hauptfarbstoff
Safran	Echter Safran *(Crocus sativus)*	gelb	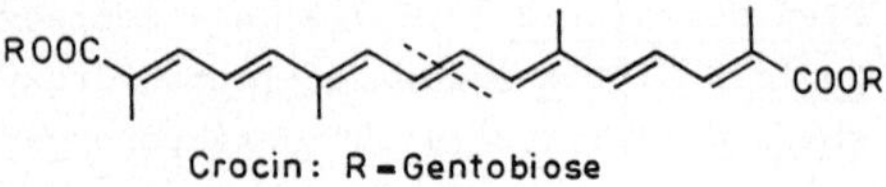 ROOC–…–COOR Crocin: R = Gentobiose
Krapp	Krappwurzel *(Rubia tinctorum)*	rot	Alizarin (als Glykosid)
Kermes	Schildläuse der Kermeseiche *(Quercus coccifera)*	rot	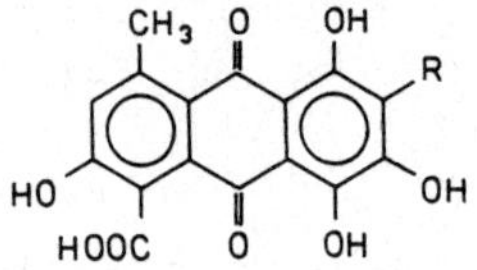 Kermessäure: R = $-\underset{\underset{O}{\|}}{C}-CH_3$
Karmin	Cochenille-Läuse *(Coccus cacti)*	rot	Carminsäure: R = D-Glucopyranose
Indigo	Indigopflanze *(Indigofera tinctoria)*	blau	Indigo (aus Indican, dem β-Glucosid des Indoxyls) 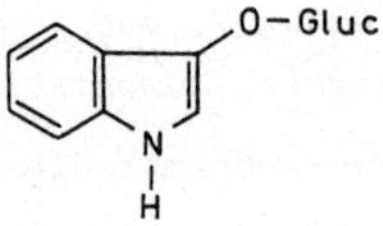
Färber-waid	Waidpflanze *(Isatis tinctoria)*	blau	O–Gluc
Purpur	Purpurschnecke *(Murex brandaris)*	violett	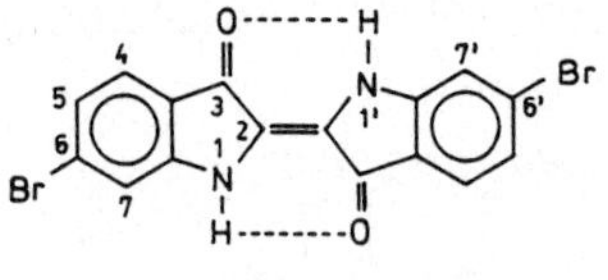 6,6'-Dibrom-indigo

34 Chemie und Biochemie

Unter den 100 wichtigsten chemisch-synthetischen Verfahren der organischen Chemie sind nur 6 *mikrobielle Produktionsverfahren*, die zur Herstellung von Ethanol, Essigsäure, Isopropanol, Aceton, Butanol und Glycerin dienen. Bei Berücksichtigung der Produktionszahlen für biotechnische Erzeugnisse wie Brot, Bier, Wein, Käse, Hefe, Antibiotica etc. findet man, daß diese Verfahren 20 - 30 % der Produktion in der BRD ausmachen. Als Mikroorganismen dienen u.a. Bakterien, Pilze und Mikroalgen. Die Verfahren sind umweltfreundlich und werden z.T. sogar zum Umweltschutz (z.B. bei der Abwasserreinigung) benutzt. Biochemische Reaktionen laufen meist selektiv unter milden Reaktionsbedingungen ab. Folgende Reaktionstypen haben größere Bedeutung:

① <u>*Hydrierungs- und Dehydrierungsreaktionen, Oxidationen*</u>

$-C(=O)-CH_2-COOH + H_2 \rightleftharpoons -CH(OH)-CH_2-COOH$

Carbonyl- $\rightleftharpoons$ Hydroxyl-Derivat
Ketosäure $\rightleftharpoons$ Hydroxysäure
Chinon $\rightleftharpoons$ Hydrochinon

auch: Aldehyd $\rightleftharpoons$ Carbonsäure

$-CH{=}CH-COOH + H_2 \rightleftharpoons -CH_2-CH_2-COOH$

ungesättigte $\rightleftharpoons$ gesättigte Verbindung

$-C(=NH)-COOH + H_2 \rightleftharpoons -CH(NH_2)-COOH$

Imin $\rightleftharpoons$ Amin
Iminosäure $\rightleftharpoons$ Aminosäure

② <u>*Kondensations- und Hydrolysereaktionen*</u>

$H_2O_3P-O-R + H_2O \rightleftharpoons H_3PO_4 + R-OH$

Phosphorsäure-, Carbonsäureester-Hydrolyse

$-C(OR)(OR)- + H_2O \rightleftharpoons -C(=O)- + 2\,ROH$

Glycosid (Acetal) $\rightleftharpoons$ Carbonyl-

$-C(=NH)-COOH + H_2O \rightleftharpoons -C(=O)-COOH + NH_3$

Iminosäure $\rightleftharpoons$ Ketosäure

③ *Addition und β-Eliminierung von Wasser und Ammoniak*

$$-CH{=}CH{-}COOH + H{-}R \rightleftharpoons -\underset{\large R}{\underset{|}{C}}H{-}CH_2{-}COOH; \quad R = -OH, -NH_2$$

④ *Lösen und Knüpfen von C–C-Bindungen* (*$-\underset{|}{C}H_2$ symbolisiert das benötigte aktivierte C-Atom*)

$$-\underset{|}{C}H_2 + CO_2 \rightleftharpoons -\underset{|}{C}H{-}COOH$$

Carboxylierung (z.B. Acetyl-CoA ⟶ Malonyl-CoA)

Decarboxylierung (Ketosäuren)

$$-\underset{|}{C}H_2 + -\underset{\large O}{\underset{\|}{C}}{-}H \rightleftharpoons -\underset{|}{C}H{-}\underset{\large OH}{\underset{|}{C}}H{-}$$

Aldol-Reaktion, Retro-Aldol-Reaktion, Acyloin-Addition

$$-\underset{|}{C}H_2 + -\underset{\large O}{\underset{\|}{C}}{-}OR \rightleftharpoons -\underset{|}{C}H{-}\underset{\large O}{\underset{\|}{C}}{-} + ROH$$

Ester-Kondensation (⟶ β-Ketoester) und Umkehrung

34.1 Biokatalysatoren

Der Grund für den spezifischen Ablauf biochemischer Reaktionen trotz vorgegebener Bedingungen (Lösungsmittel: Wasser, pH ≈ 7, enger Temperaturbereich) ist der Einsatz wirksamer Biokatalysatoren der Enzyme. *Enzyme sind Proteine, die oft noch nicht-proteinartige Bestandteile, sog. Coenzyme, enthalten.*

Beispiele:

① Das gruppen-übertragende Coenzym A, ein Mercaptan, dessen SH-Gruppe mit Essigsäure einen Thioester, das Acetyl-Coenzym A, bildet. Dies erleichtert einen nucleophilen Angriff an der Carbonyl-Gruppe des Esters und schafft eine "aktivierte" C–H-Bindung am α-C-Atom. Die biochemische Fettsäure-Synthese verläuft daher analog einer Ester-Kondensation nach Claisen unter Bildung eines β-Ketosäure-esters (schematisch):

$$2\ CH_3{-}\underset{\large O}{\underset{\|}{C}}{-}S{-}CoA \longrightarrow CH_3{-}\underset{\large O}{\underset{\|}{C}}{-}CH_2{-}\underset{\large O}{\underset{\|}{C}}{-}SCoA + CoASH$$

Aceto-acetyl-Enzym-Komplex

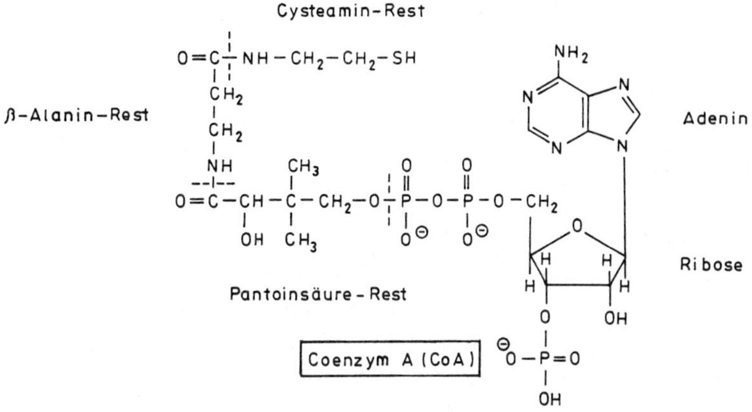

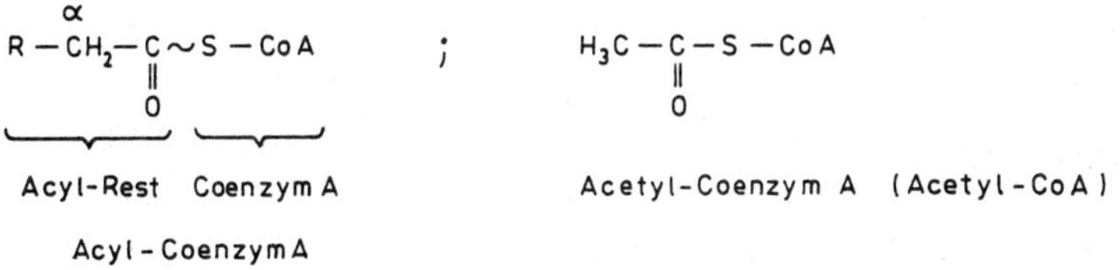

Cysteamin-Rest

β-Alanin-Rest

Adenin

Ribose

Pantoinsäure-Rest

Coenzym A (CoA)

$$R-\overset{\alpha}{CH_2}-\underset{\underset{O}{\|}}{C}\sim S-CoA \quad ; \quad H_3C-\underset{\underset{O}{\|}}{C}-S-CoA$$

Acyl-Rest Coenzym A

Acyl-CoenzymA

Acetyl-Coenzym A (Acetyl-CoA)

② Das Wasserstoff-übertragende Coenzym $NAD^{\oplus}$ bzw. $NADP^{\oplus}$ enthält als Heterocyclen Adenin (Purin-Gerüst) und Nicotinamid (ein Carbonsäureamid) sowie als Polyhydroxy-Verbindung Ribose (einen Zucker), die als Phosphorsäure-ester vorliegt.

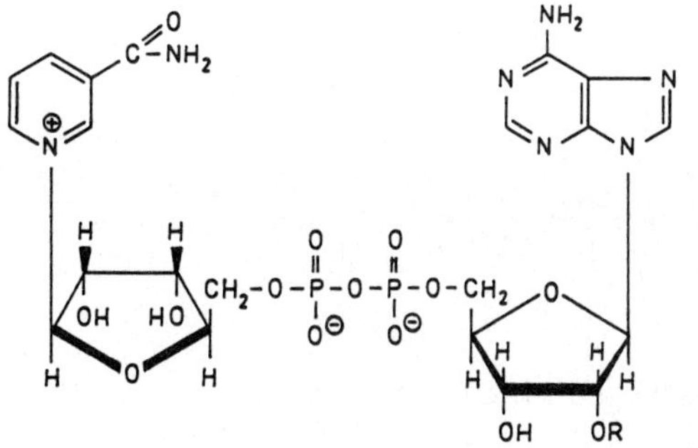

Nicotinamid Ribose Phosphorsäure Adenosin

Nicotinamid-adenin-dinucleotid $NAD^{\oplus}$ für R = H,

$NADP^{\oplus}$ für R = $-\overset{\overset{O}{\|}}{\underset{\underset{\ominus O}{|}}{P}}-OH \triangleq -Ⓟ$ (Phosphorsäure-Rest)

Das Pyridin-System (Kap. 25.3) übernimmt ein Hydrid-Ion, und wir erhalten NADH bzw. NADPH (vgl. auch Prochiralität, Kap. 8.6).

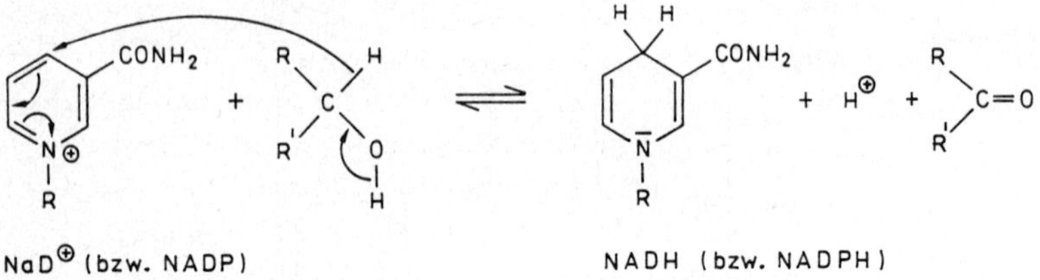

NaD$^{\oplus}$ (bzw. NADP) + $R(R')CH{-}OH$ ⇌ NADH (bzw. NADPH) + $H^{\oplus}$ + $R(R')C{=}O$

③ Das zur Energieübertragung und- speicherung dienende ATP wird in Kap. 34.4 besprochen, die elektronen-übertragenden Chlorophylle in Kap. 33.

④ Das strukturell mit den Porphyrinen (Chlorophylle, Häm s. Kap. 33) in enger Beziehung stehende Coenzym B_{12} enthält als zentralen Baustein das 15-gliedrige Gerüst des Corrins als Cobalt-Komplex.

Im Coenzym B_{12} ist die Cyanid-Gruppe des Cyanocobalamins (Vitamin B_{12}, vgl. Teil 1) durch 5'Desoxyadenosin ersetzt. Die dadurch gebildete Metall-Kohlenstoffbindung ist bislang die einzige bekannte aus einem Naturstoff.

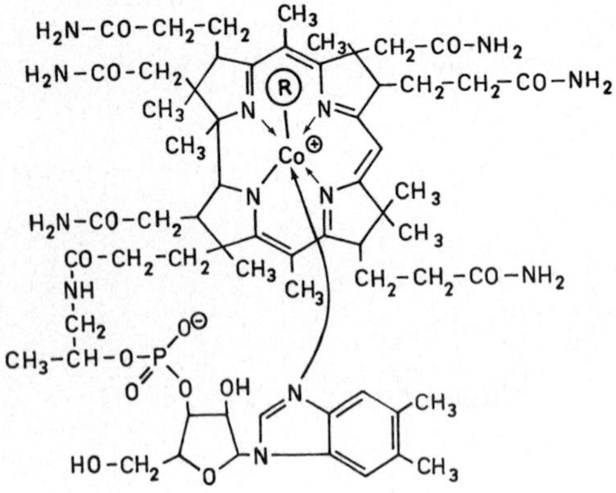

Abb. 52. Vitamin B_{12}

(R) =

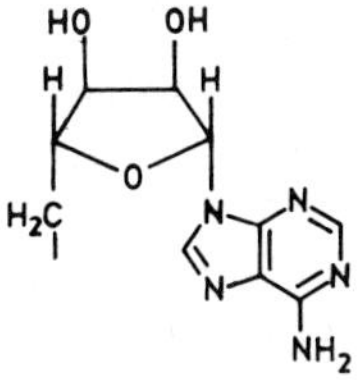

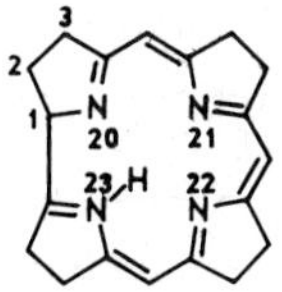

Corrin-Gerüst

Coenzyim B_{12} bewirkt Umlagerungsreaktionen wie z.B. die Isomerisierung von Methylmalonyl-CoA in Succinyl-CoA, bei der die CO-SCoA-Gruppe intramolekular wandert:

$$\begin{array}{l} O = C - SCoA \\ \quad\;\; | \\ \;\; HC - CH_3 \\ \quad\;\; | \\ \quad COOH \end{array} \rightleftharpoons \begin{array}{r} O = C{-}SCoA \\ | \;\;\;\;\; \\ HOOC{-}CH_2{-}CH_2 \end{array}$$

34.2 Biochemisch wichtige Ester

Die Ester langkettiger, meist unverzweigter Carbonsäuren wie Fette, Wachse u.a. werden unter dem Begriff Lipide zusammengefaßt. Manchmal rechnet man auch die in Kap. 30 und 31 besprochenen Isoprenoide wie Terpene und Steroide hinzu.

Fette

Fette sind Mischungen aus Glycerinestern ("Glyceride") verschiedener Carbonsäuren mit 12 bis 20 C-Atomen (Tabelle 37). Sie dienen im Organismus zur Energieerzeugung, als Depotsubstanzen, zur Wärmeisolation und zur Umhüllung von Organen.

Tabelle 37. Wichtige Fettsäuren

Zahl der C-Atome	Name	Formel
gesättigte Fettsäuren		
4	Buttersäure	$CH_3-(CH_2)_2-COOH$
12	Laurinsäure	$CH_3-(CH_2)_{10}-COOH$
14	Myristinsäure	$CH_3-(CH_2)_{12}-COOH$
16	Palmitinsäure	$CH_3-(CH_2)_{14}-COOH$
18	Stearinsäure	$CH_3-(CH_2)_{16}-COOH$
ungesättigte Fettsäuren (Doppelbindungen: cis-konfiguriert)		
16	Palmitoleinsäure	$CH_3-(CH_2)_5-CH=CH-(CH_2)_7-COOH$
18	Ölsäure	$CH_3-(CH_2)_7-CH=CH-(CH_2)_7-COOH$
18	Linolsäure	$CH_3-(CH_2)_3-(CH_2-CH=CH)_2-(CH_2)_7-COOH$
18	Linolensäure	$CH_3-(CH_2-CH=CH)_3-(CH_2)_7-COOH$
20	Arachidonsäure	$CH_3-(CH_2)_3-(CH_2-CH=CH)_4-(CH_2)_3-COOH$

Wie alle Ester können auch Fette mit nucleophilen Reagenzien, z.B. einer NaOH-Lösung, umgesetzt werden. Diese Hydrolyse wird oft als *Verseifung* bezeichnet. Dabei entstehen Glycerin und die Natriumsalze der entsprechenden Säuren (Fettsäuren), die auch als *Seifen* bezeichnet werden. Sie werden auf diesem Wege großtechnisch hergestellt und als Reinigungsmittel verwendet (Kap. 35).

Beispiel:

$$\begin{array}{l} CH_2-O-C(=O)-C_{17}H_{35} \\ | \\ CH-O-C(=O)-C_{15}H_{31} \\ | \\ CH_2-O-C(=O)-C_{17}H_{33} \end{array} \xrightarrow{+\ 3\ NaOH} \begin{array}{l} CH_2OH \\ | \\ CHOH \\ | \\ CH_2OH \end{array} + \begin{array}{ll} C_{17}H_{35}COO^{\ominus}Na^{\oplus} & \text{Na-Stearat} \\ C_{15}H_{31}COO^{\ominus}Na^{\oplus} & \text{Na-Palmitat} \\ C_{17}H_{33}COO^{\ominus}Na^{\oplus} & \text{Na-Oleat} \end{array}$$

ein Glycerinester (Triglycerid, Triacylglycerin) — Glycerin

Die *saure* Verseifung höherer Carbonsäure-ester (Fette) ist wegen der Nichtbenetzbarkeit von Fetten durch Wasser sehr erschwert, ein Zusatz von Emulgatoren daher erforderlich.

Öle (= flüssige Fette) haben i.a. einen höheren Gehalt an ungesättigten Carbonsäuren als Fette und daher auch einen niedrigeren Schmelzpunkt. Bei der sog. *Fetthärtung* werden die Doppelbindungen katalytisch hydriert, wodurch der Schmelzpunkt steigt. Wegen der C=C-Doppelbindungen sind Öle oxidationsempfindlich (Autoxidation, s. Kap. 28.1).

Beachte: Natürliche Fettsäuren haben infolge ihrer Biosynthese eine gerade Anzahl von C-Atomen (s. Kap. 34)!

Der Begriff Öl wird oft als Sammelbezeichnung für flüssige organische Verbindungen verwendet. Es sind daher zu unterscheiden: Fette Öle = flüssige Fette = Glycerinester; Mineralöle = Kohlenwasserstoffe; Ätherische Öle = Terpen-Derivate (s. Kap. 30).

Phospholipide

Zu den Glyceriden zählen auch die Phosphatide oder Phospholipide. *In diesen Substanzen ist der Alkohol Glycerin mit zwei Molekülen Fettsäure und mit Phosphorsäure verestert.* Die Phosphorsäure ihrerseits ist ein zweites Mal mit einem anderen Alkohol verestert, z.B. mit Colamin oder Cholin. Cholin ist die Vorstufe zu Acetylcholin, dem im Körper eine wichtige Funktion zukommt:

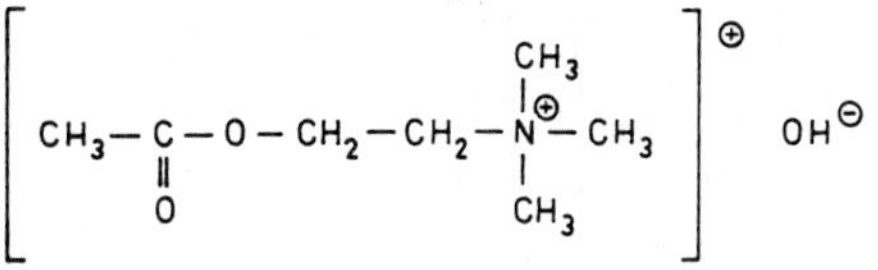

$$\left[CH_3-\underset{\underset{O}{\parallel}}{C}-O-CH_2-CH_2-\overset{\oplus}{\underset{CH_3}{\overset{CH_3}{\overset{|}{\underset{|}{N}}}}}-CH_3 \right]^{\oplus} OH^{\ominus} \quad \text{Acetylcholin}$$

Die wichtigsten Phosphatide sind Lecithin und Kephalin. Sie liegen als Zwitterionen vor und sind am Aufbau von Zellmembranen, vor allem der Nervenzellen, beteiligt.

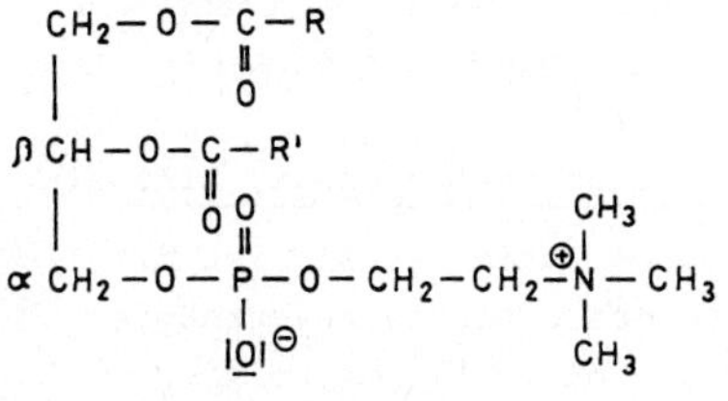

$$\begin{array}{l} CH_2-O-\underset{\underset{O}{\parallel}}{C}-R \\ | \\ \beta\ CH-O-\underset{\underset{O}{\parallel}}{C}-R' \\ | \\ \alpha\ CH_2-O-\overset{\overset{O}{\parallel}}{\underset{\underset{|\underline{O}|^{\ominus}}{|}}{P}}-O-CH_2-CH_2-\overset{\oplus}{\underset{CH_3}{\overset{CH_3}{\overset{|}{\underset{|}{N}}}}}-CH_3 \end{array}$$

α-Lecithin

$$\begin{array}{l} CH_2-O-\underset{\underset{O}{\parallel}}{C}-R \\ | \\ \beta\ CH-O-\overset{\overset{O}{\parallel}}{\underset{\underset{|\underline{O}|^{\ominus}}{|}}{P}}-O-CH_2-CH_2-\overset{\oplus}{N}H_3 \\ | \\ \alpha\ CH_2-O-\underset{\underset{O}{\parallel}}{C}-R' \end{array}$$

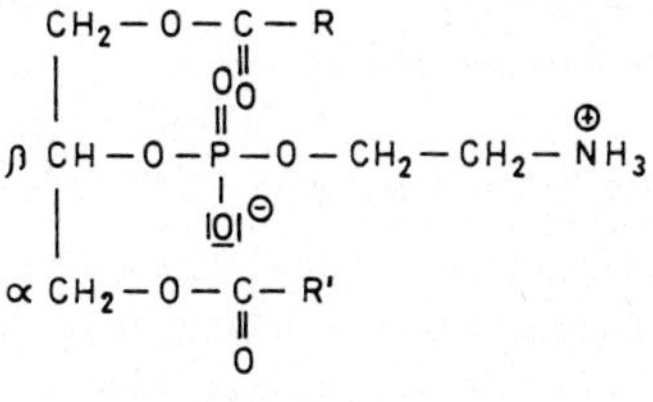

β-Kephalin

3.13.1 Wachse

Neben den Fetten und Phosphatiden gibt es eine dritte wichtige Art von Naturstoff-Lipiden, die Wachse. Wir kennen tierische Wachse, pflanzliche Wachse und eine große Anzahl synthetisch zugänglicher Wachsprodukte für technische und medizinisch-pharmazeutische Zwecke. *Wachse sind Monoester langkettiger unverzweigter Carbonsäuren mit langkettigen unverzweigten Alkoholen* (C_{16} *bis* C_{36}). Der Unterschied zu den Fetten besteht darin, daß an die Stelle der alkoholischen Ester-Komponente Glycerin höhere primäre Alkohole treten wie Myricylalkohol (Gemisch von $C_{30}H_{61}$—OH und $C_{32}H_{65}$—OH) im Bienenwachs, Cetylalkohol ($C_{16}H_{33}$—OH) im Walrat und Cerylalkohol ($C_{26}H_{53}$—OH) im chinesischen Bienenwachs. Das Carnauba-Wachs besteht hauptsächlich aus Myricylcerotinat $C_{25}H_{51}COOC_{30}H_{61}$.

Phosphorsäure-Ester und -Anhydride

Phosphorsäure-ester spielen neben anderen Estern bei der Übertragung und Speicherung von Energie in der Zelle eine bedeutende Rolle.

Bindungen, die zur Energiespeicherung benutzt werden, sind mit ~ gekennzeichnet:

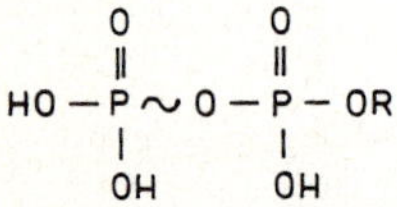

```
     O       O                            O       O
     ‖       ‖                            ‖       ‖
HO — P ~ O — P — OR                  HO — P ~ O — C — R
     |       |                            |
     OH      OH                           OH
```

Pyrophosphat - Bindung

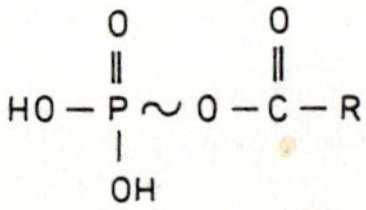

gemischtes Anhydrid

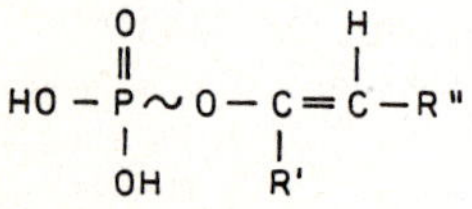

```
     O         H                     O                    O
     ‖         |                     ‖                    ‖
HO — P ~ O — C = C — R"         HO — P ~ NHR          R — C ~ SR'
     |       |                       |
     OH      R'                      OH
```

Enolester der Orthophosphorsäure

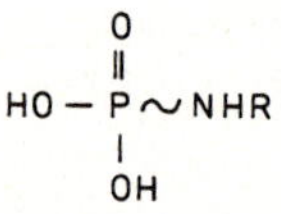

Phosphorsäureamid

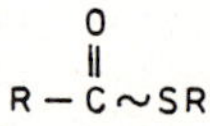

Thioester (vgl. Coenzym A) ($\Delta G^{\circ} = -34{,}2$ kJ·mol^{-1})

Einen herausragenden Platz nimmt dabei Adenosintriphosphat, ATP, ein.

Adenin, eine heterocyclische Base mit einem Purin-Gerüst, ist mit D-Ribose, einem Kohlenhydrat, zu dem Nucleosid Adenosin verknüpft (s. Kap. 29.4). Dieses kann mit Mono-, Di- oder Triphosphorsäure verestert sein. Letztere sind Kondensationsprodukte (Anhydride) der Monophosphorsäure.

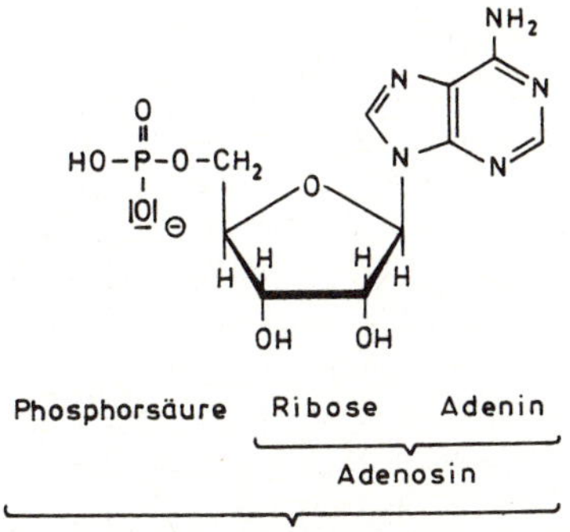

NH_2

N N

O

HO–P–O–CH_2

|O| ⊖

N N

O

H H H H

OH OH

Phosphorsäure Ribose Adenin

Adenosin

Adenosinmonophosphat
AMP

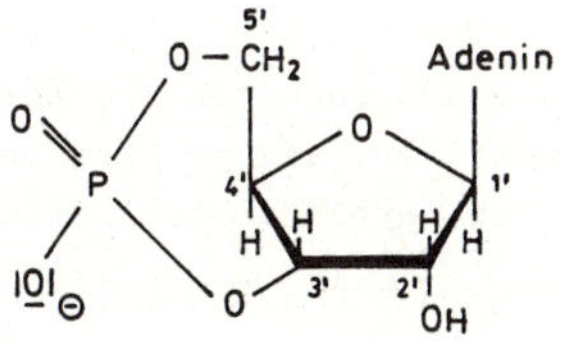

5'
O – CH_2 Adenin

O P O

4' 1'

H H H H

|O| ⊖ O 3' 2' OH

Adenosin – 3',5'– monophosphat
cyclo-AMP

O O O
HO–P–O–P–O–P–O–CH Adenin

|O| ⊖ |O| ⊖ |O| ⊖ O

H H H H

OH OH

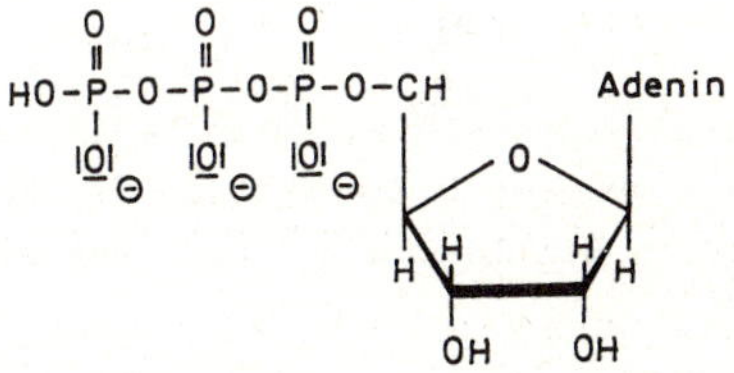

Adenosintriphosphat
ATP

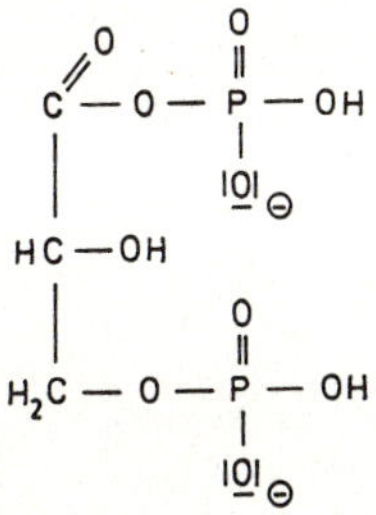

(entsteht aus ATP unter Pyrophosphat-Abspaltung)

O O
C — O — P — OH

|O| ⊖

HC — OH

O
H_2C — O — P — OH

|O| ⊖

1,3 – Diphosphoglycerinsäure

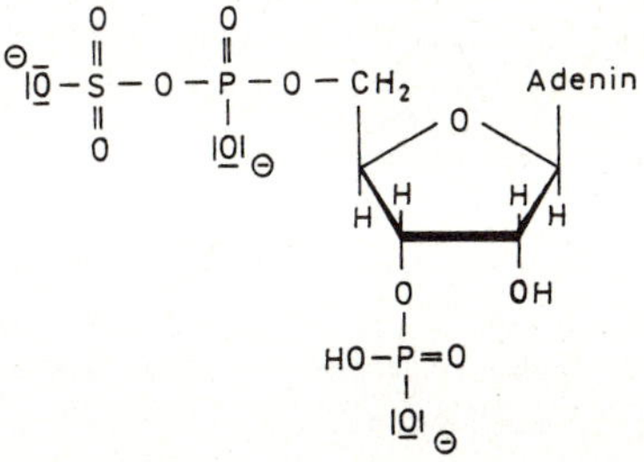

O O
⊖ |O|–S – O – P – O – CH_2 Adenin

O |O| ⊖ O

H H H H

O OH

HO–P=O

|O| ⊖

3'– Phosphoadenosin – 5'– phosphosulfat
PAPS, "aktives Sulfat"

Bei der Hydrolyse der aufgeführten Phosphorsäure-ester und anderer ähnlicher Verbindungen wird im Vergleich zu normalen Estern mehr Energie freigesetzt. Sie werden daher oft als energiereich (= reaktionsfähig) bezeichnet. Dies gilt besonders für die Spaltung der $-\overset{|}{\underset{|}{P}}-O-\overset{|}{\underset{|}{P}}-$Bindung. Tabelle 38 bringt zum Vergleich einige Werte für die Freie Enthalpie unter Standardbedingungen.

Tabelle 38. ΔG^o-Werte der Hydrolyse von Verbindungen der Phosphorsäure

Verbindung	Reaktion	ΔG^o (kJ/mol)
Glucose-6-phosphat	Glc-6-Ⓟ ⟶ Glc + Ⓟ	-13,4
Glucose-1-phosphat	Glc-1-Ⓟ ⟶ Glc + Ⓟ	-20,9
Pyrophosphat	Ⓟ - Ⓟ ⟶ Ⓟ + Ⓟ	-28
ATP	ATP ⟶ ADP + Ⓟ	-31,8
ATP	ATP ⟶ AMP + Ⓟ - Ⓟ	-36
1,3-Diphospho-glycerinsäure	⟶ 3-Phosphoglycerinsäure + Ⓟ	-56,9

(Ⓟ ≡ $HPO_4^{2\ominus}$, Ⓟ - Ⓟ ≡ $P_2O_7^{4\ominus}$)

Die unter physiologischen Bedingungen zur Verfügung stehende Energie hängt von der Konzentration der Reaktionspartner, dem pH-Wert und anderen Einflüssen ab. Sie läßt sich mit der vereinfachten Gleichung

$$\Delta G = \Delta G^o + R \cdot T \cdot \ln \frac{[ADP^{2\ominus}][HPO_4^{2\ominus}]}{[ATP^{4\ominus}]}$$ für ATP ⟶ ADP + Ⓟ abschätzen

mit:

$R = 8{,}3\ J \cdot K^{-1} \cdot mol^{-1}$, $T = 37^o = 310\ K$, $[HPO_4^{2\ominus}] \approx 10^{-2}\ M$,
$\Delta G^o = -31{,}8\ kJ \cdot mol^{-1}$, pH = 7.

Bei gleichen Konzentrationen an ADP und ATP (etwa 10^{-3} M) beträgt

$$\Delta G = -31\,800 + 8{,}3 \cdot 310 \cdot \ln 10^{-2} = -43{,}65\ kJ \cdot mol^{-1}.$$

Bei einem Verhältnis von 1 : 1000 (ADP : ATP), wie es z.B. im Muskel vorliegt, steigt ΔG an:

$$\Delta G = -31\,800 + 8{,}3 \cdot 310 \cdot \ln \frac{10^{-2}}{10^3} = -61{,}42\ kJ \cdot mol^{-1}.$$

34.3 Stoffwechselvorgänge

Unter Stoffwechsel versteht man den Auf-, Um- und Abbau der Nahrungsbestandteile zur Aufrechterhaltung der Funktionen eines lebenden Organismus. Die entsprechenden Stoffwechselvorgänge sind miteinander verbundene Fließgleichgewichte (s. HT, Bd. 247) von meist einfachen, reversiblen Reaktionen, die durch Enzyme beeinflußt und z.B. von Hormonen gesteuert werden. Die freigesetzte Energie wird vom Organismus gespeichert (z.B. in ATP), bei den Reaktionen verbraucht, als Wärme abgegeben oder für Muskelarbeit zur Verfügung gestellt.

Bei der biochemischen Grundsynthese, die nur in Pflanzen (und einigen Bakterien) stattfinden kann, werden alle Verbindungen aus anorganischen Stoffen wie CO_2, H_2O etc. aufgebaut. Sie beginnt mit der Photosynthese. Abb. 53 zeigt den Zusammenhang wichtiger Stoffgruppen mit dem Stoffwechsel.

Schlüsselsubstanzen sind: Brenztraubensäure (als Pyruvat, da die Metabolite in wäßriger Lösung dissoziiert sind), Acetyl-Coenzym A (Acetyl-CoA) und die Ketosäuren im Citrat-Cyclus. Von diesen Verbindungen ausgehend kann man die im Schema angegebenen Substanzklassen ableiten, die alle in diesem Buch besprochen werden.

Zur Aufrechterhaltung des dynamischen Gleichgewichts im Organismus werden die einzelnen Substanzen nach Bedarf ineinander umgewandelt. Man hat daher den Auf-, Ab- oder Umbau der Verbindungen, die beim Stoffwechsel wichtig sind (Metabolite, Substrate), in Cyclen zusammengefaßt, die in den Lehrbüchern der Biochemie ausführlich besprochen werden.

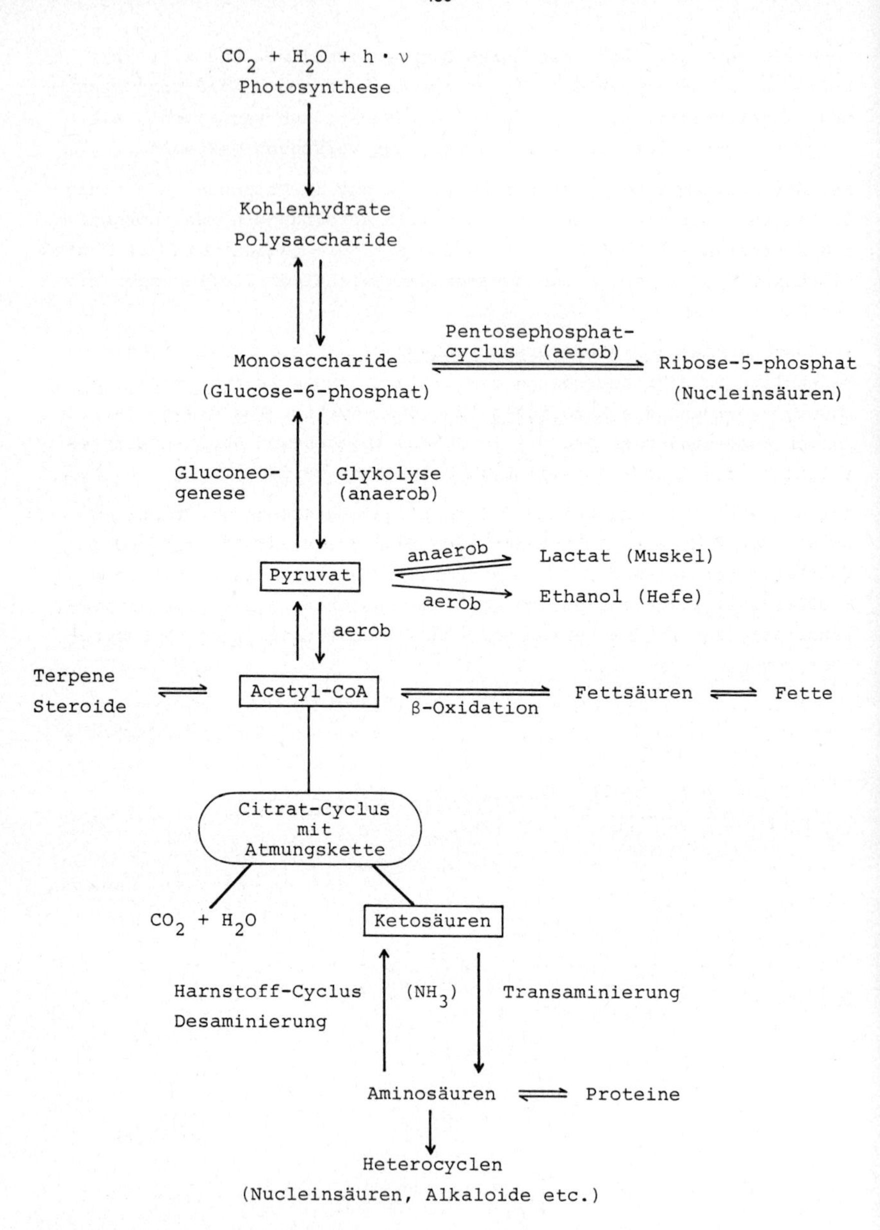

Abb. 53. Wichtige Stoffwechselvorgänge (schematisch)

35 Chemische Bestandteile ausgewählter industrieller Produkte

35.1 Erläuternde Hinweise zu Tensiden

Tenside sind grenzflächenaktive Stoffe, die aus einem hydrophoben organischen Rest (meist mit Alkyl- oder Aryl-Gruppen) und einer hydrophilen (lipophoben) Gruppe bestehen (Tabelle 39). Sie sind Bestandteil von Waschmitteln und dienen als Emulgatoren (z.B. in kosmetischen Cremes oder Nahrungsmitteln), Netzmittel, Dispergiermittel, Solubilisatoren, Flotationsmittel u.a.

Die Wirkungsweise der Detergentien beruht auf ihrem polaren Bau. Die hydrophilen Gruppen ($-COO^{\ominus}$, $-SO_3^{\ominus}$) werden hydratisiert und in das Wasser hineingezogen, während die hydrophoben und lipophilen Alkyl-Reste herausgedrängt werden. Durch die regelmäßige Anordnung der Moleküle in der Phasengrenzfläche wird die Oberflächenspannung des Wassers

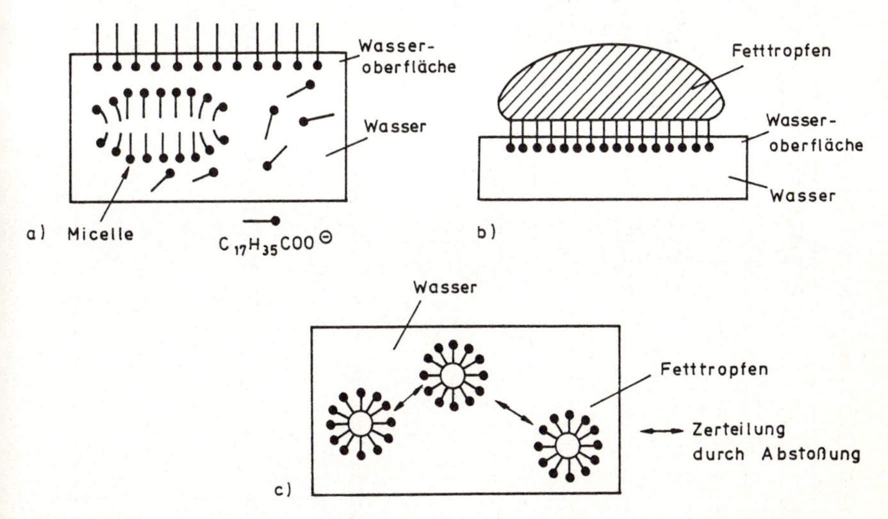

Abb. 54 a-c. Wirkungen der Waschmittel. (a) Oberflächenaktivität: Anreicherung der polar gebauten Ionen in der Wasseroberfläche, Micellenbildung im Innern, (b) Wirkung als Netzmittel, (c) emulgierende Wirkung

Tabelle 39. Einteilung von Tensiden (n = 10 - 20, m = 8 - 16, o = 5 - 20)

Typ	hydrophile Gruppe	Beispiel	Bezeichnung
anionisch	$-COO^{\ominus}$	$CH_3-(CH_2)_n-COO^{\ominus}$ mit $Na^{\oplus}$: Kernseife mit $K^{\oplus}$: Schmierseife	Seifen
	$-O-SO_2-O^{\ominus}$	$CH_3-(CH_2)_n-O-SO_2-O^{\ominus}$	Fettalkoholsulfate
	$-SO_2-O^{\ominus}$	$CH_3-(CH_2)_n-SO_2-O^{\ominus}$	Alkylsulfonate
		$CH_3-(CH_2)_m-C_6H_4-SO_2-O^{\ominus}$	Alkylarylsulfonate
kationisch	$-N^{\oplus}(CH_3)_3$	$CH_3-(CH_2)_n-N^{\oplus}(CH_3)_3\ Cl^{\ominus}$	Alkyltrimethyl-ammoniumchlorid
amphotensid zwitter-ionisch	$-N^{\oplus}(CH_3)_2-CH_2-CO-O^{\ominus}$	$CH_3-(CH_2)_n-N^{\oplus}(CH_3)_2-CH_2-CO-O^{\ominus}$	N-Alkylbetain
nicht ionogen	$-O-(CH_2-CH_2-O-)_L-H$	a) $CH_3-(CH_2)_m-O-(CH_2-CH_2-O-)_L-H$ b) $CH_3-(CH_2)_m-C_6H_4-O-(CH_2-CH_2-O-)_L-H$ c) $CH_3-(CH_2)_n-C(=O)-O-(CH_2-CH_2-O-)_L-H$	Polyethylenglykol-Addukte von n · (Ethylenoxid) mit a) Alkyl-alkoholen b) Alkyl-phenolen c) Fettsäuren

herabgesetzt, d.h. die Flüssigkeit wird beweglicher und benetzt die Schmutzteilchen. Durch reines Wasser nichtbenetzte Stoffe wie Öle werden durch die Detergentien umhüllt, dadurch emulgiert und können dann weggespült werden (Abb. 103). Durch Micellen-Bildung bei höherer Tensid-Konzentration werden auch Kohlenwasserstoffe durch Einschluß in Micellen im Wasser emulgierbar. Unter Micellen versteht man kolloid-artige, geordnete Zusammenballungen von Molekülen grenzflächenaktiver Stoffe. Sie können aus 20 bis 30 000 Einzelmolekülen bestehen. Die biologisch abbaubaren Detergentien mit linearen Alkyl-Resten werden durch Friedel-Crafts-Alkylierung von Benzol mit 1-Alkenen oder Chloralkenen hergestellt. Katalysator ist HF oder $AlCl_3$. Anschließend wird mit H_2SO_4 sulfoniert und mit NaOH neutralisiert:

$$\underset{\text{Dodecan}}{C_{12}H_{26}} \xrightarrow[-HCl]{+Cl_2} C_{12}H_{25}Cl \xrightarrow{-HCl} \underset{\text{1-Dodecen}}{C_{10}H_{21}-CH=CH_2} \xrightarrow[(HF)]{+C_6H_6}$$

$$\underbrace{CH_3-(CH_2)_9-\underset{H_3C}{CH}}_{R}-C_6H_5 \xrightarrow[-H_2O]{+H_2SO_4} R-C_6H_4-SO_3H \xrightarrow[-H_2O]{+NaOH} \underset{\text{Alkylbenzol-sulfonat}}{R-C_6H_4-S(=O)_2-\overline{\underline{O}}|^{\ominus}\ Na^{\oplus}}$$

35.2 Erläuternde Hinweise zu Düngemitteln

Düngemittel sind Substanzen oder Stoffgemische, welche die von der Pflanze benötigten Nährstoffe in einer für die Pflanze geeigneten Form zur Verfügung stellen.

Pflanzen benötigen zu ihrem Aufbau verschiedene Elemente, die unentbehrlich sind, deren Auswahl jedoch bei den einzelnen Pflanzenarten verschieden ist. Dazu gehören die Nichtmetalle H, B, C, N, O, S, P, Cl und die Metalle Mg, K, Ca, Mn, Fe, Cu, Zn, Mo. C, H und O werden als CO_2 und H_2O bei der Photosynthese verarbeitet, die anderen Elemente werden in unterschiedlichen Mengen, z.T. nur als Spurenelemente benötigt. Die sechs wichtigen Hauptnährelemente sind unterstrichen; N, P, K sind dabei von besonderer Bedeutung.

Allgemein wird unterschieden zwischen *Handelsdüngern* mit definiertem Nährstoffgehalt und *wirtschaftseigenen Düngern*. Letztere sind Neben- und Abfallprodukte, wie z.B. tierischer Dung, Getreidestroh, Gründüngung (Leguminosen), Kompost, Trockenschlamm (kompostiert aus Kläranlagen).

Handelsdünger aus natürlichen Vorkommen

Organische Dünger sind z.B. Guano, Torf, Horn-, Knochen-, Fischmehl.

Organische Handelsdünger

Tabelle 40

Düngemittel	% N	% P_2O_5	% K_2O	% Ca	% org.Mass
Blutmehl	10-14	1,3	0,7	0,8	60
Erdkompost	0,02	0,15	0,15	0,7	8
Fischguano	8	13	0,4	15	40
Holzasche	-	3	6-10	30	-
Horngrieß	12-14	6-8	-	7	80
Horn-Knochen-Mehl	6-7	6-12	-	7	40-50
Horn-Knochen-Blutmehl	7-9	12	0,3	13	50
Hornmehl	10-13	5	-	7	80
Hornspäne	9-14	6-8	-	7	80
Knochenmehl, entleimt	1	30	0,2	30	-
Knochenmehl, gedämpft	4-5	20-22	0,2	30	-
Klärschlamm	0,4	0,15	0,16	2	20
Kompost	0,3	0,2	0,25	10	20-40
Peruguano	6	12	2	20	40
Rinderdung, getrocknet	1,6	1,5	4,2	4,2	45
Ricinusschrot	5	-	-	-	40
Ruß	3,5	0,5	1,2	5-8	80
Stadtkompost	0,3	0,3	0,8	8-10	20-40
Stallmist, Ring, frisch	0,35	1,6	4	3,1	20-40

Anorganische Dünger (Mineraldünger) aus natürlichen Vorkommen sind z.B. $NaNO_3$ (Chilesalpeter (seit 1830)), $CaCO_3$ (Muschelkalk), KCl (Sylvin). Sie werden bergmännisch abgebaut und kommen gereinigt und zerkleinert in den Handel.

Kunstdünger

Organische Dünger: Harnstoff, $H_2N\text{-}CO\text{-}NH_2$, wird mit Aldehyden kondensiert als Depotdüngemittel verwendet; es wird weniger leicht ausgewaschen. Ammonnitrat-Harnstoff-Lösungen sind Flüssigdünger mit schneller Düngewirkung.

Harnstoff wirkt relativ langsam ($-NH_2 \longrightarrow -NO_3^{\ominus}$). Dies gilt auch für $CaCN_2$ s.u.

Mineraldünger

Stickstoffdünger: Sie sind von besonderer Bedeutung, weil bisher der Luftstickstoff nur von den Leguminosen unmittelbar verwertet werden kann. Die anderen Pflanzen nehmen N als $NO_3^{\ominus}$ oder $NH_4^{\oplus}$ je nach pH-Wert des Bodens auf. Bekannte Düngemittel, die i.a. als Granulate ausgebracht werden, sind:

Ammoniumnitrat, "Ammonsalpeter", NH_4NO_3 (seit 1913)
$NH_3 + HNO_3 \longrightarrow NH_4NO_3$ (explosionsgefährlich); wird mit Zuschlägen gelagert und verwendet. Zuschläge sind z.B. $(NH_4)_2SO_4$, $Ca(NO_3)_2$, Phosphate, $CaSO_4 \cdot 2\ H_2O$, $CaCO_3$.

Kalkammonsalpeter: $NH_4NO_3/CaCO_3$

Natronsalpeter, $NaNO_3$, Salpeter, KNO_3

Kalksalpeter, $Ca(NO_3)_2$

Kalkstickstoff (seit 1903) $CaC_2 + N_2 \xrightleftharpoons{1100^{\circ}C} CaCN_2 + C$

$(CaO + 3\ C \rightleftharpoons CaC_2 + CO)$

Ammoniumsulfat, $(NH_4)_2SO_4$, $2NH_3 + H_2SO_4 \longrightarrow (NH_4)_2SO_4$ oder
$(NH_4)_2CO_3 + CaSO_4 \longrightarrow (NH_4)_2SO_4 + CaCO_3$

$(NH_4)_2HPO_4$. s. Phosphatdünger

Vergleichsbasis der Dünger ist % N.

Phosphatdünger: P wird von der Pflanze als Orthophosphat-Ion aufgenommen. Vergleichsbasis der Dünger ist % P_2O_5. Der Wert der phosphathaltigen Düngemittel richtet sich auch nach ihrer Wasser- und Citratlöslichkeit (Citronensäure, Ammoniumcitrat) und damit nach der vergleichbaren Löslichkeit im Boden.

Beispiele

"Superphosphat", (seit 1850) ist ein Gemisch aus $Ca(H_2PO_4)_2$ und $CaSO_4 \cdot 2\ H_2O$ (Gips).

$Ca_3(PO_4)_2 + 2\ H_2SO_4 \longrightarrow Ca(H_2PO_4)_2 + 2\ CaSO_4$

"Doppelsuperphosphat" entsteht aus carbonatreichen Phosphaten:

$Ca_3(PO_4)_2 + 4\ H_3PO_4 \longrightarrow 3\ Ca(H_2PO_4)_2$

$CaCO_3 + 2\ H_3PO_4 \longrightarrow Ca(H_2PO_4)_2 + CO_2 + H_2O$

"Rhenaniaphosphat" (seit 1916) $3\ CaNaPO_4 \cdot Ca_2SiO_4$ entsteht aus einem Gemisch von $Ca_3(PO4)_2$ mit Na_2CO_3, $CaCO_3$ und Alkalisilicaten bei 1100-1200° C in Drehrohröfen ("Trockener Aufschluß"). Es wird durch organische Säuren im Boden zersetzt.

"Ammonphosphat", $(NH_4)_2HPO_4$

$H_3PO_4 + 2\ NH_3 \longrightarrow (NH_4)_2HPO_4$

"Thomasmehl" (seit 1878) ist feingemahlene "Thomasschlacke". Haupbestandteil ist: Silico-carnotit $Ca_5(PO_4)_2[SiO_4]$

Kaliumdünger: K reguliert den Wasserhaushalt der Pflanzen. Es liegt im Boden nur in geringer Menge vor und wird daher ergänzend als wasserlösliches Kalisalz aufgebracht. Vergleichsbasis der Dünger ist % K_2O.

Beispiele:

"Kalidüngesalz" KCl (Gehalt ca. 40 %) (seit 1860).

"Kornkali" mit Magnesiumoxid: 37 % KCl + 5 % MgO

Kalimagnesia $K_2SO_4 \cdot MgSO_4 \cdot 6\ H_2O$

Kaliumsulfat K_2SO_4 (Gehalt ca. 50 %).

Carnallit $KMgCl_3 \cdot 6\ H_2O$

Kainit $KMgClSO_4 \cdot 3\ H_2O$

Mehrstoffdünger: Dünger, die mehrere Nährelemente gemeinsam enthalten, aber je nach den Bodenverhältnissen in unterschiedlichen Mengen, werden *Mischdünger* genannt. Man kennt Zweinährstoff- und Mehrnährstoffdünger mit verschiedenen N-P-K-Mg-Gehalten. So bedeutet z.B. die Formulierung 20-10-5-1 einen Gehalt von 20 % N - 10 % P_2O_5 - 5 % K_2O - 1 % MgO. Häufig werden diese Dünger mit Spurenelementen angereichert, um auch bei einem einmaligen Streuvorgang möglichst viele Nährstoffe den Pflanzen anbieten zu können.

Beispiele:

"Kaliumsalpeter": KNO_3/NH_4Cl

"Nitrophoska" $(NH_4)_2HPO_4/(NH_4)Cl$ bzw. $(NH_4)_2SO_4$ und KNO_3

"Hakaphos" KNO_3, $(NH_4)_2HPO_4$, Harnstoff

35.3 Erläuternde Hinweise zu Bioziden

Je nach Anwendungsgebiet werden folgende Biozide (Pflanzenschutz- und Schädlingsbekämpfungsmittel) unterschieden:

Tabelle 41

Mittel gegen	Bezeichnung
Insekten	Insektizide
Milben	Akarizide
Eier	Ovizide
Nematoden	Nematizide
Schnecken	Malluskizide
Pilze	Fungizide
Bakterien	Bakterizide
Viren	Virizide
Nagetiere	Rodentizide
Pflanzen (Unkräuter)	Herbizide
Abwehrmittel (allgemein)	Repellents
sterilisierende Mittel	Chemosterilantien

Die Mehrzahl der heute verwendeten Biozide sind organisch-chemische Verbindungen, die in großen Mengen hergestellt und eingesetzt werden. Sie werden meist nicht unverdünnt, sondern als Mischungen mit Zusätzen (= Formulierungen) in den Handel gebracht. Zusätze sind z.B. Lösungsmittel, Haftmittel, Emulgatoren, Netzmittel, Stabilisatoren. Angewendet werden Biozide als Spritz-, Sprüh-, Streu-, Stäube-, Beiz- oder Begasungsmittel.

1. Insektizide

Im allgemeinen wird zwar gefordert, daß biozide Mittel Mensch und Umwelt bei sachgemäßer Anwendung nicht gefährden, jedoch ist eine Ideal-Lösung noch nicht in Sicht. In jüngster Vergangenheit haben besonders die chlorierten Kohlenwasserstoffe zu erheblichen Problemen geführt.

Chlorierte Kohlenwasserstoffe

Das wohl bekannteste Beispiel dieser Stoffklasse ist DDT ("Dichlordiphenyltrichlorethan"), 1,1-Bis(4-chlorphenyl)-2,2,2,-trichlorethan, das durch Kondensation von Chlorbenzol mit Chloral hergestellt wird:

R–C$_6$H$_4$ + HO–CH(OH)–CCl$_3$ + C$_6$H$_4$–R $\xrightarrow{H_2SO_4}$ R–C$_6$H$_4$–CH(CCl$_3$)–C$_6$H$_4$–R + 2 H_2O

DDT: für R = Cl

Methoxychlor: für R = OCH_3

Es zählt zu der Gruppe der sogenannten "harten" Insektizide, die nur sehr langsam abgebaut werden. Infolge ihrer hohen Persistenz reichern sie sich im Fettgewebe an und gelangen über die Nahrungskette in den menschlichen Organismus, wo sie abgelagert werden. Das gilt auch für andere polychlorierte Insektizide wie Gammexan (Lindan, γ-1,2,3,4,5,6-Hexachlorcyclohexan, s. Kap. 6.5.3), Aldrin und Dieldrin. Letztere entstehen durch Diels-Alder-Reaktion von Hexachlorcyclopentadien mit Norbornadien (Bicyclo[2,2,1]hepta-2,5-dien).

CH_3CO_3H

Aldrin

Dieldrin

In vielen Ländern ist daher der Einsatz dieser chlorierten Kohlenwasserstoffe beschränkt und verboten.

Phosphorsäureester

Sie sind ebenso wie die polychlorierten Verbindungen Nervengifte (Hemmung der Cholinesterase) und werden als Insektizide, aber auch als Nematizide und Akarizide eingesetzt. Vorteile sind ihre kurze Lebensdauer, verhältnismäßig geringe Toxizität gegenüber Warmblütern und geringe Bindung an tierisches Körpergewebe. Von großem Nachteil ist ihre hohe Toxizität, die ein breites Wirkungsspektrum zur Folge hat, so daß auch Nutzinsekten in hohem Maß betroffen sind.

Allgemeine Darstellungsreaktion:

$$X{=}P(Cl)_3 + 2\,ROH \longrightarrow X{=}P(OR)_3 \xrightarrow{+R'OH} X{=}P(OR)_2(OR') \quad \text{mit } X{=}O,S$$

Beispiele:

$(C_2H_5O)_2P(=S)-O-C_6H_4-NO_2$

Parathion ("E605")
(O,O-Diethyl-O-4-nitrophenyl-thiophosphat)

$(H_3CO)_2P(=O)-O-CH{=}CCl_2$

Dichlorvos
(2,2-Dichlorvinyldimethylphosphat)

$(H_3C-O)_2P(=S)-S-CH_2-C(=O)-NH-CH_3$

Dimethoat
(O,O-Dimethyl-S-(2-methylamino-2-oxoethyl)-dithiophosphat)

Einige Phosphorsäureester wirken nicht nur als Kontakt-, Atem- oder Fraßgift, sondern auch als Systeminsektizid. Das bedeutet, sie werden von der Pflanze in den Zellsaft aufgenommen und durch den Saftstrom in ihr verteilt. Dadurch ist die ganze Pflanze für die Insekten vergiftet.

Carbamate

Eine bedeutende Gruppe von Insektiziden stellen die Urethanderivate dar. Ein bekanntes Beispiel ist Carbaryl:

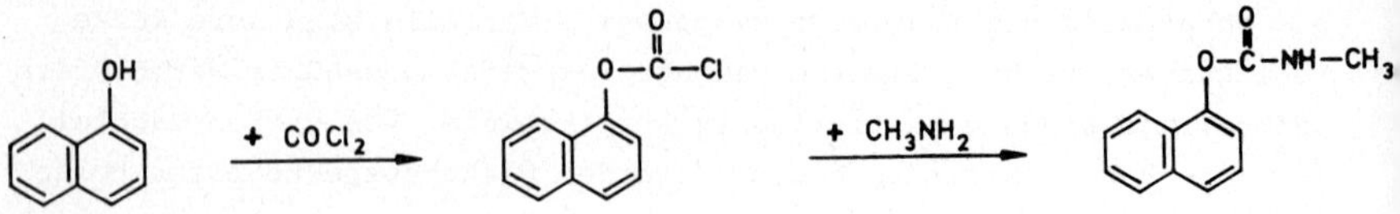

α-Napththol

Carbaryl
(1-Naphthyl-N-methylcarbam

2. Fungizide

Die wirtschaftlich bedeutendsten Pflanzenkrankheiten werden durch Pilze hervorgerufen. Neben die schon sehr lange bekannten Fungizide Schwefel, Kupferverbindungen (Weinbau: $CuCO_3 \cdot Cu(OH)_2$, $Cu_2Cl(OH)_3 \cdot 1{,}5\ H_2O$) und organische Quecksilber-Verbindungen (Saatgutbeizmittel) sind zahlreiche neue synthetische Mittel getreten, die einer großen Zahl chemischer Stoffklassen zuzurechnen sind.

Für einen Überblick und Einzelheiten muß daher auf Spezialliteratur verwiesen werden.

Beispiele:

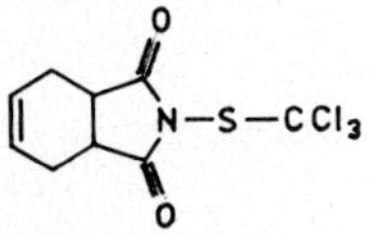

Captan
(N-Trichlormethylthio-
3,6,7,8-tetrahydro-
phthalimid)
hergestellt über Tetra-
hydrophthalimid)

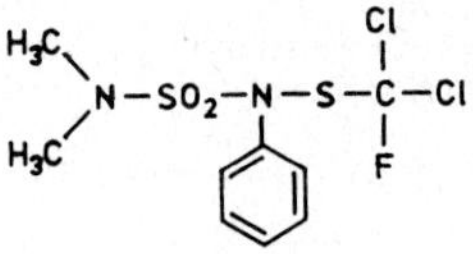

Dichlofluanid
(N-Dichlorfluormethylthio-
N',N'-dimethyl-N-phenyl-
sulfamid)

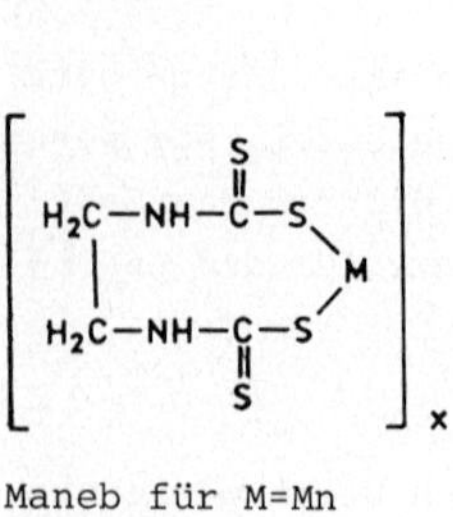

Maneb für M=Mn
(Mangan-ethylen-bis-dithio-
carbamat
Zineb für M=Zn und x=1
(Zink-ethylen-bis-dithio-
carbamat)

3. Herbizide

Herbizide wirken auf verschiedene Weise auf Pflanzen ein, z.B. durch Hemmung der Photosynthese, Veränderung des Zellwachstums oder als Atmungsgifte. Es gibt Totalherbizide, die jeden Pflanzenwuchs vernichten und im Boden zeitlich begrenzt oder unbegrenzt (Bodensterilisatoren) wirken sollen.

Deiquat (ein Systeminsektizid) wirkt beispielsweise nur wenige Tage, während Monuron bis zu einem Jahr wirkt.

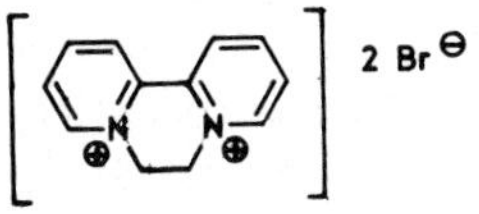

2 Br⊖

Deiquat
(1,1'Ethylen-2,2'-bipyridyliumdikation)

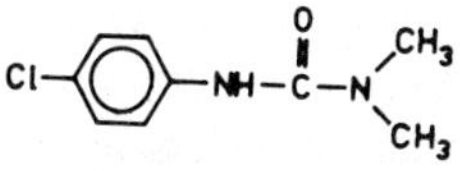

Monuron
(N-(4-Chlorphenyl)-N',N'-dimethylharnstoff)

Schon länger bekannte Mittel sind Chlorate, Rhodanide und Borate, die als Kontaktgifte mit kurzer Wirkungsdauer fungieren.

Der selektiven Unkrautbekämpfung dienen Kalkstickstoff $CaCN_2$ und Kainit $KCl \cdot MgSO_4$.Bekannte organische Verbindungen sind chlorierte Phenoxy-Säuren, substituierte Harnstoffe (Carbamate) und symmetrische Triazine. Beispiele:

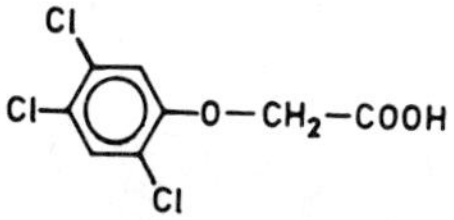

(2,4,5-Trichlorphenoxyessigsäure)

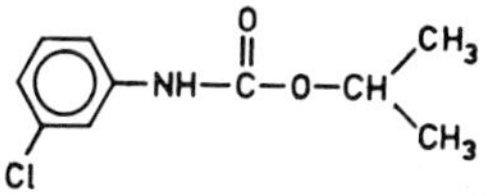

Chlorpropham
(N-(3-Chlorphenyl)-isopropylcarbamat)

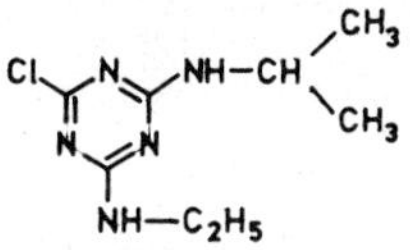

Atrazin
(2-Chlor-4-ethylamino-6-isopropylamino-s-triazin)

4. Vorratsschutz

Zum Schutz von Nahrungsmittelvorräten, z.B. in Getreidelägern werden vor allem Begasungsmittel eingesetzt, die in geeigneten Fällen auch zur Schädlingsbekämpfung im Gartenbau geeignet sind. Bekannte Mittel sind Phosphorwasserstoff PH_3, Blausäure HCN,Methylbromid CH_3Br. Gegen Nagetiere wie Ratten werden Cumarinderivate und Thalliumsulfat,Tl_2SO_4 eingesetzt.

Neuere Entwicklungen

Obwohl die biologische Schädlingsbekämpfung zunehmend an Bedeutung gewinnt, sind Pestizide noch weithin unentbehrlich. Um die Umweltbelastung zu vermindern, sucht man daher nach Stoffen, die einen gezielteren Einsatz erlauben. Einige Beispiele sollen nachfolgend vorgestellt werden.

a) Chitin-Synthese-Inhibitoren und Antijuvenilhormone

Insekten verwenden im Unterschied zu höheren Tieren Chitin als Gerüstsubstanz (s. Kap. 29.1.4). Durch die mehrfachen Häutungsprozesse bei ihrer Entwicklung halten Insekten eine ständige Chitin-Produktion aufrecht. Ein Eingriff in diese Produktion stört die Entwicklung des Tieres und verhindert damit die Fortpflanzung der Art, z.B. durch Unreife oder frühen Tod. Eine hierfür geeignete Verbindung ist Diflubenzuron ("Dimilin"), ein Benzoyl-phenyl-harnstoff-Derivat. Die Substanz ist erheblich weniger toxisch als Parathion und beeinflußt auch die Chitinproduktion bei vielen Crustaceen wie Krabben usw. nur wenig.

Das natürlich vorkommende Precocen I und II blockiert das körpereigene Juvenilhormon. Am Beispiel der Landwanze (Oncopeltus fasciatus) wurde festgestellt, daß precocenbehandelte Tiere von den normalerweise fünf Larvenstadien bis zur Häutung zum erwachsenen Tier ein oder zwei Larvenstadien überspringen und sich dann zu sterilen Tieren häuten.

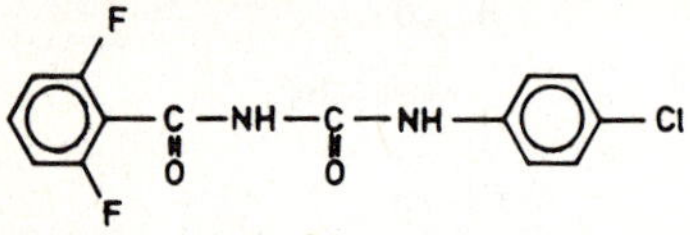

F
C —NH— C —NH— Cl
O O
F

Diflubenzuron
(1-(4-Chlorphenyl)-3-(2,6-difluorbenzoyl)-harnstoff)

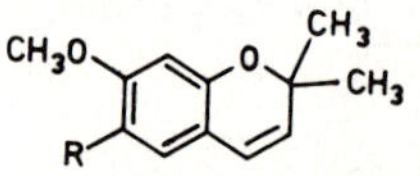

CH_3O O CH_3 CH_3 R

Precocen I (R = H),
Precocen II (R = OCH_3)

Antijuvenilhormon aus Ageratu

b) Pheromone

Pheromone sind chemische Signalstoffe. Sie sind verantwortlich für die Informationsübermittlung zwischen den Geschlechtern, finden Verwendung als Spur- und Markierungssubstanzen usw.

Pheromone werden von einem Individuum einer bestimmten Tierart abgegeben und von einem anderen Individuum derselben Art empfangen.

Meist handelt es sich um Pheromon-Mehrkomponenten-Systeme, sog. Pheromonkomplexe. Ein Tier erkennt seinen arteigenen Geruch oft an der spezifischen Zusammensetzung mehrerer definiert zusammengesetzter Komponenten.

Besonders gut untersucht sind verschiedene Pheromonsysteme bei der Honigbiene. Ein und dasselbe Bienenpheromon kann dabei verschiedene Wirkungsweisen und Funktionen besitzen. Oft werden bestimmte Verhaltensfolgen auch erst durch mehrere Substanzen verursacht.

Ein besonders wichtiges Sekret ist die "Königinnensubstanz". Ein Pheromonkomplex veranlaßt dabei Schwarmbienen zur Bildung stabiler Schwarmtrauben. Das Sekret hat aber auch die Funktion eines Sexuallockstoffes. So lockt es Drohnen oberhalb einer Mindestflughöhe zur Königin. Ein anderes Pheromon der Arbeitsbiene ist ihr Alarmstoff. Pheromone dienen den Bienen auch zur Markierung von Futterquellen oder zur Kennzeichnung von Nesteingängen.

Chemische Struktur einiger Pheromone

Die Sexuallockstoffe weiblicher Falter sind vornehmlich einfach- und zweifach-ungesättigte Alkohole, ihre Ester oder Aldehyde mit Kettenlängen zwischen 10 und 20 C-Atomen.

Beispiele von Sexuallockstoffen bzw. Pheromonkomponenten von weiblichen Schmetterlingen:

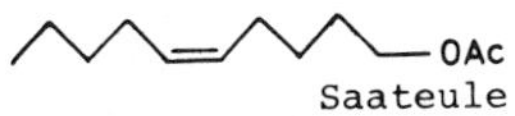

OAc

Saateule

OAc

Pflaumenwickler

OH

Apfelwickler

OH

Seidenspinner

Unter den Aggregations- und Sexualpheromonen der Borkenkäfer finden sich Terpenalkohole, terpenoide Ketone, bicyclische Ketale.

Bei anderen Käferarten sind bekannt: Phenol, Cyclobutan-, Cyclohexanderivate, ungesättigte Säuren, Alkohole, Aldehyde, Ketone.

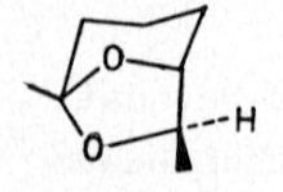

dendroctonus brevicomis

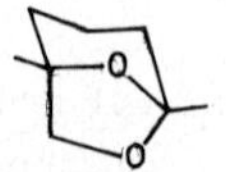

dendroctonus frontalis

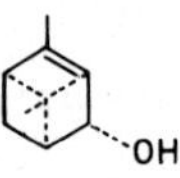

ips calligraphus

Verwendung im Pflanzenschutz

Man nutzt neuerdings im Pflanzenschutz die Möglichkeit, das Verhalten bestimmter Insektenarten durch Pheromone spezifisch zu manipulieren. Die Techniken sind dabei vielfältig. Man benutzt Leimfallen mit synthetischen Lockstoffen, Pheromonextrakten oder lebende Weibchen der Insekten. Im Waldschutz werden gegen den Borkenkäfer Pheromonfallen häufig in Kombination mit "Fangbäumen" benutzt.
Letztere haben die Aufgabe, als Zielbäume zu dienen, um die Käfer auf herkömmliche Weise zu vernichten. Neben den Abfangtechniken kennt man auch die sog. Verwirrungstechnik. Hierbei verwirrt man durch Überangebot an Sexuallockstoff die männlichen Insekten und erschwert ihnen so das Auffinden der Weibchen.

Natürlich vorkommende Insektizide

Bekannte natürliche Wirkstoffe sind: Schwefel (meist in kolloiddisperser Form), Pyrethrum (aus den Blütenköpfen einiger Chrysanthemenarten), Alkaloide (vor allem Nikotin und Anabasin aus dem Tabak, s. Kap. 32), Rotenoide (aus Derrispflanzen) und verschiedene Extrakte aus tropischen Pflanzen wie Quassia und Ryania, die jedoch nur regional von Bedeutung sind. Einige davon wie Schwefel werden mit gutem Erfolg schon seit langem verwendet.

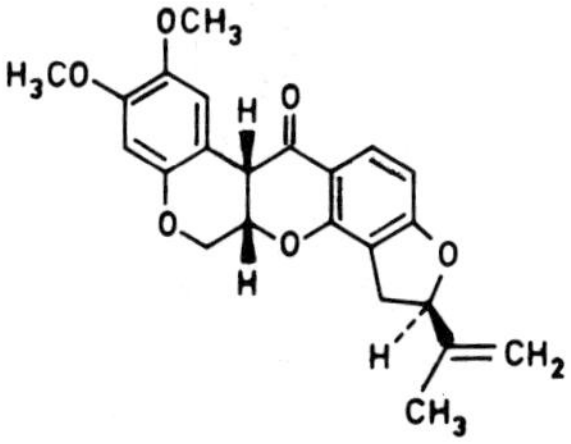

Rotenon
(aus Derris elliptica,
blockiert Elektronentrans-
port zwischen NADH und
Ubichinon)

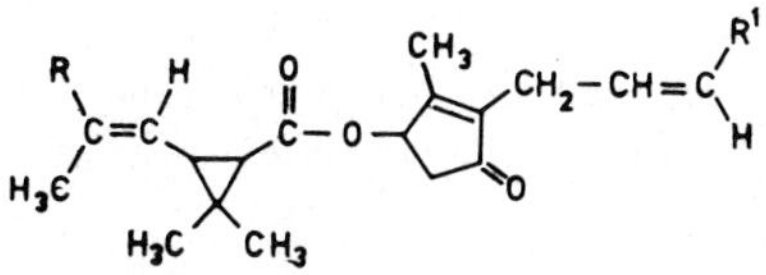

Einige Pyrethroide

	R	R^1
Pyrethrin I	$-CH_3$	$-CH=CH_2$
Jasmolin I	$-CH_3$	$-CH_2-CH_3$
Cinerin I	$-CH_3$	$-CH_3$

	R	R^1
Pyrethrin II	$-COOCH_3$	$-CH=CH_2$
Jasmolin II	$-COOCH_3$	$-CH_2-CH_3$
Cinerin II	$-COOCH_3$	$-CH_3$

36 Hinweise zur Nomenklatur organischer Verbindungen

3.7.1 Nachstehend folgt ein kurzer Überblick über die Nomenklatur der in diesem Buch besprochenen Verbindungsklassen. Genauere Hinweise und weitere Beispiele finden sich bei den einzelnen Kapiteln, auf die in den Tabellen 42 und 43 verwiesen wird.

Es ist das Ziel der Nomenklatur, einer Verbindung, die durch eine Strukturformel gekennzeichnet ist, einen Namen eindeutig zuzuordnen und umgekehrt.

Bei der Suche nach einem Namen für eine Substanz hat man bestimmte Regeln zu beachten.

Einteilungsprinzip der allgemein verbindlichen IUPAC- oder Genfer Nomenklatur:

Jede Verbindung ist (in Gedanken) aus einem Stamm-Molekül (Stamm-System) aufgebaut, dessen Wasserstoffatome durch ein oder mehrere Substituenten ersetzt sind. Das Stamm-Molekül liefert den Hauptbestandteil des systematischen Namens und ist vom Namen des zugrunde liegenden einfachen Kohlenwasserstoffes abgeleitet. Die Namen der Substituenten werden unter Berücksichtigung einer vorgegebenen Rangfolge (Priorität) als Vor-, Nach- oder Zwischensilben zu dem Namen des Stammsystems hinzugefügt.

Die Verwendung von Trivialnamen ist auch heute noch verbreitet (vor allem bei Naturstoffen), weil die systematischen Namen oft zu lang und daher meist zu unhandlich sind.

Stammsysteme

Stammsysteme sind u. a. die *acyclischen* Kohlenwasserstoffe, die gesättigte (Alkane) oder ungesättigt (Alkene), (Alkine) sein können. Zur Nomenklatur bei Verzweigungen der Kohlenwasserstoffe s. Kap. 2.1.

Weitere Beispiele sind die *cyclischen* Kohlenwasserstoffe. Auch hier gibt es gesättigte (Cycloalkane) und ungesättigte Systeme (Cycloalkene, Kap. 4, Aromaten, Kap. 6.)

Das Ringgerüst ist entweder nur aus C-Atomen aufgebaut *(isocyclische* oder *carbocyclische* Kohlenwasserstoffe) oder es enthält auch andere Atome *(Heterocyclen)*. Ringsysteme, deren Stammsystem oft mit Trivialnamen benannt ist, sind die *polycyclischen* Kohlenwasserstoffe (z.B. einfache kondensierte Polycyclen und Heterocyclen). Cyclische Kohlenwasserstoffe mit Seitenketten werden entweder als kettensubstituierte Ringsysteme oder als ringsubstituierte Ketten betrachtet.

Substituierte Systeme

Substitutive Nomenklatur

In substituierten Systemen werden die funktionellen Gruppen dazu benutzt, die Moleküle in verschiedene Verbindungsklassen einzuteilen. Sind mehrere Gruppen in einem Molekül vorhanden, z.B. bei Hydroxycarbonsäuren, dann wird *eine* funktionelle Gruppe als Hauptfunktion ausgewählt, und die restlichen werden in alphabetischer Reihenfolge in geeigneter Weise als Vorsilben hinzugefügt (s. Anwendungsbeispiel). Die Rangfolge der Substituenten ist verbindlich festgelegt.

Tabellen 42 und 43 enthalten hierfür Beispiele. Beachte: Bei den Carbonsäuren und ihren Derivaten sind zwei Bezeichnungsweisen möglich. Falls C-Atome in den Stammnamen einzubeziehen sind, wurden diese unterstrichen.

Tabelle 42. Funktionelle Gruppen, die nur als Vorsilben auftreten

Gruppe	Vorsilbe	Gruppe	Vorsilbe
-F	Fluor-	$-NO_2$	Nitro-
-Cl	Chlor-	-NO	Nitroso-
-Br	Brom-	-OCN	Cyanato-
-I	Iod-	-OR	Alkyloxy- bzw. Aryloxy-
$=N_2$	Diazo-	-SR	Alkylthio- bzw. Arylthio-
-CN	Cyano		

Beachte die Verwendung der Zwischensilbe -azo-:

Diazomethan: CH_2N_2 oder $CH_2=\overset{\oplus}{N}=\overset{\ominus}{\underline{N}}|$ $\longleftrightarrow$ $|\overset{\ominus}{C}H_2-\overset{\oplus}{N}\equiv N|$

Azomethan: $H_3C-N=N-CH_3$ (besser: Methyl-azo-methan)

Tabelle 43. Funktionelle Gruppen, die als Vor- oder Nachsilben auftreten können

Verbindungsklasse	Formel	Vorsilbe	Nachsilbe	Beispiel
Kationen	$-\overset{\oplus}{O}R_2$, $-\overset{\oplus}{N}R_3$	-onio-	-onium	Ammoniumchlorid
	$R-\overset{\oplus}{N}\equiv N$		-diazonium	Diazoniumhydroxid
Carbonsäure	$R-\overset{O}{\overset{\Vert}{C}}-OH$	Carboxy-	-carbonsäure	Propancarbonsäure
	$R-\overset{O}{\overset{\Vert}{\underline{C}}}-OH$	-	-säure	Butansäure
Sulfonsäure	$R-SO_3H$	Sulfo-	-sulfonsäure	Benzolsulfonsäure
Carbonsäure-Salze	$R-COO^{\ominus}M^{\oplus}$	Metall-carboxylato	Metall-...carboxylat	Natriummethan-carboxylat =
	$R-\underline{C}OO^{\ominus}M^{\oplus}$	-	Metall-...oat	Natriumethanoat (= Na-Acetat = Na-Salz der Essigsäure)
Carbonsäure-Ester	$R-\overset{O}{\overset{\Vert}{C}}-OR'$	-yloxycarbonyl	-yl...carboxylat	Ethylmethan-carboxylat =
	$R-\overset{O}{\overset{\Vert}{\underline{C}}}-OR'$	-	-yl...oat	Ethylethanoat (= Ethylacetat = Ethylester der Essigsäure)
Carbonsäure-Halogenid	$R-\overset{O}{\overset{\Vert}{C}}-X$	Halogenformyl-	-carbonsäure-halogenid	Benzoesäurechlorid
	$R-\overset{O}{\overset{\Vert}{\underline{C}}}-X$	-	-oylhalogenid	Ethanoylchlorid (= Acetylchlorid)

Priorität ↓

Tabelle 43 (Fortsetzung)

Verbindungsklasse	Formel	Vorsilbe	Nachsilbe	Beispiel
Amide	$R-C(=O)-NH_2$	Carbamoyl-	-carboxamid	Methancarboxamid =
	$R-\underline{C}(=O)-NH_2$	-	-amid	Essigsäureamid
Nitrile	$R-C\equiv N$	Cyan-	-carbonitril	Cyanwasserstoff
	$R-\underline{C}\equiv N$	-	-nitril	Ethannitril
Aldehyd	R-CHO	Formyl-	-carbaldehyd	Methancarbaldehyd =
	$R-\underline{C}HO$	Oxo-	-al	Ethanal
Keton	$RR'C=O$	Oxo-	-on	Propanon
Alkohol, Phenol	R-OH	Hydroxy-	-ol	Ethanol
und Salze	$R-O^{\ominus}M^{\oplus}$	-	-olat	Natriumethanolat
Thiol	R-SH	Mercapto-	-thiol	Ethanthiol
Amin	$R-NH_2$	Amino-	-amin	Methylamin
Imin	RR'C=NH	Imino-	-imin	Iminoharnstoff

Priorität (↓, von oben nach unten)

Gruppennomenklatur

Neben der vorstehend beschriebenen substitutiven Nomenklatur wird bei einigen Verbindungsklassen auch eine andere Bezeichnungsweise verwendet. Dabei hängt man an den abgewandelten Namen des Stammmoleküls die Bezeichnung der Verbindungsklasse an (Tab. 43 bzw. 44).

Tabelle 44. Gruppennomenklatur

Funktionelle Gruppe	Verbindungsname	Beispiel
R-C(=O)-X	-halogenid, -cyanid	Acetylchlorid
R-C≡N	-cyanid	Methylcyanid
R(R')C=O	-keton	Methylphenylketon
R-OH	-alkohol	Isopropylalkohol
R-O-R'	-ether oder -oxid	Diethylether
R-S-R'	-sulfid	Diethylsulfid
R-Hal	-halogenid	Methylendichlorid
RNH_2, RR'NH, RR'R"N	-amin	Methylethylamin (CH_3-NH-C_2H_5)

Anwendungsbeispiel

Gesucht: der Name des folgenden Moleküls.

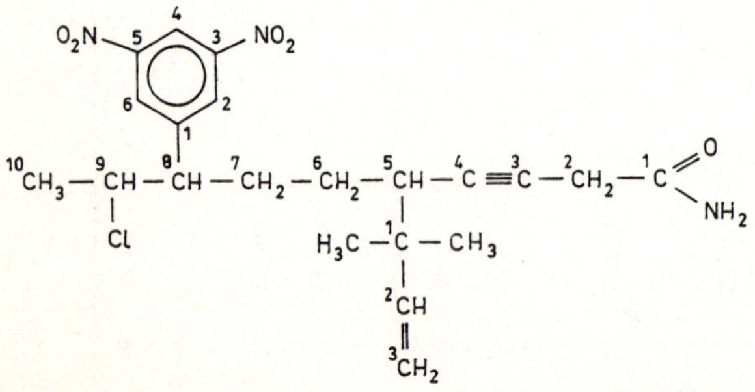

O_2N (5), NO_2 (3), Ring-Positionen 1–6

$^{10}CH_3-{}^9CH(Cl)-{}^8CH(Ar)-{}^7CH_2-{}^6CH_2-{}^5CH(R)-{}^4C\equiv{}^3C-{}^2CH_2-{}^1C(=O)NH_2$

R = $H_3C-{}^1C(CH_3)-{}^2CH={}^3CH_2$

Lösung: Bei der Betrachtung des Moleküls lassen sich für seinen Namen folgende Feststellungen treffen:

1. Die wichtigste funktionelle Gruppe ist: $-CONH_2$, -amid.
2. Das Molekül enthält eine Kohlenstoffkette von 10 C-Atomen: Dekanamid.
3. Es besitzt eine Dreifachbindung in 3-Stellung: 3-Dekinamid.
4. Die Substituenten sind in alphabetischer Reihenfolge:

   a) Chlor-Atom an C-9,

   b) 1,1-Dimethyl-2-propenyl-Gruppe an C-5,

   c) 3,5-Dinitrophenyl-Gruppe an C-8.

Ergebnis: Aus der Zusammenfassung der Punkte 1 - 4 ergibt sich als nomenklaturgerechter Name:

9-Chlor-5-(1,1-dimethyl-2-propenyl)-8-(3,5-dinitrophenyl)-3-dekin-amid.

37 Literaturnachweis und Literaturauswahl

Allgemeine Lehrbücher

Allinger N L, Cava M P, Jongh D C De, Johnson C R, Lebel N A, Stevens C L (1971) Organic chemistry. Worth Publishers, New York

Beyer H (1976) Lehrbuch der organischen Chemie, Hirzel, Stuttgart

Breitmaier E, Jung G (1985) Organische Chemie, Bd I und II, Thieme, Stuttgart

Christen H R (1970) Grundlagen der organischen Chemie. Sauerländer-Diesterweg-Salle, Aarau Frankfurt

Hauptmann S, Graefe J,Remane H (1976) Lehrbuch der organischen Chemie. Deutscher Verlag für Grundstoffindustrie, Leipzig

Hendrickson J B, Cram D J, Hammond G S (1970) Organic Chemistry. McGraw-Hill, New York

Morrison R T, Boyd R N (1974) Lehrbuch der organischen Chemie. Verlag Chemie, Weinheim

Streitwieser A Jr, Heathcock C H (1976) Introduction to organic chemistry. Macmillan, New York

Ternay A L Jr (1979) Contemporary organic chemistry. Saunders, Philadelphia

Vollhardt K P C (1987), organic chemistry, Freeman, New York

Kurzlehrbücher

Eberson L (1974) Organische Chemie Bd I, II. Verlag Chemie, Weinheim

Freudenberg K, Plieninger H (1977) Organische Chemie. Quelle & Meyer Heidelberg

Heyns K (1970) Allgemeine organische Chemie. Akademische Verlagsgesellschaft, Frankfurt

Kaufmann H (1974) Grundlagen der organischen Chemie. Birkhäuser, Basel

Schrader B (1979) Kurzes Lehrbuch der Organischen Chemie. Gruyter, Berlin

Wu C N (1979) Modern organic chemistry, vol I, II. Barnes & Noble, New York

Wünsch K H, Miethchen R, Ehlers D (1975) Organische Chemie - Grundkurs. Deutscher Verlag der Wissenschaften, Berlin

Sondergebiete

Autorenkollektiv (1969) Organikum. Deutscher Verlag der Wissenschaften, Berlin

Autorenkollektiv (1972) Chemiekompendium. Kaiserlei, Offenbach

Auterhoff H (1974) Lehrbuch der Pharmazeutischen Chemie. Wissenschaftliche Verlagsgesellschaft, Stuttgart

Bähr W, Theobald H (1973) Organische Stereochemie. Springer, Berlin Heidelberg New York

Brown H C (1975) Organic syntheses via boranes. Wiley Interscience, New York

Coates G E, Green M L H, Powell P, Wade K (1972) Einführung in die metallorganische Chemie. Enke, Stuttgart

Dose K (1980) Biochemie. Springer, Berlin Heidelberg New York

Ernest I (1972) Bindung, Struktur und Reaktionsmechanismen in der organischen Chemie. Springer, Wien New York

Hellwinkel D (1974) Nomenklatur der organischen Chemie. Springer, Berlin Heidelberg New York

Kagan H B (1972) Organische Stereochemie. Thieme, Stuttgart

Lehninger A L (1977) Biochemie. Verlag Chemie, Weinheim

Osteroth D (Hrsg) (1979) Chemisch-Technisches Lexikon, Springer, Berlin Heidelberg New York

Shreve R N, Brink J A Jr (1977) Chemical process industries. McGraw-Hill, New York

Sund H (Hrsg) (1970) Große Moleküle. Suhrkamp, Frankfurt

Sykes P (1976) Reaktionsmechanismen der organischen Chemie. Verlag Chemie, Weinheim

Weissermel K, Arpe H J (1978) Industrielle organische Chemie. Verlag Chemie, Weinheim

Außer den genannten Lehrbüchern wurden für spezielle Zwecke weitere Monographien, Handbücher und Originalartikel herangezogen. Sie können bei Bedarf im Literaturverzeichnis der größeren Lehrbücher gefunden werden.

38 Sachverzeichnis

Aminoazobenzol 213
Aminobenzoesäure 225,258,265

Bufotalin 406

Springer